# 实用工程测量

主　编　陈学平
副主编　周春发

中国建材工业出版社

**图书在版编目（CIP）数据**

实用工程测量/陈学平主编. —北京：中国建材工业出版社，2007.2（2012.1 重印）

ISBN 978-7-80227-202-6

Ⅰ. 实… Ⅱ. 陈… Ⅲ. 工程测量—高等学校—教材
Ⅳ. TB22

中国版本图书馆 CIP 数据核字（2007）第 007659 号

## 内 容 简 介

测量学是一门极其实用的工程技术，本教材涵盖测量学的全部内容，并把测量学中的一般工程测量加以扩充，以适应众多专业的需要。

本书不仅介绍了测量学的基础知识，也讲述了各种专业测量，并对当前测绘的新仪器、新技术进行了阐述。本书最后实训篇有测量实习指导书。

本教材光盘内容特色明显，主要包括教学课件、实习表格、测量学试题库及测绘资料等，便于教师教学、学生自学。

本教材适用于环境资源、城镇规划、土地规划、工民建、水利工程、公路交通、房地产管理、林学、园林绿化等专业，也可作为工程测量自学考试的参考教材，对有关工程技术人员具有重要参考价值。

**实用工程测量**

主编 陈学平 副主编 周春发

出版发行：中国建材工业出版社

地　　址：北京市西城区车公庄大街 6 号

邮　　编：100044

经　　销：全国各地新华书店

印　　刷：北京鑫正大印刷有限公司

开　　本：787mm×1092mm　1/16

印　　张：24

字　　数：600 千字

版　　次：2007 年 2 月第 1 版

印　　次：2012 年 1 月第 4 次

书　　号：ISBN 978-7-80227-202-6

定　　价：45.00 元（含光盘）

本社网址：www.jccbs.com.cn

本书如出现印装质量问题，由我社发行部负责调换。联系电话：（010）88386906

# 重印说明

  《实用工程测量》于 2007 年 2 月出版发行后，受到读者的欢迎与支持，编者十分感谢。此书独特的编排方式和附有教学课件的光盘，能给教与学双方带来方便，得到大家的认可，因此增强了我们的信心。我们认为教材不同于学术著作，教材不单为教师所用，更主要是给学生学习用，要便于学生自学与启发思考。

  此次重印秉承第一版的编写原则，保留原有的四大篇（即基础篇、应用篇、提高篇及实训篇），每章后有"本章补充"、"练习题"以及"学习辅导"等三项内容，以帮助学生理解和掌握课程的知识要点。

  测量学是一门实践性非常强的学科，如果不在实践性上下功夫，仪器不会用、用不好，观测达不到精度要求，理论学得再多还是无济于事。因此，本书在操作叙述上突出操作要领与技巧，并把操作中的道理讲清楚。光盘中增加实际操作的几个视频短片，给学生提供示范。本书重印时订正几个插图，修改光盘内容，除了 20 章教学课件、实习表格（可以直接打印使用）、测量试题库等教学资料外，还增加了测绘资料，如国家测绘法，工程测量规范，GPS 规范及全站仪的使用说明书等文件。

  编者水平有限，加上修订时间匆促，教材中错漏之处，在所难免，恳请读者批评指正。
电子信箱：chenxpbj@ yahoo. cn。

编者

2008 年 3 月

# 前　言

测量学是研究空间点位的定位技术，是一门极其实用的工程技术。本教材《实用工程测量》涵盖测量学的全部内容，并把测量学中的一般工程测量章节加以扩充，以适应高校众多专业开设测量课而选择教材的需要。

打开目录一看，您会发现这本教材与众不同。全书共分四篇：第一篇为基础篇，共 8 章，无论哪个专业都必须学。第二篇为应用篇，讲解各种专业测量，以供不同专业选用。第三篇为提高篇，介绍当前测绘的新仪器新技术，各校可根据自身情况选用。最后，第四篇为实训篇，即测量实习指导书。每章后附有本章补充、练习题与学习辅导。

我们编教材的指导思想是：内容上，突出基础性，体现通用性；取材上，体现科学性、实用性、先进性；叙述上，深入浅出，图文并茂，概念阐述清晰准确，操作叙述条理化；内容编排上，方便教学，使教材适用于自学。

**1. 内容突出基础性，体现通用性。** 教材的第 1 章至第 8 章是测量学基础知识，详述测量的基本知识、基础理论和基本技能，学好这八章就为学习专业测量以及进一步提高打下基础。

应用篇中列入 6 个不同的专业测绘，适用于环境资源、城镇规划、土地规划、工民建、水利工程、公路交通、房地产管理、林学、园林绿化等众多专业的需求。

**2. 取材体现科学性、实用性与先进性。** 对测量仪器的选择，淘汰实践中已不用的经纬仪型号，突出现行的型号；对国产全站仪和国外全站仪各介绍一种，以适应不同学校的设备；突出地形图应用，不仅讲大比例尺的，而且还介绍中、小比例尺图的识读以及实地对图、填图等内容，以满足不同行业对用图的要求；测量方法和计算方法通常有多种，取其最佳的，或对传统方法提出一些改进。例如，经纬仪光学对中操作法，竖盘指标差的通用公式，等精度双观测值的精度评定，对传统测图法的一些改良措施，公路缓和曲线计算的改进等。

教材内容要反映当代测绘的新仪器新技术，本教材的做法是，区别对待，有详有简。对全站仪在提高篇中详述日本托普康 GTS—700 全站仪及我国苏一光厂激光免棱镜全站仪 OTS 的结构及使用法。详述数字化测图的原理、基本配置及外业实施的主要步骤。对卫星定位测量，采用简述，省略许多公式，突出基本概念、定位原理、特点、方法及外业施测的主要步骤。对于当前尚未普及而很有发展前途的先进的三维激光扫描系统也作了简略的介绍。

**3. 叙述深入浅出，力求图文并茂，概念阐述清晰准确，操作叙述条理化。** 教材不同于学术专著，它除供教师用之外，主要是为学生所用，因此叙述必须由浅入深，全书收录 398 张插图，力求做到图文并茂。本教材的对象是非测绘专业的学生，因而内容不着力理论分析与公式推导，而突出实践和操作，以提高学生实践能力。有一些理论、公式推导、精度分析等问题放在章末补充项目中加以补充解释。

**4. 方便教学，使教材适用于自学。** 全书分成四篇，目的就是方便教学，第二篇（应用篇）可供不同专业从中选择。本教材编写尽量做到使学生自学看得懂、做得来。把实习指导书作为第四篇（实训篇）详细叙述，更方便教学使用，不必另行编写。每章后不仅有练习题，而且有学习辅导，对于学生复习及自学考试的学生将会带来一定的帮助。本教材附光盘，制作了全书 20 章的课件，更便于学生自学。

光盘内容包含：

（1）全书 20 章课件，该课件是编者使用 PowerPoint 与 AutoCAD 等软件自行编制，供教师学生使用。

（2）光盘中有 Word 编制的各种实习表格（空表），以供实习直接打印使用。

（3）光盘中有测量学试题库，并附有试题答案，但章节安排与本教材不同，还有航空摄影测量与遥感的基础知识试题，编写时间较早，基础部分没有变化，仅供参考。

陈学平教授（北京林业大学）担任本书主编，周春发副教授（中国农业大学）担任本书副主编。参编者有秦皇岛石油学院杨桂芳副教授，特聘北京林业大学张远智博士编写三维激光扫描系统。具体分工是：周春发编写第 11、13、14、15、17、19、20 章。杨桂芳编写第 12 章，张远智编写第 18 章，并制作课件。其余各章均由陈学平编写。课件大部分由陈学平编制，部分由周春发编制。

本教材编写时间匆促，编者水平有限，错漏之处在所难免，望读者批评指正。如发现问题、有待改进之处或建议，请发电邮至 chenxpbj@ yahoo. com. cn，在此特表谢意。

编　者

2007 年 1 月于北京

# 光盘使用说明

本光盘有三部分内容：

A. 教学课件：用 PowerPoint 软件编制 20 章课件，其内容较教材略多些，增加图片、动画和视频文件。在安装有 Office2000 以上的电脑均可运行。课件可以直接使用，也可以拷入硬盘进行删改后使用。

B. 教学资料：

①测量实习表格，有课堂实习用表格和教学实习用表，均可直接打印使用；

②测量学试题库；

③计算器的使用课件。

C. 测绘资料：

①中华人民共和国测绘法（. doc 文件）；

②工程测量规范（GB 50026—93）（. pdf 文件）；

③全球定位系统（GPS）测量规范（. pdf 文件）；

④苏州一光 OTS 全站仪使用说明书（. pdf 文件）；

⑤日本托普康 GTS-710 全站仪使用说明书（. pdf 文件）。

打开 pdf 文件要求电脑中必须安装 Adobe Reder 软件。如您的电脑未安装此软件，光盘提供了该软件 6.0 版本，文件名为 AdbeRdr60_ chs_ full. exe，请首先安装它。

# 目　　录

## 第一篇　基础篇

## 第二篇　应用篇

# 第三篇 提高篇

# 第四篇 实训篇

# 第一篇 基础篇

## 第1章 绪 论

### 1.1 测量学与实用工程测量

#### 1.1.1 测量学的定义、任务与分科

测量学是研究地面点空间位置的测定、采集、数据处理、存储与管理的一门应用科学。其核心问题是研究如何测定点的空间位置。其任务是:

1. 测绘:使用测量仪器,通过测量与计算,将地面的地物、地貌缩绘成图,供工程建设和行政管理之用。

2. 测设:将图上设计的建(构)筑物的位置在实地标定出来,作为施工或定界的依据,又称放样。

测量学是测绘学科中的一个基础分科。按照测绘学科所研究的对象与范围的不同,可以分成若干分科。现重点介绍下列几个分科:

1. 大地测量学

研究地球的大小和形状,研究大范围地区的控制测量和地形测量。由于人造卫星科学技术的发展,大地测量学又分为常规大地测量学与卫星大地测量学,后者是研究观测卫星确定地面点位,即 GPS 全球定位。

2. 普通测量学

研究地球表面局部区域的测绘工作,主要包括小区域控制测量、地形图测绘和一般工程测设。通常称测量学就是指普通测量学。

3. 工程测量学

研究各种工程在规划设计、施工放样和运营中测量的理论和方法。

4. 摄影测量学

研究利用摄影或遥感技术获取被测物体的信息,以确定物体的形状、大小和空间位置等信息的理论和方法。

5. 地图制图学

研究各种地图的制作理论、原理、工艺技术和应用的一门学科。

#### 1.1.2 实用工程测量

实用工程测量包括普通测量学,并把普测中工程测量内容加以扩充。其内容除了包括一般各种测量仪器的构造与使用、控制测量、地形测量外,对面积测量、工业与民用建筑施工测量、公路测量、管道工程施工测量、农田水利工程施工测量、房地产测量、园林工程施工测量等多种工程所需的测量加以详细叙述。

实用工程测量涵盖普通测量学的全部内容,实质上还是普通测量学。实用工程测量与工程测量学不同,工程测量学是测绘领域中的一门专门的学科,专门研究各种工程测量的理论、方法和精度。

### 1.1.3 实用工程测量在工程各阶段建设中的作用

各种工程规划与建设中，测绘信息是最重要的基础信息之一，从工程规划设计、建筑施工直至运营管理各个阶段，自始至终都离不开测量。

1. 在工程规划设计阶段

要进行规划设计，首先需要规划区的地形图。有精确的地形图和测绘成果，才能保证工程的选址、选线、设计得出经济合理的方案。因此，测绘是一种前期性、基础性的工作。

2. 在工程施工阶段

工程的施工，主要目的是把工程的设计精确地在地面上标定出来，这就需要使用测量的仪器，按一定的方法进行施工测量。精确地进行施工测量是确保工程质量最为重要的手段之一。

3. 在工程运营与管理阶段

为了保证工程完工后，能够正常运营或日后改建与扩建的需要，应进行竣工测量，编绘竣工图。对于大型或特殊的建筑物，还需进行周期性的重复观测，观测建筑物的沉降、倾斜、位移等，即变形观测，从而判断建筑物的稳定性，防止灾害事故的发生。

## 1.2 地面点位的测定

### 1.2.1 测量的基准线与基准面

1. 基准线

测量工作是在地球表面上进行的，地球上任一点都要受到离心力和地球引力的双重的作用，这两个力的合力称重力，重力的方向线称为铅垂线，即测量仪器悬挂垂球，指向重力方向。铅垂线就是测量的基准线。

2. 基准面

测量工作开始时，通常要把仪器安置在水平的状态。是否为水平要借助于仪器上的水准气泡来判断。对很小的范围而言，水面是一个水平面，实际上是一个曲面，我们把水面称为水准面。水准面上任意一点都和重力的方向相垂直。空间任何一点都有水准面，处处和重力方向相垂直的曲面均称水准面，水准面就是测量的基准面。和水准面相切的平面则称为水平面。由于水准面的高度不同，水准面有无穷多个，其中一个和平均的海水面重合，我们称之为大地水准面，它是又一个测量的基准面。中学地理所讲的海拔高就是从大地水准面起算的高度。

我们知道海水面约占地球表面71%，把大地水准面延伸所包围整个地球的形体最能代表地球的形状，这个形体称为大地体。但是由于地球内部质量分布不均匀，使铅垂线方向变化无规律性，因而使大地水准面成为一个不规则的复杂曲面，如图1-1a所示。

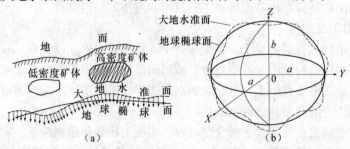

图1-1 大地水准面与地球椭球面
(a) 大地水准面起伏原因；(b) 大地水准面与地球椭球面关系

大地水准面不规则的起伏，形成的大地体不是规则的几何球体，其表面不是数学曲面，如图1-1b虚线所示。在这样复杂的曲面上无法进行测量数据的处理。地球非常接近一个旋转椭球（由椭圆旋转而得），所以测量上选择可用数学公式描述的旋转椭球代替大地体，如图1-1b实线所示。地球椭球的参数可用 $a$（长半径）、$b$（短半径）及 $\alpha$（扁率）表示。扁率 $\alpha$ 为

$$\alpha = \frac{a-b}{a} \tag{1-1}$$

1979 年国际大地测量与地球物理联合会推荐的地球椭球参数 $a = 6378140\text{m}$，$b = 6356755.3\text{m}$，$\alpha = 1:298.257$。

当扁率 $\alpha = 0$ 时，即 $a = b$，此时椭球就成了圆球。

旋转椭球面是数学表面，可用如下的公式表示：

$$\left(\frac{x}{a}\right)^2 + \left(\frac{y}{a}\right)^2 + \left(\frac{z}{b}\right)^2 = 1 \tag{1-2}$$

按一定的规则将旋转椭球与大地体套合在一起，这项工作称椭球定位。定位时采用椭球中心与地球质心重合，椭球短轴与地球短轴重合，椭球与全球大地水准面差距的平方和最小，这样的椭球称总地球椭球。

但是各国为测绘本国领土而采用另一种定位法，如图1-2所示，地面上选一点 $P$，由 $P$ 点投影到大地水准面得 $P'$ 点，在 $P$ 点定位椭球使其法线与 $P'$ 点的铅垂线重合，并要求 $P'$ 上的椭球面与大地水准面相切，该点称为大地原点。同时还要使旋转椭球短轴与地球短轴相平行(不要求重合)，达到本国范围内的大地水准面与椭球面十分接近，该椭球面称为参考椭球面[补]。我国大地原点选在我国中部陕西省泾阳县永乐镇。

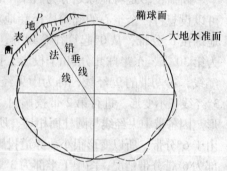

图 1-2　大地原点

### 1.2.2　地面点位的确定

确定地面点的空间位置需3个参数：$X$（纵坐标），$Y$（横坐标），$H$（高程）或 $\lambda$（经度），$\varphi$（纬度），$H$（高程）。

从整个地球考虑点的位置，通常是用经纬度表示。用经纬度表示点的位置，称为地理坐标。

如图1-3所示，$PP_1$ 为地球旋转轴，$O$ 为地心。通过地球旋转轴的平面称子午面，子午面与地球表面的交线称子午线（经线）。通过格林威治天文台 $G$ 的子午线称首子午线。$M$ 点的子午面 $PMM'P_1$ 与首子午面所组成的二面角，用 $\lambda$ 表示，称为 $M$ 点的经度。经度由首子午面向东向西各 $0° \sim 180°$，向东的称东经，向西的称为西经。我国在东半球，各地的经度都是东经。通过地心 $O$ 与地球旋转轴 $PP_1$ 垂直的平面 $EE_1$，称为赤道平面。赤道平面与地球表面的交线称为赤道。过 $M$ 点的铅垂线与赤道面 $EG'M'E_1$ 的夹角 $\varphi$ 称 $M$ 点的纬度。向北向南各 $0° \sim 90°$，向北称北纬，向南称南纬。我国在北半球，各地的纬度都是北纬。

1. 地面点在投影面上的坐标

（1）独立平面直角坐标系

大地水准面虽是曲面，但当测量区域较小时（半径小于

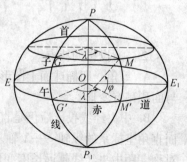

图 1-3　地理坐标

10km 范围），可以用测区的切平面代替椭球面作为基准面。在切平面上建立独立平面直角坐标系，如图1-4所示。规定南北方向为纵轴，记为 $X$ 轴，$X$ 轴向北为正，向南为负。$X$ 轴选取的方式有3种：①真南北方向；②磁南北方向；③建筑的南北主轴线。

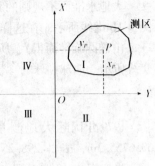

图1-4 独立平面直角坐标系

以东西方向为横轴，记为 $Y$ 轴。$Y$ 轴向东为正，向西为负。象限按顺时针排列编号。这些规定与数学上平面直角坐标系正相反，$X$ 轴与 $Y$ 轴互换，象限排列也不同，其目的为了把数学的公式直接运用到测量上。为避免坐标出现负值，将原点选在测区的西南角。

（2）高斯独立平面直角坐标系

当测区范围较大，不能把水准面当做水平面。把地球椭球面上的图形展绘到平面上，必然产生变形。为了减少变形误差，采用一种适当的投影方法，这就是高斯投影。

①高斯投影的方法

高斯投影是将地球划分为若干个带，先将每个带投影到圆柱面上，然后展成平面。我们可以设想将一个空心的椭圆柱横套地球，使椭圆柱的中心轴线位于赤道面内并通过球心。将地球按6°分带，从0°起算往东划分，0°~6°为第1带，6°~12°为第2带，…，174°~180°为第30带，东半球共分30个投影，按带进行投影。各带中央的一条经线，例如第1带的3°经线，第二带的9°经线，称为中央经线。进行第1带投影时，使地球3°经线与圆柱面相切，3°经线长不变形。进行第2带投影时，则旋转地球，使9°经线与圆柱面相切，9°经线长不变形。因各带中央经线与圆柱面相切，所以中央经线投影后不变形，而两边经线投影后有变形，由于6°分带，所以变形很小。赤道投影后成一条直线。图1-5为高斯投影分带情况，图中上半部为6°带分带情况，图中下半部为3°带分带情况，我国领土6°带是从第13带~第23带。

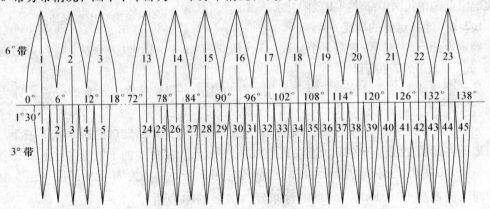

图1-5 高斯投影6°带与3°带

②高斯投影的特点

A. 等角：即椭球面上图形的角度投影到平面之后，其角度相等，无角度变形，但距离与面积稍有变形。

B. 中央经线投影后仍是直线，且长度不变形，如图1-6所示。因此用这条直线作为平面直角坐标系的纵轴——$X$ 轴。而两侧其他经线投影后呈向两极收敛的曲线，并与中央经线对称，距中央经线越远长度变形越大。

C. 赤道投影也为直线。因此，这条直线作为平面直角坐标的横轴——$Y$ 轴。南北纬线

4

投影后呈离向两极的曲线，且与赤道投影对称。

③高斯平面直角坐标系定义

高斯投影按6°分带或3°分带，各带构成独立的坐标系，各带的中央经线为 $X$ 轴，赤道投影为 $Y$ 轴，两轴的交点为坐标原点[补2]。我国位于北半球，所以纵坐标 $X$ 均为正。横坐标有正有负，如图 1-7a 所示。

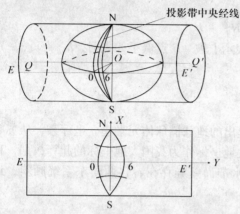

图 1-6 高斯投影的特点

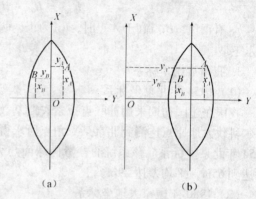

图 1-7 高斯平面直角坐标

例如，设 $y_A = +137680\text{m}$，$y_B = -274240\text{m}$。为了避免横坐标出现负值以方便使用，规定把坐标纵轴向西移 500km。如图 1-7b 所示。这时

$$y_A = 500000 + 137680 = 637680\text{m}, \quad y_B = 500000 - 274240 = 225760\text{m}$$

实际横坐标值加 500km 后，通常称为通用横坐标，并在横坐标值前冠以带号。这样才能确定点位于哪一个 6°带内。例如 $A$、$B$ 两点位于 20 带内，则 $A$ 点通用横坐标 $y_{A通用} = 20637680\text{m}$，$B$ 点通用横坐标 $y_{B通用} = 20225760\text{m}$。因此实际横坐标换算为通用横坐标的公式为

$$y_通 = 带号 + y_{实际} + 500000\text{m} \tag{1-3}$$

当通用横坐标换算为实际横坐标时，要判别通用横坐标数中的哪一个数是带号。由于通用横坐标整数部分的数均为 6 位数，故从小数点起向左数第 7、8 位数才是带号。例如，$y_通 = 2123456.77\text{m}$，从小数点起向左数第 7 位数为 2，即带号，千万不要看成是 21 带。我国领土 6°带是从第 13 带～第 23 带，我国领土范围的通用横坐标换算为实际横坐标时，通用横坐标数中第 1、2 两位均为带号。

## 2. 高程

地面上任意点至水准面的垂直距离，称为该点的高程。某点至大地水准面的垂直距离称该点的绝对高程（海拔）。如图 1-8 所示，$A$ 点和 $B$ 点的绝对高程分别为 $H_A$ 和 $H_B$。我国规定青岛验潮站 1950～1956 年统计资料所确定的黄海平均海水面作为统一全国基准面，并在青岛观象山建了水准原点。水准原点至黄海平均海水面的高程为 72.289m，这个高程系统称为"1956 年黄海高程系"。

20 世纪 80 年代初，国家又根据 1953～1979 年青

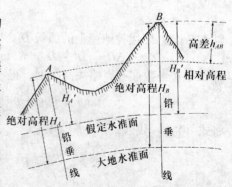

图 1-8 绝对高程与相对高程

岛验潮站观测资料，算得水准原点高程为72.2604m，该高程系统称为"1985年国家高程基准"。从1985年1月1日起执行新的高程基准。

有些工程可以采用假定高程系统，即用任意假定水准面为高程基准面。某点至假定水准面的垂直距离称该点的假定高程（又称相对高程），如图1-8中，$A$点假定高程为$H_A'$，$B$点假定高程为$H_B'$。

两点之间高程之差称为高差：

$$h_{AB} = H_B - H_A = H_B' - H_A'$$

$h_{AB}$有正负，$B$点高于$A$点时，$h_{AB}$为正（＋），表示上坡。$B$点低于$A$点时，$h_{AB}$为负（－），表示下坡[补3]。

**3. 我国常用坐标系**

**（1）1954年北京坐标系**

我国在建国初期采用苏联克拉索夫斯基教授提出的地球椭球体元素建立坐标系，从苏联普尔科伐大地原点连测到北京某三角点所求得的大地坐标作为我国大地坐标的起算数据，称1954年北京坐标系。该系统的参考椭球面与大地水准面差异存在着自西向东系统倾斜，最大达到65m，平均差达29m。

**（2）1980年国家大地坐标系**

1980年坐标系采用国际大地测量协会1975年推荐的椭球参数，确定新的大地原点，大地原点选在我国中部陕西省泾阳县永乐镇。通过重新定位、定向，进行整体平差后求得的。1980系统比1954系统精度更高，参考椭球面与大地水准面平均差仅10m。

**（3）WGS—84世界坐标系**

用GPS卫星定位系统得到的地面点位是WGS—84世界坐标系，其坐标原点在地球质量中心，本书第20章再详细介绍。

## 1.3 用水平面代替水准面的限度

当测区较小，或工程对测量精度要求较低时，可用平面代替水准面，直接把地面点投影到平面上，以确定其位置。但是以平面代替水准面有一定的限度，只要投影后产生的误差不超过测量限差即可。下面讨论水平面代替水准面对距离、水平角、高差的影响。

### 1.3.1 对距离的影响

如图1-9所示，在测区中选一点$A$，沿垂线投影到水平面$P$上为$a$，过$a$点作切平面$P'$，地面上$A$、$B$两点投影到水准面上的弧长为$D$，在水平面上的距离为$D'$，则

$$\left. \begin{array}{c} D = R \cdot \theta \\ D' = R \cdot \tan\theta \end{array} \right\} \tag{1-4}$$

以水平长度$D'$代替球面上的弧长$D$产生的误差为

$$\Delta D = D' - D = R(\tan\theta - \theta) \tag{1-5}$$

将$\tan\theta$按级数展开，略去高次项，得

$$\tan\theta = \theta + \frac{1}{3}\theta^3 + \cdots \tag{1-6}$$

将式（1-6）代入式（1-5）并考虑

$$\theta = \frac{D}{R}$$

得

$$\Delta D = R\left(\theta + \frac{\theta^3}{3} + \cdots - \theta\right) = R\frac{\theta^3}{3} = \frac{D^3}{3R^2} \tag{1-7}$$

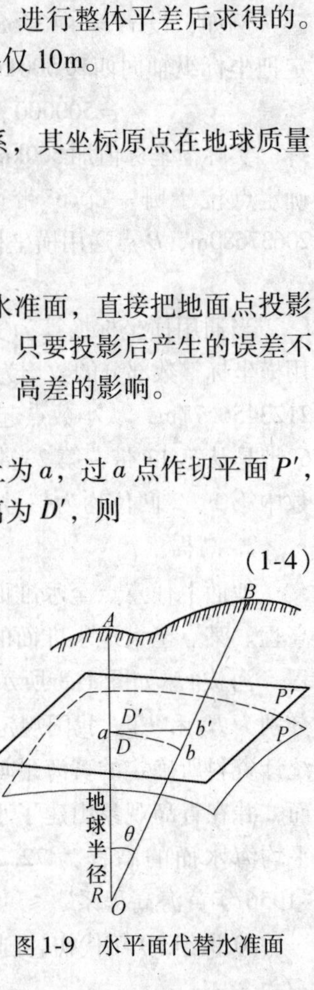

图1-9 水平面代替水准面

两端除以 $D$，得相对误差

$$\frac{\Delta D}{D} = \frac{1}{3}\left(\frac{D}{R}\right)^2 \tag{1-8}$$

地球半径 $R = 6371\text{km}$，并用不同的 $D$ 值代入，可计算出水平面代替水准面的距离误差和相对误差，列于表1-1。

表1-1　水平面代替水准面对距离影响

| 距离 $D$（km） | 距离误差 $\Delta D$（cm） | 距离相对误差（$\Delta D/D$） |
|---|---|---|
| 1 | 0.00 | — |
| 5 | 0.10 | 1 : 5000000 |
| 10 | 0.82 | 1 : 1217700 |
| 15 | 2.77 | 1 : 541516 |
| 20 | 6.60 | 1 : 305000 |

从表1-1中可以看出，当距离 $D$ 为10km时，所产生的距离相对误差（$\Delta D/D$）为 $1/(121 \times 10^4)$，因此，在半径为10km圆面积内进行距离测量，可以用水平面代替水准面，不必考虑地球曲率的影响。

### 1.3.2　对水平角的影响

从球面三角形可知，球面上三角形内角之和比平面上相应内角之和多出球面角超，其值为

$$\varepsilon'' = \frac{P}{R^2}\rho'' \tag{1-9}$$

式中　$\varepsilon''$——球面角超，单位为秒；

$P$——球面三角形面积；

$\rho''$——206265″。

以不同面积的球面三角形算得的球面角超列于表1-2。

表1-2　水平面代替水准面对角度的影响

| $P$（km$^2$） | $\varepsilon$（″） | $P$（km$^2$） | $\varepsilon$（″） |
|---|---|---|---|
| 10 | 0.05 | 100 | 0.51 |
| 50 | 0.25 | 500 | 2.54 |

计算结果表明，当测区范围在 $100\text{km}^2$ 时，对角度的影响仅为0.51″，在一般的测量工作可以忽略不计。

### 1.3.3　对高程的影响

由图1-9可见，$b'b$ 为水平面代替水准面对高程产生的误差，令其为 $\Delta h$，也称为地球曲率对高程的影响。

$$(R + \Delta h)^2 = R^2 + D'^2$$

$$2R\Delta h + \Delta h^2 = D'^2$$

$$\Delta h = \frac{D'^2}{2R + \Delta h}$$

上式中，用 $D$ 代替 $D'$，而 $\Delta h$ 相对于 $2R$ 很小，可略去不计，则

$$\Delta h = \frac{D^2}{2R} \tag{1-10}$$

以不同的 $D$ 代入上式，则得高程误差，见表1-3。

7

表1-3　水平面代替水准面对高程的影响

| $D$（m） | 10 | 50 | 100 | 200 | 500 | 1000 |
|---|---|---|---|---|---|---|
| $\Delta h$（mm） | 0.0 | 0.2 | 0.8 | 3.1 | 19.6 | 78.5 |

由表1-3可见，水平面代替水准面对高程的影响，200m时就有3.1mm。所以地球曲率对高程影响很大。在高程测量中，即使距离很短也应顾及地球曲率的影响。

## 1.4　测量工作概述

地球表面复杂多样的形态，可分为地物与地貌两大类，所谓地物是指人工或自然形成的构造物，如房屋、道路、湖泊、河流等。地貌是指地面高低起伏的形态，如山岭、谷地等。不论地物和地貌都是由无数地面点集合而成。测量的目的就是确定地面点的平面位置和高程，以便根据这些数据绘制成图。

### 1.4.1　测量工作的组织原则

用三句话概括：从整体到局部，从控制测量到碎部测量，从高级到低级。第一句话是对测量整体布局而言，对整个测区采用什么方案，局部地区又怎么做。第二句话是对测量工作的程序而言，先做控制测量，后做碎部测量。第三句话是对测量精度来说的，先做高精度测量，后做低精度测量，由高精度控制低精度。

### 1. 控制测量

所谓控制测量是在测区中选择有控制意义的点，用较精确的方法测定其位置，这些点称为控制点，测量控制点的工作称为控制测量。例如图1-10，选 $A$，$B$，$C$，$D$，$E$，$F$…各点

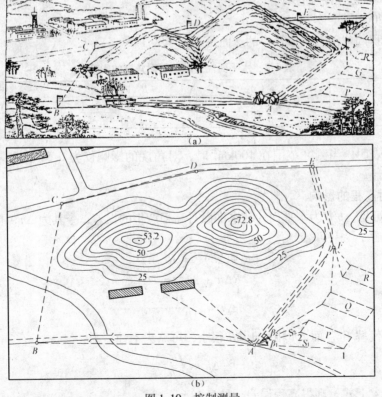

图1-10　控制测量

为控制点，用仪器测量控制点之间的距离以及各边之间水平夹角等，最后计算出各控制点的坐标，以确定其平面位置。还要测量各控制点之间的高差，设 $A$ 点的高程为已知，就可求出其他控制点的高程。

2. 碎部测量

碎部测量就是测量地物地貌特征点的位置。例如，测量房屋 $P$，就必须测定房屋的特征点 1、2 等点，在 $A$ 点测量水平夹角 $\beta_1$ 与边长 $S_1$ 即可决定 1 点。用极坐标法把地面上各点描绘到图纸上。

### 1.4.2 测量工作的操作原则

控制测量测定控制点如有错误，以它为基础测量碎部点也就有错误，碎部点有错，画的图就不正确。因此测量工作必须步步检核。前一步工作未检查绝不能做下一步工作，这是测量操作必须严格遵循的重要原则。测量工作有大量野外工作，"步步检核"这一原则尤为重要。

### 1.4.3 测量工作的三要素

无论是控制测量、碎部测量，还是工程施工测设，测量工作内容不外乎角度测量、距离测量和高差测量这三项内容。确定地面点位主要是通过测量角度、距离及高差，经计算得点位的坐标。因此，我们称测角、测距和测高差是测量工作的三要素。学习测量学就必须掌握这三项基本理论与技能。"测、算、绘"是测绘工作者的基本功。"测"即学会使用各种仪器进行测量；"绘"即掌握测绘平面图与地形图的方法与技术；"算"即熟悉各种计算表格，掌握计算方法。

## 1.5 测量常用计量单位及换算

早在 1959 年国务院就发布了统一的计量单位，确定米制为我国基本计量制度，改革市制、限制英制和废除旧杂制。1984 年国务院又颁布了《中华人民共和国法定计量单位》，是以国际单位制单位为基础，根据我国具体情况，适当增加一些其他单位构成的。现将测量上常用的计量单位及换算叙述如下。

1. 长度单位

1km（千米）= 1000m（米）

1m = 10dm（分米）= 100cm（厘米）= 1000mm（毫米）

1mm（毫米）= 1000μm（微米）

1μm（微米）= 1000nm（纳米）

1km = 2 华里（市里）

1 海里 = 1.852 千米

1 英寸 = 2.54 厘米　　1 英尺 = 12 英寸 = 0.3048 米

注：海里、英寸、英尺在我国法定计量单位中规定应淘汰。公尺、公寸、公分等名称不规范，应改称米、分米、厘米。市里、市亩仍可使用。

2. 面积单位

面积单位是平方米（$m^2$）。大面积通常用平方公里（$km^2$）或公顷（$hm^2$ 或 ha），在农业上也用市亩。

1$km^2$（平方公里）= 100$hm^2$（公顷）

1$hm^2$ = 10000$m^2$ = 15 亩

1 亩 = 666.7$m^2$

3. 角度单位

我国测量上的单位采用 60 进位制，即 1 圆周等于 360 度（360°），即

1 圆周 = 360°　　　　　　　　1 直角 = 90°

1° = 60′

$$1' = 60''$$

有些国家采用百进制的新度。即

1 圆周 $= 400^g$（新度） 　　　　　　　1 直角 $= 100^g$（新度）

$1^g$（新度）$= 100^c$（新分）

$1^c$（新分）$= 100^{cc}$（新秒）

在测量学中，推导公式和一些公式的表达时，常用弧度表示角度大小。所谓弧度就是与半径相等的弧长所对应的圆心角，称为 1 个弧度，以 $\rho$ 表示。因此 1 圆周对应的弧度 $= \dfrac{2\pi R}{R} = 2\pi$ 弧度，即

$$2\pi \text{ 弧度} = 360°$$

$$1 \text{ 弧度} = \frac{360°}{2\pi} = \frac{180°}{\pi} = 57.2958°$$

即

$$\rho° \text{（弧度度）} = 57.2958° = 57.3°$$

$$\rho' \text{（弧度分）} = 3437.748' \approx 3438'$$

$$\rho'' \text{（弧度秒）} = 206264.88'' \approx 206265''$$

## 本 章 补 充

[补1] 关于总地球椭球与参考椭球：这两种椭球大小一般采用相同值，即长半径 $a = 6378140\text{m}$，短半径 $b = 6356755.3\text{m}$，扁率 $\alpha = 1 : 298.257$。两者的不同点在于定位方法。

总地球椭球定位方法：椭球中心与地球中心重合，椭球短轴与地球自转轴重合等条件。该法用于全球测图。

参考椭球定位方法：椭球中心与地球中心不要求重合，要求椭球短轴与地球自转轴平行，使大地起始子午面与天文起始子午面平行，使椭球面与本国大地水准面充分接近。该法用于国家测图。

[补2] 关于投影带中央经线为 $X$ 轴的表述：$X$ 轴也可表述为投影带中央经线或投影带中央经线的投影，是一回事。但是，$Y$ 轴必须表述为赤道的投影，它是一条直线。如果表述为 $Y$ 轴是赤道，那就错了。

[补3] 要特别注意高差的符号：高差 $h_{AB}$ 表示 $A$ 点至 $B$ 点的高差，而高差 $h_{BA}$ 表示 $B$ 点至 $A$ 点的高差，两者数值相等，而符号相反。

## 练 习 题

1. 测量学的任务是什么？

2. 测量学中所用的平面直角坐标系与数学的平面直角坐标系有哪些不同？为什么要采用不同的平面直角坐标系？

3. 假定平面直角坐标系和高斯平面直角坐标系有何不同？各适用于什么情况？

4. 什么叫"1954年北京坐标系"？什么叫"1980 年大地坐标系"？它们的主要区别是什么？

5. 什么叫绝对高程与相对高程？什么叫"1956 年黄海高程系"与"1985 年国家高程基准"？

6. 已知地面 $A$ 点绝对高程为 $H_A = 80.56\text{m}$，$B$ 点绝对高程为 $H_A = 90.67\text{m}$，$C$ 点绝对高程为 $H_C = 112.88\text{m}$，求高差 $h_{AB}$，$h_{BC}$，$h_{CA}$，$h_{AC}$ 各为多少？

7. 测量工作的组织原则是什么？测量工作的操作原则又是什么？为什么要提出这些原则？

## 学 习 辅 导

1. 学习本章的目的与要求

（1）目的

了解实用工程测量学是研究什么，它的根本任务是什么，理解测定点位的基本知识、原理和相关的概念，为以后各章的学习打下基础。

（2）要求

①了解测量学的研究对象与任务；

②理解基准线、基准面、两个平面直角坐标系的概念及适用范围；

③理解测量工作的组织原则和操作原则。

2. 学习本章的方法要领

（1）每本教材第 1 章一般都是绪论或其他开篇语。绪论首先要讲课程的研究对象、任务，涉及全书的基本概念或基本知识，这是学好这门课的基础。

（2）测量学的实质是什么？简单一句话就是研究如何测定地面点的空间位置；因为确定点位需要坐标系，从而引出两个坐标系：独立的平面直角坐标和高斯平面直角坐标系，一定要把这两个坐标系搞清楚；同时还要搞清楚测量坐标系与数学坐标有什么不同点。

（3）表示点位的三个参量（纵坐标 $x$，横坐标 $y$ 以及高程 $H$），一般不能直接测得，都是通过测定角度、距离、高差而得到，因此把测定测量角度、测量距离、测量高差，称为测量工作的三要素。

（4）测量工作的组织原则和操作原则是完成测量工作的最为重要的保证，为什么必须这样做？

（5）如何学好这门课？关键在于"勤思考，多动手"。实用工程测量实践性极强，要特重视实践环节，要求由会操作，并要懂得操作中的道理，最终达到熟练操作。测量工作的基本功是"测、绘、算"，因此要求学生会测，会绘图，会计算。

# 第2章 水准测量

高差是确定地面点位的三要素之一。一般是通过测量高差进而求得点的高程，因此，如何测量地面上点的高差是测量的一项重要基本工作。由于所使用的仪器和施测方法的不同，高程测量可分为水准测量、三角高程测量、物理高程测量、GPS高程测量等。后两者是直接测定地面点的高程。水准测量是精密测量地面点高程最主要的方法。本章重点介绍水准测量的原理、水准仪的基本构造和使用、水准测量外业和内业以及水准仪的检验与校正等内容。

## 2.1 水准测量的原理

用水准测量方法确定地面点的高程，首先要测定地面点之间的高差。该法是利用仪器提供的水平视线，在两根直立的尺子上获取读数，来求得该两立尺点间的高差，然后推算高程。如图2-1所示，已知地面 $A$ 点的高程 $H_A$，欲求 $B$ 点的高程。首先要测定 $A$，$B$ 两点之间

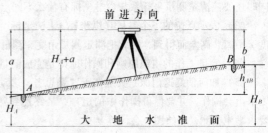

图 2-1 水准测量的原理

的高差 $h_{AB}$。安置水准仪于 $A$，$B$ 两点之间，并在 $A$，$B$ 两点上分别竖立水准尺，根据仪器的水平视线，先后在两尺上读取读数。按测量的前进方向，$A$ 尺在后，$A$ 尺读数 $a$ 称后视读数，$B$ 尺在前，$B$ 尺读数 $b$ 称前视读数。则 $A$ 到 $B$ 的高差 $h_{AB}$ 为

$$h_{AB} = a - b \tag{2-1}$$

当 $a > b$ 时，$h_{AB}$ 为正，说明 $B$ 点比 $A$ 点高。当 $a < b$ 时，$h_{AB}$ 为负，说明 $B$ 点比 $A$ 点低。不论何种情况，$A$ 点至 $B$ 点的高差 $h_{AB}$，总是用 $A$ 点的后视读数减 $B$ 点的前视读数。

若已知 $A$ 点的高程 $H_A$，则未知点 $B$ 的高程 $H_B$ 为：

$$H_B = H_A + h_{AB} = H_A + a - b \tag{2-2}$$

以上利用两点间高差求高程的方法叫高差法，此法适用于由一已知点推算某一待定高程点的情况（例如路线工程测量）。

在实际工作中，有时要求安置一次仪器测出若干个前视点待定高程（例如平整土地测量），以提高工作效率，此时可采用仪高法。首先，计算水准仪的视线高程（也可简称仪器高程），即水准仪视线至大地水准面的垂直距离 $H_i$，其值为 $A$ 点高程 $H_A$ 加 $A$ 点水准尺读数（后视读数）$a$，如图2-2所示，即

$$H_i = H_A + a \tag{2-3}$$

其次，计算待定点1，2…点的高程，例如1点高程 $H_1$，2点高程 $H_2$，……其值应为仪器高程 $H_i$ 减前视读数 $b$，即

$$H_1 = H_i - b_1, H_2 = H_i - b_2, \cdots \tag{2-4}$$

## 2.2 水准测量的仪器与工具

水准仪按其精度可分为 $DS_{05}$、$DS_1$、$DS_3$ 和 $DS_{10}$ 等四个等级（"D"和"S"分别表示"大地测量"、"水准仪"汉语拼音的第1字母"D"、"S"），其后的数字表示每千米测量高差中误差为 ±0.5mm、±1mm、±3mm

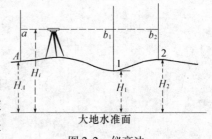

图 2-2 仪高法

和±10mm。按其构造分主要有微倾水准仪、自动安平水准仪、激光水准仪和数字水准仪。水准测量时还需配备水准尺和尺垫等。本章主要介绍微倾水准仪。

### 2.2.1 微倾水准仪的构造

微倾水准仪的构造主要由望远镜、水准器、托板和基座等四个部分组成。如图2-3所示为国产 DS₃ 微倾水准仪，它是目前工程测量中最常用的水准仪。

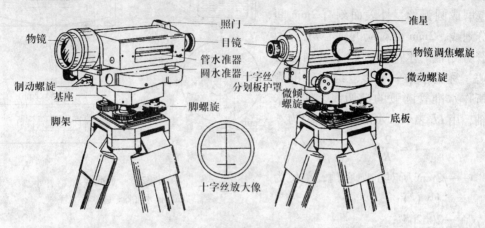

图 2-3　微倾水准仪的构造

### 1. 望远镜

望远镜由物镜、目镜、调焦透镜及十字丝分划板组成。如图2-4所示，物镜和目镜采用复合透镜组，调焦镜为凹透镜，位于物镜与目镜之间。望远镜的对光是通过旋转调焦螺旋，使调焦镜在望远镜筒内平行移动来实现。十字丝分划板上竖直的长丝称为竖丝，与之垂直的长丝称为横丝或中丝，用来瞄准目标与读数。在中丝上下对称为有两条与中丝平行的短横丝，称为视距丝，是用来测定距离的。

物镜光心与十字丝交点的连线称为视准轴，它是瞄目标视线。目标是否清晰是通过旋转调焦螺旋来实现的。图2-4a为望远镜的构造图，图2-4b为望远镜的原理图。

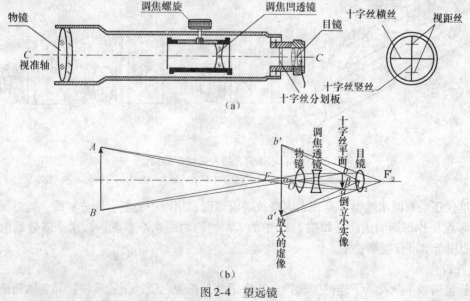

图 2-4　望远镜

(a) 望远镜的构造图；(b) 望远镜的原理图

13

## 2. 水准器

水准器是一种整平装置，水准器分为圆水准器（图2-5a）与管水准器（图2-5b）两种。管水准器用来指示视准轴是否水平，圆水准器用来指示仪器竖轴是否竖直。

管水准器又称水准管，是内装液体并留有气泡的密封的玻璃管。水准管纵向内壁磨成圆弧形，外表面刻有 2mm 间隔的分划线，2mm 所对应的圆心角τ称为水准管分划值。水准管圆弧上分划的对称中心，称为水准管零点。通过水准管零点所作水准管圆弧的纵切线，称为水准管轴，用 $LL$ 表示。水准管分划值τ为

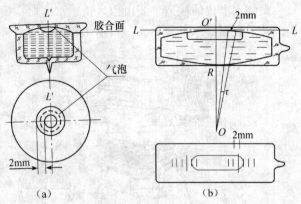

$$\tau = \frac{2}{R}\rho'' \qquad (2-5)$$

式中　$\tau$——2mm 所对的圆心角，单位为
　　　　秒（"）；

　　　$\rho''$——206265"；

　　　$R$——水准管圆弧半径，mm。

图 2-5　水准器
（a）圆水准器；（b）水准管

水准管圆弧半径 $R$ 愈大，分划值就越小，则水准管灵敏度就越高，也就是仪器的置平精度越高。DS₃ 水准仪水准管分划值为20"/2mm。

为了提高水准管气泡居中的精度，采用符合水准管系统，通过符合棱镜的反射作用，使气泡两端的影像反映在望远镜旁的符合气泡观察窗中，如图 2-6a 所示。由观察窗看气泡两端的半像符合与否，来判断气泡是否居中。图 2-6b 表示气泡居中的情况。图 2-6c 表示气泡未居中的情况，显示图 2-6c 中左图图像时，应逆时针旋转微倾螺旋，显示右图图像，应顺时针旋转微倾螺旋。

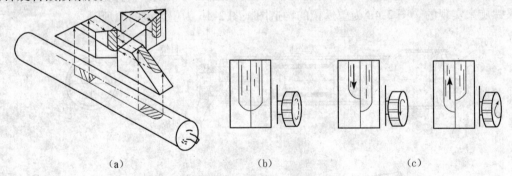

图 2-6　符合水准管光路及微倾螺旋操作
（a）气泡两端影像光路图；（b）气泡居中情况；（c）气泡未居中情况

水准仪还装有圆水准器，其顶面内壁被磨成球面，顶面中心刻有圆分划圈。通过圆圈中心（即零点）作球面的法线，如图 2-5a 中的 $L'L'$，称为圆水准器轴。圆水准器分划值约为 8'，只能用于水准仪粗略整平。

## 3. 托板

托板包括板本身及其下连的竖轴筒，其作用是上托望远镜，下连基座。其竖轴筒插入基座的轴套内，使仪器可作360°旋转，如图2-7所示。

14

**4. 基座**

基座用于支撑仪器的上部，通过连接螺旋使仪器与三脚架相连。调节基座上的三个脚螺旋可使圆气泡居中，仪器达到粗略整平。

### 2.2.2 水准仪构造应满足的主要条件

微倾水准仪有四条主要轴线：即视准轴 $CC$、水准管轴 $LL$、圆水准器轴 $L'L'$ 以及仪器竖轴 $VV$，如图 2-8 所示。水准仪之所以能提供一条水平视线，取决于仪器本身的构造特点，主要表现在轴线间应满足的几何条件：

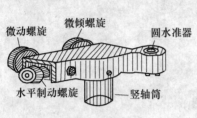

图 2-7 托板

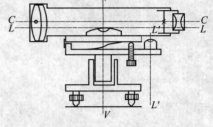

图 2-8 微倾水准仪主要轴线

（1）圆水准器轴平行于竖轴；
（2）十字丝横轴垂直于竖轴；
（3）水准管轴平行于视准轴。

### 2.2.3 水准尺和尺垫

**1. 水准尺**

水准尺是水准测量的主要工具，有单面尺和双面尺两种，如图 2-9 所示。单面尺（图2-9a）：单面尺仅有黑白相间的分划，尺底为零，由下向上注有 dm（分米）和 m（米）的数字，最小分划单位为 cm（厘米）。塔尺和折尺就属于单面水准尺。

双面尺（图 2-9b）：双面尺有两面分划，正面是黑白分划，反面是红白分划，其长度有 2m 和 3m 两种。黑面尺的尺底为零；而红面尺的尺底不为零，一根尺为 4.687m，另一根尺为 4.787m，两根尺配成一对使用。

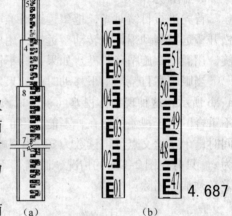

图 2-9 两种水准尺
（a）单面尺（塔尺）；（b）双面尺

**2. 尺垫**

尺垫是放置水准尺用的，用时将尺垫放在地上，用脚踩实，以使其支脚牢固地插入土中，以防下沉。水准尺应竖直放在凸起的半球体上，如图 2-10 所示。

## 2.3 水准仪的使用

**1. 测站安置**

（1）安置三脚架与仪器

打开三脚架，旋紧脚架伸缩腿螺旋，安置三脚架高度适中，目估使架头水平。然后打开仪器箱，取出水准仪，置于三脚架头上，并用中心连接螺旋把水准仪与三脚架头固定连在一起。

（2）粗平

粗平是用圆水准器，使其气泡居中，以便达到仪器竖轴大致铅直，这时称仪器粗略水

图 2-10 尺垫

15

平。具体操作是要转动脚螺旋使气泡居中，如图 2-11 所示。图 2-11a 气泡未居中，而位于 $a$ 处；第 1 步，按图上箭头所指方向，两手相对转动脚螺①、②，使气泡移到通过水准器零点作①、②脚螺旋连线的垂线上，如图中垂直的虚线位置。第 2 步，用左手转动脚螺旋③，使气泡居中。掌握规律：左手大拇指移动方向与气泡移动方向一致[补1]。

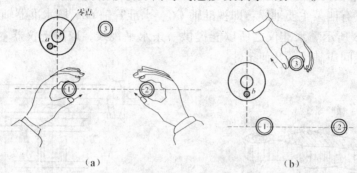

图 2-11　水准仪粗平

(a) 粗平第 1 步；(b) 粗平第 2 步

## 2. 瞄准水准尺

首先进行目镜对光，把望远镜对准明亮的背景，转动目镜对光螺旋，使十字丝清晰。再松开望远镜制动螺旋，转动望远镜，用望远镜上的照门与准星粗略瞄准水准尺，固紧制动螺旋，用微动螺旋精确瞄准。如果目标不清晰，应转动对光螺旋，使目标清晰。

当眼睛在目镜端上下移动时，如果发现目标的像与十字丝有相对移动的现象，如图2-12a、b 所示，这种现象称视差（视差现象）。产生视差的原因是因为目标像平面与十字丝平面不重合。由于视差的存在，不能获得正确读数，如图 2-12a、b 所示，当人眼位于目镜端中间时，十字丝交点读得读数为 $a$。当眼略向上移动读得读数为 $b$。当眼略向下移动读得读数为 $c$。只有在图 2-12c 的情况，眼睛上下移动读得读数均为 $a$。因此，瞄准目标时存在的视差必须加以消除。

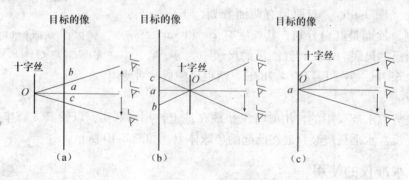

图 2-12　视差现象

(a) 存在视差（目标像在后）；(b) 存在视差（目标像在前）；(c) 目标像与十字丝重合

消除视差的方法：首先把目镜对光螺旋调好，然后瞄准目标反复调节对光螺旋，同时眼睛上下移动观察，直至读数不发生变化时为止。此时目标像与十字丝在同一平面，这时读取的读数才是无视差的正确读数。如果换另一人观测，由于各人眼睛的明视距离不同，可能需要重新再调一下目镜对光螺旋，一般情况是目镜对光螺旋调好后就不必在消除视差时反复调节。

16

**3. 精平**

眼睛注视望远镜旁观察窗,转动微倾螺旋,使水准气泡两端半像符合,此时水准管轴严格水平。因为水准管轴与视准轴平行,所以视准轴也处于严格水平位置。

**4. 读数**

水准管气泡居中后,用十字丝的横丝在水准尺上读数。记住读数总是从小到大读取。如图 2-13a 所示,系正像望远镜中的尺像,从小到大应读 1.334m,数字上的红点数表示米数,毫米数估读得到。

如图 2-13b 所示,系倒像望远镜中的尺像,从小到大应读 1.560m。

图 2-14 为双面水准尺,图 2-14a 水准尺零点为 4.687m,图 2-14b 水准尺零点为 4.787m。不同零点两根水准尺配对使用。图 2-14a 读数应为 4.983m,图 2-14b 读数应为 5.101m。

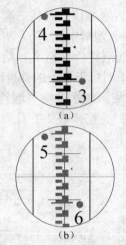

图 2-13 塔尺在望远镜中尺像
（a）正像望远镜中的尺像；（b）倒像望远镜中的尺像

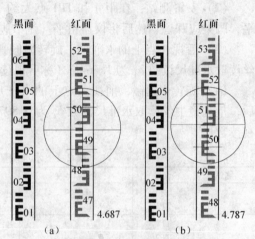

图 2-14 红黑双面水准尺
（a）1 号尺；（b）2 号尺

## 2.4 水准测量外业

### 2.4.1 水准点

为了满足各种测量的需要,测绘部门在全国各地埋设并测定了很多高程控制点,这些点称为水准点（Bench Mark）,简记 BM。水准测量通常要从水准点引测其他的点。水准点有永久性和临时性两种。国家等级的水准点一般是用钢筋混凝土制成的,深埋到地面冻土线以下。有些水准点也可设置在稳定的墙脚上。

建筑工地上的永久性水准点一般用混凝土或钢筋混凝土制成,其式样如图 2-15a 所示。临时性的水准点可用地面上突出的坚硬岩石或大木桩打入地下,桩顶钉以半球形铁钉,如图 2-15b 所示。

埋设水准点后,应绘出水准点与附近固定建筑物或其他地物的关系图,图上注明水准点的编号和高程,称为点之记,以便日后寻找方便。水准点编号前通常加 BM 字样。

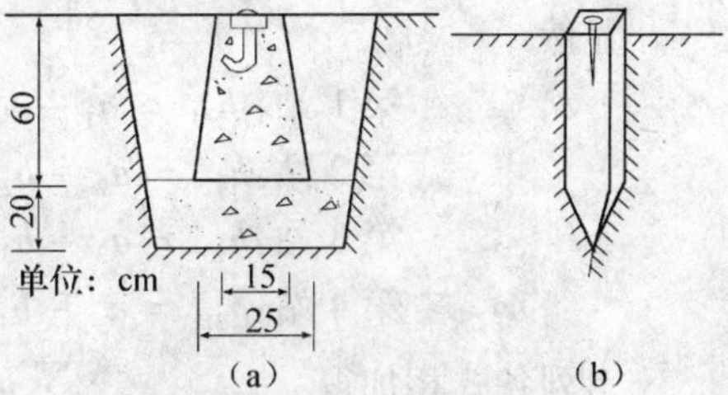

### 2.4.2 水准测量实施

当待定点离水准点较远或高差很大,就需要连续多次安置仪器才能测定两点高差。如图 2-16所示,已

图 2-15 水准点
（a）永久性水准点；（b）临时性的水准点

知水准点BM$A$的高程为$H_A$，测量未知点$B$的高程，假如需安置4个测站(安置仪器的位置称为测站)，其观测步骤如下：

（1）选择转点：在离BM$A$点某一距离适当位置（最好不超过120m）选一立尺点TP1，称为转点。所谓转点就是起传递高程作用的立尺点，一般在编号前冠以英文字母TP（Turning Point），不写TP也可。在$A$、TP1两点上分别立水准尺。

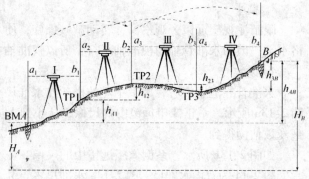

图2-16　水准测量实施

（2）安置测站：在距$A$和TP1点大约等距离Ⅰ处，安置水准仪。目估三脚架头基本水平，脚架应踩稳，然后将仪器粗平（调节脚螺旋使圆水准器气泡居中）。

（3）后视$A$点上的水准尺，旋转微倾螺旋，使水准管气泡符合（精平）后，望远镜中丝读取水准尺读数$a_1$为1.464m（称后视读数），记入表2-1对应于$A$点的后视读数栏。

（4）旋转望远镜，前视1点上的水准尺，旋转微倾螺旋，使水准管气泡符合（精平）后，望远镜中丝读取水准尺读数$b_1$为0.897m（称前视读数），记入表2-1对应于1点的前视读数栏[补2]。

表2-1　水准测量记录表（一次仪高法）

| 测站 | 点号 | 后视读数 | 前视读数 | 高差 | 高程 |
|---|---|---|---|---|---|
| 1 | $A$ | 1.464 | | +0.567 | 24.889 |
| | TP1 | | 0.897 | | 25.456 |
| 2 | TP1 | 1.879 | | +0.944 | |
| | TP2 | | 0.935 | | 26.400 |
| 3 | TP2 | 1.126 | | −0.639 | |
| | TP3 | | 1.765 | | 25.761 |
| 4 | TP3 | 1.612 | | +0.901 | |
| | $B$ | | 0.711 | | 26.662 |
| 检核计算 | | $\sum a = 6.081$<br>$6.081 - 4.308 = +1.773$ | $\sum b = 4.308$ | $\sum h = +1.773$ | $H_B - H_A = +1.773$ |

（5）计算第一测站两立尺点间的高差：$h_{A1} = a_1 - b_1 = 0.567$m，记入表格高差栏。

（6）继续测量，选第2个转点TP2，水准仪搬到大约与TP1、TP2等距离的Ⅱ处，重复（2）、（3）、（4）、（5）各步，即"安置测站—后视—前视—计算高差"。

按照上述方法一直测到未知点$B$。但是，搬立尺子应注意：从第1站至第2站时，前视尺不动，而是将1站的后视尺搬动到2站作为前视尺，如图箭头所示方向搬迁立尺[补3]。

显然

第1站：$h_{A1} = a_1 - b_1$

第2站：$h_{12} = a_2 - b_2$

第3站：$h_{23} = a_3 - b_3$

第4站：$h_{3B} = a_4 - b_4$

上列各式相加得：
$$\sum h = h_{AB} = \sum a - \sum b \qquad (2\text{-}6)$$

已知$H_A$则
$$H_B = H_A + \sum h \qquad (2\text{-}7)$$

18

## 2.5 水准测量的检核

水准测量包括计算检核、测站检核以及成果检核三项。

1. 计算检核

（1）各测站高差总和＝后视读数总和－前视读数总和

上例：$\sum h = +1.773$  $\sum a - \sum b = 6.081 - 4.308 = +1.773$

（2）未知点高程－已知点高程＝各测站高差总和

上例：$H_B - H_A = 26.662 - 24.889 = \sum h = +1.773$

计算检核只能检查计算是否有误，不能检查观测是否存在错误。

2. 测站检核

（1）双仪高法：也称变动仪器高法，在同一测站上用不同仪器高度测两次高差，相互进行比较。测得第1次高差后，改变仪器高度10cm以上，重新安置水准仪，再测一次高差。两次测得高差之差不得超过容许值（等外水准为8mm），符合要求后，取其平均值作为最后结果，否则需重测。

双仪高法水准测量记录格式见表2-2。表中举例从 BMA 到 p 点，往测2站，返测2站。

表 2-2　水准测量记录表（双仪高法）

| 测站 | 测点 | 水准尺读数 | | 高差 | 高差改正数 | 改正后高差 | 高程 |
|---|---|---|---|---|---|---|---|
| | | 后视 | 前视 | | | | |
| 1 | BMA | 1.785 | | | | | 50.000 |
| | | 1.880 | | （+0.644） | | | |
| | 1 | | 1.141 | （+0.648） | | | |
| | | | 1.232 | +0.646 | -0.003 | +0.643 | |
| 2 | 1 | 2.032 | | | | | |
| | | 1.751 | | （+0.389） | | | |
| | P | | 1.643 | （+0.385） | | | |
| | | | 1.366 | +0.387 | -0.003 | +0.384 | |
| 3 | P | 0.642 | | | | | 51.027 |
| | | 0.763 | | （-0.833） | | | |
| | 2 | | 1.475 | （-0.839） | | | |
| | | | 1.602 | -0.836 | -0.003 | -0.839 | |
| 4 | 2 | 1.456 | | | | | |
| | | 1.562 | | （-0.187） | | | |
| | BMA | | 1.646 | （-0.183） | | | |
| | | | 1.745 | -0.185 | -0.003 | -0.188 | 50.000 |
| 校核 | | 11.691 | 11.667 | +0.012 | -0.012 | 0 | |
| | | $\frac{+0.024}{2} = +0.012$ | | | | | |

（2）双面水准尺法：需要有红黑双面的水准尺，水准仪安置的高度不变，先读后视尺与前视尺的黑面读数，求得两点高差。然后再读前后视红面尺读数，由红黑双面读数求得高差进行比较。但是应注意，配对尺使用的双面尺，红面起点，一根是 4.687m，一根是 4.787m。因此，计算高差时，若 4.687 为后视尺，4.787 为前视尺，因后尺起点数小 0.1m，则红面读数求得高差应加 0.1m。若 4.787 为后视尺，4.687 为前视尺，后尺读数大 0.1m，则红面读数求得高差应减去 0.1m，即

$$黑面求得高差 = 红面求得高差 \pm 0.1m \tag{2-8}$$

（后视尺为 4.687，取 "＋" 号，后视尺为 4.787，取 "－" 号）

19

红黑双面求得高差不得超过容许值，四等水准不得超过 5mm，等外水准可放宽至 8mm。

3. 成果检核

测站检核只能检核一个测站观测是否存在错误或误差是否超限。对一条水准路线来说，还不足以说明所求未知点的高程是否符合要求。有一些误差在一个测站上反映不出来，但随着测站数的增加，使误差积累，最后致使成果达不到精度要求。因此，还必须进行整条路线成果的检核。

（1）附合水准路线

从一水准点 BMA 出发，沿各待定高程点逐站进行水准测量，最后附合到另一水准点 BMB，如图 2-17 所示。附合水准路线的检核条件为

$$\sum h_i = H_B - H_A$$

若等号两边不相等，则附合水准路线的高差闭合差 $f_h$ 为

图 2-17　附合水准路线

$$f_h = \sum h_i - (H_B - H_A) \tag{2-9}$$

限差为：

$$平地：\qquad f_{h容} = \pm 40 \sqrt{L} \ （mm） \tag{2-10}$$

$$山地：\qquad f_{h容} = \pm 12 \sqrt{n} \ （mm） \tag{2-11}$$

式中　$L$——路线总长，km；

　　　　$n$——路线上总测站数。

（2）闭合水准路线

从水准点 BMA 出发，沿环线逐站进行水准测量，经过各高程待定点，最后返回 BMA 点，称为闭合水准路线。如图 2-18 所示，其高差闭合差 $f_h$ 为

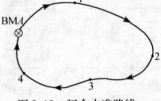

图 2-18　闭合水准路线

$$f_h = \sum h_i \tag{2-12}$$

闭合水准路线限差同符合水准路线。

（3）支水准路线

若从一水准点出发，既没有符合到另一水准点，也没有闭合到原来的水准点，就称其为支水准路线。如图 2-19 所示，支水准路线采用往返观测，其高差闭合差 $f_h$ 的计算公式为：

图 2-19　支水准路线

$$f_h = \sum h_{往} + \sum h_{返} \tag{2-13}$$

## 2.6　水准测量内业计算

### 2.6.1　附合水准测量内业计算

如图 2-20 所示，$A$、$B$ 为已知水准点，$A$ 点高程为 55.000m，$B$ 点高程为 57.841m，在山区测量附合水准路线各测段测站数 $n$ 及高差 $h$ 列于图中。试求各未知点 1 与 2 的高程。

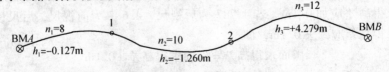

图 2-20　附合水准路线举例

**表 2-3　附合水准测量计算表**

| 点号 | 测站数 $n$ | 高差 $h$ <br>（m） | 高差改正数 $v$ <br>（m） | 改正后高差 $h+v$ <br>（m） | 高程 $H$ <br>（m） |
|------|-----------|------------------|----------------------|-------------------------|------------------|
| BM$A$ | 8 | − 0. 127 | − 0. 014 | − 0. 141 | 55. 000 |
| 1 | 10 | − 1. 260 | − 0. 017 | − 1. 277 | 54. 859 |
| 2 | 12 | + 4. 279 | − 0. 020 | + 4. 259 | 53. 582 |
| BM$B$ |  |  |  |  | 57. 841 |
| Σ | 30 | + 2. 892 | − 0. 051 | + 2. 841 | + 2. 841 |

1. 计算高差闭合差 $f_h$

按式（2-9）

$$f_h = \sum h_i - (H_B - H_A)$$
$$= - 0. 127 - 1. 260 + 4. 279 - (57. 841 - 55. 000)$$
$$= 2. 892 - 2. 841 = + 0. 051 \text{m}$$

山地水准测量，高差闭合差的容许值为

$$f_{h容} = \pm 12 \sqrt{n} (\text{mm}) = \pm 12 \sqrt{30} = \pm 66 \text{mm}$$

实际高差闭合差为 +51mm，小于容许值 66mm，说明测量精度符合要求。

2. 闭合差的调整

在同一条水准路线上，观测条件是相同的，可以认为各测站产生误差大小基本相同，因此可将闭合差按测站数（或距离）成正比例反符号进行分配，即得高差改正数：

$$v_i = \frac{-f_h}{\sum n} \cdot n_i \tag{2-14}$$

或

$$v_i = \frac{-f_h}{\sum L} \cdot L_i \tag{2-15}$$

本例总测站数为 30，所以第 1 段高差改正数为

$$v_i = \frac{- 0. 051}{30} \times 8 = - 0. 0017 \times 8 = - 0. 0136 \text{m}$$

第 2 段高差改正数 $v_2 = - 0. 0017 \times 10 = - 0. 017 \text{m}$。第 3 段高差改正数 $v_3 = - 0. 0017 \times 12 = 0. 0204 \text{m}$。计算后取小数点后 3 位填入表中高差改正数栏内。检查高差改正数总和应等于闭合差，但符号相反。由于四舍五入的影响，有时会产生 1～2mm 的差异，此时应适当调整高差改正数，使高差改正数总和其绝对值完全等于闭合差，即

$$\sum v_i = -f_h$$

计算各测段改正后的高差，就是将实测的高差加高差改正数。这一步又要作检查，即改正后高差总和应等于 $A$、$B$ 两点的高差（$H_B - H_A$），即

$$\sum h_{改正后} = H_B - H_A$$

3. 高程计算

从 $A$ 点已知高程加 $A \sim 1$ 改正后高差，便得 1 点的高程。依次逐步推算，最后算得 $B$ 点高程 $H_B$ 完全相等。

上述计算列于表 2-3。

**2. 6. 2　闭合水准测量内业计算**

闭合水准路线各段高差的代数和应等于零，如不为零即高差闭合差 $f_h$

$$f_h = \sum h_i$$

闭合差的分配、计算改正后高差及最后推算高程与附合水准路线相同。

## 2.7 微倾水准仪的检验与校正

在2.3.2节中已介绍了水准仪结构有4条主要轴线以及它们应满足的三个条件。但是由于仪器的长期使用和搬运，各轴线之间的关系会发生变化，若不及时检验与校正，就会影响测量成果的质量。因此，在使用前应对仪器进行认真的检验与校正。

### 2.7.1 圆水准器的检验与校正

1. 检验

目的：圆水准器轴 $L'L'$ 平行于仪器竖轴 $VV$。

方法：首先用脚螺旋使圆水准气泡居中，此时圆水准器轴 $L'L'$ 处于竖直的位置。将仪器绕仪器竖轴旋转180°，圆水准气泡如果仍然居中，说明 $VV /\!/ L'L'$ 条件满足。

若将仪器绕竖轴旋转180°，气泡不居中，则说明仪器竖轴 $VV$ 与 $L'L'$ 不平行。在图2-21a中，如果两轴线交角为 $\alpha$，此时竖轴 $VV$ 与铅垂线偏差也为 $\alpha$ 角。当仪器绕竖轴旋转180°后，此时圆水准器轴 $L'L'$ 与铅垂线的偏差变为 $2\alpha$，即气泡偏离格值为 $2\alpha$，实际误差仅为 $\alpha$。如图2-21b所示。

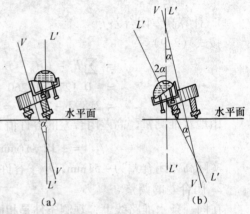

图2-21　圆水准器的检验
(a) 气泡居中；(b) 旋转180°后

2. 校正

首先稍松位于圆水准器下面中间的固紧螺钉（图2-22c），然后调整其周围的3个校正螺钉，使气泡向居中位置移动偏离量的一半，如图2-22a所示。此时圆水准器轴 $L'L'$ 平行于仪器竖轴 $VV$。然后再用脚螺旋整平，使圆水准器气泡居中，此时竖轴 $VV$ 与圆水准器轴 $L'L'$ 同时处于竖直位置，如图2-22b所示。校正工作一般需反复进行，直至仪器转到任何位置气泡均为居中为止，最后应旋紧固定螺钉。

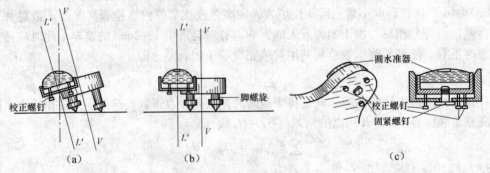

图2-22　圆水准器的校正
(a) 气泡向中心移一半；(b) 用脚螺旋使圆水气泡居中；(c) 圆水准器的螺钉

### 2.7.2 十字丝的检验与校正

1. 检验

目的：十字丝横丝垂直于仪器竖轴 $VV$。

方法：首先将仪器安置好，用十字丝横丝对准一个清晰的点状目标 $P$，如图 2-23a 所示。然后固定制动螺旋，转动水平微动螺旋。如果目标点 $P$ 沿横丝移动，如图 2-23b 所示，则说明横丝垂直于仪器竖轴 $VV$，不需要校正。如图 2-23c、d 所示，则需校正。

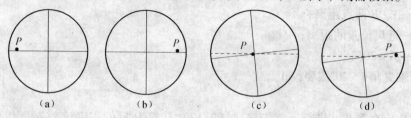

图 2-23　十字丝横丝的检验

2. 校正

校正方法按十字丝分划板装置形式不同而异。有的仪器可直接用螺丝松开分划板座相邻两颗固定螺丝，转动分划板座，改正偏离量的一半，即满足条件。有的仪器必须卸下目镜处的外罩，再用螺丝刀松开划板座的固定螺丝，拨正分划板座即可。

### 2.7.3　管水准器的检验与校正

1. 检验

目的：水准管轴 $LL$ 应平行于望远镜的视准轴 $CC$。

方法：

（1）选相距约 $60 \sim 100\text{m}$ 的两点 $A$ 和 $B$，如图 2-24 所示，离 $A$、$B$ 等距离 I 处安置仪器，用双仪器高法测 $A$、$B$ 高差两次，如差数在 3mm 以内，取平均值为正确的高差 $h_{AB}$。因前后视读数误差均包含误差 $x$，求高差时消除了。

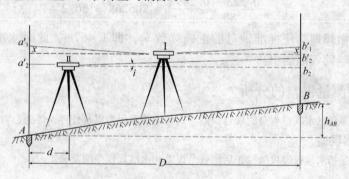

图 2-24　水准管轴与视准轴不平行的检校

（2）把仪器搬到靠近 $A$ 或 $B$ 点，例如 $A$ 点，图中 II 位置，离 $A$ 点距离为 $d$（约 2m，略大于仪器的最短视距），读出 $A$ 点和 $B$ 点水准尺读数，再求两点高差为 $h'_{AB}$，如果前后两次高差不相等，则说明条件不满足。

（3）计算视准轴与水准管轴不平行所产生的夹角 $i$，从图中可看出

$$i = \frac{b'_2 b_2}{D - d} \rho'' \tag{2-16}$$

从图中可看出：在 II 站 $B$ 尺的正确读数 $b_2$ 为

$$b_2 = a_2' - h_{AB} \tag{2-17}$$

移项得

$$a_2' - b_2 = h_{AB}$$

$$a_2' - b_2' = h'_{AB}$$

23

将上面两式相减便得 $b_2'b_2 = h_{AB} - h'_{AB}$，代入式（2-16）得

$$i = \frac{|h'_{AB} - h_{AB}|}{D - d}\rho'' \qquad (2\text{-}18)$$

式中　$D$——$A$、$B$ 两点距离；

　　　$d$——近尺位置的距离；

　　　$\rho''$——$\rho'' = 206265''$。

如果两轴夹角 $i > 20''$ 需要校正。

2. 校正

校正工作应在第Ⅱ站进行。首先按式（2-17）计算 $B$ 尺的正确读数 $b_2$。然后调微倾螺旋使视准轴对准这个正确读数，此时水准管气泡必偏歪。调节上下两个螺丝使气泡居中。操作时，需先将左(或右)螺丝略松开一些，如图 2-25 所示，使水准管能够活动，然后一松一紧上下校正螺丝，最后再把左右螺丝拧紧。

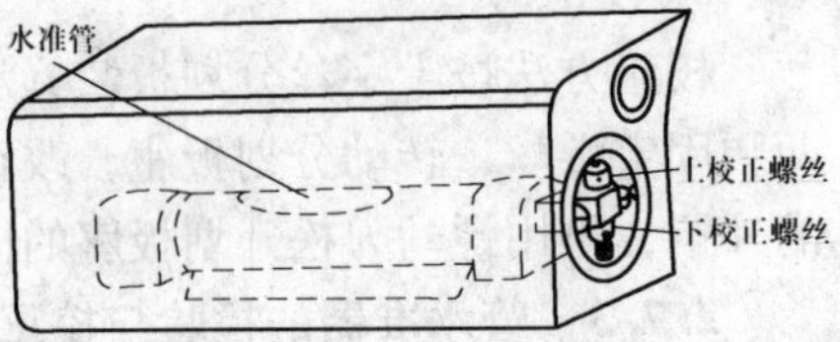

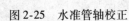

图 2-25　水准管轴校正

现举一实例如下：

$D = 80\text{m}$，在Ⅰ站观测得，$a_1' = 1.889\text{m}$，$b_1' = 1.661\text{m}$。

在Ⅱ站观测得，$a_2' = 1.695\text{m}$，$b_2' = 1.446\text{m}$，$d = 3\text{m}$。

计算 $A$、$B$ 两点的正确高差 $h_{AB} = +0.228\text{m}$。在Ⅱ站观测得 $h'_{AB} = +0.249\text{m}$ 按式（2-15）得 $B$ 尺的正确读数 $b_2 = 1.695 - 0.228 = 1.467\text{m} > 1.446\text{m}$，说明视线向下倾斜。

$$i = \frac{|h_{AB} - h'_{AB}|}{D - d}\rho''$$

$$= \frac{|0.228 - 0.249|}{80 - 3} \times 206265 = 56.2''$$

校正时，调微倾螺旋使视准轴对准正确读数 $b_2$，即 1.467m，此时水准管气泡必偏歪，调节上下两个螺丝使气泡居中。

## 2.8　水准测量误差的分析

水准测量的误差包括水准仪本身的仪器误差、人为的观测误差以及外界条件的影响三个方面。

### 2.8.1　仪器误差

仪器误差主要是指水准仪经检验校正后的残余误差和水准尺误差两部分。

1. 残余误差

水准仪经检验校正后的残余误差，主要表现为水准管轴与视准轴不平行，虽然经校正，但仍然残存的少量误差。这种误差的影响与距离成正比，观测时若保证前后视距大致相等，便可消除或减弱此项误差的影响。这就是水准测量时为什么要求前后视距相等的重要原因[补4]。

2. 水准尺误差

由于水准尺的刻划不准确，尺长发生变化、弯曲等，会影响水准测量的精度，因此，水准尺须经过检验符合要求后，才能使用。有些尺子的底部可能存在零点差，可在一水准测段中使用测站数为偶数的方法予以消除。其理由是：

例如第一站测量，正确高差为 $h_1$，由于零点差，观测结果得不正确高差为 $h'_1$，假设后尺 $A$ 零点未磨损，前尺 $B$ 零点磨损量为 $\Delta$。则

第一站，$A$ 尺未磨损，$B$ 尺磨损 $\Delta$　则　$h'_1 = a_1 - (b_1 + \Delta) = h_1 - \Delta$

第二站，由于前后尺倒换，则　$h'_2 = (a_2 + \Delta) - b_2 = h_2 + \Delta$

第三站，前后尺又倒换，所以　$h'_3 = a_3 - (b_3 + \Delta) = h_3 - \Delta$

如此继续下去。从上列公式看出：第一站高差测小一个 $\Delta$，第二站测大一个 $\Delta$，第三站又小一个 $\Delta$，全路线总高差为各站高差之和。如果全路线布置成偶数测站，则可完全消除水准尺零差对高程的影响。

### 2.8.2 观测误差

**1. 水准管气泡居中误差**

设水准管分划值为 $\tau''$，气泡居中误差一般为 $\pm 0.15 \tau''$。采用符合水准照器时，气泡居中精度可提高一倍。

**2. 水准尺估读误差**

在水准尺上估读毫米数的误差 $m_V$，与人眼的分辨力、望远镜的放大倍率 $V$ 和视距长度 $D$ 有关。通常用下式计算：

$$m_V = \frac{60''}{V} \cdot \frac{D}{\rho''} \tag{2-19}$$

**3. 视差影响**

当存在视差时，由于水准尺影像与十字丝分划板平面不重合，若眼睛观察的位置不同，便读出不同的读数，因而会产生读数误差。所以，观测时应注意消除视差。

**4. 水准尺倾斜误差**

水准尺倾斜将使尺上的读数增大，且视线离地面越高，读取的数据误差就越大。例如水准尺倾斜 $3.5°$，在水准尺 1m 处读数时，将产生 2mm 的误差。若读数大于 1m，误差将超过 2mm[补5]。

### 2.8.3 外界条件的影响

**1. 仪器下沉**

在土质较松软的地面上进行水准测量时，易引起仪器下沉，致使观测视线降低，造成测量高差的误差，若采用"后—前—前—后"的观测顺序可减弱其影响。因此仪器应放在坚实地面，并将仪器脚架踏实。

**2. 尺垫下沉**

转点处的尺垫发生下沉后，使下一测站的后视读数增大，则高差增大，造成高程传递误差。为此，实际测量时，转点应设在坚实地面上，尺垫要踏实。

**3. 地球曲率和大气折光的影响**

如图 2-26 所示，用水平视线代替水准面若在尺上读数产生的误差为 $c$，从第 1 章式 (1-10) 可知，$c$ 值为

$$c = \frac{D^2}{2R} \tag{2-20}$$

式中　$D$——仪器到水准尺的距离；
　　　$R$——地球平均半径 6371km。

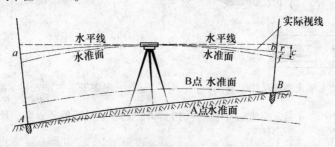

图 2-26　地球曲率和大气折光的影响

由于大气折光的影响，视线不是水平线，而是一条曲线（图 2-26），其曲率半径为地球半径的 7 倍。因此折光对水准尺读数影响为

$$c = \frac{D^2}{2 \times 7R} \tag{2-21}$$

折光与地球曲率的综合影响为

$$f = c - r = \frac{D^2}{2R} - \frac{D^2}{14R} = 0.43\frac{D^2}{R} \tag{2-22}$$

如果使前后视距相等，式（2-22）计算的 $f$ 值相等。因此，地球曲率和大气折光的影响将得到消除或大大减弱。

4. 温度影响

温度的变化不仅引起大气折光的变化，而且仪器受到烈日的照射，水准管气泡将向着温度高的方向偏移，影响仪器的水平，从而产生气泡居中的误差。因此，观测时应注意撑伞遮阳，避免阳光直接照射。

## 2.9  几种新式的水准仪

### 2.9.1  自动安平水准仪

自动安平水准仪的特点是没有管水准器和微倾螺旋。在粗略整平之后，即在圆水准气泡居中的条件下，利用仪器内部的自动安平补偿器，就能获得视线水平时的正确读数，省略了精平过程，从而提高了观测速度和整平精度。

补偿器的种类很多，最常用的是采用吊挂光学棱镜的方法，借助于重力的作用使光学棱镜位移。图 2-27 是该类自动安平水准仪结构示意图，其补偿器是一套安装在调焦透镜与十字丝分划板之间的棱镜组构成的。其中屋脊棱镜是固定在望远镜筒内，下方吊挂着两个直角棱镜，在重力的作用下，悬挂的棱镜与望远镜作相对偏转。棱镜下方设置空气阻尼器，以减少悬挂棱镜的摆动。

当仪器水平时，如图 2-28a 所示，十字丝交点读得水平视线的读数 $a_0$。当仪器倾斜，如图 2-28b 所示，例如视准轴倾斜一个小角 $\alpha$，如果没有安置补偿器，此时水准尺上的 $a_0$ 点过物镜光心 $O$ 的水平视线不再通过十字丝的交点 $Z$，而在与 $Z$ 距离为 $l$ 的 $A$ 点，图中可看出

$$l = f\tan\alpha \tag{2-23}$$

式中  $f$——物镜的等效透镜焦距。

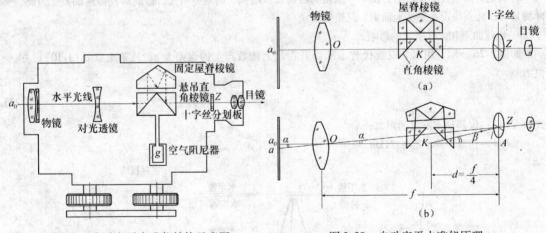

图 2-27  自动安平水准仪结构示意图        图 2-28  自动安平水准仪原理

若在距离十字丝中心 $d$ 处，安置一个自动补偿器 $K$，使水平视线偏转 $\beta$ 角，使其通过十字丝中心 $Z$，则

$$l = d\tan\beta \tag{2-24}$$

故有

$$f\tan\alpha = d\tan\beta \tag{2-25}$$

由此可见，当式（2-23）条件满足时，尽管视轴有微小倾斜，但十字中心 $Z$ 仍能读出视线水平时的读数 $a_0$，从而达到补偿的目的。自动安平水准仪的补偿器棱镜组就是按此原理设计的。视线自动补偿有一定的幅度，因此，使用自动安平水准仪，首先必须粗平仪器。

右图 2-29 为苏州第一光学仪器厂生产的 DSZ3 型自动安平水准仪，每千米测量高差的中误差为 ±2.5mm，补偿器工作范围为 ±14′。

### 2.9.2 激光水准仪

在普通水准仪结构的基础上，安装一个能够发射激光的装置，激光束通过仪器内部棱镜，从望远镜射出一条水平的可见的激光，这种水准仪称为激光水准仪。

图 2-30 是一种国产激光水准仪，它是在 DS₃ 型水准仪望远镜筒上安装激光装置而成的。激光装置是由氦氖激光器和棱镜导光系统组成。仪器激光的光路如图 2-31 所示。从氦氖激光器发射的激光束，经过棱镜转向聚光镜组，通过针孔光栏到达分光镜，再经过分光镜折向望远镜系统的调焦镜和物镜射出激光束。

图 2-29 DSZ3 型自动安平水准仪

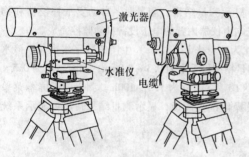

图 2-30 激光水准仪

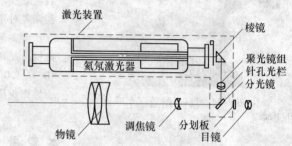

图 2-31 激光水准仪的光路图

使用激光水准仪时，首先按水准仪操作方法安置和整平仪器，并瞄准目标。然后接好激光电源，打开电源开关，待激光器正常起辉后，将工作电流调至 5mA 左右，这时将有最强的激光输出，在目标上得到最明亮的红色光斑。

### 2.9.3 激光铅直仪

激光铅直仪是一种专用的铅直定位仪器，适用于高烟囱、高塔架和高层建筑的铅直定位测量。

图 2-32 为一种国产激光铅直仪，仪器竖轴是一个空心筒轴，两端有螺扣连接望远镜和激光器的套筒，将激光器安在筒轴的下端，望远镜安在上端，构成向上发射的激光铅直仪，也可反向安装，构成向下发射的激光铅直仪。

### 2.9.4 激光平面仪

激光扫平仪其特点是能够提供一条可见的激光水平面，作为施工的基准，在平整场测量中尤为方便。

激光扫平仪主要由激光准直器、转镜扫描装置、安平机构和电源等部件组成。激光准直器竖直地安置在仪器内。转镜扫描装置如图 2-33a 所示，激光束沿五角棱镜旋转轴 OO′ 入射后，出射的光束为水平的光束。当五角棱镜在电机的驱动下作水平旋转时出射光束成为激光平面，可以同时测定扫描范围内任意点的高程。

图 2-33b 为日本测机舍公司生产的激光扫平仪（LP3A 型），除主机外还配有两个受光器（即光电接受靶）。受光器上有条形荧光板、液晶显示屏和受光灵敏度

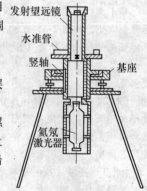

图 2-32 激光铅直仪

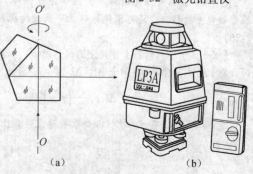

图 2-33 激光扫平仪

（a）转镜扫描装置光路；（b）LP3A 型激光扫平仪

切换钮，此钮从 L 转到 H，受光感应灵敏度由低（±2.5mm）转变到高感度（±0.8mm），可根据测量精度要求进行选择。受光器也可通过卡具安装在水准尺或测量杆上，即可测量任意点的标高或用以检测水平面等。

### 2.9.5 数字水准仪

数字水准仪（digital levels）是一种新型的智能化水准仪，又称为信息水准仪。测量原理是将编码的水准尺影像进行一维图像处理，用传感器代替观测者的眼睛，从望远镜中看到水准尺上"刻划"的测量信号，由微处理器自动计算出水准尺上的读数及仪器至标尺间的水平距离。所测数据可在仪器显示屏上显示，并显示在内置 PCMCIA 卡上；亦可通过标准 RS232C 接口向计算机或相关数据采集器中传输。

图 2-34　Laica 的数字水准仪

数字水准仪的构造主要包括光学系统、机械系统和电子信息处理系统。其光学系统和机械系统两部分与普通水准仪基本相同。在进行数字化水准测量时，应使用刻有二进制条形码的专用水准尺。该水准尺的编码影像通过一个光束分离器，把光分解为红外光和可见光两部分，由仪器自动处理，显示测量结果。测量时，自动安平补偿器和物镜调焦对光均由仪器内置的电子设备自动监控完成。

图 2-34 为瑞士徕卡（Laica）生产的数字水准仪。该水准仪高程测量精度每千米为 0.3 ~ 1.0mm，测距精度为 $0.5 \times 10^{-6} ~ 1.0 \times 10^{-6}$，测程为 1.5 ~ 100m。测量时，屏幕菜单引导作业员操作键盘面板，显示测量结果，还可显示系统的状态。

## 本 章 补 充

［补1］对于图 2-35 气泡偏歪情况，也可采用另一种整平操作：

第 1 步也可先旋转脚螺旋①，使气泡 a 向刻划圆圈移动，实际移到 b 处，如图 2-35 所示，即位于通过刻划圈中心与脚螺旋②、③连线的平行线的位置（图中虚线位置）。

第 2 步再用两手转脚螺旋②、③，使气泡居中，反复操作使气泡完全居中。

［补2］注意瞄准目标操作，首先松制动螺旋粗瞄准，后用微动螺旋精瞄准。当由后视转到前视时，不许再重新调圆水准器，只许再调微倾螺旋使水准管气泡居中。因为重新调圆水准器会改变仪器高度。

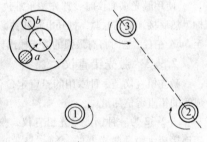

图 2-35　圆水准器粗平另一种操作法

［补3］前站后尺倒为本站的前尺，如此作业其好处是，一确保转点的稳定性，二可以消除水准尺底端磨损对测量成果的影响。

［补4］仪器安置距前后尺大约等距处，可消除视准轴不平行水准管轴误差的影响，还可消除地球曲率及大气折光差的影响（请看图 2-26）。

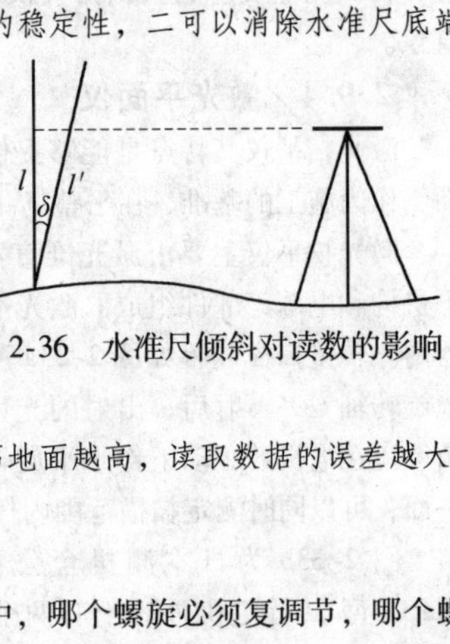

［补5］水准尺倾斜会使尺上的读数增大，如图 2-36 所示，尺倾斜时读数 $l'$ 比垂直时读数 $l$ 增大 $\Delta l$，$\Delta l = l' - l$，设水准尺倾斜 $\delta$ 角，则

图 2-36　水准尺倾斜对读数的影响

$$\Delta l = \frac{l'}{2} \left( \frac{\delta}{\rho''} \right)^2$$

设 $\delta = 3°30'$，在水准尺 1m 处读数时，将会产生 2mm 的误差。视线离地面越高，读取数据的误差越大。

## 练 习 题

1. 望远镜视差产生的原因是什么？如何消除？在消视差的操作过程中，哪个螺旋必须复调节，哪个螺旋一般不必反复调节，为什么？

2. 水准测量中，当完成后视读数后，当转到前视时，管水准器的气泡一般都会偏歪（即不符合），其根本的原因是什么？

3. 水准仪的构造有哪些主要轴线？它们之间应满足什么条件？其中哪个条件是最主要的？为什么？

4. 水准测量时，前后尺轮换安置能基本消除什么误差？试推导公式来说明其理由。为了达到完全消除该项误差应采取什么测量措施？

5. 水准测量中，要做哪几方面的校核？试详细说明，并指出其必要性。

6. 将水准仪安置于距两尺大致相等处观测可以消除哪些误差影响？为什么？

7. 水准测量中产生误差的因素有哪些？哪些误差可以通过适当的观测方法或经过计算加以减弱以至消除？哪些误差不能消除？

8. 等外闭合水准测量，$A$ 为水准点，已知高程和观测成果已列于下表中。试求各未知点高程。

| 点号 | 距离 $D$ | 高差 $h$ | 高差改正数 $v$ | 改正后高差 $h+v$ | 高程 $H$ |
|------|---------|---------|---------------|-----------------|---------|
| $A$  | km      | m       |               |                 | 20.032m |
| 1    | 0.48    | + 1.377 |               |                 |         |
| 2    | 0.62    | + 1.102 |               |                 |         |
| 3    | 0.34    | − 1.358 |               |                 |         |
| $A$  | 0.43    | − 1.073 |               |                 |         |
| $\Sigma$ |     |         |               |                 |         |

$$f_h = \qquad f_{h容} = \pm 40 \sqrt{D} =$$

9. 水准仪安置在 $A$、$B$ 两点等距处，$A$、$B$ 两点距离为60m，测得 $A$ 点标尺读数为2.321m，$B$ 点标尺读数为2.117m。然后搬仪器到 $B$ 点近旁2m处，测得 $B$ 点标尺读数为1.966m，$A$ 点读数为2.196m。问水准管是否平行于视准轴？如不平行，视线是偏上还是偏下？两轴交角 $i$ 为多少？如何校正？

10. 自动安平水准仪的原理是什么？它的操作有什么特点？

# 学 习 辅 导

1. 本章学习目的与要求

目的：理解水准仪的结构及各螺旋的功能与使用法，掌握水准测量观测、记录、检核及计算。

要求：

（1）理解水准测量基本原理；

（2）认识仪器结构、主要轴线及各螺旋功能及使用法；

（3）掌握水准测量观测、记录、检核及计算。观测成果要满足精度要求。

2. 本章学习重点与要领

（1）要把学习重点放在认识仪器和正确使用仪器，要把水准仪的结构搞清楚，有几条主要轴线及轴线间应满足的几何关系，从而才能正确理解、使用仪器。

（2）对于水准管轴、圆水准器轴、视准轴及竖轴的概念一定要搞得十分清楚，不是背定义，而是要能想象它们在仪器中的位置。

（3）一测站水准仪的使用步骤顺序不能颠倒，一定要按"粗平—瞄准—精平—读数"这个顺序，为什么？测站如何进行检核？

（4）水准测量外业实施过程中，为什么要设转点？转点的概念及注意的问题。

（5）水准测量内业计算，高差闭合差概念及如何分配，表格的记录计算都要掌握。

（6）对于大专生能掌握水准仪检验即可，本科生则要求会校正仪器。

（7）对水准测量误差有哪些，有初步了解即可。

# 第 3 章　角度测量

角度测量是测量的基本工作之一。它包括水平角测量和竖直角测量。本章主要讲述角度测量的基本原理、光学经纬仪的构造、测角方法、经纬仪的检验校正和经纬仪测角误差分析等。

## 3.1　水平角测量的原理

水平角是指地面上一点到两个目标点的方向线垂直投影到水平面上的夹角，或者说，是过两条方向线的竖面所夹的两面角。如图 3-1 所示，直线 $BA$ 与直线 $BC$ 所夹的水平角是指 $BA$ 与 $BC$ 投影到水平面 $H$ 上水平线 $ba$ 与 $bc$ 所夹的 $\beta$。也可以说是通过这两条直线的竖直平面所组成的二面角。二面角的棱线是一条铅垂线，在铅垂线上任意一点都可以量度水平角的大小。如图 3-1 所示，在 $O$ 点水平地安放一个刻度的圆盘，通过 $BA$ 方向的竖直面在刻度盘上所截的读数为 $a$，通过 $BC$ 方向的竖直面在刻度盘上所截的读数为 $b$，则两个方向读数差就是所测水平角的的角值，即

$$\beta = b - a \tag{3-1}$$

根据上述原理，测量水平角必须具备三个条件：

（1）有一个能够置于水平位置带刻度的圆盘，圆盘中心安置在角顶点的铅垂线上。

（2）有一个能够在上、下、左、右旋转的望远镜。

（3）有一个能指示读数的指标。

经纬仪就是具备上述三个条件的仪器。水平角值范围为 $0° \sim 360°$。

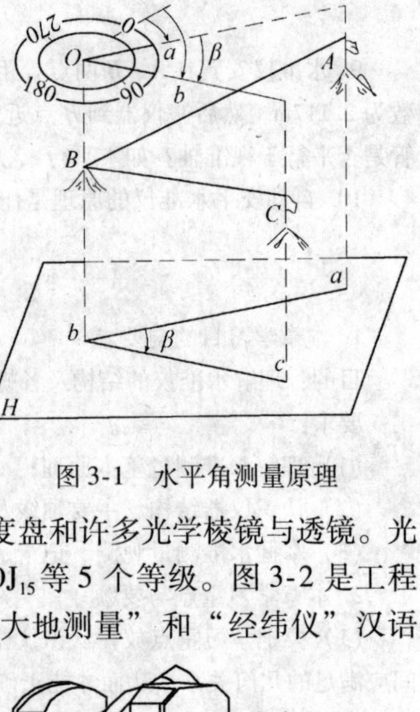

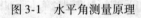

## 3.2　DJ$_6$ 级光学经纬仪的构造与读数

### 3.2.1　经纬仪的分类

目前经纬仪主要分为光学经纬仪与电子经纬仪两大类。

图 3-1　水平角测量原理

光学经纬仪是一种光学和机械组合的仪器，内部有玻璃度盘和许多光学棱镜与透镜。光学经纬仪按精度又分 5 个等级，即 DJ$_{07}$、DJ$_1$、DJ$_2$、DJ$_6$ 和 DJ$_{15}$ 等 5 个等级。图 3-2 是工程测量中常用的 DJ$_6$ 级光学经纬仪。"D" 和 "J" 分别表示 "大地测量" 和 "经纬仪" 汉语

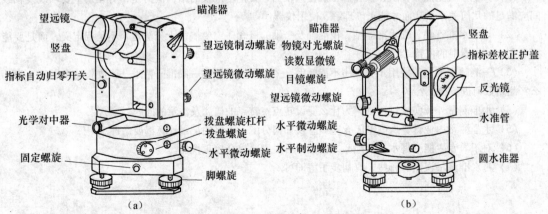

图 3-2　DJ$_6$ 级光学经纬仪（TDJ6 型）

拼音的第一个字母，"6"表示该仪器观测水平方向的精度（一测回水平方向的中误差为 ±6″）。

电子经纬仪是光学、机械、电子三者相组合的仪器，是在光学经纬仪的基础上加电子测角设备，因而能直接显示测角的数值，它必须配备电源才能工作。

### 3.2.2 DJ₆级光学经纬仪的构造

如图 3-2 所示为 DJ₆级光学经纬仪，它的构造主要由照准部、水平度盘与基座三大部分组成。

**1. 照准部**

指经纬仪上部可转动的照准部分，主要包括望远镜、竖直度盘、水准器及读数设备等。

（1）望远镜：望远镜是瞄准目标的设备，与横轴固连在一起，横轴放在支架上，因此望远镜可绕横轴在竖直面内转动，以便瞄准不同高度的目标，控制它上下转动的有望远镜制动螺旋与微动螺旋。

（2）竖盘：竖直地固定在横轴的一端，当望远镜转动时，竖盘也随着转动，用以观测竖直角。

（3）光学读数装置：DJ₆级光学经纬仪读数装置有两种，3.3 节中我们再作详细介绍。在望远镜旁的读数显微镜中进行读数。

（4）水准器：照准部上安置有水准管，用以精确整平仪器。

（5）光学对中器：用它可将仪器中心精确对准地面的点。早期的 DJ₆级光学经纬仪（例如 DJ6-1 型）没有光学对中器。

（6）控制水平方向转动有水平制动螺旋与微动螺旋。

另一种 DJ₆级光学经纬仪，其照准部上配有复测旋钮，或称度盘离合器，可控制照准部与度盘的分离或相连，例如 DJ6-1 型，此处不作详细介绍。

**2. 水平度盘**

水平度盘是作为观测水平角读数用的，它是用玻璃刻制的圆环，其上顺时针方向刻有 0°～360°，最小刻划为 1°或 30′。水平度盘在仪器内部，图 3-2 中看不见。

**3. 基座**

基座是支撑仪器的底座。设有 3 个脚螺旋，基座上固定有圆水准器，作为仪器粗略整平用。基座和三脚架头用中心螺旋连接，以便把仪器固定在三脚架上。

### 3.2.3 DJ₆级光学经纬仪的读数法

光学经纬仪的水平度盘和竖直度盘的分划线通过一系列的棱镜和透镜成像在望远镜目镜边的读数显微镜内。为了实现精密测角，采用光学测微技术。不同的测微技术，其读数方法也不同，DJ₆型光学经纬仪读数结构有分微尺测微器和单平板玻璃测微器两种方法。

**1. 分微尺测微器及读数方法**

观察望远镜旁的读数显微镜，可以看到两个读数窗口。Hz 为水平度盘读数窗口，V 为竖直度盘读数窗口。每个窗口同时显示度盘分划像和分微尺分划像。分微尺在窗口中央固定位置不动，度盘分划影像随观测操作而移动。分微尺 60 小格总宽度刚好等于度盘 1°的宽度。分微尺一小格代表 1′，可估读至 0.1′，即 6″。

读数方法：以分微尺 0 为指标，先读水平度盘度数（从小到大读），加上度盘分划落在分微尺相应的分值（也是从小到大读），再加上估读的不足 1′的秒值，估读 1 格的 1/10，即 6″，相加在一起为全部读数，如图 3-3 所示，水平度盘读为 180°04′24″，竖盘读数为 89°57′30″。

## 2. 单平板玻璃测微器及其读数方法

该测微装置主要由测微轮、平板玻璃及测微分微尺组成，是利用平板玻璃对光线的折射作用实现测微。当来自度盘光线垂直入射到平板玻璃上，度盘分划线不改变原来的位置，这时双线指标度盘上读数为 $73° + x$。为了读出 $x$ 值，转动测微手轮，带动平板玻璃和分微尺同时转动，致使度盘分划影像因折射而平移，当 $73°$ 分划影像移至双线指标中央时，其平移量为 $x$，$x$ 值可由测微尺读出，如图 3-4b 所示，测微尺读数为 $18'20''$，则全部读数为 $73°18'20''$。

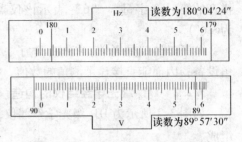

图 3-3 分微尺测微器读数法

图 3-4c 为读数显微镜中看到的图像，下面为水平度盘，中间为竖直度盘，最上面为测微尺，测微尺的指标为单线。度盘的分划值为 $30'$，测微尺的分划值为 $20''$，估读至 $5''$。读数时，转动测微手轮，使双线指标夹住度盘分划，先读度盘的度数，再加上测微尺上小于 $30'$ 的数，如图 3-4c 中水平度盘读数为 $121°30' + 17'30'' = 121°47'30''$。

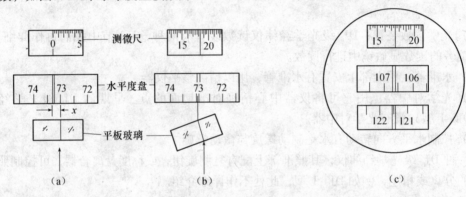

图 3-4 单平板玻璃测微器读数法

## 3.3 DJ$_2$ 级光学经纬仪的构造与读数

DJ$_2$ 级光学经纬仪常用于国家三、四等三角测量、精密导线测量和精度要求较高的工程测量，例如施工平面控制网、建筑物的变形观测等。图 3-5 是一种国产的 DJ$_2$ 级光学经纬仪。

### 3.3.1 DJ$_2$ 级光学经纬仪的构造特点

DJ$_2$ 级光学经纬仪与 DJ$_6$ 级光学经纬仪构造基本相同，主要特点是：

1. DJ$_2$ 级光学经纬仪，在读数显微镜中不能同时看到水平盘与竖盘刻划影像，而是通过支架旁的度盘换像手轮来实现，即利用该手轮可变换读数显微镜中水平盘与竖盘的影像。当换像手轮端面上的指示线水平时，显示水平盘影像，当指示线成竖直时，显示竖盘影像。

2. DJ$_2$ 级光学经纬仪采用对径分划线符合读数装置，可直接读出度盘对径分划读数的平均值，因而消除了度盘偏心差的影响。

### 3.3.2 DJ$_2$ 级光学经纬仪的读数

DJ$_2$ 级光学经纬仪多采用移动光楔对径分划符合读数装置进行读数。外部光线进入仪器

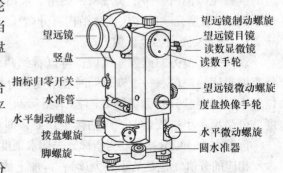

图 3-5 DJ$_2$ 光学经纬仪（TDJ2 型）

32

后，经过一系列棱镜和透镜的作用，将度盘上直径两端分划同时反映到读数显微镜的中间窗口，呈方格状。当读数手轮转动时，呈上下两部分的对径分划的影像将作相对移动，当上下分划像精确重合时才能读数，如图3-6所示。顶上的窗口为应读的度数，读左边的度数。下凸框内是应读的分数，以10′为单位。最下面是为测微尺，测微尺最上面一行注记为分，第2行注记为秒，整10″一注。测微尺上每小格代表1″，可估读0.1″。图3-6中，上窗口读169°20′，加上测微尺的3′45″，全部的读数为169°23′45″。

## 3.4 经纬仪的使用

### 3.4.1 测站安置

经纬仪的测站安置包括对中与整平。

1. 对中

对中的目的是使仪器度盘中心与测站在同一铅垂上。对中操作一般应先粗对中，后精对中。

粗对中：

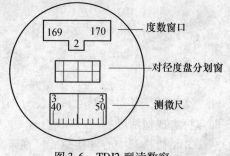

图3-6 TDJ2型读数窗

（1）将三脚架张开，拉出伸缩腿，把蝶形螺旋旋紧，架在测站上，尽可能使架头中心对准测站点，使架头高度适中，架头大致水平。

（2）打开仪器箱，手握住仪器支架，将仪器取出，置于架头上，并使基座中心对齐三脚架头中心，一手紧握支架，一手拧紧连接螺旋。在连接螺旋下方挂一垂球，两手握住脚架移动（保持架头大致水平），使垂球尖基本对准测站，将三脚架腿踩紧，使其稳定。检查对中情况。若相差较大，则稍松开连接螺旋，双手扶基座，在架头上移动仪器，使垂球尖对准测站误差在1cm以内，由于粗对中后还做精对中，大一些也可。悬挂垂球的线长要调节合适，如图3-7所示。正确使用垂球线调节板，调节垂球线长以使垂球尖接近测站标志。如无垂球线调节板，可按图3-8的打结方法。

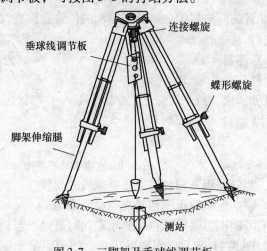

图3-7 三脚架及垂球线调节板

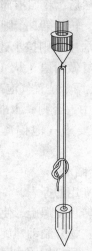

图3-8 自制垂球线

精对中：使用光学对中器精确对中，具体步骤如下：

①仪器应粗略整平，调脚螺旋使圆水准器的气泡居中。因为用光学对中器对准地面时，仪器的竖轴必须竖直。如图3-9a所示仪器未粗平，光学对中器的镜筒是倾斜的，此时无法精确对中，只有当粗平后，如图3-9b所示，此时才可使用光学对中器精确对中。

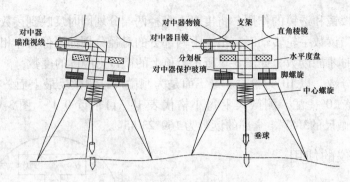

图 3-9　光学对中器精确对中

(a) 未粗平；(b) 粗平后

②旋转光学对中器的目镜使分划板的刻划圈清晰，再推进或拉出对中器的目镜管，使地面点标志成像清晰。

③稍微松开中心连接螺旋，在架头上平移仪器（尽量做到不转动仪器），直到地面标志中心与刻划圆圈中心重合，最后旋紧连接螺旋。检查圆水准器是否居中，然后再检查对中情况，一般反复调整一次，就可保证对中误差不超过 1mm。

2. 整平

整平的目的是使水平度盘水平，即竖轴铅垂。整平包括粗平（粗略整平）与精平（精确整平）两项。它们都是通过调节脚螺旋来完成的，这一点与水准仪是不同的。

粗平：首先调节脚螺旋大致等高，然后再转动脚螺旋使圆水准器的气泡居中，操作方法与水准仪相同。

精平：首先转动照准部，使整准部上水准管与任一对脚螺旋的连线平行，两手同时向内或向外转动脚螺旋 1 和 2（图 3-10a），使水准管气泡居中。气泡运动方向与左手大拇指运动方向一致。然后，将照准部旋转 90°，如图 3-10b 所示，使水准管处于 1、2 两脚螺旋的连线的垂直线上，转动第 3 个脚螺旋，使水准管的气泡居中。再转回原来的位置，检查气泡是否居中，若不居中，则按上述步骤反复进行。一般至少要反复做两遍［从 (a) 图至 (b) 图算为一遍］，此两个位置气泡都居中，其他任何位置气泡必居中，否则，水准管本身有误差，需校正。整平要求气泡偏离量，最大不应超过 1 格。

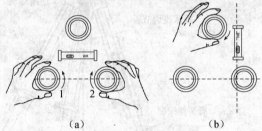

(a)　　　　　(b)

图 3-10　水准管精平操作

### 3.4.2　瞄准

测角瞄准用的标志，一般是用标杆、测钎、用三根竹竿悬吊垂球线或觇牌。

首先应转目镜螺旋，使十字丝清晰。瞄准的步骤也是粗瞄准与精瞄准两步。

粗瞄准：松开制动螺旋，用望远镜上的瞄准器去对准目标，用眼同时看瞄准器内白色十字标志与外面的目标约在同一直线上，如图 3-11 所示。粗瞄准后，立即固定制动螺旋，此时目标必在望远镜视场内。

精瞄准：使用水平微动螺旋精确对准目标。瞄准目标时要注意消除视差，眼睛左右移动观察目标的像与十字丝是否存在错动现象，一边观察，一边对光，直至无错动现象为止。一般用单丝去平分目标，用双丝去夹目标。由于目标安置难以保证绝对竖直，所以在测水平角时尽可能瞄准目标的基部，如图 3-12 所示。

图 3-11  用望远镜上的瞄准器进行粗瞄准

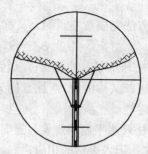

图 3-12  精瞄准后望远镜的视场

### 3.4.3  读数

读数时首先调节反光镜，使读数窗明亮。其次调节读数显微镜的目镜螺旋，使刻划数字清晰，认清度盘刻划的形式。读数指标就是分微尺的 0 刻划，先读度数，由小到大读数。加上度盘分划落在分微尺相应的分值（也是从小到大读），再加上估读的不足 1′的秒值。注意分微尺注记的 1，2，3，4，5，6 分别表示 10′，20′，30′，40′，50′，60′。

## 3.5  水平角的观测

观测水平角的方法，应根据测量工作要求的精度、使用的仪器、观测目标的多少而定。现介绍测回法与全圆方向观测法。

### 3.5.1  测回法

测回法适用于测量两个方向之间的单角。例如图 3-13，测水平角∠AOB，首先在角顶点 O 安置经纬仪（对中、整平），在目标 A 与目标 B 上设置照准标志。观测步骤如下：

（1）盘左位置（面对经纬仪，竖盘在望远镜的左边，又称正镜），十字丝交点精确瞄准左方目标 A，用拨盘螺旋使分微尺指标对准 0°或比 0°大一些，例如 0°00′24″，记入测回法观测手簿，见表 3-1。

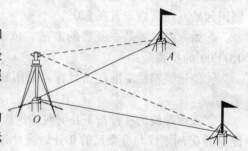

图 3-13  测回法测水平角

**表 3-1  测回法观测手簿**

| 测站 | 目标 | 盘位 | 水平度盘读数<br>(°  ′  ″) | 半测回值<br>(°  ′  ″) | 一测回值<br>(°  ′  ″) | 各测回平均值<br>(°  ′  ″) |
|---|---|---|---|---|---|---|
| 第 1 测回<br>O | A | L | 0  00  24 | 91  55  42 | 91  56  00 | 91  55  50 |
|  | B |  | 91  56  06 |  |  |  |
|  | B | R | 271  56  54 | 91  56  18 |  |  |
|  | A |  | 180  00  36 |  |  |  |
| 第 2 测回<br>O | A | L | 90  00  12 | 91  55  42 | 91  55  40 |  |
|  | B |  | 181  55  54 |  |  |  |
|  | B | R | 1  56  30 | 91  55  38 |  |  |
|  | A |  | 270  00  52 |  |  |  |

（2）松开水平制动螺旋，顺时针旋转照准部，用望远镜粗略瞄准右方目标 $B$，固定水平制动螺旋，旋转水平微动螺旋精确瞄准后，读取水平度盘读数为 $91°56'06''$，记入表格的相应栏。

上述方法完成盘左观测，又称上半测回，其水平角为

$$\beta_L = 91°56'06'' - 0°00'24'' = 91°56'42''$$

（3）松开水平制动螺旋，纵转望远镜，逆时针旋转照准部 $180°$ 成盘右位置（竖盘在望远镜的右边，又称倒镜）。注意应先瞄右边的目标 $B$，读取水平度盘读数 $271°56'54''$，记入表格的相应栏。

（4）松开水平制动螺旋，逆时针旋转照准部，再次瞄准左边目 $A$，读取水平度盘读数为 $180°00'36''$，记入表格的相应栏。

上述（3）、（4）两步完成盘右观测，又称下半测回，其水平角为

$$\beta_R = 271°56'54'' - 180°00'36'' = 91°56'18''^{[补1]}$$

上、下两半测回合称一测回。上下半测回角度差不得大于 $40''$。本例

$$\beta_L - \beta_R = 24''$$

在规定限差内，取上下半测回角值的平均值，即

$$\beta = \frac{\beta_L + \beta_R}{2} = \frac{91°55'42'' + 91°56'18''}{2} = 91°56'00'' \qquad (3-2)$$

当测角精度要求较高时，需要观测几个测回。为了减弱度盘刻划不均匀误差的影响，各测回间应变换水平度盘度数，按 $180°/n$（测回数 $n$）计算。例如，观测 3 个测回，水平度盘变换度数为 $60°$，第 1 测回起始方向读数安置在 $0°$，第 2 测回起始方向读数安置在 $60°$，第 3 测回起始方向读数安置在 $120°$。

起始方向安置某一度数的方法，依不同类型仪器而异。例如北光 TDJ6，起始方向对 $0°00'00''$ 的步骤是：

①望远镜精确瞄准起始目标，先用瞄准器粗瞄准后，固定制动螺旋，转微动螺旋精确瞄准。

②拨盘螺旋的杠杆按下同时推进拨盘螺旋，旋转拨盘螺旋（水平度盘随之转动），使度盘的 $0°$ 刻划线与分微尺的 $0$ 分划线对齐。

③再按一下杠杆，此时拨盘螺旋弹出，以便使拨盘螺旋与度盘脱离齿合关系。

### 3.5.2 方向观测法

测回法适用两个方向观测，当一个测站上需测量的方向多于两个方向时，应采用方向观测法。如图 3-14 所示，$O$ 测站有 4 方向，每半测回都以选定的起始方向 $A$ 开始观测，依次观测（盘左顺时针观测、盘右逆时针观测）各个目标后，最后再次观测起始方向 $A$，起始方向 $A$ 称为零方向，此项操作称为归零，归零含义是回归至零方向，以检查水平度盘是否有变动以及控制瞄准误差等观测误差。这种观测法称为全圆方向观测法（或称全圆测回法）。但是，当测站上仅 3 个方向数，也可以不归零。现介绍全圆方向观测法的步骤及表格计算。

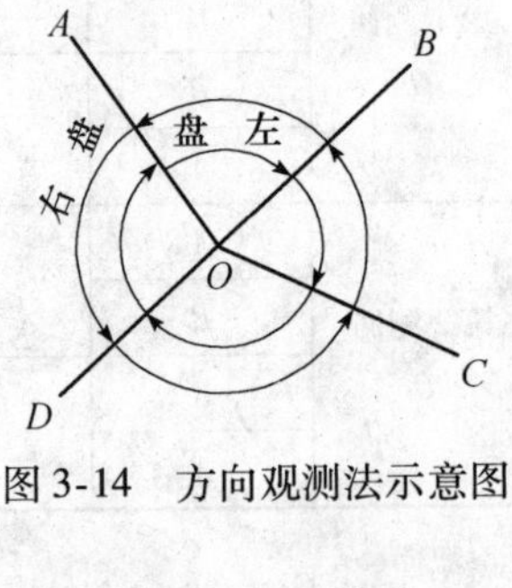

图 3-14　方向观测法示意图

1. 观测步骤

（1）经纬仪安置在 $O$ 点上，对中整平。先盘左位置，瞄准起始方向 $A$，水平度盘配置为 $0°01'$，本例实际读数为 $0°01'18''$，记入表 3-2 相应栏。

表 3-2　方向观测法记录手簿

| 测站 | 目标 | 水平度盘读数 | | $2C=$<br>$L-R\pm$<br>$180°$（″） | 平均读数$=\frac{1}{2}$<br>$(L+R\pm180°)$<br>（° ′ ″） | 一测回归零<br>方向值<br>（° ′ ″） | 各测回归零<br>方向平均值<br>（° ′ ″） |
| | | 盘左<br>（° ′ ″） | 盘右<br>（° ′ ″） | | | | |
|---|---|---|---|---|---|---|---|
| O<br>第1测回 | A | 0　01　18 | 180　01　30 | −12 | (0　01　27)<br>0　01　24 | 0　00　00 | 0　00　00 |
| | B | 95　48　48 | 275　48　54 | −06 | 95　48　51 | 95　47　24 | 95　47　35 |
| | C | 157　33　06 | 337　33　12 | −6 | 157　33　09 | 157　31　42 | 157　31　40 |
| | D | 218　07　30 | 38　07　18 | +12 | 218　07　24 | 218　05　57 | 218　06　00 |
| | A | 0　01　24 | 180　01　36 | −12 | 0　01　30 | | |
| O<br>第2测回 | A | 90　00　00 | 270　00　18 | −18 | (90　00　14)<br>90　00　09 | 0　00　00 | |
| | B | 185　47　54 | 5　48　06 | −12 | 185　48　00 | 95　47　46 | |
| | C | 247　31　54 | 87　31　48 | +06 | 247　31　51 | 157　31　37 | |
| | D | 308　06　12 | 128　06　24 | −12 | 308　06　18 | 218　06　04 | |
| | A | 90　00　12 | 270　00　18 | −12 | 90　00　18 | | |

（2）顺时针方向转动照准部，依次瞄准 B，C，D 各点，如图 3-14 所示，分别读取水平度盘读数，记入手簿相应栏。

（3）顺时针方向转动照准部再次瞄准起始方向 A，读取读数为 0°01′24″，记入手簿相应栏。两次起始方向的读数差称归零差。半测回的归零差，J6 级仪器允许为 18″，详见表 3-3。本例上半测回归零差为 6″，否则应重测。

表 3-3　方向观测法限差规定

| 仪器级别 | 半测回归零差 | 各测回内 2C 互差 | 同一方向各测回互差 |
|---|---|---|---|
| J2 | 12″ | 18″ | 12″ |
| J6 | 18″ | | 24″ |

上述完成上半测回观测。

（4）纵转望远镜成盘右位置，应逆时针方向转动照准部，依次瞄准 A，D，C，B，最后又回到 A 点，读数填入表中盘右纵栏，记录自下而上填写。下半测回同样也要检查归零差。如不符合要求应重测。

如果需观测多个测回，各测回间水平度盘变换仍按 $180°/n$ 计算。

2. 计算步骤

（1）计算两倍的视准差（2C），即

$$2C = 盘左读数 - （盘右读数 \pm 180°） \tag{3-3}$$

把 2C 值填入表格中的 2C 列。

当盘右读数 >180°，上式中取 "−" 号，当盘右读数 <180°，上式中取 "+" 号。

一测回内各方向 2C 的互差若超过表 3-3 的规定，应重测。对于 J6 级仪器可以不检查 2C 的互差，但 2C 互差也不能相差太大[补2]。

（2）计算各方向的平均读数

$$平均读数 = \frac{1}{2}[盘左读数 + （盘右读数 \pm 180°）] \tag{3-4}$$

计算的结果填入相应栏。

由于起始方向有两个平均读数，即 0°01′24″ 与 0°01′30″，将这两个平均读数再取平均得

37

0°01′27″，填入表中相应位置，并加括号，即（0°01′27″），表示第 1 测回起始方向最后的平均值，第 2 测回起始方向最后的平均值分是（90°00′14″）。

（3）计算归零方向值

所谓归零方向值是将起始方向化为 0°00′00″后的各方向值。将各方向的平均读数减去括号的起始方向的平均值，即得各方向的归零方向值，填入表中相应栏。

（4）计算各测回归零方向值的平均值

首先检查各测回之间同一方向归零方向值相差是否超限，$J_6$ 级光学经纬仪规定为 24″，$J_2$ 级规定为 12″。如果超限应重测。若未超限，就可计算各测回归零方向的平均值，填入表中最后一栏。

如果要计算各目标间的夹角，例如求角度 $\angle BOC$ 就等于 $C$ 归零方向与 $B$ 归零方向之差，即

$$\angle BOC = C\ 归零方向 - B\ 归零方向 = 157°31′40″ - 95°47′35″ = 61°44′05″$$

### 3.5.3 水平角观测注意事项

（1）脚架高度要调合适，目估架面大致水平，调脚螺旋高度大致等高，脚架踩实，中心螺旋拧紧，观测时手不要扶脚架，转动照准部及使用各种螺旋时，用力要轻。

（2）对中时，先用垂球对中，然后再用光学对中器精确对中。测角精度要求越高，或边长越短，则要求对中要越准确。

（3）整平时，先粗平后精平。若观测目标的高度相差较大时，要特别注意仪器整平。

（4）瞄准时要注意消除视差，并用十字丝交点照准目标底部或桩上小钉。

（5）制动螺旋旋紧适中，制动螺旋旋紧后，微动螺旋才起作用，微动螺旋应使用其中间部分[补3]。

（6）按观测顺序记录水平度盘读数，边测边检查，限差超限重测。

（7）水准管气泡应在观测前调好，一测回过程中不允许再调，如气泡偏离中心超过一格时，应再次整平重测该测回。

（8）全圆测回法观测时，应注意选择清晰目标作为起始方向。

## 3.6 竖角测量原理与观测法

### 1. 竖角测量原理

竖角（又称竖直角、垂直角）是同一竖直面内倾斜视线与水平线的夹角，如图 3-15 所示，视线 OB 在水平线以上，形成仰角，其符号为正；视线 OA 在水平线以下，形成俯角，其符号为负。竖角一般用 $\alpha$ 表示，其值从 $0° \to \pm90°$。

与竖角有关的一个概念——"天顶距"，天顶距是同一竖直面内倾斜视线与铅垂线的夹角。从天顶上方向下计算，角值从 $0° \to 180°$。在电子经纬仪的竖直角测量时有天顶距测量与竖角测量的不同设置。

竖角与水平角一样，其角值也是度盘上两个方向的读数差，不同的是两个方向中有一个方向是水平方向。由于经纬仪构造设定，当视线水平时，其竖盘读数均为一个固定的值，0°、90°、180°、270°四个数值中的一个。因此，观测竖角时，只需观测目标点一个方向，并读取竖盘读数便可算得目标的竖角值。

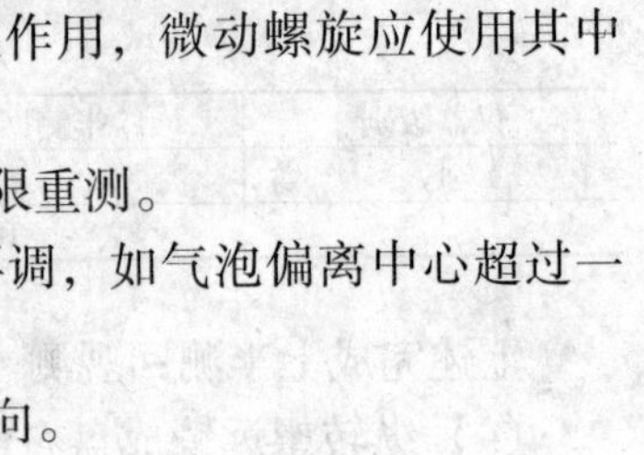

图 3-15 竖角概念

## 2. 竖盘构造与竖盘读数指标

经纬仪的竖盘也是光学玻璃度盘，它固定在横轴的一端，随着望远镜一起在竖直面内转动。竖盘刻划有两种：一种度盘刻划顺时针增加，盘左时，0°分刻位于目镜端（图3-16a）；另一种，度盘刻划反时针增加，盘左时，0°分刻位于物镜端（图3-16b）。两种竖盘刻划类型的0—180刻线都与视准轴方向一致，90°刻划均位于下方。

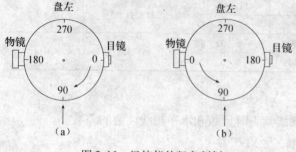

图 3-16 经纬仪的竖盘刻划

（a）顺时针刻划；（b）逆时针刻划

作为读取竖盘读数的指标线，当然必须与竖盘分离。老式的 J₆ 级光学经纬仪，竖盘的读数指标线与指标水准管相连，指标水准管座套在横轴上，通过转动指标水准管的微动螺旋来控制指标线的位置，每次读数前要使水准管气泡居中，这时指标线处于铅垂的位置。

由于老式 J₆ 级光学经纬仪读数操作比较麻烦，现在新式的 J₆ 级光学经纬仪作了改进，在竖盘光路中安置补偿器，取代指标水准管。当仪器在一定的倾斜范围内，都能读得相应于指标水准管气泡居中时的读数，这种装置称竖盘指标自动归零装置，或称补偿器。当经纬仪稍有倾斜时，由 4 根金属吊丝相固连的补偿器，在重力的作用下，能自动调整光路，使指标线读得相当于竖盘水准管气泡居中时的读数。读数窗内看到分微尺的零刻线就代表指标线。补偿器螺旋开关位于仪器支架的侧面，逆转补偿器螺旋，使螺旋上的 ON 对准支架上的红点，如图 3-18 所示，此时补偿器打开，指标自动归零，即指标线处于铅垂位置。此时，若轻转一下照准部即可听到补偿器金属吊丝的清脆响声。每次测站观测完毕，迁站或装箱，务必把补偿器螺旋开关锁住，操作时顺转螺旋，使 OFF 朝上对准支架上的红点。补偿器内的金属丝、活塞杆及阻尼盒等结构极为精细严密，若不注意维护造成部件卡死或吊丝折断，只能送工厂进行维修或换件，因此应该牢记观测完毕、迁站、装箱一定要锁住补偿器。

如图 3-16a 所示，盘左图像，0°刻划在目镜端，望远镜水平时，指标线理论上指向 90°，望远镜上仰时，读数递减。如图3-16b 所示，也是盘左图像，但 0°刻划在物镜端，望远镜水平时，指标线理论上指向 90°，望远镜上仰时，读数递增。

图 3-17 测量竖角瞄准目标位置

## 3. 竖角观测步骤

（1）经纬仪安置于测站 A 上，对中、整平。盘左位置瞄准目标，要用十字丝的横丝切于目标的顶端，如图 3-17 所示。

（2）把竖盘指标自动归零开关打开，即转动螺旋使其 ON 对准支架上的红点，如图 3-18 所示。此时即可从读数窗的 V 窗口读得竖盘读数。例如，瞄准目标 B，盘左读数 L 为78°18′18″，记入表格。

（3）盘右位置，再瞄准目标 B，注意仍用十字丝的横丝瞄准目标顶端，此时读竖盘读数 R 为281°42′00″，记入表 3-4。

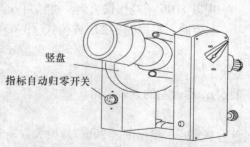

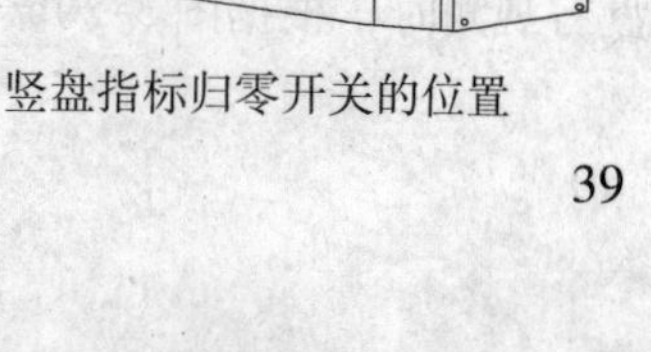

竖盘

指标自动归零开关

图 3-18 竖盘指标归零开关的位置

表 3-4　竖角观测记录手簿

| 测站 | 目标 | 盘位 | 竖盘读数<br>(° ′ ″) | 竖角值 | | 指标差<br>(″) |
|---|---|---|---|---|---|---|
| | | | | 近似竖角值<br>(° ′ ″) | 测回值<br>(° ′ ″) | |
| A | B | L | 78　18　18 | 11　41　42 | 11　41　51 | +9 |
| | | R | 281　42　00 | 11　42　00 | | |
| A | C | L | 96　32　48 | −6　32　48 | −6　32　34 | +14 |
| | | R | 263　27　40 | −6　32　20 | | |

**4. 竖角及竖盘指标差计算**

竖角测角原理可知：竖角就是望远镜视线倾斜时读数和水平视线读数的差数。

（1）当望远镜向上仰时，竖盘读数递增，竖角 $\alpha$ 为

$$\alpha = 倾斜视线读数 - 水平视线读数 \tag{3-5}$$

上式中，倾斜视线读数在观测时直接读得，而水平视线读数不能直接读得，但从图3-16可以看出，水平视线的近似读数是90°，因此可求得近似竖角。设盘左的近似竖角为 $\alpha_L$，盘右的近似竖角为 $\alpha_R$。图 3-16b 望远镜向上仰时，竖盘读数是递增的。故

$$\alpha_L = L - 90°$$

（2）当望远镜向上仰时，竖盘读数递减，竖角 $\alpha$ 为

$$\alpha = 水平视线读数 - 倾斜视线读数 \tag{3-6}$$

图 3-16a 望远镜向上仰时，竖盘读数是递减的。故

$$\alpha_L = 90° - L$$

设计仪器要求，望远镜视线水平时，竖盘读数应为90°或270°，但是，由于仪器长期使用，可能使水平视线读数不等于理论值，与理论值之差称竖盘指标差 $x$。当指标线读数大于90°（或270°），$x$ 为正（图3-19a）；小于90°（或270°）$x$ 为负（图3-19b）。竖角 $\alpha$ 与竖盘指标差 $x$ 的通用公式为：

竖角 $\alpha$ 通用公式　$\alpha = \dfrac{1}{2}(\alpha_L + \alpha_R)$　　（3-7）

竖盘指标差 $x$ 通用公式

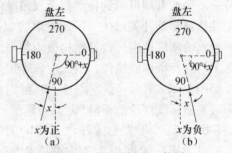

图 3-19　当望远镜向上仰时，
竖盘读数递减（即顺时针增加）
(a) 指标线读数大于90°；(b) 指标线读数小于90°

$$x = \frac{1}{2}(L + R - 360°) \tag{3-8}$$

现以 TDJ6 型经纬仪为例，将竖角 $\alpha$ 与竖盘指标差 $x$ 公式推导如下：

盘左时，根据图 3-20a 或按式（3-6）得

$$\alpha = 90° + x - L$$

令

$$\alpha_L = 90° - L \tag{3-9}$$

上式 $\alpha_L$ 称盘左的近似竖角。

所以

$$\alpha = \alpha_L + x \tag{3-10}$$

盘右观测时，根据图 3-20b，或按式（3-5）得

$$\alpha = R - (270° + x) \tag{3-11}$$

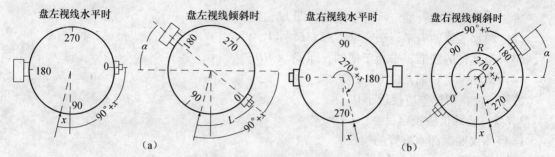

图 3-20　TDJ6 型经纬仪测量竖角图示

（a）盘左读数情况；（b）盘右读数情况

令

$$\alpha_R = (R - 270°) \tag{3-12}$$

上式 $\alpha_R$ 称为盘右近似竖角。

所以

$$\alpha = \alpha_R - x \tag{3-13}$$

把式（3-10）与式（3-13）相加可得竖角 $\alpha$ 公式

$$\alpha = \frac{1}{2}(\alpha_L + \alpha_R) \tag{3-14}$$

把式（3-10）与式（3-13）相减可得竖盘指标差 $x$ 公式

$$x = \frac{1}{2}(\alpha_R - \alpha_L) \tag{3-15}$$

式（3-15）适用于竖盘顺时针刻划，如 TDJ6 型经纬仪，但不适用于竖盘逆时针刻划（例如 DJ6—1 型经纬仪）。现把 $\alpha_L$、$\alpha_R$ 公式代入式（3-15）得竖盘指标差 $x$ 公式另一形式：

$$x = \frac{1}{2}(L + R - 360°) \tag{3-16}$$

式（3-14）与式（3-16）无论何种竖盘类型均适用，是通用公式，证明详见[补4]。

表3-4 中测站 $A$ 观测目标 $B$ 的观测数据，求得竖盘指标差 $x_1 = +9''$，测站 $A$ 观测目标 $C$ 的观测数据，求得竖盘指标差 $x_2 = +14''$，指标差的互差 $\Delta x = 5''$，指标差对同一台仪器应视为常数，如果两目标求得指标差的互差很大，说明观测误差超限。城市测量规范规定：指标差的互差不得超过 $\pm25''$，同一方向各测回竖角互差也不得超过 $\pm25''$。

## 3.7　经纬仪的检验与校正

### 3.7.1　经纬仪构造应满足的主要条件

根据水平角测量原理，观测水平角时，经纬仪水平度盘必须成水平位置。操作时，一般是先粗平，后精平。为此，圆水准器轴应平行于仪器竖轴（仪器360°水平旋转的中心轴线），照准部水准管轴应垂直于竖轴。望远镜绕横轴纵转时，其视准轴形成的视准面必须是竖直平面，为此，视准轴应垂直于横轴，否则望远镜纵转时，其视准面不是竖直平面而是圆锥面。另外，横轴还应垂直于竖轴，否则望远镜纵转时，其视准面成倾斜面。

综上所述，经纬仪结构有五条主要轴线：圆水准器轴、照准部水准管轴、竖轴、视准轴以及横轴，如图3-21所示。各轴间应满足以下4个条件：

图 3-21　经纬仪结构的主要轴线

（1）照准部水准管轴应垂直于竖轴，即 $LL \perp VV$。

（2）圆水准器轴应平行于竖轴，即 $L'L' /\!/ VV$。

（3）望远镜的视准轴垂直于横轴，即 $CC \perp HH$。

（4）横轴垂直竖轴，即 $HH \perp VV$。

另外，竖盘指标差应接近于 $0°$。

### 3.7.2 经纬仪检校项目

**1. 经纬仪照准部水准管的检校**

（1）检验

检验的目的是检查照准部水准管轴是否垂直于仪器的竖轴。先将仪器粗平，然后转照准部使水准管平行于任意一对脚螺旋，调节该对脚螺旋使水准管气泡居中。转动照准部 $180°$，如果气泡仍居中，则说明条件满足，如果气泡偏离超过 1 格，应进行校正。

（2）校正

如图 3-22a 所示，水准管轴水平，但竖轴倾斜，设它与铅垂线的夹角为 $\alpha$。照准部转 $180°$，如图 3-22b 所示，基座和竖轴位置不变，水准管轴与水平面的夹角为 $2\alpha$，通过气泡中心偏离水准管零点的格数表现出来。校正时先用校正针拨动水准管校正螺丝，使气泡退回偏离量的一半（等于 $\alpha$），如图 3-22c 所示，此时，几何条件满足要求。最后用脚螺旋调节水准管气泡居中，如图 3-22d 所示，水准管轴水平，竖轴也垂直[补5]。

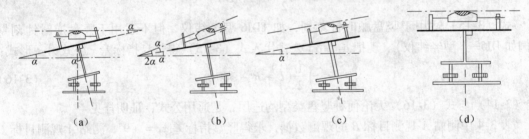

图 3-22 经纬仪照准部水准管的检校

**2. 圆水准器的检校**

（1）检验

检验的目的是检查圆水准器轴是否与仪器的竖轴平行。如缺少此项检校，以后就无法使用圆水准器作粗略整平。检验的方法是，首先用已检校的照准部水准管，把仪器精确整平，此时再看圆水准器的气泡是否居中，如不居中，则需校正。

（2）校正

在仪器精确的整平的条件下，用校正针时，先略松开水准器底座固定螺钉，然后拨动圆水准器底座下的校正螺丝使气泡居中。校正时，注意对校正螺丝一松一紧的操作，最后拧紧固定螺钉。

**3. 十字丝环的检校**

（1）检验

检验的目的是检查十字丝的竖丝是否垂直于横轴的几何条件。检验时，用十字丝交点精确瞄准水平方向一清晰的目标点 $A$，然后用望远镜微动螺旋，使望远镜上下仰俯，如果 $A$ 点不偏离竖丝，如图 3-23a 所示，则条件满足，否则，如图 3-23b 所示，需校正。

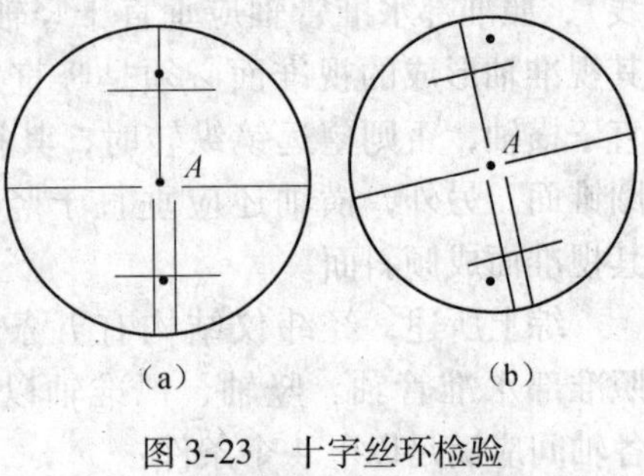

图 3-23 十字丝环检验

（2）校正

旋下目镜十字丝分划板的护盖，松开 4 个压环螺丝，如图 3-24 所示，慢慢转动十字丝分划板座，使竖丝重新与目标点 $A$ 重合，反复检验，直至条件完全满足。最后旋紧 4 个压环螺丝，旋上十字丝分划板护盖。

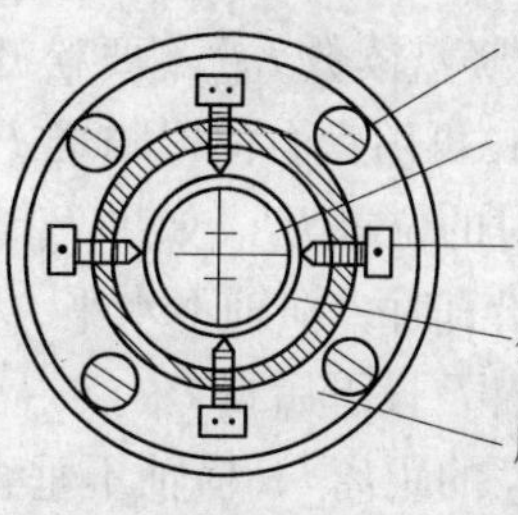

图 3-24　十字丝环构造

（右侧标注，从上到下）
压环螺丝
十字丝分划板
十字丝校正螺丝
分划板座
压环

4. 视准轴的检校

（1）检验

检验的目的是检查视准轴是否垂直于横轴。该条件不满足主要原因是视准轴位置不正确，也就是十字丝交点位置不正确，十字丝交点偏左或偏右，使视准轴与横轴不垂直，形成视准轴误差，通常用 $C$ 表示。检验的步骤如下：

首先，把经纬仪整平，以盘左位置，望远镜大约水平方向瞄准远方一清晰目标或白墙上某目标点 $P$，读取水平度盘读数 $L$。如图 3-25a 所示，设十字丝交点偏右，使视准轴偏向左侧 $C$ 角，因此盘左水平度盘读数 $L$ 比正确盘左读数 $L_0$ 大了 $C$ 值，即

$$L = L_0 + C \qquad (3-17)$$

然后，倒转望远镜成盘右位置，仍瞄准同一目标，读取水平度盘读数为 $R$。由于倒镜后视准轴偏向右侧 $C$ 角，如图 3-25b 所示。因此盘右水平度盘读数 $R$ 比正确盘右读数 $R_0$ 小了 $C$ 值，即

$$R = R_0 - C \qquad (3-18)$$

因为瞄准同一水平方向目标，正确的正倒镜读数差为 $\pm180°$，即 $L_0 - R_0 = \pm180°$，所以式（3-17）减式（3-18）得

$$2C = L - R \pm 180° \qquad (3-19)$$

因此，视准轴的误差 $C$ 公式为

$$C = \frac{L - R \pm 180°}{2} \qquad (3-20)$$

如果 $C > \pm1'$ 应校正。

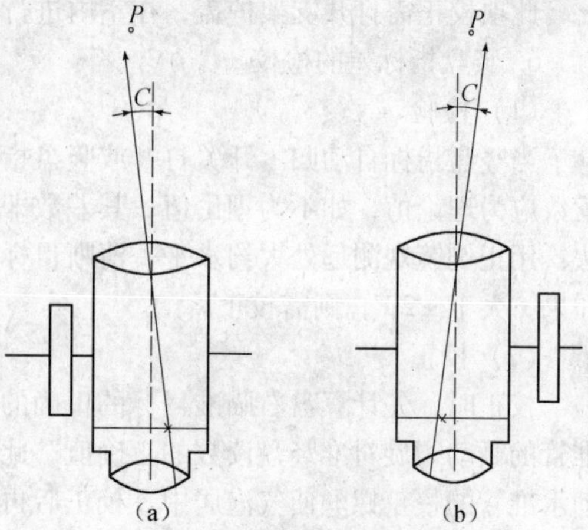

图 3-25　视准轴检验示意图
（a）盘左时；（b）盘右时

（2）校正

首先，在检验时的盘右位置（盘左位置也可），水平度盘对准盘左盘右读数的平均值（注意盘左或盘右应 $\pm180°$ 后平均），此时由望远镜纵丝偏离目标，调整十字丝环左右螺丝，如图 3-24 所示，当然要先松上下螺丝中的一个，然后左右螺丝一松一紧。调整完毕，把松开的螺丝旋紧。校正后再检验，直至 $C < \pm1'$ 为止。

5. 横轴的检校

（1）检验

检验的目的是检查横轴是否垂直于竖轴，此条件满足时，才能确保竖轴铅直时，横轴是水平的，否则视准轴绕横轴旋转的轨迹不是铅垂面，而是一个倾斜面。检验的步骤如下：

如图 3-26 所示，距墙面约 30m 处安置经纬仪，先以盘左位置瞄墙上明显的高点 $P$（要求仰角

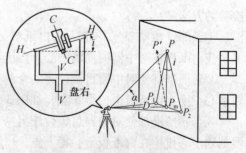

图 3-26　横轴检验与校正

$\alpha > 30°$），读竖盘读数 $L$。不要松开照准部，将望远镜大致放平，在墙上标出十字丝交点所对的位置 $P_1$；再用盘右位置瞄准 $P$ 点，又读竖盘读数 $R$，再放平望远镜后，在墙上标出十字丝交点所对的位置 $P_2$。如果 $P_1$ 与 $P_2$ 重合，表示横轴垂直于竖轴。否则，条件不满足。

当竖轴铅直时，横轴不水平，盘左与盘右横轴倾斜方向正相反，图中盘左位置横轴是左高右低，故瞄 $P$ 投下后得 $P_1$ 点；盘右位置横轴变成左低右高，瞄 $P$ 投下后得 $P_2$ 点，用尺子量 $P_1$ 至 $P_2$ 的距离 $l$，横轴不垂直于竖轴，与垂直位置相差一个 $i$ 角，在图中表示为两条倾斜线 $PP_1$ 或 $PP_2$ 与铅垂线 $PP_m$ 的夹角 $i$。高点 $P$ 的竖角 $\alpha$ 可以通过正倒镜观测 $P$ 点的竖盘读数 $L$ 与 $R$ 按公式计算求得。经纬仪至墙面的距离 $D$ 可用尺子量得。从图 3-26 可看出：

$$\tan i = \frac{P_1 P_m}{PP_m}$$

因为 $P_1 P_m = l/2$，$PP_m = D\tan\alpha$，代入上式，并考虑到 $i$ 角很小，得

$$i = \frac{l}{2} \cdot \frac{\rho''}{D} \cdot \cot\alpha \qquad (3-21)$$

对于 $DJ_6$ 经纬仪，若 $i > 1'$，则需校正。

（2）校正

此项校正需打开支架护盖，在室内进行。因技术性很高，应交专业维修人员处理。

6. 竖盘指标差的检校

（1）检验

当竖盘指标自动归零开关打开或竖盘指标水准管气泡居中，望远镜视线水平时，竖盘的读数应为理论值，如不为理论值，其差数即为竖盘指标差 $x$，$x$ 值不得超过 $\pm 20''$。检验的方法：用正倒镜观测远处大约水平一清晰目标 3 个测回，按公式算出指标差 $x$，3 测回取平均，如果 $x$ 大于 $\pm 20''$，则需校正。

（2）校正

校正时，先计算盘右瞄准目标的正确的竖盘读数 $(R-x)$[补6]，然后，旋转竖盘指标水准管的微动螺旋对准竖盘读数的正确值，此时，水准管气泡必偏歪，打开护盖，用校正针拨动水准管的校正螺丝使气泡居中。校正后再复查。

对于有竖盘指标自动归零的经纬仪（如 TDJ6），校正方法略有不同。首先用改锥拧下螺钉，取下长形指标差盖板，可见到仪器内部有两个校正螺钉，松其中一螺钉紧另一个螺钉，使垂直光路中一块平板玻璃转动，从而改变竖盘读数对准正确值便可。

7. 光学对中器的检校

（1）检验

检验目的是检查光学对中器的视准轴与仪器竖轴是否重合。检验的方法是：

①经纬仪粗略整平，将一张白纸板放在仪器的正下方地面上，使白纸板在对中器的视场中心，压上重物，使其固定。

②转照准部使对中器目镜位于一个脚螺旋方向，将对中器刻划中心投绘在白纸板上，得 $a$ 点，如图 3-27 所示。

③再转照准部使对中器目镜位于另一个脚螺旋方向，将对中器刻划中心投绘在白纸板上，得 $b$ 点。

④再转照准部使对中器目镜位于第三个脚螺旋方向，将对中

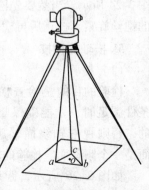

图 3-27 光学对中器的检校

器刻划中心投绘在白纸板上，得 $c$ 点。如果 $a$，$b$，$c$ 三点重合说明条件满足。否则需校正。

（2）校正

如图 3-27 所示，找出 $a$，$b$，$c$ 三角形的重心 $o$。用校正针调节对中器四个校正螺丝（一松一紧），使对中器刻划圆圈对准 $o$ 点。反复检验与校正，直至条件满足要求。

## 3.8 如何将经纬仪作为水准仪使用

在小型工程施工中，用经纬仪定线，同时又用经纬仪标定某构筑物的高度、整平小型场地、抄平路面、标定花坛、树坛高度等，此时可将经纬仪作为水准仪使用。要达到这一目的关键的问题是使经纬仪的视准轴 $cc$ 安置成水平位置，如图 3-28 所示。做法是：

1. 预先精确测定竖盘指标差：选 3 个清晰目标，正倒镜观测求得 3 个指标差，$x$ 取平均。每测一个目标均按下式计算指标差：

$$x = \frac{1}{2}(L + R - 360°)$$

3 个 $x$ 互差不超过 $20''$，取平均。

2. 作水准仪使用时，首先应将经纬仪竖盘指标归零开关打开。

3. 盘左位置，望远镜大约安置水平位置，转望远镜微动螺旋使竖盘读数精确对准 $90° + x$，此时望远镜视准轴 $cc$ 即为水平视线。

在使用过程中绝对不要碰动望远镜的制动螺旋与微动螺旋。以经纬仪望远镜的视准轴作水平视线用，瞄准目标一般不宜太远，视工程施工精度要求而定。

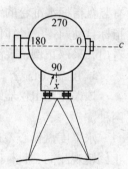

图 3-28 经纬仪望远镜水平时

## 3.9 角度测量误差分析

使用经纬仪进行角度测量不可避免地会产生误差。研究其误差的来源、性质，以便使用适当的措施与观测方法，提高角度测量的精度。角度测量误差来源主要有 3 个方面，即仪器误差、观测误差和外界条件的影响。

### 3.9.1 仪器误差

仪器误差主要是指仪器检校后残余误差和仪器零部件加工不够完善引起的误差。主要有下列几种：

1. 视准轴误差

视准轴应垂直于横轴，经检校其残余的视准轴误差 $C$，对水平度盘读数的影响用 $(C)$ 表示，经推导可用下式表示：

$$(C) = \frac{C}{\cos\alpha} \tag{3-22}$$

式中 $\alpha$ 为观测目标的竖角。从图 3-26 可知：视准轴误差 $C$，在正倒镜观测时，符号是相反的，因此可用正倒镜观测取平均值加以消除。

2. 横轴误差

横轴应垂直于竖轴，经检校其残余的横轴误差 $i$，对水平度盘读数的影响用 $(i)$ 表示，经推导可用下式表示：

$$(i) = i \cdot \tan\alpha \tag{3-23}$$

式中 $\alpha$ 为观测目标的竖角。当 $\alpha = 0$ 时，$(i) = 0$，即视线水平时，横轴误差对水平角没有影响。盘左观测时，若横轴右端高于左端，纵转望远镜成盘右观测，横轴变为左端高于右端，即正倒镜观测时，横轴误差 $i$ 符号是相反的，因此取正倒镜的平均值可以消除其影响。

### 3. 竖轴误差

竖轴应处于铅垂位置，但是由于水准管整平不够精确，或检校水准管不够完善，造成竖轴倾斜，从而引起横轴不水平，给角度测量带来误差。照准部绕着倾斜的竖轴旋转，无论盘左或盘右，竖轴倾斜方向都是一样的，致使横抽倾斜方向都一样，所以竖轴倾斜误差不能用正倒镜观测取平均值的办法消除。因此，角度测量前，应精确检校照准部水准管，以确保水准管轴与竖轴垂直。角度测量时，经纬仪精确整平。观测过程中，水准管气泡偏歪不得大于 1 格，发现气泡偏歪超过 1 格，要重新整平，重测该测回。特别在山区观测，各目标竖角相差又较大应特别注意。

### 4. 竖盘指标差

竖盘指标差主要对观测竖角产生影响，与水平角测量无关。指标差产生的原因，对于具有竖盘指标水准管的经纬仪，可能气泡没有严格居中，或检校后有残余误差。对于具有竖盘指标自动归零的经纬仪，可能归零装置的平行玻璃板位置不正确。但是，从式（3-14）可看出，采取正倒镜观测取平均值，可自动消除竖盘指标差对竖角的影响。

### 5. 度盘偏心差

该误差是由仪器零部件加工安装不完善引起的。有水平度盘偏心差与竖直度盘偏心差两种。

水平度盘偏心差是由于照准部旋转中心与水平度盘圆心不重合引起指标读数的误差。在正倒镜观测同一目标时，指标线在水平度盘上位置具有对称性，所以也可用正倒镜观测取平均值予以减小。

竖直度盘偏心差是指竖盘的圆心与仪器横轴中心线不重合带来的误差，此项误差很小，可以忽略不计。

### 6. 度盘刻划不均匀的误差

在目前精密仪器制造工艺中，这项误差一般也很小。为了提高测角精度，采用各测回之间变换度盘位置的方法，可以消除度盘刻划不均匀的误差的影响。用变换度盘位置的方法还可避免相同度盘读数发生粗差，得到新的度盘读数与分微尺读数，从而提高测角精度。

### 3.9.2 观测误差

#### 1. 对中误差

测量角度时，经纬仪应安置在测站上。若仪器中心与测站不在同一铅垂线上，称对中误差，又称测站偏心误差。

如图 3-29 所示，$O$ 为测站点，$A$、$B$ 为目标点，$O'$ 为仪器中心在地面上的投影位置。$OO'$ 的长度为偏心距，用 $e$ 表示。由图可知，观测角值 $\beta'$ 与正确角值 $\beta$ 有如下关系：

$$\beta = \beta' + (\varepsilon_1 + \varepsilon_2) \qquad (3\text{-}24)$$

因 $\varepsilon_1$、$\varepsilon_2$ 很小，可用下式计算：

$$\varepsilon_1 = \frac{\rho'' e}{D_1}\sin\theta \qquad \varepsilon_2 = \frac{\rho'' e}{D_2}\sin(\beta' - \theta)$$

因此，仪器对中误差对水平角影响为

$$\varepsilon = \varepsilon_1 + \varepsilon_2 = \rho'' e\left[\frac{\sin\theta}{D_1} + \frac{\sin(\beta' - \theta)}{D_2}\right] \quad (3\text{-}25)$$

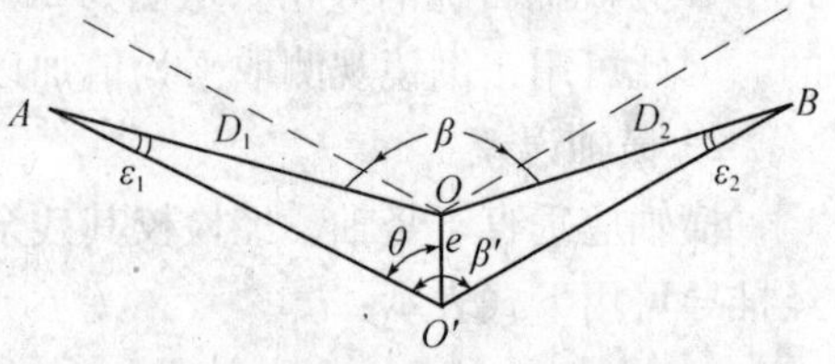

图 3-29　对中误差对水平角影响

46

由上式可知，对中误差的影响 $\varepsilon$ 与偏心距 $e$ 成正比，与边长 $D$ 成反比。

当 $\beta = 180°$，$\theta = 90°$ 时，$\varepsilon$ 角值最大。设 $e = 3\mathrm{mm}$，$D_1 = D_2 = 60\mathrm{m}$ 时，

$$\varepsilon = \rho'' e \left( \frac{1}{D_1} + \frac{1}{D_2} \right) = 206265'' \times \frac{3 \times 2}{60 \times 10^3} = 20.6''$$

由于对中误差不能通过观测方法予以消除，因此在测量水平角时，对中应认真仔细。对于短边、钝角更要注意严格对中。

2. 目标偏心误差

测量水平角时，目标点若用竖立标杆作为照准点，由于立标杆很难做到严格铅直，此时照准点与地面标志不在同一铅垂线上，其差异称目标偏心，瞄准点越高，误差越大。

如图 3-30 所示，$O$ 为测站，$A$ 为地面目标，照准点至地面标志点 $A$ 的距离为 $d$，标杆倾斜 $\alpha$，则目标偏心差 $e = d\sin\alpha$，它对观测方向影响为

$$\varepsilon = \frac{e}{D}\rho'' = \frac{d\sin\alpha}{D}\rho'' \tag{3-26}$$

由上式可知，目标偏心误差对水平方向观测影响 $\varepsilon$ 与照准点至地面标志间的距离 $d$ 成正比，与边长 $D$ 成反比。

因此，观测时应尽量使标杆竖直，瞄准时尽可能瞄准标杆基部。测角精度要求较高时，应用垂球线代替标杆。

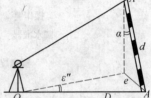

图 3-30　目标偏心误差
对水平方向影响

3. 照准误差

人眼通过望远镜瞄准目标产生的误差，称为照准误差。其影响因素很多，如望远镜的放大倍率、人眼的分辨力、十字丝的粗细，目标的形状与大小、目标的清晰度等。通常主要考虑人眼的分辨力（60″）和望远镜的放大倍率 $V$，照准的误差为 $m_V$ 为

$$m_V = \pm \frac{60''}{V} \tag{3-27}$$

对于 $DJ_6$ 经纬仪，$V = 28$，则 $m_V = \pm 2''$。

4. 读数误差

读数误差与观测者技术熟练程度、读数窗的清晰度和读数系统构造本身有关。对于采用分微尺读数系统而言，分微尺最小格值为 $t$，则读数误差 $m_0$ 为

$$m_0 = \pm 0.1t \tag{3-28}$$

对于 $DJ_6$ 经纬仪，$t = 1'$ 则读数误差 $m_0 = \pm 0.1' = \pm 6''$

### 3.9.3　外界条件影响

观测角度是在一定的外界条件下进行的，外界条件及其变化对观测质量有直接的影响。如地面松软和大风影响仪器的稳定；日晒和温度影响水准管气泡的居中；大气层受地面热辐射的影响会引起目标影像的跳动等，这些都会给观测角度带来误差。因此，要选择目标成像清晰稳定的有利时间观测，尽可能克服或避开不利条件的影响，如选择阴天或空气清晰度好的晴天进行观测，以便提高观测成果的质量。

## 3.10　电子经纬仪

1. 电子经纬仪的结构及其特点

电子经纬仪是由精密光学器件、机械器件、电子扫描度盘、电子传感器和微处理机组成的，在微处理器的控制下，按度盘位置信息，自动以数字显示角值（水平角、竖直角）。测角精度有 6″、5″、2″、1″等多种。

图 3-31 为我国南方测绘公司生产的 ET-02/05 电子经纬仪，各部件名称注于图上。

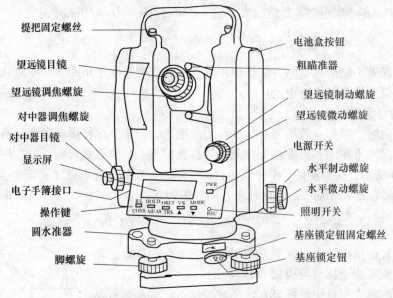

图 3-31　ET-02/05 电子经纬仪

ET-02/05 电子经纬仪键盘如图 3-32 所示。

【R/L】键：表示水平角右旋增大（R）/左旋增大（L）互相切换键。右旋增大显示屏显示 HR，即水平度盘顺时针增加；左旋增大显示 HL，即水平度盘逆时针增加。

【0SET】键：读数置零键。连续按两次，水平度盘读数置成 0°00′00″。

其他各按键名称及功能详见图中说明。

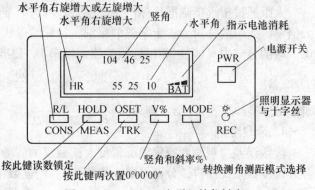

图 3-32　ET-02/05 电子经纬仪键盘

电子经纬仪与光学经纬仪比较主要有以下几点：

（1）电子经纬仪必须安装电池，在供电情况下使用，角度测量值直接显示在显示屏上，不存在读数误差，读错那是错误。

（2）测角操作更为方便。光学经纬仪水平度盘只有顺时针刻划这一种，电子经纬仪既可使水平度盘顺时针增加，又可使水平度盘反时针增加，只要按一键就可相互切换。开机后显示屏左下角显示 HR 字样，说明书称为"右旋测角"；再按一下键盘上的【R/L】键，立刻切换为"左旋测角"。由于这一特点，在测量两个方向组成的内角及外角（即导线测量中的左角与右角）时，就十分方便，详见下面介绍的测角法。

（3）设有竖轴倾斜补偿装置，该补偿装置实质上是一组倾斜传感器，由光电法测得竖轴的倾斜量，由微处理器自动修正水平盘和竖盘的读数，以达到补偿的目的。当竖轴倾斜超过 3′，显示屏会出现"b"字样，此时应重新整平，"b"字消后，经纬仪竖轴倾斜补偿器就可起作用。

（4）可将观测数据通过电子手簿接口传输至电子手簿或计算机，以便进行数据处理。

（5）可与多种测距仪联结组成组合式的电子速测仪。

2. 电子经纬仪测角方法

（1）电经测回法测量水平角步骤

例如，测量∠AOB 水平角，测量内角：在 HR 状态下，盘左位置，瞄准 A 目标，按两次【0SET】键，A 方向水平度盘读数置 0，顺时针旋转照准部瞄准 B 方向读数，即为半测回内角值。纵转望远镜后成盘右位置，瞄 B 读数，逆时针转瞄 A 读数即完成下半测回的内角测量。

若要求测若干测回，对于电经来说，配置不同度盘位置施测没有任何意义，因电经系光电度盘，不存在所谓刻划误差，直接用上法再测一测回作为第二测回。如果为获得更高精度，可以采用复测法，即瞄右目标 B 后不读数，而按【HOLD】键自动保持住右目标 B 的读数，然后，继续再精确瞄左目标 A 后，再按【HOLD】键，解除锁数，松照准部第二次瞄准右目标 B，再读数。此时角度已累加了一次，最后，角值除以 2 即得∠AOB。

测量外角：按一下键盘上的【R/L】键，切换为 HL 状态，盘左位置瞄准 A 目标，按两次【0SET】键，A 方向水平度盘读数置 0，顺时针旋转照准部瞄准 B 方向读数，即为上半测回的外角值。纵转望远镜后成盘右位置，先瞄 B，后瞄 A，获得下半测回的外角值。

（2）电经测量竖角步骤

竖角观测前应进行初始化设置，即设置水平方向为 0°还是 90°，后一种设置观测结果为天顶距。键盘上 V% 表示竖角相应的斜率，即竖角的正切。普通测量一般采用观测竖角。当显示屏显示 "V 0SET" 时，即提示竖盘指标应归零。操作法是：在盘左位置将望远镜在垂直方向上转动 1~2 次，当望远镜通过水平视线时，仪器自动将竖盘指标归零，并显示出当时望远镜视线方向的竖盘值。竖角具体观测步骤与光学经纬仪相同。

3. 电子经纬仪测角原理

电子经纬仪测角读数系统采用光电扫描度盘和自动显示系统，主要由编码度盘测角、光栅度盘测角以及格区式度盘动态测角三种。

（1）编码度盘测角原理

编码度盘是类似于普通光学度盘的玻璃码盘，有许多同心圆环，每一同心圆环称为码道，每圆环又刻成若干等长的透光与不透光的区，以透光表示二进制代码 "1"，不透光表示 "0"，因此，当照准某一方向时，通过光电扫描而获得方向代码，所以一般又称为绝对式读数系统。

（2）光栅度盘测角原理

在光学玻璃上均匀地刻许多等间隔的细线就构成了光栅，这种度盘称光栅度盘。相邻条纹之间的距离，称为栅距。在度盘的一侧安置恒定的光源，另一侧有一固定的光电接收管。当光栅度盘与光线产生相对移动（转动）时，可利用光电接收管的计数器，累计求得所移动的栅距数，从而得到转动角度值。这种累计计数而无绝对刻度读数系统，称为增量式读数系统。光栅度盘的栅距就相当于光学度盘的分划，栅距越小测角精度越高。在 80mm 直径的光栅度盘上，刻有 12500 条细线（50/mm），栅距分划值为 1′44″。要想提高测角精度，必须进一步细分，这就需要采用莫尔条纹技术，就可以对纹距进一步细分，达到提高测角精度的目的。

（3）格区式度盘动态测角原理

度盘为玻璃圆盘，测角时由微型马达代动而旋转。度盘分成 1024 个分划，每个分划由一对黑白条纹组成。固定光栏固定在基座上，相当于光学度盘零分划。活动光栏在度盘内侧随照准部转动，相当于光学度盘的指标线，它们之间的夹角即为要测的角度值。所以这种方法称为绝对测角系统。光栏上装有发光二极管和光电二极管，分别处于度盘上、下侧。发光二极管发射红外光线，通过光栏孔隙照到度盘上。度盘按一定速度旋转，因度盘上明暗条纹而形成透光亮的不断变化，这些光信号被设置在度盘另一侧的光电二极管接收，转换成正弦波的电信号输出，用以测角。

## 本 章 补 充

[补1] 第 2 测回盘右半测回 $\beta_{右}=91°55'38''$ 是如何计算的？

因为水平度盘刻划是顺时针增加的，所以计算水平角度总是用右目标的读数减左目标的读数，不够减加 360°，故

$$\beta_{右} = 1°56'30'' + 360° - 270°00'52'' = 91°55'38''$$

[补2] $J_6$ 级光学经纬进行方向法观测为什么不检查 2C 变化？

因为 $J_6$ 级光学经纬照准部与水平度盘都存在较大的偏心差，致使 2C 较大，严格去检查和限制 2C 互差起不到检查观测误差的作用，但也不能太大，例如 2C 互差达到 1' 也是不行的。对于 $J_2$ 级光学经纬则一定要检查 2C 互差，规范规定不得超过 ±18″。

[补3] 微动螺旋在制动螺旋旋紧后才起作用，另外，微动螺旋应使用其螺杆的中间部分，这样做便于微动螺旋的旋进与旋出。水平微动螺旋是否处于中间部分很容易判断，如图 3-33 所示微动螺旋螺杆处于中间部分。

[补4] 对于逆时针刻划竖盘，$\alpha$ 与 $x$ 公式推导

盘左时，当望远镜向上时，竖盘读数增加，竖角 $\alpha$ 为

$$\alpha = 倾斜视线读数 - 水平视线读数$$

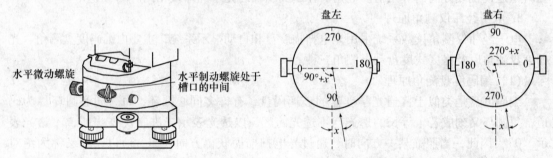

图 3-33　水平微动螺旋处于中间部分　　　图 3-34　望远镜上仰时，竖盘读数递增

从图 3-34 左图可看出：

$$\alpha = L - (90° + x) \tag{3-29}$$

令

$$\alpha_L = L - 90°$$

所以

$$\alpha = \alpha_L - x \tag{3-30}$$

盘右时，当望远镜向上，竖盘读数减少。则竖角 $\alpha$ 为

$$\alpha = 水平视线读数 - 倾斜视线读数$$

从图 3-34 右图可看出：

$$\alpha = (270° + x) - R = R - 270° - x \tag{3-31}$$

令

$$\alpha_R = 270° - R$$

所以

$$\alpha = \alpha_R + x \tag{3-32}$$

式（3-30）+ 式（3-32）得竖角

$$\alpha = \frac{1}{2}(\alpha_L + \alpha_R) \tag{3-33}$$

式（3-30）- 式（3-32）得

$$2x = \alpha_L - \alpha_R$$

故竖盘指标差 $x$

$$x = \frac{1}{2}(\alpha_L - \alpha_R) = \frac{1}{2}[L - 90° - (270° - R)]$$

$$= \frac{1}{2}(L + R - 360°) \tag{3-34}$$

［补5］在野外作业时，如无条件对水准管进行校正时，问这台仪器能否进行精平操作？

答：可以。这时应采用等偏整平法。从水准管检验步骤第3步可看出，校正时只校正气泡偏歪的一半，因此，当无校正针时，可先不调。在进行精平操作过程中，始终保持气泡偏歪一半，不使气泡居中，但应记住气泡偏的方向（有校正螺丝一端还是另一端）。等偏整平法适用于低精度的水平观测。

［补6］关于盘右的正确读数问题：顺时针刻划竖盘，盘右时求正确竖角 $\alpha$ 式 (3-11)，即

$$\alpha = R - (270° + x)$$

$$= (R - x) - 270°$$

反时针刻划竖盘，盘右时求正确竖角 $\alpha$ 式 (3-31) 与上式相同。上式左端为望远镜瞄准目标的正确竖角 $\alpha$，右端第一项 $(R - x)$ 为盘右瞄准目标时的读数，第二项 $270°$ 为视线水平读数。因此，$(R - x)$ 为盘右的正确读数。

# 练 习 题

1. 叙述具有分微尺读数的（例如 TDJ6 型）经纬仪，起始目标水平度盘配置90°01′00″的步骤。

2. 试比较经纬仪测站安置与水准仪测站安置有哪些相同点与不同点。

3. 叙述光学对中器对中的操作步骤。使用光学对中器对中，为什么仪器必须首先粗平？

4. 经纬仪上有哪几对制动、微动螺旋？各起什么作用？如何正确使用测量仪器（包括水准仪与经纬仪等）的制动螺旋和微动螺旋？

5. 计算水平角时，为什么要用右目标读数减左目标读数？如果不够减应如何计算？

6. 经纬仪的结构有哪几条主要轴线？它们相互之间应满足什么关系？如果这些关系不满足将会产生什么后果？

7. 观测水平角采用盘左、盘右观测能消除哪些误差的影响？试绘图和列公式加以说明。盘左、盘右观测能否消除因竖轴倾斜引起的水平角测量误差？为什么？

8. 什么叫竖盘指标差？如何进行检验与校正？如何衡量竖角观测成果是否合格？

9. 什么叫竖角？为什么测量竖角时只需在瞄准目标读取竖盘读数，而不必把望远镜放置水平位置进行读数？

10. 完成下面全圆方向观测法表格的计算：

| 测站 | 目标 | 水平度盘读数 | | $2C = L - R \pm 180°$ (″) | 平均读数 $= \frac{1}{2}(L + R \pm 180°)$ (° ′ ″) | 一测回归零方向值 (° ′ ″) | 各测回归零方向平均值 (° ′ ″) |
|---|---|---|---|---|---|---|---|
| | | 盘左 (° ′ ″) | 盘右 (° ′ ″) | | | | |
| 第1测回 $O$ | A | 0 01 06 | 180 01 06 | | | | |
| | B | 91 54 06 | 271 54 00 | | | | |
| | C | 153 32 48 | 333 32 48 | | | | |
| | D | 214 06 12 | 34 06 06 | | | | |
| | A | 0 01 24 | 180 01 18 | | | | |
| 第2测回 $O$ | A | 90 01 00 | 270 01 16 | | | | |
| | B | 181 54 06 | 1 54 18 | | | | |
| | C | 243 32 54 | 63 33 06 | | | | |
| | D | 304 06 24 | 124 06 18 | | | | |
| | A | 90 01 36 | 270 01 36 | | | | |

11. 如何判断经纬仪竖盘的注记形式？两种竖盘的注记形式的特点是什么？

12. 在测站 A 点观测 B 点、C 点的竖直角，观测数据如下表，请计算竖直角及指标差（注：盘左视线水平时竖盘读数为 90°，视线向上倾斜时竖盘读数是增加的）。

| 测　站 | 目　标 | 盘　位 | 竖盘读数 (° ′ ″) | 竖角值 | | 指标差 (″) |
| | | | | 近似竖角值 (° ′ ″) | 测回值 (° ′ ″) | |
| --- | --- | --- | --- | --- | --- | --- |
| A | B | L | 97　40　18 | | | |
| | | R | 262　19　48 | | | |
| A | C | L | 85　17　18 | | | |
| | | R | 274　43　00 | | | |

13. 测量角度 ∠ABC 时（图3-35），没有瞄准 C 点花杆的根部，而错误地瞄准了花杆的顶部，已知顶部偏离为 15mm，BC 距离为 34.18m。求目标偏心而引起的测角误差为多少？

14. 如图 3-36 所示，设仪器中心 O' 偏离测站标志中心 O 为 13mm，水平角 ∠AO'B 的观测值为 91°51′18″，已知 ∠AO'O = 35°，试根据图中给出的数据，计算因仪器对中误差引起的水平角测量误差。

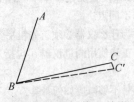

图 3-35　目标偏心误差

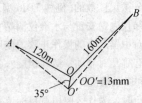

图 3-36　测站对中误差

15. 请简述水平角测量中，下列误差的性质、符号以及消除、减弱或改正的方法：
①对中误差；②目标倾斜误差；③瞄准误差；④读数误差；⑤仪器未完全整平；⑥照准部水准管轴误差；⑦视准轴误差；⑧横轴误差；⑨照准部偏心误差；⑩度盘刻划误差。

16. 电子经纬仪有哪些特点？开机后显示屏左下角显示 HR 或 HL 字样，说明书中称为"右旋测角"或"左旋测角"，其实质是什么？

## 学 习 辅 导

1. 本章学习目的与要求

目的：识知光学经纬的结构，学会使用 6″ 级光学经纬仪，掌握水平角及竖直角观测、记录与计算。对 6″ 级光学经纬仪能进行检验，并能校正某些项目。

要求：
（1）识知光学经纬的结构，各螺旋的功能及用法及 $J_6$、$J_2$ 光学经纬仪读数法。
（2）掌握光学经纬仪测站对中、整平、瞄准的步骤，实习后达到熟练的程度。
（3）掌握测回法、方向观测法以及竖直角的观测、记录与计算。
（4）掌握 6″ 级光学经纬仪的检验；对照准部水准管轴、圆水准器轴、视准轴不满足条件能进行校正。

2. 学习本章的要领

（1）学好本章关键在于熟知仪器，搞清下列 3 个关系：①水平度盘与照准部之间的关系；②竖盘、望远镜、指标之间的关系；③制动螺旋与微动螺旋的关系。还有，仪器结构的 5 条轴线及其几何关系。

（2）掌握经纬仪的使用，关键在于十分明确测站对中、整平、瞄准的目的与步骤。对中一般应先粗对中，后精对中，对中的难点是光学对中器的正确使用和操作迅速，按教材的操作步骤必能达到高精、高效。整平分两步走：先粗平，后精平。瞄准也两步走：先粗瞄，后精瞄。

（3）掌握测角法，测出达到精度要求的角度，一定要熟知每一操作步骤的目的、道理所在，轻手轻脚，切忌盲目乱动，该检查什么就检查什么，边测边算。测量竖角，关键在计算，不论什么竖盘类型，竖角与指标差计算公式都一样，不同点就是计算近似竖角公式不同，建议学生做个纸模型，摆弄一下就能完全掌握。

（4）检验很重要，掌握了它，将来工作时就能迅速判断你所在单位现存仪器能否使用。校正是第二位的，因有问题的仪器可以送专门修理部门去修理。找出有问题的仪器，学生必须掌握各项检验，主要抓目的与步骤两项，在实习中一定要开动脑筋，深刻理解。

# 第4章 距离测量与直线定向

距离测量是确定地面点位基本测量工作之一。距离测量的方法有：卷尺量距法（包括钢尺量距、玻璃纤维卷尺量距、皮尺量距），视距测量法，电磁波测距法以及利用卫星测距法。钢尺量距法是用钢尺沿地面直接丈量距离；视距测量法是用经纬仪或水准仪望远镜的视距丝测量距离；电磁波测距法是用仪器发射与接收电磁波测量距离；利用卫星测距法是在两点上用卫星接收仪接收卫星信号以求得两点距离，即 GPS 测量。

本章主要介绍钢尺量距法，视距测量法以及电磁波测距法。利用卫星测距法将在第 20 章介绍。

## 4.1 直接量距工具

量距工具主要有钢尺、玻璃纤维卷尺、皮尺，统称为卷尺。卷尺的零分划位置有两种：一种是卷尺前端有一条刻划线作为尺长的零刻划线，称为刻线尺；另一种是零点位于尺端，即拉环外沿，这种尺称为端点尺，如图 4-1 所示。

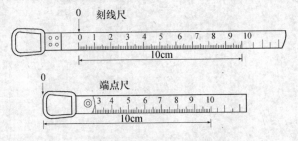

图 4-1 卷尺的两种不同零点位置

钢尺为钢制带尺，尺宽 10～15mm，长度有 20m、30m 及 50m 等多种。为了便于携带和保护，将钢尺卷在圆形皮盒内或金属尺架上。钢尺的分划有三种：一种钢尺的基本分划为厘米；第二种基本分划为厘米，并在端 10cm 内为毫米分划；第三种基本分划为毫米。尺上在分米和米处都刻有注记，便于量距时读数。钢尺的零刻划线在尺身前端，故为刻线尺。

高精度玻璃纤维卷尺（简称高精卷尺）也属于刻线尺，其中心部分是一排玻璃纤维束（每束由若干玻璃纤维用特殊材料胶合而成），最外层用聚氯乙烯树脂保护，以免刻划线磨损。该尺长度有 30m 与 50m 两种。最小分划为 2 毫米，尺上米及分米分划均有注记，它属于刻线尺。量距精度接近钢尺，从劳动强度、工作效率、价格、使用寿命等方面均明显优于钢尺。

皮尺刻划零点在拉环外沿，属于端点尺。它是用麻线与金属丝合织而成的带状尺。尺长有 20m、30m 及 50m 等多种，尺面最小分划为厘米，每 10cm 一注记。皮尺耐拉强度较差，容易被拉长，故只适用于较低精度的量距工作。

量距中辅助工具有测钎、标杆（或称花杆）、垂球、弹簧秤和温度计。测钎是用直径为 5mm 左右的粗铁丝一端磨尖制成，长约 30cm，用来标志所量尺段的起、止点。测钎 6 根或 11 根为一束，它可以用于计算已量过的整尺段数，如图 4-2a 所示。标杆又称花杆，长 3m，杆上涂以 20cm 间隔的红、白漆，用于标定直线，如图 4-2b 所示。垂球作为在倾斜地面量距时投点的工具。弹簧秤与温度计用于控制拉力和测定温度。

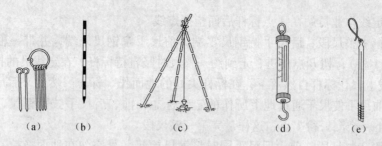

图 4-2 量距辅助工具

（a）测钎；（b）标杆；（c）垂球；（d）弹簧秤；（e）温度计

## 4.2 卷尺量距方法

### 4.2.1 直线定线

**1. 在两点间或两点的延长线上定线**

如果地面两点之间距离较长或地面起伏较大，需要分段进行量测。为了使量线段在一条直线上，需要在待测两点的直线上标定若干点，以便分段丈量，此项工作称为直线定线。如图 4-3 所示，欲量 A、B 间的距离，一个作业员甲站于端点 A 后 1～2m 处，用眼自 A 点标杆的一侧瞄 B 点标杆的同一侧形成视线，指挥持杆的作业员乙移动标杆（乙手持标杆，要使标杆自然下垂），当标杆与 A、B 在同一直线上时，让标杆垂直落下，定出 1 点。

**2. 过山头定线**

过山头定线步骤如下：如图 4-4 所示，在山头两侧互不通视 A、B 两点插标杆，甲目估 AB 线上的 1′ 点立标杆（1′ 点要靠近 A 点并能看到 B 点），甲指挥乙将另一标杆立在 B1′ 线上的 2′ 点（2′ 点要靠近 B 点并能看到 A 点）。然后，乙指挥甲将 1′ 点的标杆移到 2′A 线上的 1″ 点。如此交替指挥对方移动，直到甲看到 1、2、B 成一直线，乙看到 2、1、A 成一直线，则 1、2 两点在 AB 直线上。

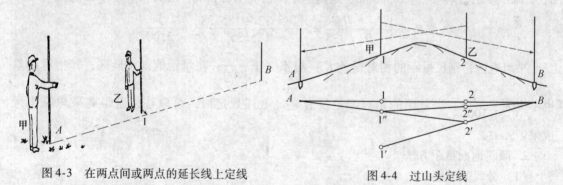

图 4-3　在两点间或两点的延长线上定线　　　　图 4-4　过山头定线

### 4.2.2 一般量距方法

钢尺量距一般采用整尺法量距，根据不同地形可采用水平量距法和倾斜量距法。

**1. 平坦地面量距方法**

在平坦地区，量距精度要求不高时，可采用整尺法量距。直接将钢尺沿地面丈量，不加温度改正和不用标准弹簧秤施加拉力。量距前，先在待测距离的两个端点 A、B 用木桩（桩上钉一小钉）作标志，或直接在柏油或水泥路面上钉铁钉作标志。采用边定线边量距的方法，需 3 人作业。步骤如下：

（1）负责定线作业员站在 A 点标杆后面指挥定线。

（2）丈量第 1 整尺段：后尺手持钢尺零端，前尺手拿钢尺末端，并带一根标杆及一套测钎（6 根或 11 根），朝 B 点前进，走到约一整尺时竖直持标杆，在定线员的指挥下将标杆移动到 AB 直线上，让标杆自然落下，在标杆尖处的地面作一标志。然后，后尺手将尺的零点对准 A 点，前尺手使尺子通过地上所作的定线标志，前、后尺手拉紧钢尺，前尺手在尺末端处垂直插下一个测钎得 1 点，这样量完第一整尺段。

（3）丈量第 2 整尺段：前、后尺手同时将钢尺抬起（悬空勿在地面拖拉）前进。后尺手走到第 1 根测钎处，前尺手听从定线员指挥重新定点，并丈量第二整尺段得 2 点。

（4）丈量第 3 整尺段：量第 3 尺段前、后尺手拔起 1 点测钎后，前、后尺手同时将钢尺抬起继续向前走，当后尺手走到 2 点处，前尺手按上述方法定线，前、后尺手配合完成第 3 整尺段的丈量。

如此丈量一直量到最后不足一整尺段为止，如图 4-5 所示，后尺手应对准 4 点，前尺手在 B 点标志处读取尺上刻划值。最后，总计后尺手中测钎数即为整尺段数设不到一个整尺段的距离为余长 q，则水平距离 D 可按下式计算：

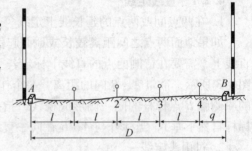

图 4-5　平坦地面量距方法

$$D = nl + q \qquad (4-1)$$

式中　$n$——尺段数；

　　　$l$——钢尺长度；

　　　$q$——不足一整尺的余长。

为了提高量距精度，一般采用往、返丈量。返测时是从 $B \to A$，要重新定线。取往返距离的平均值为丈量结果。

量距的精度以相对误差来表示，通常化为分子为 1 的分子形式。例如某距离 AB，往测时为 185.32m，返测时为 185.38m，距离的平均值为 185.35m，故其相对误差 K 为：

$$K = \frac{|D_{往} - D_{返}|}{D_{平均}} = \frac{|185.32 - 185.38|}{185.35} \approx \frac{1}{3100}$$

平坦地区，钢尺量距的相对误差 K 一般不大于 $\frac{1}{3000}$；在量距的困难地区，其相对误差也不应大于 $\frac{1}{1000}$。当量距的相对误差没有超过上述规定时，可取往、返距离平均值作为成果。

2. 倾斜地面量距方法

（1）分段平量法

如图 4-6 所示，当坡度较小时，可将尺的一端抬高（但不得超过肩高），保持尺身水平（用目测），用测钎或垂球架投点，分段量取水平距离，最后计算总长。

（2）沿地面丈量法

如图 4-7 所示，地面坡度较大但较均匀时，可沿地面量出倾斜距离 L，再测出两点间的高差 h 或地面倾斜角 α，然后计算水平距离 D。

$$D = L \cdot \cos\alpha \qquad (4-2)$$

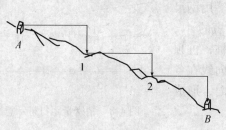
图 4-6　分段平量法

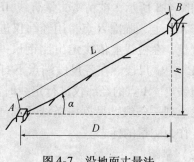
图 4-7　沿地面丈量法

### 4.2.3　钢尺检定

钢尺尺面上注记长度（如 30m、50m 等）叫名义长度。由于材料质量、制造误差和使用中变形等因素的影响，使钢尺的实际长度与名义长度常不相等。我国计量法实施细则中规定：任何单位和个人不准在工作岗位上使用无检定合格印、证或超过检定周期以及经检定不合格的计量器具。钢尺是测量的主要器具之一，为了保证量距成果的质量，钢尺应定期进行检定，求出钢尺在标准拉力和标准温度下的实际长度，以便对量距结果进行改正。

1. 钢尺检定方法

钢尺检定应送设有比长台的测绘单位或计量单位检定。将被检钢尺与标准尺并排铺在平台上，对齐两尺末端分划并固定之。用弹簧秤加标准拉力拉紧两尺，在零分划线处读出两尺长度之差数，从而求出被检尺的实际长度和尺长方程式。

2. 钢尺尺长方程式

我国钢尺检定规程中规定，检定钢尺的标准温度 $t_0$ 为 $+20℃$，30m 钢尺施加标准拉力为 100N（即 10kg）。设某钢尺名义长为 $l_0$，经检定知该尺在标准温度和标准拉力下，其实际长为 $l$，则尺长改正 $\Delta l$，$\Delta l = l - l_0$。

钢尺在使用中，其实际长度 $l$ 还随拉力和温度变化而改变，在拉力保持不变时，钢尺实际长度 $l$ 是温度 $t$ 的函数，描述钢尺在标准拉力条件下，实际长度 $l$ 随温度 $t$ 而变化的函数关系式，称钢尺尺长方程式，其一般形式为

$$l_t = l_0 + \Delta l + \alpha \times (t - t_0) \times l_0 \tag{4-3}$$

式中　$l_t$——钢尺在温度为 $t℃$ 时的实际长度；

　　　$l_0$——钢尺的名义长度；

　　　$\Delta l$——钢尺的尺长改正，即钢尺在温度 $t_0$ 时的实际长度与名义长度之差[补1]；

　　　$\alpha$——钢尺的线膨胀系数，即钢尺当温度变化 1℃ 时其 1m 长度的变化量，其值一般为 $1.15 \times 10^{-5} \sim 1.25 \times 10^{-5}$；

　　　$t$——钢尺使用时的温度；

　　　$t_0$——钢尺检定时的温度（20℃）。

### 4.2.4　精密量距的方法

用一般量距方法，在量距条件较好时，量距精度可以达到 $\dfrac{1}{5000}$，但是量距精度要求更高，例如 $\dfrac{1}{10000}$ 以上，这就要求用精密的方法进行丈量。

1. 精密量距的步骤

（1）定线

如图 4-8 所示，欲精密丈量直线 AB 的距离，首先要清除直线上的障碍物，然后安置经纬仪于 A 点上，瞄准 B 点，用经纬仪进行定线。用钢尺进行概量，在视线上依次定出比钢尺一整尺略短的 A1，12，23，…，尺段。在各尺段端点下打下大木桩，桩顶钉一白铁皮。A 点的经纬仪进行定线时，AB 方向线在各白铁皮上刻一条线，另刻一条线垂直于 AB 方向，形成十字，作为丈量的标志。

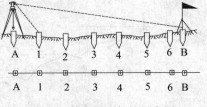

图 4-8　精密量距打桩示意图

（2）量距

丈量相邻桩顶间的倾斜距离。丈量时需 5 人，两人拉尺，两人读数，一人记录兼测温度，采用串尺法丈量距离。其步骤是：后尺手将弹簧秤挂在钢尺零端的尺环上，与读尺员位于测线的后端点。前尺手持钢尺末端与另一读尺员位于前端点。记录员位于尺段中间。钢尺沿桩顶上的十字标志拉直后，前尺手喊"预备"，后尺手拉弹簧秤达到标准拉力时喊"好"，此时两读尺员同时读数（精确至 0.5mm），前后尺的读数差即为该尺段的长度。每尺段要连续丈量 3 次，每次移动钢尺 2~3cm，三次丈量结果之差不得大于 2mm，否则要重新丈量，最后取 3 次丈量结果的平均值作为该尺段的观测结果。接着再丈量下一尺段，直至终点。每尺段丈量时均应读记一次温度（精确至 0.5℃），以便对丈量结果作温度改正。往测结束后还应进行返测。

（3）测定相邻桩顶间的高差

为了将量得的倾斜距离改算为水平距离，用水准仪往返观测相邻桩顶间的高差，往返高差之差一般不得超过 10mm，在限差以内，取其平均值作为最后的成果。

（4）尺段长度计算

精密量距中，每一尺段丈量结果需进行尺长改正、温度改正和倾斜改正，最后求得改正后的尺段长度。各项计算列于表 4-1。

表 4-1　精密量距记录计算表

| 钢尺编号：No. 11 | | 钢尺膨胀系数：$1.20 \times 10^{-5}$ | | | 钢尺检定时温度 $t_0$：20℃ | | | 计算者： | | |
| 钢尺名义长度 $l_0$：30m | | 钢尺检定长度 $l$：30.0025m | | | 钢尺检定时拉力：100N | | | 日　期： | | |
| 尺段编号 | 实测次数 | 前尺读数（m） | 后尺读数（m） | 尺段长度（m） | 温度（℃） | 高差（m） | 温度改正（mm） | 尺长改正（mm） | 倾斜改正（mm） | 改正后尺段长（m） |
|---|---|---|---|---|---|---|---|---|---|---|
| A1 | 1 | 29.9360 | 0.0700 | 29.8660 | 25.8 | -0.152 | +2.1 | +2.5 | -0.4 | |
| | 2 | 400 | 755 | 645 | | | | | | |
| | 3 | 500 | 850 | 650 | | | | | | |
| | 平均 | | | 29.8652 | | | | | | 29.8694 |
| 12 | 1 | 29.9230 | 0.0175 | 29.9055 | 27.6 | -0.174 | +2.7 | +2.5 | -0.5 | |
| | 2 | 300 | 250 | 050 | | | | | | |
| | 3 | 380 | 315 | 065 | | | | | | |
| | 平均 | | | 29.9057 | | | | | | 29.9104 |
| … | … | … | … | … | … | … | … | … | … | … |
| 6B | 1 | 18.9750 | 0.0750 | 18.9000 | 27.5 | -0.065 | +1.7 | +1.6 | -0.1 | |
| | 2 | 540 | 545 | 8995 | | | | | | |
| | 3 | 800 | 810 | 8990 | | | | | | |
| | 平均 | | | 18.8995 | | | | | | 18.9027 |
| 总和 | | | | | | | | | | 198.2838 |

58

①计算尺长改正

钢尺在标准拉力、标准温度下的实际长度 $l$，与钢尺的名义长度 $l_0$ 往往不一致，其差数 $\Delta l = l - l_0$，即为整尺段的尺长改正。每 1m 的尺长改正为 $\Delta l_d = \dfrac{l - l_0}{l_0}$，则任一尺段长度 $L$ 的尺长改正数，$\Delta l_d$ 为

$$\Delta l_d = \frac{l - l_0}{l_0}L \tag{4-4}$$

例如表 4-1 中，$A1$ 尺段，3 次丈量得 $L = 29.8652\text{m}$，$\Delta l = l - l_0 = 30.0025 - 30 = 0.0025\text{m}$，故

$$\Delta l_d = \frac{l - l_0}{l_0}L = \frac{0.0025}{30} \times 29.8652 = 0.0025$$

②计算温度改正

设钢尺检定时的温度为 $t_0\,^\circ\!\mathrm{C}$，丈量时的温度为 $t\,^\circ\!\mathrm{C}$，钢尺的线膨胀系数为 $\alpha$，则某尺段 $L$ 的温度改正 $\Delta l_t$ 为

$$\Delta l_t = \alpha(t - t_0)L \tag{4-5}$$

例如表 4-1 中，$A1$ 尺段 $L = 29.8652\text{m}$，No.11 钢尺线膨胀系数为 $1.2 \times 10^{-5}$，检定时的温度为 $20\,^\circ\!\mathrm{C}$，丈量时的温度为 $25.8\,^\circ\!\mathrm{C}$，故

$$\Delta l_t = \alpha(t - t_0)L = 1.2 \times 10^{-5}(25.8 - 20) \times 29.8652 = +0.0021\text{m}$$

③计算倾斜改正

如图 4-9 所示，量得斜距为 $L$，尺段两端间的高差为 $h$，现将斜距 $L$ 改为水平距离 $D$，加倾斜改正 $\Delta l_h$，从图 4-9 可看出

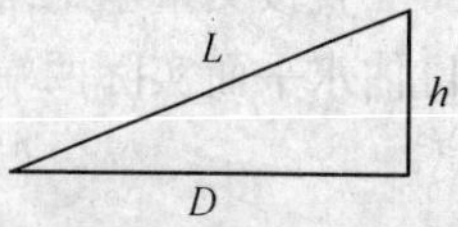

$$\Delta l_h = D - L = \sqrt{L^2 - h^2} - L = L\left(1 - \frac{h^2}{L^2}\right)^{\frac{1}{2}} - L$$

$$= L\left(1 - \frac{h^2}{2L^2} - \frac{h^4}{8L^4} - \cdots\right) - L$$

图 4-9　斜距与平距

上式括号内第三项很小，可以忽略，得倾斜改正 $\Delta l_h$

$$\Delta l_h = -\frac{h^2}{2L} \tag{4-6}$$

倾斜改正 $\Delta l_h$ 恒为负。

例如表 4-1 中，$A1$ 尺段 $L = 29.8652\text{m}$，$h = -0.152\text{m}$，代入式（4-6）得

$$\Delta l_h = -\frac{(-0.152)^2}{2 \times 29.8652} = -0.0004\text{m}$$

综上所述，每一尺段改正后的水平距离 $d$ 为

$$d = L + \Delta l_d + \Delta l_t + \Delta l_h \tag{4-7}$$

$A1$ 尺段的水平距离 $d_{A1}$ 为

$$d_{A1} = 29.8652 + 0.0025 + 0.0021 - 0.0004 = 29.8694$$

④计算全长

将改正后的各个尺段长和余长加起来，便得到 $AB$ 距离的全长 $D$，即

$$D = \sum d$$

表 4-1 中往测的结果，$D_{往} = 198.2838\text{m}$。同样方法算出返测全长，$D_{返} = 198.2896\text{m}$，平

均值 $D_{平均} = 198.2867m$，其相对误差 $K$ 为

$$K = \frac{|D_{往} - D_{返}|}{D_{平均}} = \frac{|198.2838 - 198.2896|}{198.2867} \approx \frac{1}{34000}$$

相对误差如果符合限差要求，则取平均距离为最后结果。如果相对误差超限，则应重测。

### 4.2.5 钢尺量距的误差及注意事项

1. 主要误差来源

（1）尺长误差

用未经检定的钢尺量距，则丈量结果含有尺长误差，这种误差具有系统积累性。即使钢尺经过检定，并在成果中进行了尺长改正，但是还会存在尺长的残余误差，因为一般尺长检定方法只能达到 $\pm 0.5mm$ 的精度。一般量距可不作尺长改正，当尺长改正数大于尺长 $1/10000$ 时，应加尺长改正。

（2）温度变化的误差

尽管在丈量结果中进行了温度改正，但距离中仍存在因温度影响而产生的误差，这是因为温度计通常测定的是空气的温度，而不是钢尺本身的温度。夏季白天日晒致使钢尺的温度大大高于空气温度，相差可达 $10℃$ 以上，这个温差对于 $30m$ 钢尺产生的误差将达到：$\alpha l \Delta t = 0.000012 \times 30 \times 10 = 3.6mm$。

（3）拉力大小会影响钢尺的长度。根据胡克定律，若拉力误差为50N，对于 $30m$ 钢尺将会产生 $1.7mm$ 的误差。故在精密量距中应使用弹簧秤来控制拉力。

（4）尺子不水平的误差

直接丈量水平距离时，如果钢尺不水平，则会使所量的距离增长。对于 $30m$ 钢尺，若目估水平而实际两端高差达 $0.3m$ 时，由此产生的误差为：

$$\Delta D = 30 - \sqrt{30^2 - 0.3^2} = 0.0015（即1.5mm）$$

（5）定线误差

定线时中间各点没有严格定在所量直线的方向上，所量距离不是直线而是折线，折线总是比直线长。对于 $30m$ 长的钢尺，若两端各向相对方向偏离直线 $0.15m$，则将使所量距离增长 $1.5mm$。

（6）钢尺垂曲和反曲的误差

在凹地或悬空丈量时，尺子因自重而产生下垂的现象，称为垂曲。在凹凸不平地面丈量时，凸起部分将使尺子产生上凸现象，称反曲。此类误差与前述尺子不水平误差相似，但影响较大。例如，钢尺中部下垂 $0.3m$，对 $30m$ 钢尺将产生 $6mm$ 的误差（因为 $30 - 2 \times \sqrt{15^2 - 0.3^2} = 0.006m$）

（7）丈量本身误差

包括钢尺刻划对点误差、测钎安置误差和读数误差等。所有这些误差都是偶然误差，其值可大可小，可正可负。在丈量结果中会抵消一部分，但不能全部抵消，故仍然是丈量工作的一项主要误差来源。

2. 钢尺量距注意事项

为了保证丈量成果达到预期的精度要求，必须针对上述误差来源，注意以下事项：

（1）钢尺应送检定机构进行检定，以便进行尺长改正和温度改正。

（2）使用钢尺前应认清钢尺分划注记及零点的位置。

（3）丈量时应将尺子拉紧拉直，拉力要均匀，前后尺手要配合好。

（4）钢尺前后端要同时对点、插测钎和读数。

（5）需加温度改正时，最好使用点温度计测定钢尺的温度。

（6）读数应准确无误，记录应工整清晰，记录者应回报所记数据，以便当场校核。

（7）爱护钢尺，避免人踩、车压。不得擦地拖行。出现环结时，应先解开理顺后再拉，否则将会折断钢尺。使用完毕后，应将钢尺擦净上油保存，以防生锈。

## 4.3 视距测量

视距测量是用望远镜的视距丝，根据几何光学原理间接测定仪器站点至目标点处竖立标尺之间的距离。

### 4.3.1 视距测量原理及公式

因目前使用的望远镜多为内调焦望远镜（即在封闭的镜筒内增设了一个凹透镜，调焦时只移动此凹透镜即可），所以以下讨论的均以内调焦望远镜的视距公式为基本公式。

1. 视距轴水平时的视距公式

望远镜瞄准标尺，用上、下丝读出标尺的一段长度，称为尺间隔，由上、下丝读数差求得。上、下丝的间隔是固定的，距离愈远，尺间隔愈大，测距原理如图 4-10 所示。图中望远镜的视准轴垂直于标尺，$L_1$ 为物镜，其焦距为 $f_1$，$L_2$ 为调焦透镜，焦距为 $f_2$，调节 $L_2$ 可以改变 $L_1$ 与 $L_2$ 之间的距离 $e$。图中虚线表示的透镜 $L$ 称等效透镜，它是 $L_1$ 与 $L_2$ 两个透镜共同作用的结果。等效透镜的焦距 $f$，经推算得：$f = \dfrac{f_1 f_2}{f_1 + f_2 - e}$，称之为等效焦距。移动调焦透镜 $L_2$，改变 $e$ 值，就可改变等效焦距 $f$，从而使远近不同的目标清晰地成像在十字丝平面上。

从图中 $\triangle AFB \sim \triangle a'Fb'$ 可得

$$d = \frac{f}{p}l \tag{4-8}$$

式中　$f$——等效焦距；

　　　$l$——视距尺间隔；

　　　$p$——上、下丝间距。

从图中可知仪器竖轴至标尺的距离 $D$ 为

$$D = d + f_1 + \delta$$

$$D = \frac{f}{p}l + f_1 + \delta$$

式中　$f_1$——物镜焦距；

　　　$\delta$——仪器中心至物镜光心的距离。

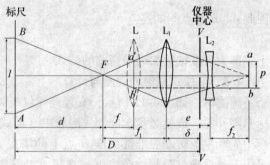

图 4-10　视距测量原理

令 $\dfrac{f}{p} = K$，称视距乘常数；$f_1 + \delta = C$，称视距加常数。在设计时可使 $K = 100$，$C = 0$，则视距公式变为

$$D = Kl$$

$$D = Kl = 100l \tag{4-9}$$

上式即为视线水平时用视距法求平距的公式。

2. 视准轴倾斜时的视距公式

在实际工作中，由于地面是高低起伏的，致使视准轴倾斜。视准轴不垂直于竖立的视距尺，上述公式不适用。

设想通过尺子 $C$ 点有一根倾斜的尺子与倾斜视准轴相垂直，如图4-11所示。两视距丝在该尺上截于 $M'$、$N'$，则斜距 $D'$ 为

$$D' = 100l'$$

式中  $l'$——两视距丝在倾斜尺子上的尺间隔。

然后，再根据 $D'$ 和竖直角算出平距 $D$。但实际观测的视距间隔是竖立的尺间隔 $l$，而非 $l'$，因此解这个问题的关键在于找出 $l$ 与 $l'$ 间的关系。由图可得

$$M'C = MC\cos\alpha \quad N'C = NC\cos\alpha$$
$$M'N' = M'C + N'C = MC\cos\alpha + NC\cos\alpha$$
$$= (MC + NC)\cos\alpha$$
$$= MN\cos\alpha$$

而 $M'N' = l'$，$MN = l$，故 $l' = l\cos$。则

$$D' = Kl' = Kl\cos\alpha$$

从图中看出 $D = D'\cos\alpha$

因此  $D = Kl\cos^2\alpha$    (4-10)

这就是视准轴倾斜时求平距的公式。

3. 视距法求高差的公式

从图4-11中可看出 $A$、$B$ 两点间的高差 $h$ 为

$$h = h' + i - v$$

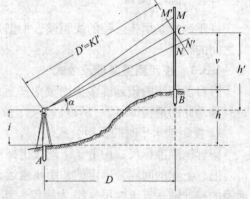

图4-11  倾斜地视距测量

式中  $i$——仪器高；

$v$——中丝截尺高（简称中丝高）；

$h'$——可称为初算高差，即仪器横轴至中丝截尺高 $C$ 点的高差。

从图中可看出初算高差 $h'$ 为

$$h' = D\tan\alpha$$

因此 $A$、$B$ 两点间的高差 $h$ 为

$$h = D\tan\alpha + i - v$$    (4-11)

上式即为视准轴倾斜时求高差的公式。

### 4.3.2 视距测量的观测与计算

施测时，如图4-11所示，安置经纬仪于 $A$ 点，对中、整平，量出仪器高 $i$。打开竖盘指标归零开关，或使竖盘水准管气泡居中（旧式经纬仪）。

先盘左，转动照准部瞄准 $B$ 点上的塔尺，中丝大约对准仪器高后，对于倒像望远镜，采用上丝对准整分划，读取下丝在尺上的读数，然后，中丝精确对准仪器高后，读竖盘读数，将这些数据记入视距测量记录表（表4-2）相应栏。盘右用同法再测一次。

表4-2  视距测量记录表

| 测站<br>仪器高<br>高程 | 测点 | 竖盘位置 | 标尺读数 | | | 尺间隔<br>$l$ | 竖盘读数<br>（° ′ ″） | 指标差<br>$x$ | 竖角<br>$\alpha$<br>（° ′ ″） | 水平距离<br>$D$ | 高差<br>$h$ | 高程<br>$H$ |
| | | | 上丝 | 下丝 | 中丝 | | | | | | | |
| $A$<br>1.40<br>50.00 | $B$ | L | 1.010 | 1.791 | 1.400 | 0.782 | 88 30 20 | −20 | +1 29 20 | 78.15 | +2.03 | 52.03 |
| | | R | 1.010 | 1.792 | 1.400 | | 271 29 00 | | | | | |

观测结束马上进行计算，计算尺间隔 $l$，对于倒像望远镜，则要用下丝读数减上丝读数求得尺间隔 $l$。正倒镜尺间隔 $l$ 理论上应相等，相差应很小，一般应小于 2mm。根据正倒镜竖盘读数计算竖盘指标差 $x$。最后计算测站点至测点的平距、高差及测点高程。

### 4.3.3 视距测量的误差及注意事项

1. 视距测量的误差

视距测量误差来源主要有视距丝在标尺上的读数误差、标尺不竖直的误差、竖角观测误差及大气折光的影响。

（1）读数误差

尺间隔由上下丝读数之差求得，计算距离时用尺间隔乘 100，因此读数误差将扩大 100 倍影响所测的距离。即读数误差为 1mm，影响距离误差为 0.1m。因此在标尺读数时，必须消除视差，读数要十分仔细。另外，立尺者不能使标尺完全稳定，因此要求上下丝最好能同时读取，为此建议观测上丝时用竖盘微动螺旋对准整分划，立即读取下丝读数。测量边长不能太长，距离远，望远镜内看尺子分划变小，读数误差就会增大。

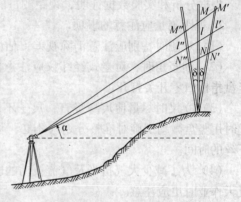

（2）标尺倾斜的误差

如图 4-12 所示，当坡地，标尺向前倾斜时所读尺间隔，比标尺竖直时小，反之，当标尺向后倾斜时所读尺间隔，比标尺竖直时大。但在平地时，标尺前倾或后倾都使尺间隔读数增大。设标尺竖直时所读尺间隔为 $l$，标尺倾斜时所读尺间隔为 $l'$，倾斜标尺与竖直标尺夹角为 $\delta$，根据推导 $l'$ 与 $l$ 之差 $\Delta l$ 的公式为

$$\Delta l = \pm \frac{l' \cdot \delta}{\rho^\circ}\tan\alpha \qquad (4\text{-}12)^{[补2]}$$

图 4-12　标尺倾斜的误差

表 4-3　标尺倾斜在不同竖角下产生尺间隔的误差 $\Delta l$

| $l'$<br>$\alpha$　$\delta$ | 1m | | | | |
|---|---|---|---|---|---|
| | 1° | 2° | 3° | 4° | 5° |
| 5° | 2mm | 3mm | 5mm | 6mm | 7mm |
| 10° | 3 | 6 | 9 | 12 | 15 |
| 20° | 6 | 13 | 19 | 25 | 32 |

从上表可看出：随标尺倾斜角 $\delta$ 的增大，尺间隔的误差 $\Delta l$ 随着增大；在标尺同一倾斜情况下，测量竖角增加，尺间隔的误差 $\Delta l$ 迅速增加。因此，在山区进行视距测量误差会很大；在平坦地区会好些。

（3）竖角测量的误差

①竖角测量的误差对水平距的影响：

已知　　　　　　　　　　　　　　$D = Kl\cos^2\alpha$

对上式两边取微分　　　　　　　$dD = 2Kl\cos\alpha\sin\alpha\dfrac{d\alpha}{\rho''}$

$$\frac{dD}{D} = 2\tan\alpha\frac{d\alpha}{\rho''}$$

设 $d\alpha = \pm 1'$，当山区作业最大 $\alpha = 45°$，则

$$\frac{dD}{D} = 2 \times 1 \times \frac{60''}{206265''} = \frac{1}{1719} \qquad (4\text{-}13)$$

②竖角测量的误差对高差的影响：

已知
$$h = D\tan\alpha = \frac{1}{2}Kl\sin2\alpha$$

对上式两边取微分
$$dh = Kl\cos2\alpha \frac{d\alpha}{\rho''}$$

当 $d\alpha = \pm 1'$，并以 $dh$ 最大来考虑，即 $\alpha = 0°$，这些数值代入上式得

$$dh = 100 \times 1 \times \frac{60}{206265} = 0.03\text{m} \qquad (4\text{-}14)$$

从式（4-13）与式（4-14）看出：竖角测量的误差对距离影响不大，对高差影响较人，每百米高差误差 3cm。

根据分析和实验数据证明，视距测量的精度一般约达 1/300[补3]。

2. 视距测量应注意的事项

（1）观测时特别应注意消除视差，估读毫米应准确。

（2）读竖角时，对老式经纬仪应注意使竖盘水准管气泡居中，对新式经纬仪应注意把竖盘指标归零开关打开。

（3）立尺时尽量使尺身竖直，尺子不竖直对测距精度影响极大。尺子要立稳，观测上丝时用竖盘微动螺旋对准整分划（不必再估数），并立即迅速读取下丝读数，尽量缩短读上下丝的时间。

（4）为了减少大气折光及气流波动的影响，视线要离地面 0.5m 以上，特别在烈日下或夏天作业时更应注意。

## 4.4 电磁波测距

电磁波测距是用电磁波（光波或微波）作为载波，传输测距信号来测量距离。与传统测距方法相比，它具有精度高、测程远、作业快、几乎不受地形条件限制等优点。

电磁波测距仪按其所用的载波可分为：①用微波的无线电波作为载波的微波测距仪；②用激光作为载波的激光测距仪；③用红外光作为载波的红外测距仪。后两者统称光电测距仪。微波测距仪与激光测距多用于长距离测距，测程可达 15km 至数十公里，一般用于大地测量。光电测距仪属于中、短程测距仪，一般用于小地区控制测量、地形测量、房产测量等。本节主要介绍光电测距仪。

### 4.4.1 光电测距概况

光电测距仪按测程来分，有短程（<3km）、中程（3～15km）和远程（>15km）等三种。按测距精度来分，有 I 级（$|m_D| \leq 5\text{mm}$）、II 级（$5\text{mm} \leq |m_D| \leq 10\text{mm}$）和 III 级（$|m_D| \geq 10\text{mm}$），$m_D$ 为 1km 的测距中误差。

光电测距仪所使用的光源有激光光源和红外光源，采用红外线波段（0.76～0.94μm）作为载波的称为红外测距仪。由于红外测距仪是以砷化镓（CaAs）发光二极管所发的荧光作为载波，发出的红外线的强度随注入电信号的强度而变化，因此它兼有载波源和调制器的双重功能。CaAs 发光二极管体积小，亮度高，功耗小，寿命长，且能连续发光，所以红外测距仪获得了更为迅速的发展。本节介绍的就是红外光电测距仪。

### 4.4.2 光电测距原理

如图 4-13 所示，欲测定 $A$、$B$ 两点间的距离 $D$，在 $A$ 点安置仪器，$B$ 点安置反射镜。仪器发射光束由 $A$ 至 $B$，经反射镜反射后又返回到仪器。光速 $c$ 为已知值，如果光速在待测距离 $D$ 传播们时间 $t$ 已知，则距离 $D$ 可由下式计算：

$$D = \frac{1}{2}ct \tag{4-15}$$

式中 $c = \frac{c_0}{n}$，$c_0$ 为真空中的光速值，其值为 299792458m/s，$n$ 为大气折射率，它与测距仪所用的光源波长 $\lambda$，测线上的气温 $t$，气压 $p$ 和湿度 $e$ 有关。

由式（4-15）可知，测定距离的精度主要取决于测定时间 $t$ 的精度 $\mathrm{d}D = \frac{1}{2}c\mathrm{d}t$。例如要求保证 $\pm1\mathrm{cm}$ 的测距精度，时间测定要求准确到 $6.7 \times 10^{-11}\mathrm{s}$。这是难以做到的。因此，大多采用间接测定法测定 $t$。间接测定 $t$ 的方法有下列两种：

**1. 脉冲式测距**

由测距仪的发射系统发出光脉冲，经被测目标反射后，再由测距仪的接收系统接收，测出这一光脉冲往返所需时间间隔的脉冲个数，从而求得距离 $D$。由于计数器的频率为 300MHz（$300 \times 10^6\mathrm{Hz}$），测距精度为 0.5m，精度较低。

**2. 相位式测距**

由测距仪的发射系统发出一种连续调制光波，测出该调制光波在测线上往返传播所产生的相位移，以测定距离 $D$。红外光电测距仪一般都采用相位法测距。

在砷化镓（GaAs）发光二极管上加了频率为 $f$ 的交变电压（即注入交变电流）后，它发出的光强随注入的交变电流呈正弦变化，这种光称为调制光。如图 4-13 所示，测距仪在 $A$ 点发出调制光在待测距离上传播，经反射镜反射后被接收器接收，相位计将发射信号与接收信号进行比较，显示器显示往返测程总的相位移 $\varphi$。调制光传播一个波长 $\lambda$（即一个周期），相位移为 $2\pi$。总相位移 $\varphi$ 所包含 $N$ 个 $2\pi$ 和不足 $2\pi$ 的相位移尾数 $\Delta\varphi$，即

$$\varphi = N \cdot 2\pi + \Delta\varphi$$

也就是 $2D$ 包含 $N$ 个整波长及不足一个整波长的尾数 $\Delta N$，由图 4-14a 可知

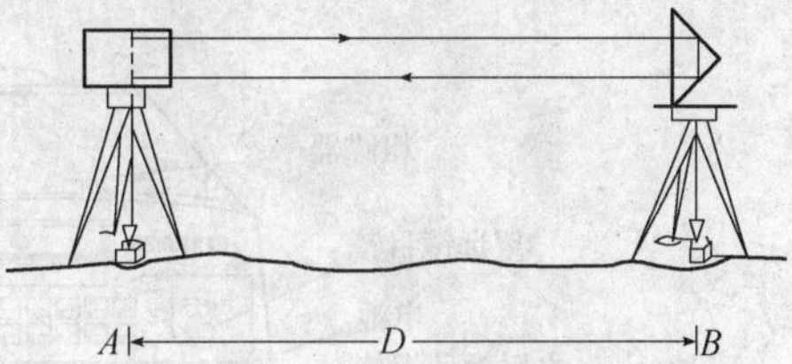

图 4-13 光电测距原理

$$2D = \lambda(N + \Delta N)$$

$$D = \frac{\lambda}{2}(N + \Delta N) \tag{4-16}$$

上式为相位式测距仪测距的基本公式。式中 $\frac{\lambda}{2}$ 称为测尺或光尺，相当于钢尺量距中的钢尺长度，$N$ 相当于整尺段数，$\frac{\lambda}{2}\Delta N$ 相当于不足一整尺的余长。应指出，测距仪的相位计只能测出不足 $2\pi$ 的相位移尾数 $\Delta\varphi$，并据此可求得 $\Delta N = \frac{\Delta\varphi}{2\pi}$，而不能测定相位移的整周期数 $N$。这相当于钢尺量距中只知道不足一整尺的余长尾数，而不知整尺的段数，距离仍不能确定。$N$ 值的大小取决于波长，若在选用 $\lambda$ 时，使 $\frac{\lambda}{2} > D$，则整周期数 $N$ 将等于零，如图

4-14b 所示。此时式（4-9）变为 $D = \frac{\lambda}{2}\Delta N = \frac{\lambda}{2} \cdot \frac{\Delta\varphi}{2\pi}$。因此，根据相位计测定的 $\Delta\varphi$，就可确定距离 $D$。

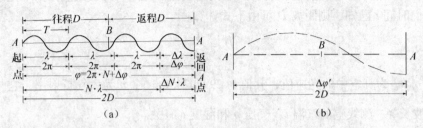

图 4-14　相位式测距

影响测距精度的测相计的测相误差，与波长 $\lambda$ 成正比，即波长愈长测相误差愈大，因此，使 $\frac{\lambda}{2} > D$ 后测距精度必然受到影响。为了做到既扩大测程又能保证精度，在相位式的测距仪中，都使用两个调制波长 $\lambda_1$ 和 $\lambda_2$，例如使用 $\frac{\lambda_1}{2}$ 为 10m，$\frac{\lambda_2}{2}$ 为 1000m，前者称为精测尺，用来精确测定不足 10m 的小数，后者称为粗测尺，用来测定大于 10m 的整数。这样用精测尺保证精度，用粗测尺扩大测程，两尺配合使用。精测尺和粗测尺的读数以及距离计算，由仪器内部的逻辑电路自动完成。如对某距离观测结果：精测读数为 7.578，粗测读数为 938 时，仪器显示正确结果为 937.578m。

### 4.4.3　D3030E 红外测距仪

1. 仪器主要技术指标

图 4-15 是我国常州大地测距仪厂生产的红外测距仪，型号为 D3030E，它以砷化镓（CaAs）半导体发光二极管为光源。单棱镜测程为 1800m，三棱镜测程可达 3200m。

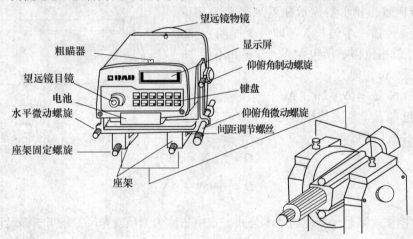

图 4-15　D3030E 测距仪

测距精度：$\pm (5mm + 3 \times 10^{-6} \cdot D)$。

分辨率：1mm

最大显示：9999.999m

测量方式：单次方式、连续方式、跟踪方式、预置方式、平均方式、坐标方式、水平高差方式。

测量时间：连续 3s，跟踪 0.8s。

功　　耗：约 3.6W，使用 6V 可充电电池。

工作温度：－20 ～ +50℃

2. 结构及性能

D3030E 测距仪包括主机、电池及反射镜。主机可安装在光学经纬仪或电子经纬仪上，组成组合式的电子速测仪，或称半站仪，既可测距，又能测角，还可直接测定地面点位的坐标，还可进行定线放样。

（1）主机

如图 4-15 左图表示 D3030E 测距仪，其主机包括发射、接收望远镜，它是发射、接收、瞄准三共轴系统，还有显示器与键盘，键盘如图 4-16 所示。

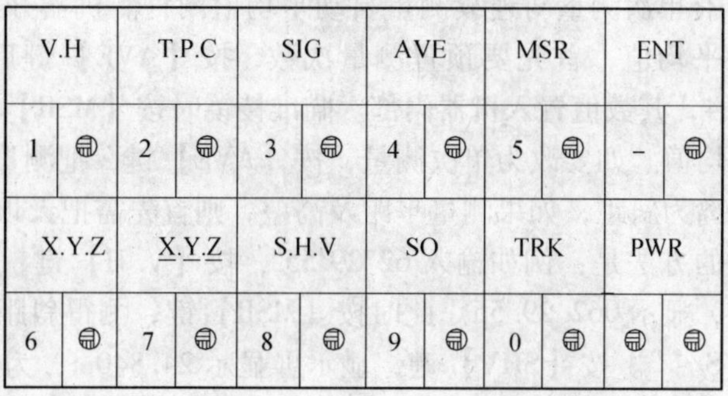

| V.H | | T.P.C | | SIG | | AVE | | MSR | | ENT | |
|---|---|---|---|---|---|---|---|---|---|---|---|
| 1 | ⊞ | 2 | ⊞ | 3 | ⊞ | 4 | ⊞ | 5 | ⊞ | – | ⊞ |
| X.Y.Z | | X.Y.Z | | S.H.V | | SO | | TRK | | PWR | |
| 6 | ⊞ | 7 | ⊞ | 8 | ⊞ | 9 | ⊞ | 0 | ⊞ | ⊞ | ⊞ |

图 4-16　D3030E 测距仪键盘

V. H—天顶距、水平角输入键　　　　　T. P. C—温度、气压、棱镜常数输入键

SIG—电池电压、光强显示键　　　　　AVE—单次测量、平均测距键

MSR—连续测距键　　　　　　　　　ENT—输入、清除、复位键

X. Y. Z—测站三维坐标输入　　　　　X. Y. Z—显示目标三维坐标

S. H. V—S 斜距，H 平距，V 高差　　SO—定线放样预置

TRK—跟踪测距　　　　　　　　　PWR—电源开关

（2）反射棱镜

图 4-17 为单反射棱镜，它包含棱镜、觇牌和基座。单棱镜测程达 1800m。配备三棱镜，测程可达 3200m。

3. 测距仪使用

（1）测距前的准备工作：将测距仪与经纬仪连接好，首先调节好测距仪座架的间距以便与经纬仪上方的连接件相连接，然后旋紧座架固定螺旋。将电池插入主机底部，并扣紧。此时经纬仪与测距仪组合成半站型的电子速测仪。测站上按通常方法进行对中整平，在目标站安置反射棱镜（图 4-17）。

（2）按键盘【PWR】键开始自检，显示屏显示"Good"，瞄准反射棱镜，如果光强正常，机器鸣响，出现"＊"号。瞄准时应注意：测距仪望远镜瞄准棱镜，经纬仪望远镜瞄准觇牌，如图 4-18a、b 所示。

（3）重新预置各种常数：按【T. P. C】键，首先显示机器内置的数值，如要改变它，按【ENT】键输入新值。预置的各种常数是指温度、气压及棱镜常数这三项，如果输入有错，可再按【ENT】键输入正确值。

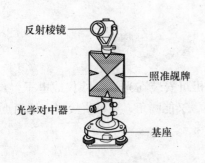
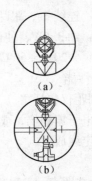

图 4-17　单反射棱镜　　　　图 4-18　测距仪与经纬仪望远镜瞄准目标示意图

（4）测量距离：有单次测量与连续测量自动平均值两种。机器开机后默认的是单次测量，如要多次测量取平均值，首先要预置测量次数，按【AVE】键后，再按【ENT】键，输入测量次数，例如 4，其数值置入机器内部。瞄准棱镜时按【MSR】键，显示屏上显示的值即为 4 次测量的平均值。如要改为单次测量，按【AVE】键，把测量次数改为 1。

以上方法测得距离为斜距，如果测量平距及高差，则首先需把天顶距的数值输入，然后再测量。输入天顶距的方法是：例如输入 62°29′55″，按【V. H】键，再按【ENT】键，从高位到低位输入角度，显示 062. 29. 55。此时按【MSR】键，测得斜距为 28.005m，显示屏左下角显示标志符"S/*"。按【SHV】键，显示屏显示 24.840m，为水平距离，显示屏左下角显示标志符"—H*"，再按【SHV】键，显示屏显示 12.932m，即为高差，显示屏左下角显示标志符"|V*"。

D3030E 测距仪还可进行放样跟踪测量、坐标测量，详细内容请查阅说明书。

### 4.4.4　红外测距仪测距使用注意事项

（1）气象条件对红外测距仪测距影响较大，阴天是观测的良好时机。

（2）测线应离地面障碍物 1.3m 以上，避免通过发热体和较宽水面的上空。

（3）测线应避开强电磁场干扰的地方，例如测线不宜距变压器、高压线太近。

（4）反射棱镜的后面不应有反光镜和强光源等背景的干扰。

（5）严防阳光或其他强光直射接收物镜，以免损坏光电器件，阳光下作业应撑伞保护仪器。

（6）迁站时，关闭电源，把测距头从经纬仪上卸下，以确保安全。

### 4.4.5　光电测距仪测距精度公式

光电测距仪的精度是仪器的重要技术指标之一。光电测距仪的标称精度公式是：

$$m_D = \pm (a + b \cdot D) \tag{4-17}$$

式中　$a$——固定误差，mm；

　　　$b$——比例误差（与距离 $D$ 成正比），mm/km，mm/km 又写为 ppm，即 1ppm＝1mm/km，

　　　　　也即测量 1km 的距离有 1mm 的比例误差；

　　　$D$——距离，km。故上式可写成：

$$m_D = \pm (a + b\mathrm{ppm} \cdot D) \tag{4-18}$$

例如：某测距仪精度公式为

$$m_D = \pm (5\mathrm{mm} + 5\mathrm{ppm} \cdot D)$$

则表示该仪器的固定误差为 5mm，比例误差为 5mm/km。若用此仪器测定 1km 距离，其误

68

差为 $m_D = \pm$ （5mm+5mm/km×1km） $= \pm 10$mm。

光电测距误差主要有三种：固定误差，比例误差及周期误差。

（1）固定误差：它与被测距离无关，主要包括仪器对中误差、仪器加常数测定误差及测相误差。

（2）比例误差：它与被测距离成正比，主要包括：

①大气折射率的误差，在测线一端或两端测定的气象因素不能完全代表整个测线上平均气象因素。

②调制光频率测定误差，调制光频率决定测尺的长度。

（3）周期误差：由于送到仪器内部数字检相器不仅有测距信号，还有仪器内部的窜扰信号，而测距信号的相位随距离值在 0°～360° 内变化。因而合成信号的相位误差大小也以测尺为周期而变化，故称周期误差。

## 4.5 直线定向

确定地面两点间的相对位置，仅仅知道两点间的水平距离是不够的，还必须知道两点连线所处的方位，即该直线与标准方向之间水平夹角。确定直线与标准方向之间水平角称为直线定向。

### 4.5.1 标准方向种类

1. 真子午线方向（真北方向）

通过某点的真子午线的切线方向。即真北方向，指向地球北极的方向。

2. 磁子午线方向（磁北方向）

通过某点的磁子午线的切线方向。即磁北方向，当磁针自由静止时其轴线所指方向。

由于地球磁南北极与地理南北极不重合，地磁北极在北纬 70°5′，西经 96°45′，位于加拿大布剔亚半岛，磁南极在南纬 76°6′，东经 154°8′位于南极大陆，如图 4-19 所示。因此，同一点磁子午线方向与真子午线方向不一致，两者之间的夹角称磁偏角，用 $\delta$ 表示。图 4-20b 中，磁子午线北端偏真子午线东侧称东偏，$\delta$ 为正。图 4-20a 中磁子午线北端偏西，$\delta$ 为负。地球各点磁偏角不同，我国磁偏角约为 $-10°～6°$ 之间。北京地区磁偏角约为西偏 5°。

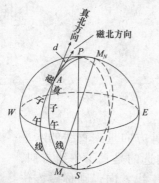

图 4-19 真北与磁北两个方向空间表示

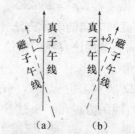

图 4-20 真子午线与磁子午线

3. 坐标纵轴方向（轴北方向）

高斯平面直角坐标系投影带的中央经线作为坐标纵轴。在投影带内的直线定向，以该带的坐标纵轴方向作为标准方向。采用假定坐标系时，其坐标纵轴 $X$ 方向作为该测区直线定向的标准方向。坐标纵轴方向也可简称轴北方向。

各子午线都收敛于北极，仅在赤道处子午线方向是平行的，其他各处子午线方向都会相交，其夹角称子午线收敛角，如图4-21a所示，子午线方向$AP'$与$BP'$的夹角$\gamma$称子午线收敛角。在投影带中，中央子午线方向与两侧真子午线方向不同，两者之间所夹的子午线收敛角$\gamma$，如图4-21b所示，在中央子午线以东地区，各点中央子午线北端位于该点真子午线的东侧，$\gamma$为正；反之为负。

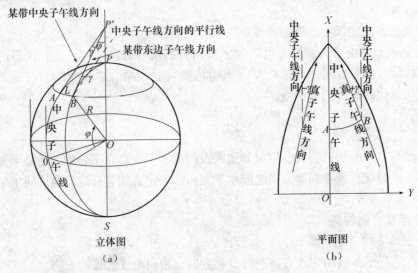

图4-21　中央子午线方向与某子午线方向

从图4-21a可看出

$$\gamma = \frac{L}{BP'}\rho''$$

因$BP' = R \cdot \cot\varphi$，所以

$$\gamma = \frac{L\tan\varphi}{R}\rho'' \tag{4-19}$$

式中　$L$——$A$、$B$两点的距离（纬线长）；

　　　$\varphi$——$A$、$B$两点的平均纬度；

　　　$R$——地球半径；

　　　$\rho''$——弧度秒，$\rho'' = 206265''$。

### 4.5.2　直线方向的表示方法

直线方向通常用该直线的方位角或象限角来表示。

1. 方位角

如图4-22所示，由标准方向的北端起，顺时针方向量到直线的水平角，称为该直线的方位角。上述定义中，标准方向选的是真子午线方向，则称真方位角，用$A$表示；标准方向选的是磁子午线方向，则称磁方位角，用$A_m$表示；标准方向选的是坐标纵轴方向，则称坐标方位角，用$\alpha$表示；方位角的角值由$0° \sim 360°$。

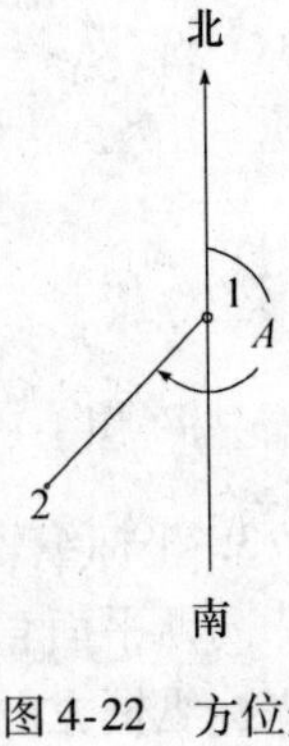

同一条直线的真方位角与磁方位角之间的关系，如图4-23所示，即

$$A = A_m + \delta \tag{4-20}$$

图4-22　方位角

真方位角与坐标方位角之间的关系，如图 4-24 所示，即

$$A = \alpha + \gamma \tag{4-21}$$

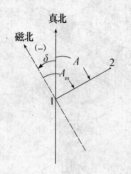

图 4-23 真方位角与磁方位角

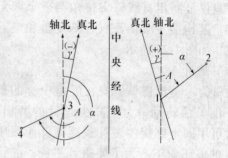

图 4-24 真方位角与坐标方位角

由式（4-20）与式（4-21）可求得坐标方位角与磁方位角之间的关系，即

$$\alpha = A_m + \delta - \gamma \tag{4-22}$$

式中 $\gamma$ 为子午线收敛角，以真子午线方向为准，中央子午线偏东为正，偏西为负。

图 4-25 中，测量前进方向是从 $A$ 到 $B$，则 $\alpha_{AB}$ 是直线 $A$ 至 $B$ 的正方位角；$\alpha_{BA}$ 是直线 $A$ 至 $B$ 的反方位角，也是直线 $B$ 至 $A$ 的正方位角。同一直线的正、反方位角相差 180° 即

$$\alpha_{BA} = \alpha_{AB} \pm 180° \tag{4-23}$$

2. 象限角

由标准方向的北端或南端起，顺时针或逆时针方向量算到直线的锐角，称为该直线的象限角，通常用 $R$ 表示。其角值从 0°～90°。图 4-26 中直线 $OA$ 象限角 $R_{OA}$，是从标准方向北端起顺时针量算。直线 $OB$ 象限角 $R_{OB}$，是从标准方向南端起逆时针量算。直线 $OC$ 象限角 $R_{OC}$，是从标准方向南端起顺时针量算。直线 $OD$ 象限角 $R_{OD}$，是从标准方向北端起逆时针量算。用象限角表示直线方向时，除写象限的角值外，还应注明直线所在的象限名称，例如 $OA$ 的象限角 40°，应写成 NE40°。$OC$ 的象限角 50°，应写成 SW50°。

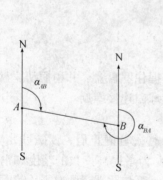

图 4-25 正方位角与反方位角

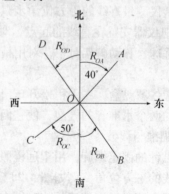

图 4-26 象限角

3. 象限角和方位角的关系

在不同象限，象限角 $R$ 与方位角 $A$ 的关系如表 4-4 所示。

表 4-4 象限角 $R$ 与方位角 $A$ 的关系

| 象限名称 | I | II | III | IV |
|---|---|---|---|---|
| $R$ 与 $A$ 的关系 | $R = A$ | $R = 180° - A$ | $R = A - 180°$ | $R = 360° - A$ |

### 4.5.3 罗盘仪的构造和使用

1. 罗盘仪的构造

罗盘仪是测定直线磁方位角与磁象限角的仪器。其构造主要由磁针、刻度盘和望远镜组成，如图4-27所示。

准星
物镜调焦螺旋
照门
望远镜制动螺旋
目镜调焦螺旋
望远镜微动螺旋
接头螺旋
三角架头
望远镜
竖直刻度盘
竖盘读数指标
磁针
水平刻度盘
管水准器
磁针固定螺旋
水平制动螺旋
球臼接头

图4-27 罗盘仪

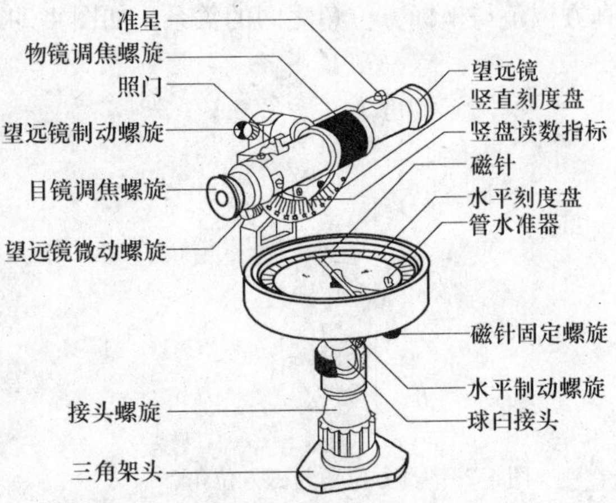

(1) 磁针

磁针为一菱形磁铁，安在度盘中心的顶针上，能灵活转动。为了减少顶针的磨损，不用时可用固定螺旋使磁针脱离顶针而顶压在度盘的玻璃盖下。为了使磁针平衡，磁针南端缠有铜丝，这是辨认磁针南、北端的基本方法。

(2) 度盘

度盘最小分划为1°或30′，每10°做一注记，注记的形式有方位式与象限式两种。方位式度盘从0°起逆时针方向注记到360°，可用它直接测定磁方位角，称为方位罗盘仪，如图4-28所示。象限式度盘从0°直径两端起，对称地向左、向右各注记到90°，并注明北（N）、南（S）、东（E）、西（W），可用它直接测定直线的磁象限角，称为象限罗盘仪。

北
B
A
0°
330°
300°
270°
240°
210°
180°
150°
120°
90°
60°
30°
305°

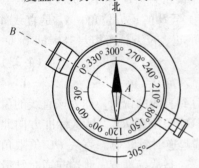

图4-28 罗盘仪刻度盘

(3) 望远镜

罗盘仪的望远镜多为外对光式的望远镜，物镜调焦螺旋转动时，物镜筒前后移动以使目标的像落在十字丝面上。

2. 罗盘仪的使用

用罗盘仪测量直线的磁方位角步骤：

(1) 把仪器安置在直线的起点，对中

挂上垂球，移动脚架对中，对中精度不超过1cm。

(2) 整平

左手握住罗盘盒，右手稍松开球臼连接螺旋，两手握住罗盘盒，并稍摆动罗盘盒，观察罗盘盒内的两个水准管的气泡，使它们同时居中，固紧球臼连接螺旋。

(3) 瞄准与读数

松开磁针的固定螺旋，用望远镜照准直线的终点，待磁针静止后，读磁针北端的读数，即为该直线的磁方位角。例如图4-28磁方位角为305°。为了提高读数的精度和消除磁针的偏心差，还应读磁针南端读数，磁针南端读数±180°后，再与北端读数取平均值，即为该直线的磁方位角。

3. 使用罗盘仪注意事项

(1) 应避免会影响磁针的场所使用罗盘仪，例如，在高压线下，在铁路上，铁栅栏、铁丝网旁，观测者身上带有手机、小刀等情况，均会对磁针产生影响。

(2) 罗盘仪刻度盘分划一般为1°，应估读至15′。

(3) 为了避免磁针偏心差的影响，除读磁针北端读数外，还应读磁针南端读数。

（4）由于罗盘仪望远镜视准轴与度盘 0～180 直径不在同一竖直面，其夹角称罗差，各台罗盘仪的罗差一般是不同的，所以不同罗盘仪测量磁方位角结果很不相同。为了统一测量成果，可用下面的方法求罗盘仪的罗差改正数：

首先，用这几台罗盘仪测量同一条直线，各台罗盘仪测得磁方位角不同，例如，第 1 台罗盘仪测得该直线方位为 $\alpha_1$，第 2 台测得方位角为 $\alpha_2$，第 3 台测得方位角为 $\alpha_3$……

其次，以其中一台罗盘仪的测得磁方位为标准，例如，假定以第 1 台罗盘仪测得磁方位角 $\alpha_1$ 为标准，则第 2 台罗盘仪所测得方位角应加改正数为 $(\alpha_1 - \alpha_2)$，第 3 台罗盘仪所测得方位角应加改正数为 $(\alpha_1 - \alpha_3)$，其余类推。

（5）罗盘仪迁站时和使用结束，一定要记住把磁针固定好，以免磁针随意摆动造成磁针与顶针的损坏。

## 本 章 补 充

［补1］钢尺的实际长是指钢尺在标准拉力下，在温度 20℃时的实际长 $l$，它与名义长度 $l_0$ 之差才是尺长改正，即 $\Delta l = l - l_0$。如果倒过来相减，即 $(l_0 - l)$，那就成了尺长误差，而不是尺长改正数，改正数与误差绝对值相等，符号相反。

［补2］式（4-12）证明如下：

从图 4-29 可知：
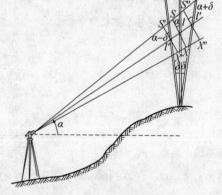

$$SX = l\cos\alpha$$
$$S'X' = l'\cos(\alpha - \delta)$$
$$S''X'' = l'\cos(\alpha + \delta)$$

由于 $\delta$ 很小，可认为

$$SX = S'X' = S''X''$$

即
$$l\cos\alpha = l'\cos\,(\alpha - \delta)\, = l'\cos\,(\alpha + \delta)$$
$$l\cos\alpha = l'\cos(\alpha \mp \delta)$$
$$= l'(\cos\alpha\cos\delta \mp \sin\alpha\sin\delta)$$

上式两边除以 $\cos\alpha$ 得

图 4-29 标尺倾斜的影响

$$l = l'\cos\delta \mp l'\tan\alpha\sin\delta$$

上式 $\cos\delta = 1$，$\sin\delta = \dfrac{\delta}{\rho}$ 代入得

$$l = l' \mp \frac{l' \cdot \delta}{\rho^\circ}\tan\alpha$$

$$\Delta l = \pm \frac{l' \cdot \delta}{\rho^\circ}\tan\alpha \quad （证毕）$$

［补3］（1）视距测量水平距离精度分析

$$D = Kl\cos^2\alpha$$

$$\frac{\partial D}{\partial l} = K\cos^2\alpha \qquad \frac{\partial D}{\partial \alpha} = -Kl\sin2\alpha$$

水平距离中误差：

$$m_D = \pm \sqrt{\left(\frac{\partial D}{\partial l}\right)^2 m_l^2 + \left(\frac{\partial D}{\partial \alpha}\right)^2 \left(\frac{m_\alpha}{\rho''}\right)^2}$$

$$= \pm \sqrt{(K\cos^2\alpha)^2 m_l^2 + (Kl\sin2\alpha)^2 \left(\frac{m_\alpha}{\rho''}\right)^2}$$

根式第二项很小可略去，则

$$m_D = \pm \sqrt{(K\cos^2\alpha)^2 m_l^2} = \pm K\cos^2\alpha \cdot m_l$$

式中　$m_l$——视距间隔的读数误差。

因 $l = $ 下丝读数 − 上丝读数，故

$$m_l = \pm m_{读}\sqrt{2}$$

式中　$m_{读}$——一根视距丝的读数中误差。

人眼的分辨视角为 $60''$，通过望远镜的分辨视角为 $\gamma = \dfrac{60''}{v} = \dfrac{60''}{28} = 2.1''$，因此一根视距丝的读数中误差

$m_{读}$ 为 $\dfrac{2.1''}{206265''} \times D = 1.02 \times 10^{-5} D$，故

$$m_l = \pm m_{读}\sqrt{2} = 1.02 \times 10^{-5} D\sqrt{2}$$

因此　　　　　$m_D = \pm K\cos^2\alpha \cdot m_l = \pm 100\cos^2\alpha \times 1.44 \times 10^{-5} D$

视距测量时，一般 $\alpha$ 都不大，可认为 $\cos\alpha \approx 1$，故上式写为

$$m_D = \pm 144 \times 10^{-5} D$$

$$\frac{m_D}{D} = \pm 0.00144 \approx \frac{1}{694}$$

考虑到其他因素影响，可认为视距测量精度为 $\dfrac{1}{300}$。

（2）视距测量高差精度分析

$$h = D\tan\alpha = \frac{1}{2}Kl\sin 2\alpha$$

$$\frac{\partial h}{\partial l} = \frac{1}{2}K\sin 2\alpha = \frac{h}{l}$$

$$\frac{\partial h}{\partial \alpha} = Kl\cos 2\alpha$$

高差的中误差：$m_h = \pm \sqrt{\left(\dfrac{h}{l}\right)^2 m_l^2 + (Kl\cos 2\alpha)^2 m_\alpha^2}$

根式的第一项，当 $D = 100\text{m}$ 时，$m_l^2 = 2.07 \times 10^{-8}$，第一项数值很小，可略去，于是

$$m_h = \pm Kl\cos 2\alpha \frac{m_\alpha}{\rho''}$$

当 $D = 100\text{m}$，$m_\alpha = \pm 1'$，$\alpha = 0° \sim 10°$ 时，$m_h = \pm 0.03\text{m}$

## 练 习 题

1. 钢尺刻划零端与皮尺刻划零端有何不同？如何正确使用钢尺与皮尺？

2. 简述钢尺一般量距和精密量距的主要不同点。

3. 解释直线定线与直线定向这两个不同概念。简述用标杆目估直线定线的步骤。

4. 何谓钢尺的尺长改正？钢尺名义长与实际长的含义是什么？尺长改正数的正负号说明什么问题？

5. 用 30m 钢尺丈量 $A$、$B$ 两点间的距离，由 $A$ 量至 $B$，后测手处有 6 根测钎，量最后一段后地上插一根测钎，它与 $B$ 点的距离为 18.37m，求 $A$、$B$ 两点间的距离为多少？若 $A$、$B$ 间往返丈量距离允许相对误差为 $1:2000$，问往返丈量时允许距离校差为多少？

6. 钢尺量距有哪些误差？量距中应注意哪些事项？

7. 已知钢尺的尺长方程式 $l_t = 30 - 0.006 + 1.25 \times 10^{-5} \times (t - 20℃) \times 30\text{m}$，丈量倾斜面上 $A$、$B$ 两点间的距离为 75.813m，丈量时温度为 15℃，测得 $h_{AB} = -2.960\text{m}$，求 $AB$ 的实际水平距离。

8. 简述视距测量的优缺点。

9. 何谓光电测距仪的"测尺"？为什么需要"精测尺"和"粗测尺"？

10. 写出光电测距仪的标称精度公式。分析光电测距仪测距误差来源有哪些？

11. 方位角有哪几种？它们之间主要区别是什么？它们之间存在什么关系？

12. 图 4-30 中，已知五边形各内角为 $\beta_1 = 95°$，$\beta_2 = 130°$，$\beta_3 = 65°$，$\beta_4 = 128°$，$\beta_5 = 122°$。现已知 1—2 边的坐标方位角 $\alpha_{12} = 31°$，试求其他各边的坐标方位角。

13. 图 4-31 中，已知 1—2 边的坐标方位角 $\alpha_{12} = 65°$，2 点两直线夹角 $\beta_2$ 为 210°10′，3 点两直线夹角 $\beta_3$ 为 165°20′。试求 2—3 边的正坐标方位角 $\alpha_{23}$ 和 3—4 边的反坐标方位角 $\alpha_{43}$ 各为多少？

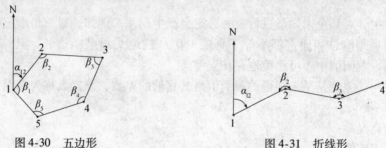

图 4-30　五边形　　　　　　　　　图 4-31　折线形

14. 已知 $AB$ 的反方位角为 290°，$AC$ 的象限角为 SW20°，试绘图并计算角 $\angle BAC$ 为多少？

15. 用罗盘仪观测某建筑物南北轴线的磁方位角为 6°，现又观测某直线的磁方位角为 91°30′。问若以该建筑物南北轴线为 X 轴，求该直线的坐标方位角是多少？

16. 地面 $A$ 点的纬度为 $\varphi = 30°$，直线 $AB$ 真方位角 $A = 18°20′$，其坐标方位角为 $\alpha = 18°22′$。试问：$A$ 点在中央子午线哪一侧？离中央子午线有多远？

17. 已知地面上 $A$ 点纬度为 30°，子午线收敛角为 $-1′$；$B$ 点纬度为 40°，子午线收敛角为 $+2′$，$AB$ 线的真方位角为 70°，求 $A$、$B$ 两点之间的距离（计算至 0.1 km）。

# 学　习　辅　导

1. 本章学习目的与要求

目的：掌握用卷尺量距一般方法和精密量距方法；掌握用经纬仪间接测距（视距测量）的方法；深刻理解直线定向的概念；了解光电测距的概念，通过实习学会使用光电测距仪。

要求：

（1）掌握一般量距和精密量距方法。精密量距要作三项改正，其原理和计算。

（2）理解直线定向的概念，深入理解方位角、象限角及正反方位角。

（3）视距测量的观测、记录、计算。

（4）理解光电测距仪相位测距法的原理、测距精度的公式，了解测距操作法，通过实习会使用仪器。

2. 学习本章要领

（1）本章主要讲了量距与直线定向两大问题。量距方法有：卷尺量距，视距法，光电测距法等三种。从精度与工效来看，光电测距法位居第一；钢卷尺量距精度位居第二，但工效最低；视距法工效不错，但精度最低，还不如皮尺，然而仍有它用武之地，在地形图测绘（在第 7 章详讲）中是一种常用的方法。测绘工作中"距离测量"是一切测绘的基础（测量工作三要素之一），没有距离测量，点位的定位就不可能，现代的电子全站仪（第 17 章讲）能测出点的坐标，其原因是测定距离、角度后由机内程序算得坐标。

（2）学习钢尺量距应重点放在量距之后如何计算，把三项改正的概念及公式搞清楚，在理解的基础上，记住公式，掌握算法。

（3）了解视距公式的推导思路，重点应把公式中符号含义搞清楚。通过实习掌握视距测量的步骤、表格的记录与计算。

（4）直线定向是极为重要的概念，方位角、象限角及正反方位角的概念及有关计算，以后各章要经常用到。

# 第5章 测量误差理论的基本知识

## 5.1 测量误差概述

测量工作中，对某个未知量进行观测必定会产生误差。例如，对三角形三个内角进行观测，三个内角观测值总和通常都不等于真值180°。往返丈量某一边长，其结果存在差异。这些现象表明，观测值中不可避免地存在误差。

何谓误差？误差就是某未知量的观测值与其真值的差数。该差数称为真误差。即

$$\Delta_i = l_i - X \tag{5-1}$$

式中　$\Delta_i$——真误差；

　　　$l_i$——观测值；

　　　$X$——真值。

一般情况下，某未知量的真值无法求得，此时计算误差时，用观测值的最或然值代替真值。观测值与其最或然值之差，称为似真误差。观测值的最或然值是接近于真值的最可靠值，将在本章最后一节讨论。即

$$v_i = l_i - x \tag{5-2}$$

式中　$v_i$——似真误差；

　　　$l_i$——观测值；

　　　$x$——观测值的最或然值。

### 5.1.1 测量误差来源

所有的测量工作都是观测者使用仪器和工具在一定的外界条件下进行的。因此测量误差来源主要有以下三个方面：

1. 观测者

由于观测者的视觉、听觉等感官的鉴别能力有一定的局限，所以在仪器的使用中会产生误差，如对中误差、整平误差、照准误差、读数误差等。

2. 仪器误差

测量工作中使用的各种测量仪器，其零部件的加工精密度不可能达到百分之百的准确，仪器经检验与校正后仍会存在残余微小误差，这些都会影响到观测结果的准确性。

3. 外界条件的影响

测量工作都是在一定的外界环境条件下进行的，如温度、风力、大气折光等因素，这些因素的差异和变化都会直接对观测结果产生影响，必然给观测结果带来误差。

通常把仪器误差、观测者的技术条件（包括使用的方法）及外界条件这三个因素综合起来，称为观测条件。观测条件相同的各次观测称为等精度观测。相反，观测条件之中，只要有一个不相同的各次观测称为不等精度观测。

### 5.1.2 测量误差的分类

按测量误差对观测结果影响性质的不同，可将测量误差分为系统误差和偶然误差两大类。

1. 系统误差

在相同的观测条件下，对某量进行的一系列观测中，数值大小和正负符号固定不变，或

按一定规律变化的误差，称为系统误差。

系统误差具有累积性，对观测结果的影响很大，但它们的符号和大小有一定的规律。因此，系统误差可以采用适当的措施消除或减弱其影响。通常可采用以下三种方法：

（1）观测前对仪器进行检校。例如水准测量前，对水准仪进行三项检验与校正，以确保水准仪的几何轴线关系的正确性。

（2）采用适当的观测方法，例如水平角测量中，采用正倒镜观测法来消除经纬仪视准轴的误差和横轴的误差对测角的影响。

（3）研究系统误差的大小，事后对观测值加以改正。例如钢尺量距中，应用尺长改正、温度改正及倾斜改正等三项改正公式，可以有效地消除或减弱尺长误差、温度误差以及地面倾斜的影响。

2. 偶然误差

在相同的观测条件下，对某量进行一系列的观测，其误差出现的符号和大小都不一定，表现出偶然性，这种误差称为偶然误差，又称随机误差。

例如，水准尺读数时的估读误差，经纬仪测角的瞄准误差等。对于单个偶然误差没有什么规律，但大量偶然误差则具有一定的统计规律。

【例5-1】在相同的观测条件下，对一个三角形三个内角重复观测了100次，由于偶然误差的不可避免性，使得每次观测三角形内角之和不等于真值180°。用下式计算真误差 $\Delta_i$，然后把这100个真误差按其绝对值的大小排列，列于表5-1。

$$\Delta_i = a_i + b_i + c_i - 180° \quad (i = 1, 2, \cdots, 100)$$

表5-1　三角形内角和真误差分布情况

| 误差大小区间 | 正 $\Delta$ 的个数 | 负 $\Delta$ 的个数 | 总　和 |
|---|---|---|---|
| 0.0″~0.5″ | 21 | 20 | 41 |
| 0.5″~1.0″ | 14 | 15 | 29 |
| 1.0″~1.5″ | 7 | 8 | 15 |
| 1.5″~2.0″ | 5 | 4 | 9 |
| 2.0″~2.5″ | 2 | 2 | 4 |
| 2.5″~3.0″ | 1 | 1 | 2 |
| 3.0″以上 | 0 | 0 | 0 |
| 合计 | 50 | 50 | 100 |

从表5-1看出，误差的分布是有一定的规律性，可以总结偶然误差有以下四个统计特性：

（1）有界性：在一定的观测条件下，偶然误差的绝对值不会超过一定的限度，本例最大误差为3.0″；

（2）集中性：绝对值小的误差比绝对值大的误差出现的机会多，0.5″以下的误差有41个；

（3）对称性：绝对值相等的正负误差出现的机会相等，本例正负误差各为50个；

（4）抵偿性：偶然误差的算术平均值趋近于零，即

$$\lim_{n \to \infty} \frac{\Delta_1 + \Delta_2 + \cdots + \Delta_n}{n} = \lim_{n \to \infty} \frac{[\Delta]}{n} = 0$$

由偶然误差的统计特性可知，当对某量有足够多的观测次数时，其正负误差可以互相抵消。因此，可以采用多次观测，并取其算术平均值的方法，来减少偶然误差对观测结果的影

响而求得较为可靠的结果。

偶然误差是测量误差理论主要的研究对象。根据偶然误差的特性对该组观测值进行数学处理，求出最接近于未知量真值的估值，称为最或然值。另外，根据观测列的偶然误差大小，来评定观测结果的质量，即评定精度。

### 5.1.3 多余观测

为了防止错误的发生和提高观测成果的质量，测量工作中进行多于必要观测的观测，称为多余观测。

例如，一段距离往返观测，如果往测为必要的观测，则返测称多余观测；一个三角形观测3个角度，观测其中2个角为必要观测，观测第3个角度称多余观测。

有了多余观测，观测值之间或与理论值比较必产生差值（不符值、闭合差），因此可以根据差值大小评定测量的精度（精确程度），当差值超过某一数值，就可认为观测值有错误，称为误差超限。差值不超限，这些误差认为是偶然误差；进行某种数学处理称为平差，最后求得观测值的最或然值，即求得未知量的最后结果。

### 5.1.4 观测值的精度与数字精度

观测值接近真值的程度，称为准确度。愈接近真值，其准确度愈高。系统误差对观测值的准确度影响极大，因此，在观测前，应认真检校仪器，观测时采用适当的观测法，观测后对观测的结果加以计算改正，从而消除系统误差或减弱至最低可以接受的程度。

一组观测值之间相互符合的程度（或其离散程度），称为精密度。一观测列的偶然误差大小反映出观测值的精密度。准确度与精密度两者均高的观测值才称得上高精度的观测值。所谓精度包含准确度和精密度。

例如，$AB$ 两点距离用高精度光电测距仪测量结果为100m，因误差极小，可认为真值。现用钢尺丈量其长度，结果如下：

> A 组：100.015m，100.012m，100.011m，100.014m
> B 组：100.010m，99.992m，100.007m，99.995m
> C 组：100.005m，100.003m，100.002m，99.998m

A 组的平均值为100.013m，与真值相差0.013m，而四个数据内部符合很好，最大较差0.004m。这说明精密度高，但准确度并不高。B 组平均值为100.001m，与真值十分接近，说明准确度高，但四个数据最大较差达0.018m，说明精密度并不好。C 组平均值为100.002m，与真值相差为0.002m，四个数最大较差为0.007m，因此 C 组精度最高，因为准确度与精密度均高。

数字的精度是取决于小数点后的位数，相同单位的两个数，小数点后位数越多，表示精度越高。因此，小数点后位数不可随意取舍。例如，17.62m 与 17.621m，后者准确到 mm，前者只准确到 cm。从这里可知：17.62m 与 17.620m，这两个数并不相等，17.620m 准确至毫米，毫米位为0。因此，对一个数字既不能随意添加0，也不能随意消去0。

## 5.2 衡量观测值精度的标准

衡量观测值精度高低必须建立一个统一衡量精度的标准，主要有：

1. 中误差

我们先来考察下面的例子

【例5-2】甲、乙两人，各自在相同精度条件下对某一三角形的三个内角观测10次，算得三角形闭合差 $\Delta_i$ 如下：

甲：+30，-20，-40，+20，0，-40，+30，+20，-30，-10

乙：+10，−10，−60，+20，+20，+30，−50，0，+30，−10

上列数据单位均为秒，试问哪个观测精度高？

**【解】** 我们很自然可以想到，甲、乙两人平均的真误差有多少？按真误差的绝对值总和取平均，即

$$\theta_甲 = \frac{\sum |\Delta|}{n} = \frac{30 + 20 + 40 + 20 + 0 + 40 + 30 + 20 + 30 + 10}{10} = 24''$$

$$\theta_乙 = \frac{\sum |\Delta|}{n} = \frac{10 + 10 + 60 + 20 + 20 + 30 + 50 + 0 + 30 + 10}{10} = 24''$$

用平均误差衡量结果是：$\theta_甲 = \theta_乙$。但是，乙组观测列中有较大的观测误差，乙组观测精度应该低于甲组，但计算平均误差 $\theta$ 反映不出来，所以平均误差 $\theta$ 衡量观测值的精度是不可靠的。

根据数理统计推导可知：某组观测值的中误差 $m$ 可用下式计算

$$m = \pm \sqrt{\frac{[\Delta\Delta]}{n}} \tag{5-3}$$

式中  $[\Delta\Delta]$——各偶然误差平方和；

$n$——偶然误差的个数。

$m$ 表示该组观测值的误差，表示任意一个观测值的中误差，并非一组观测值平均误差，$m$ 可以代表该组中任何一个观测值的误差。根据数理统计推导可知偶然误差与其出现次数的关系呈正态分布，其曲线拐点的横坐标 $\Delta_拐$ 等于中误差 $m$，如图 5-1 所示，这就是中误差的几何意义。

上述例5-2用中误差公式计算得：

$$m_甲 = \pm \sqrt{\frac{[\Delta\Delta]}{n}} = \pm \sqrt{\frac{7200}{10}} = \pm 27''$$

$m_甲 = \pm 27''$，表示甲组中任意一个观测值的误差。

$m_乙 = \pm \sqrt{\frac{[\Delta\Delta]}{n}} = \pm \sqrt{\frac{9000}{10}} = \pm 30''$，$m_乙 = \pm 30''$，表示乙组中任意一个观测值的误差。甲组观测值的精度较乙组高。

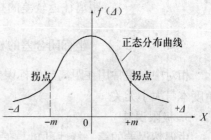

图 5-1  偶然误差呈正态分布曲线

当观测值的真值未知时，首先计算多次观测值 $l_1$，$l_2$，$l_3$，$\cdots$，$l_n$ 的算术平均值。即

$$x = \frac{l_1 + l_2 + \cdots + l_n}{n} = \frac{[l]}{n} \tag{5-4}$$

此时，用来衡量观测值中误差的计算公式，根据推导（见5.4.2）为

$$m = \pm \sqrt{\frac{[vv]}{n-1}} \tag{5-5}$$

式（5-5）又称贝塞尔公式。式中 $v$ 为观测值的似真误差，即各观测值 $l_i$ 与算术平均值 $x$ 之差：

$$v_1 = l_1 - x, \qquad v_2 = l_2 - x, \qquad \cdots, \qquad v_n = l_n - x$$

$[vv]$ 为似真误差的平方和，即

$$[vv] = v_1^2 + v_2^2 + \cdots + v_n^2 = \sum_{i=1}^{n} v_i^2$$

### 2. 相对误差

对于衡量精度来说，有时单靠中误差还不能完全表达观测结果的质量。例如，测得某两段距离，第一段长 100m，第二段长 200m，观测值的中误差均为 ±0.2m。从中误差的大小来看，两者精度相同，但从常识来判断，两者的精度并不相同，第二段量距精度高于第一段，这时应采用另一种衡量精度的标准，即相对误差。

相对误差是误差的绝对值与观测值之比，在测量上通常将其分子化为 1 的分子式，即

$$K = \frac{|m|}{D} = \frac{1}{\frac{D}{|m|}} \tag{5-6}$$

式中　$K$——相对误差。

上例中：

$$K_1 = \frac{|m_1|}{D_1} = \frac{0.02}{100} = \frac{1}{5000}$$

$$K_2 = \frac{|m_2|}{D_2} = \frac{0.02}{200} = \frac{1}{10000}$$

显然，用相对误差衡量可以看出，$K_1 > K_2$。相对中误差愈小，即分母愈大，说明观测结果的精度愈高，反之愈低。式（5-6）中分子可以用中误差、距离往返较差、闭合差等，此时相对误差计算式为：

$$中误差的相对误差 = \frac{|中误差|}{观测值的最或然值}$$

$$距离往返较差的相对中误差 = \frac{|距离往返较差|}{往返观测值的平均值}$$

$$坐标闭合差的相对中误差 = \frac{|坐标闭合差|}{观测值的最或然值}$$

相对中误差常用在距离与坐标误差的计算中。角度误差不用相对中误差，因角度误差与角度本身大小无关。

### 3. 极限误差

由偶然误差的第一特性可知，在一定的观测条件下，偶然误差的绝对值不会超过一定的限度。由数理统计和误差理论可知，在大量等精度观测中，偶然误差绝对值大于一倍中误差出现的概率为 32%；大于两倍中误差出现的概率仅为 4.6%；大于三倍中误差的出现的概率仅为 0.3%。因此，在实际测量中观测次数很有限，绝对值大于 2m 或 3m 的误差出现机会很小，故取两倍或三倍中误差作为容许误差（多采用 2m），即

$$\Delta_容 = \pm 2m \qquad 或 \qquad \Delta_容 = \pm 3m \tag{5-7}$$

如果观测值超出了上述限值的偶然误差，可视该观测值不可靠或出现了错误，应舍去不用。

## 5.3　误差传播定律

在实际测量工作中，某些量的大小往往不是直接观测到的，未知量的值是由直接观测值通过一定的函数关系间接计算求得的。因此，观测值的误差必然给其函数带来误差。例如，在地形图量线段 $l$，有误差，已知图的比例尺为 1:$M$，则实地长度 $L = m \cdot l$ 也会产生误差。这是线性函数关系。又如观测两点斜距 $L$ 及倾斜角 $\alpha$，则水平距离 $D = L \times \cos\alpha$，这是非线性

函数。

研究观测值函数的中误差与观测值中误差之间关系的定律称为误差传播定律。

### 5.3.1 倍数函数中误差

设倍数函数为

$$y = Kx \qquad\qquad (5-8)$$

式中 $K$ 为常数（常数无误差），$x$ 为直接观测值，已知其中误差为 $m_x$，$y$ 为 $x$ 的倍数函数，求 $y$ 的中误差 $m_y$。

设 $x$ 有真误差 $\Delta_x$，则函数 $y$ 产生真误差 $\Delta_y$，由式（5-8）可知它们之间的关系为

$$\Delta_y = K \cdot \Delta_x \qquad\qquad (5-9)$$

设对 $x$ 观测了 $n$ 次，按式（5-9）可写出 $n$ 个真误差的关系式

$$\Delta_{y1} = K \cdot \Delta_{x1}$$
$$\Delta_{y2} = K \cdot \Delta_{x2}$$
$$\vdots$$
$$\Delta_{yn} = K \cdot \Delta_{xn}$$

将 $n$ 个等式两端平方取和再除以 $n$，则得

$$\frac{\Delta_{y1}^2 + \Delta_{y2}^2 + \cdots + \Delta_{yn}^2}{n} = K^2 \cdot \frac{\Delta_{x1}^2 + \Delta_{x2}^2 + \cdots + \Delta_{xn}^2}{n}$$

或

$$\frac{\left[\Delta_y^2\right]}{n} = K^2 \frac{\left[\Delta_x^2\right]}{n}$$

根据中误差定义式（5-3），上式中

$$\frac{\left[\Delta_y^2\right]}{n} = m_y^2 \qquad\qquad \frac{\left[\Delta_x^2\right]}{n} = m_x^2$$

代入前式则得

$$m_y^2 = K^2 m_x^2$$
$$m_y = K m_x \qquad\qquad (5-10)$$

即倍数函数中误差等于倍数与观测值中误差的乘积。

【例 5-3】 在 1∶500 地形图上量得某两点间的距离 $d = 234.5\text{mm}$，其中误差 $m_d = \pm 0.2\text{mm}$，求该两点的地面水平距离 $D$ 的值及其中误差 $m_D$。

【解】
$$D = 500d = 500 \times 0.2345 = 117.25\text{m}$$
$$m_D = \pm 500 m_d = \pm 500 \times 0.0002 = \pm 0.10\text{m}$$

### 5.3.2 和、差函数中误差

设和差函数为

$$y = x_1 \pm x_2 \qquad\qquad (5-11)$$

式中 $x_1$，$x_2$ 是直接观测值，已知其中误差分别为 $m_1$，$m_2$，$y$ 是 $x_1$，$x_2$ 的和、差函数，求 $y$ 的中误差 $m_y$。

设 $x_1$，$x_2$ 有真误差 $\Delta_1$，$\Delta_2$，则函数 $y$ 产生真误差 $\Delta y$，其间关系为

$$\Delta y = \Delta_1 \pm \Delta_2$$

设对 $x_1$，$x_2$ 各观测了 $n$ 次，按式（5-11）可写出 $n$ 个真误差的关系式

$$\Delta y_i = \Delta_{1i} \pm \Delta_{2i} \quad (i = 1, 2, \cdots, n)$$

将各等式两端平方得

$$\Delta_{yi}^2 = \Delta_{1i}^1 + \Delta_{2i}^2 \pm 2\Delta_{1i} \cdot \Delta_{2i}$$

将以上 $n$ 个等式两端分别取和再除以 $n$，得

$$\frac{[\Delta_y^2]}{n} = \frac{[\Delta_1^2]}{n} + \frac{[\Delta_2^2]}{n} \pm 2 \times \frac{[\Delta_1 \cdot \Delta_2]}{n}$$

由于 $\Delta_1$、$\Delta_2$ 都是偶然误差，它们的正负误差出现机会相等，所以它们的乘积的正负误差出现机会也相等，具有偶然误差的性质。根据偶然误差的第四个特性，

上式中
$$\lim_{n \to \infty} \frac{[\Delta_1 \Delta_2]}{n} = 0$$

所以
$$\frac{[\Delta_y^2]}{n} = \frac{[\Delta_1^2]}{n} + \frac{[\Delta_2^2]}{n}$$

根据中误差定义式（5-3），上式中
$$\frac{[\Delta_y^2]}{n} = m_y^2 \qquad \frac{[\Delta_1^2]}{n} = m_1^2 \qquad \frac{[\Delta_2^2]}{n} = m_2^2$$

代入前式得
$$m_y^2 = m_1^2 + m_2^2$$
$$m_y = \pm \sqrt{m_1^2 + m_2^2} \tag{5-12}$$

当和差函数为
$$y = x_1 \pm x_2 \pm \cdots \pm x_n$$

设 $x_1$，$x_2$，$\cdots$，$x_n$ 的中误差分别为 $m_1$，$m_2$，$\cdots$，$m_n$ 时，则
$$m_y^2 = m_1^2 + m_2^2 + \cdots + m_n^2$$
$$m_y = \pm \sqrt{m_1^2 + m_2^2 + \cdots + m_n^2} \tag{5-13}$$

即和差函数的中误差的平方等于各观测值中误差的平方和。

当 $x_1$，$x_2$，$\cdots$，$x_n$ 为等精度观测值时，则
$$m_1 = m_2 = m_3 = \cdots = m_n = m$$

此时式（5-13）改变为
$$m_y = \pm m\sqrt{n} \tag{5-14}$$

【例 5-4】已知当水准仪距标尺 75m 时，一次读数中误差为 $m_{读} = \pm 2\text{mm}$（包括照准误差、估读误差等），若以两倍中误差为容许误差，试求普通水准测量观测 $n$ 站所得高差闭合差的容许误差。

【解】水准测量每一站高差 $\qquad h_i = a_i - b_i$

则每站高差中误差：
$$m_{站} = \sqrt{m_{读}^2 + m_{读}^2} = \pm m_{读}\sqrt{2} = \pm 2\sqrt{2} = \pm 2.8\text{mm}$$

观测 $n$ 站所得总高差 $\qquad h = h_1 + h_2 + \cdots + h_n$

则 $n$ 站总高差 $h$ 的总误差，根据式（5-4）可写
$$m_{总} = \pm m_{站}\sqrt{n} = \pm 2.8\sqrt{n} \text{ mm}$$

若以两倍中误差为容许误差，则高差闭合差容许误差为
$$\Delta_{容} = 2 \times (\pm 2.8\sqrt{n}) = \pm 5.6\sqrt{n} \approx \pm 6\sqrt{n} \text{ mm}$$

【例 5-5】在水准测量中，采用两次仪器高法进行测站校核，已知读数误差 $m_{读} = \pm 2\text{mm}$（包括照准误差、估读误差等），试推求等外水准测量两次仪器高法测量高差较差的容许值应为多少？

【解】水准测量求两点高差公式： $\qquad h = a - b$

所以高差 $h$ 的中误差为 $\qquad m_h = \pm m_{读}\sqrt{2}$

两次观测求高差之差的中误差 $m_\Delta$ 为 $\qquad m_\Delta = \pm m_读\sqrt{2}\sqrt{2} = \pm 4\text{mm}$

因此，两次仪器高法测量高差较差的容许值

$$\Delta_容 = \pm 2 \times m_\Delta = \pm 8\text{mm}$$

【例 5-6】用 $DJ_6$ 型光学经纬仪观测角度 $\beta$，瞄准误差为 $m_瞄$，读数误差为 $m_读$，求：

（1）观测一个方向的中误差 $m_方$；

（2）半测回的测角中误差 $m_半$；

（3）两个半测回较差的容许值 $\Delta_容$。

【解】（1）观测一个方向的中误差 $m_方$

观测一个方向包含瞄准误差 $m_瞄$ 与读数误差 $m_读$，

$$m_瞄 = \pm \frac{60''}{v} = \pm \frac{60''}{28} = \pm 2.1''$$

$DJ_6$ 光学经纬仪分微尺估读至 $0.1'$，因此 $m_读 = \pm 6''$。根据式（5-12）得

$$m_方 = \pm \sqrt{m_瞄^2 + m_读^2} = \pm \sqrt{2.1^2 + 6^2} = \pm 6''$$

（2）半测回的测角中误差 $m_半$

半测回观测角由两个方向之差求得，即 $\beta = b - a$

$$m_半 = \pm m_方\sqrt{2} = \pm 6\sqrt{2} = \pm 8.5''$$

（3）两个半测回较差的容许值 $\Delta_容$

$$\Delta_\beta = \beta_左 - \beta_右$$

所以 $\qquad m_{\Delta\beta} = \pm m_半\sqrt{2} = \pm 6\sqrt{2}\sqrt{2} = \pm 12''$

采用容许误差为中误差的 3 倍，则

$$\Delta_容 = \pm 3 \times 12'' = \pm 36''$$

考虑到其他因素，测回法规定两个半测回较差的容许值 $\Delta_容 = \pm 40''$。

### 5.3.3 线性函数

设线性函数为 $\qquad y = K_1 x_1 + K_2 x_2 + \cdots + K_n x_n$

设 $x_1$，$x_2$，$\cdots$，$x_n$ 为独立观测值，其中误差分别为 $m_1$，$m_2$，$\cdots$，$m_n$，求函数 $y$ 的中误差 $m_y$。

按推求式（5-10）与式（5-12）的相同方法得

$$m_y^2 = K_1^2 m_1^2 + K_2^2 m_2^2 + \cdots + K_n^2 m_n^2$$

$$m_y = \pm \sqrt{K_1^2 m_1^2 + K_2^2 m_2^2 + \cdots + K_n^2 m_n^2} \qquad (5\text{-}15)$$

即线性函数中误差，等于各常数与相应观测值中误差乘积的平方和，再开方。

【例 5-7】对某量等精度观测 $n$ 次，观测值为 $l_1$，$l_2$，$\cdots$，$l_n$，设已知各观测值的中误差 $m_1 = m_2 = \cdots = m_n = m$，求等精度观测值算术平均值 $x$ 及其中误差 $M$。

【解】等精度观测值算术平均值 $x$。

$$x = \frac{l_1 + l_2 + \cdots + l_n}{n} = \frac{[l]}{n} \qquad (5\text{-}16)$$

上式可改写为 $\qquad x = \frac{1}{n}l_1 + \frac{1}{n}l_2 + \cdots + \frac{1}{n}l_n$

根据式（5-15）求算术平均值 $x$ 的中误差 $m_x$

$$m_x^2 = \frac{1}{n^2}m_1^2 + \frac{1}{n^2}m_2^2 + \cdots + \frac{1}{n^2}m_n^2 = \frac{n}{n^2}m^2 = \frac{1}{n}m^2$$

$$m_x = \pm \frac{m}{\sqrt{n}} \tag{5-17}$$

上式表明，算术平均值的中误差比观测值中误差缩小了 $\sqrt{n}$ 倍，即算术平均值的精度比观测值精度提高 $\sqrt{n}$ 倍。测量工作中进行多余观测，取多次观测值的平均值作为最后的结果，就是这个道理。但是，当 $n$ 增加到一定程度后（例如 $n=6$），$m_x$ 值的减小的速度变得十分缓慢，所以为了达到提高观测成果精度的目的，不能单靠无限制地增加观测次数，应综合采用提高仪器精度等级、选用合理的观测方法及适当增加观测次数等措施，才是正确的途径。

### 5.3.4 一般函数

设一般函数为

$$y = f(x_1, x_2, \cdots, x_n)$$

已知 $x_1$，$x_2$，$\cdots$，$x_n$ 为独立观测值，其中误差分别为 $m_1$，$m_2$，$\cdots$，$m_n$，求函数 $y$ 的中误差 $m_y$。

对于多个变量（变量个数大于 1 时）的函数，取微分时，必须进行全微分，故

$$dy = \left(\frac{\partial f}{\partial x_1}\right)dx_1 + \left(\frac{\partial f}{\partial x_2}\right)dx_2 + \cdots + \left(\frac{\partial f}{\partial x_n}\right)dx_n$$

由于测量中真误差值都很小，故可用真误差 $\Delta$ 代替上式中的微分量，即

$$\Delta_y = \left(\frac{\partial f}{\partial x_1}\right)\Delta_1 + \left(\frac{\partial f}{\partial x_2}\right)\Delta_2 + \cdots + \left(\frac{\partial f}{\partial x_n}\right)\Delta_n$$

函数式与观测值确定后，偏导数均为常数，故上式可视为线性函数的真误差关系式。由式（5-15）可得

$$m_y^2 = \left(\frac{\partial f}{\partial x_1}\right)^2 m_1^2 + \left(\frac{\partial f}{\partial x_2}\right)^2 m_2^2 + \cdots + \left(\frac{\partial f}{\partial x_n}\right)^2 m_n^2$$

即

$$m_y = \pm \sqrt{\left(\frac{\partial f}{\partial x_1}\right)^2 m_1^2 + \left(\frac{\partial f}{\partial x_2}\right)^2 m_2^2 + \cdots + \left(\frac{\partial f}{\partial x_n}\right)^2 m_n^2} \tag{5-18}$$

式中 $\frac{\partial f}{\partial x_1}$，$\frac{\partial f}{\partial x_2}$，$\cdots$，$\frac{\partial f}{\partial x_n}$ 分别是函数 $y$ 对观测值 $x_1$，$x_2$，$\cdots$，$x_n$ 求得偏导数。故一般函数的中误差等于该函数对每个观测值取偏导数与相应观测值中误差乘积的平方和，再开方。

【例 5-8】测得两点地面斜距 $L = 225.85 \pm 0.06$m，地面的倾斜角 $\alpha = 17°30' \pm 1'$，求两点间的高差 $h$ 及其中误差 $m_h$。

【解】根据题意可写出计算高差 $h$ 公式为

$$h = L\sin\alpha$$

对上式全微分得

$$dh = \left(\frac{\partial h}{\partial L}\right)dL + \left(\frac{\partial h}{\partial \alpha}\right)d\alpha$$

因为 $\frac{\partial h}{\partial L} = \sin\alpha$，$\frac{\partial h}{\partial \alpha} = L\cos\alpha$，所以上式变为

$$dh = \sin\alpha dL + L\cos\alpha d\alpha$$

将上式微分转为中误差，根据式（5-18）上式可写成

$$m_h^2 = (\sin\alpha)^2 m_L^2 + (L\cos\alpha)^2 \left(\frac{m_\alpha}{\rho'}\right)^2$$

84

$$= 0.3007^2 \times 0.06^2 + (225.85 \times 0.9537)^2 \times \left(\frac{1'}{3438'}\right)^2$$

$$= 0.0003 + 0.0039 = 0.0042$$

$$m_h = \pm 0.065\text{m}$$

### 5.3.5 误差传播定律应用总结

应用误差传播定律解决实际问题是十分重要的问题，解题一般可归纳为三个步骤，现举二个实例加以说明：

例1：量得圆半径 $R = 31.3\text{mm}$，其中误差 $m_R = \pm 0.3\text{mm}$，求圆面积 $S$ 的中误差。

例2：某房屋，长边量得结果：$80 \pm 0.02\text{m}$，短边量得结果：$40 \pm 0.01\text{m}$。求房屋面积 $S$ 中误差。

第一步：列出数学方程。

例1： $$S = \pi R^2$$

例2： $$S = a \times b$$

第二步：将方程进行微分，例2有两个变量则须全微分。

例1： $$\text{d}S = 2\pi R \text{d}R$$

例2： $$\text{d}S = a \times \text{d}b + b \times \text{d}a$$

第三步：将微分转为中误差。

例1： $$m_S = 2\pi R \times m_R = 2 \times 3.1416 \times 31.3 \times 0.3 = \pm 59\text{mm}$$

例2：

$$m_S = \pm \sqrt{a^2 m_b^2 + b^2 m_a^2} = \pm \sqrt{80^2 \times 0.01^2 + 40^2 \times 0.02^2} = \pm 1.13\text{m}^2$$

这里应特别注意：当一函数式中包含多个变量时，要求各变量必须是相互独立的，例如，改正后三角形内角 $A$ 公式如下：

$$A = \alpha - \frac{1}{3}\omega \quad (\alpha \text{ 为 } A \text{ 角的观测值}, \omega \text{ 为三角形闭合差})$$

上式中变量 $\omega$ 包含有变量 $\alpha$，互相不独立，此时下式是错误的：

$$m_A^2 = m_\alpha^2 + \frac{1}{9}m_\omega^2$$

应将上述第一式变为下式，然后再用误差传播定律。即

$$A = \alpha - \frac{1}{3}(\alpha + \beta + \gamma - 180°) = \frac{2}{3}\alpha - \frac{1}{3}\beta - \frac{1}{3}\gamma + 60°$$

微分得 $$\text{d}A = \frac{2}{3}\text{d}\alpha - \frac{1}{3}\text{d}\beta - \frac{1}{3}\text{d}\gamma$$

转为中误差得 $$m_A^2 = \left(\frac{2}{3}\right)^2 m^2 + \left(\frac{1}{3}\right)^2 m^2 + \left(\frac{1}{3}\right)^2 m^2 = \frac{2}{3}m^2$$

因此 $$m_A = \pm \sqrt{\frac{2}{3}}m$$

## 5.4 等精度观测值的平差

何谓平差？对一系列观测值采用适当而合理的方法，消除或减弱其误差，求得未知量的最可靠值，并评定测量成果的精度。通常我们把求得的未知量的最可靠的值，称为最或然值，它十分接近于未知量的真值。

### 5.4.1 求未知量的最或然值

设对某未知量进行了 $n$ 次等精度观测，其真值为 $X$，观测值为 $l_1$，$l_2$，$\cdots$，$l_n$，相应的真误差为 $\Delta_1$，$\Delta_2$，$\cdots$，$\Delta_n$，则

$$\Delta_1 = l_1 - X$$
$$\Delta_2 = l_2 - X$$
$$\vdots$$
$$\Delta_n = l_n - X$$

将上式取和再除以观测次数 $n$ 便得

$$\frac{[\Delta]}{n} = \frac{[l]}{n} - X = x - X$$

式中 $x$ 为算术平均值，显然 $x = X + \dfrac{[\Delta]}{n}$

根据偶然误差第四个特征，当 $n \to \infty$ 时，$\dfrac{[\Delta]}{n} \to 0$，因此

$$x = \frac{[l]}{n} \approx X \qquad (5\text{-}19)$$

即当观测次数 $n$ 无限多时，算术平均值 $x$ 就趋向于未知量的真值 $X$。当观测次数有限时，可以认为算术平均值是根据已有的观测数据所能求得的最接近真值的近似值，称为最或是值或最或然值，以它作为未知量的最后结果。

### 5.4.2 等精度观测值的评定精度

#### 1. 观测值的似真误差

根据中误差定义式（5-3）计算观测值中误差的 $m$，需要知道观测值 $l_i$ 的真误差 $\Delta_i$，但是真误差往往不知道。因此，在实际工作中多采用观测值的似真误差或改正数来计算观测值的中误差。用 $v_i$（$i = 1$，$2$，$\cdots$，$n$）表示观测值的似真误差，或称观测值的最或然误差，而改正数则与误差符号相反。

$$v_1 = l_1 - x$$
$$v_2 = l_2 - x$$
$$\vdots$$
$$v_n = l_n - x$$

等式两端分别取和 $\qquad [v] = [l] - nx$

因为 $x = \dfrac{[l]}{n}$，　　所以 $[v] = 0$ $\qquad (5\text{-}20)$

即观测值的似真误差代数和等于零。式（5-20）可作为计算中的校核，当 $[v] = 0$ 时，说明算术平均值及似真误差计算无误。

#### 2. 用似真误差计算等精度观测值的中误差

计算公式为

$$m = \pm \sqrt{\frac{[vv]}{n-1}} \qquad (5\text{-}21)$$

式（5-21）推导如下：

$$\Delta_i = l_i - X$$
$$v_i = l_i - x$$

以上两个等式相减得：

$$\Delta_i - v_i = x - X$$

令 $\delta = x - X$，代入上式并移项后得

$$\Delta_i = v_i + \delta$$

以上 $n$ 个等式两端分别自乘得

$$\Delta_i \Delta_i = v_i v_i + 2 v_i \delta + \delta^2$$

上式有 $n$ 个取和得

$$[\Delta\Delta] = [vv] + 2\delta[v] + n\delta^2$$

因为
$$[v] = 0$$

所以
$$[\Delta\Delta] = [vv] + n\delta^2$$

等式两端分别除以 $n$ 得

$$\frac{[\Delta\Delta]}{n} = \frac{[vv]}{n} + \delta^2 \tag{5-22}$$

式中 $\delta = x - X = \dfrac{[l]}{n} - X = \dfrac{[l-X]}{n} = \dfrac{[\Delta]}{n}$

上式平方得 $\delta^2 = \dfrac{[\Delta]^2}{n^2} = \dfrac{1}{n^2}(\Delta_1^2 + \Delta_2^2 + \cdots + \Delta_n^2 + 2\Delta_1\Delta_2 + 2\Delta_1\Delta_3 + \cdots)$

$$= \frac{[\Delta\Delta]}{n^2} + \frac{2}{n^2}(\Delta_1\Delta_2 + \Delta_1\Delta_3 + \cdots)$$

由于 $\Delta_1$，$\Delta_2$，$\cdots$，$\Delta_n$ 为偶然误差，故非自乘的两个偶然误差之积 $\Delta_1\Delta_2$，$\Delta_1\Delta_3\cdots$ 仍然具有偶然误差性质，根据偶然误差的第四个特性，当 $n \to \infty$ 时，上式等号右端的第二项趋于零。因此得

$$\delta^2 \approx \frac{[\Delta\Delta]}{n^2}$$

上式代入式（5-22）得

$$\frac{[\Delta\Delta]}{n} = \frac{[vv]}{n} + \frac{[\Delta\Delta]}{n^2}$$

顾及中误差公式（5-3），上式可写为

$$m^2 = \frac{[vv]}{n} + \frac{m^2}{n}$$

$$nm^2 = [vv] + m^2$$

$$m = \pm\sqrt{\frac{[vv]}{n-1}} \tag{5-23}$$

【例5-9】某段距离用钢尺进行 6 次等精度丈量，其结果列于表 5-2 中，试计算该距离的算术平均值，观测值中误差、算术平均值的中误差及其相对误差。

表 5-2　某段距离等精度丈量精度计算表

| 序　　号 | 观测值 $l$ | $v$ | $vv$ |
|---|---|---|---|
| 1 | 256.565 | −3mm | 9mm$^2$ |
| 2 | 256.563 | −5 | 25 |
| 3 | 256.570 | +2 | 4 |
| 4 | 256.573 | +5 | 25 |
| 5 | 256.571 | +3 | 9 |
| 6 | 256.566 | −2 | 4 |
| | $x = 256.568$ | $[v] = 0$ | $[vv] = 76$ |

观测值中误差

$$m = \pm \sqrt{\frac{[vv]}{n-1}} = \pm \sqrt{\frac{76}{6-1}} = \pm 3.9 \text{mm}$$

算术平均值中误差

$$M = \pm \frac{m}{\sqrt{n}} = \pm \frac{3.9}{\sqrt{6}} = \pm 1.6 \text{mm}$$

算术平均均值的相对中误差

$$K = \frac{|m|}{D} = \frac{1}{\dfrac{D}{|m|}} = \frac{1}{\dfrac{256.568}{0.0016}} = \frac{1}{160355}$$

### 5.4.3 等精度双观测值的较差计算中误差

在边长观测中，一般采用往返观测，因此出现等精度双观测列，例如

$$l'_1 \text{ 和 } l''_1, l'_2 \text{ 和 } l''_2, \cdots, l'_n \text{ 和 } l''_n$$

相应双观测列之差：

$$d_1 = l'_1 - l''_1, d_2 = l'_2 - l''_2, \cdots, d_n = l'_n - l''_n$$

如果观测是绝对正确的，那么每个差 $d$ 都等于 0，即 $d$ 的真值为 0。因此，$d_1$，$d_2$，$\cdots$，$d_n$ 可以认为是各差的真误差。按真差求中误差式（5-3）得

$$m_d = \pm \sqrt{\frac{[dd]}{n}}$$

根据式（5-12）可知，两等精度观测值之差 $d$ 的中误差为一个观测值中误差 $m$ 的 $\sqrt{2}$ 倍，故

$$m_d = m\sqrt{2}$$

$$m = \frac{m_d}{\sqrt{2}} = \pm \sqrt{\frac{[dd]}{2n}} \tag{5-24}$$

【例 5-10】6 条边长往返观测成果列于表 5-3，求边长观测值的中误差为多少？

表 5-3　边长观测值的中误差计算表

| 边序号 | 往测 $l'$（m） | 返测 $l''$（m） | $d$（cm） | $dd$ |
|---|---|---|---|---|
| 1 | 132.45 | 132.54 | -9 | 81 |
| 2 | 135.21 | 135.26 | -5 | 25 |
| 3 | 134.77 | 134.73 | +4 | 16 |
| 4 | 132.59 | 132.69 | -10 | 100 |
| 5 | 136.58 | 136.62 | -4 | 16 |
| 6 | 134.09 | 134.09 | 0 | 0 |
| | | | -24 | 238 |
| | | | $[d]$ | $[dd]$ |

边长观测值的中误差 $m$：$m = \pm \sqrt{\dfrac{[dd]}{2n}} = \sqrt{\dfrac{238}{2 \times 6}} = 4.5 \text{cm}$

## 5.5 不等精度观测值的平差

### 5.5.1 权的概念

在不等精度观测中，因各观测的条件不同，所以各观测值具有不同的可靠程度。在求未

知量的可靠值时，就不能像等精度观测那样简单地取算术平均值，因较可靠的观测值应对最后的结果产生较大的影响。

各不等精度观测值的不同可靠程度，可用一个数值来表示，该数值称为权，用 $p$ 表示。"权"是权衡轻重的意思。观测值的精度高，可靠性也强，则权也大。例如，对某一未知量进行两组不等精度观测，但每组内观测值是等精度的。设第一组观测了 4 次，观测值为 $l_1$，$l_2$，$l_3$，$l_4$；第二组观测了 2 次，观测值为 $l_1'$，$l_2'$。这些观测值的可靠程度都相同，则每组分别取算术平均值作为最后观测值。即

$$x_1 = \frac{l_1 + l_2 + l_3 + l_4}{4}; \qquad x_2 = \frac{l_1' + l_2'}{2}$$

两组观测合并，相当于等精度观测 6 次，故两组观测值的最后结果应为

$$x = \frac{l_1 + l_2 + l_3 + l_4 + l_1' + l_2'}{6}$$

但对 $x_1$、$x_2$ 来说，彼此是不等精度观测。如果用 $x_1$，$x_2$ 来计算，则上式计算实际是

$$x = \frac{4x_1 + 2x_2}{4 + 2}$$

从不等精度观点来看，观测值 $x_1$ 是 4 次观测值的平均值，$x_2$ 是 2 次观测值的平均值，$x_1$ 和 $x_2$ 的可靠性是不一样的，用 4、2 表示 $x_1$ 和 $x_2$ 相应的权，也可用 2、1 表示 $x_1$ 和 $x_2$ 相应的权，分别代入上面公式，计算 $x$ 结果是相同的。因此"权"可看作是一组比例数字，用比例数值大小来表示观测值的可靠程度。

### 5.5.2 权与中误差的关系

观测结果的中误差愈小，其结果愈可靠，权就愈大。不等精度观测值的权与该组观测值的中误差有关。设对某量进行一组不等精度观测，设各观测值为 $l_1$，$l_2$，$\cdots$，$l_n$，其相应的中误差为 $m_1$，$m_2$，$\cdots$，$m_n$，各观测值的权为 $p_1$，$p_2$，$\cdots$，$p_n$，则权的定义公式为

$$p_i = \frac{\mu^2}{m_i^2} \qquad (i = 1, 2, \cdots, n) \tag{5-25}$$

式中 $\mu$ 为任意常数，式中看出权与中误差的平方成反比。

例如，不等精度观测值 $l_1$，$l_2$，$l_3$，其相应的中误差为 $m_1 = \pm 2''$，$m_2 = \pm 4''$，$m_3 = \pm 6''$，按式（5-25）计算各观测值的权为

当 $\mu = m_1$ 时：$p_1 = 1$ $\quad p_2 = \frac{1}{4}$ $\quad p_3 = \frac{1}{9}$

当 $\mu = m_2$ 时：$p_1 = 4$ $\quad p_2 = 1$ $\quad p_3 = \frac{4}{9}$

当 $\mu = m_3$ 时：$p_1 = \frac{1}{4}$ $\quad p_2 = \frac{9}{4}$ $\quad p_3 = 1$

由此可见，权是一组比例数字，$\mu$ 值确定后，各观测值的权就确定。$\mu$ 值不同，各观测值的权数值也不同，但权之间的比例关系不变。

等于 1 的权称为单位权，而权等于 1 的观测值称为单位权观测值，单位观测值的中误差称为单位权中误差，上例中 $\mu = m_1$ 时，$p_1 = 1$，即 $l_1$ 为单位权观测值，$l_1$ 的中误差 $m_1$ 称为单位权中误差。

在实际工作中，通常是在观测值中误差求得之前，需先确定各观测值的权。这时可按获得各观测值的实际情况，根据式（5-25）原理，确定各观测值的权。例如水准测量中，水

准路线愈长，测站数愈多，观测结果的可靠程度愈差，精度愈低。因此，通常取水准路线长度 $L_i$ 或测站 $n_i$ 的倒数为观测值 $l_i$ 的权，即

$$p_i = \frac{c}{L_i}$$

或

$$p_i = \frac{c}{n_i}$$

式中　$c$——任一大于零的常数。

【例5-11】设对某一未知量进行 $n$ 次等精度的观测，求算术平均值的权。

【解】设一测回角度观测值的中误差为 $m$。由式（5-17）算术平均值中误差为

$$m_x = \pm \frac{m}{\sqrt{n}}$$

从式（5-25）并设 $\mu = m$，则

一测回观测值的权：

$$p = \frac{\mu^2}{m^2} = 1$$

$n$ 测回观测算术平均值的权：

$$p = \frac{\mu^2}{m_x^2} = \frac{m^2}{\left(\frac{m}{\sqrt{n}}\right)^2} = n$$

由上例可知，取一测回观测值的权为 1，则 $n$ 测回算术平均值的权为 $n$。可见角度观测值的权与其测回数成正比。

### 5.5.3　不等精度观测值的最或然值——加权平均值

在不等精度观测中，各观测值具有不同的观测精度，最后的结果（即最或然值）用简单的算术平均值公式计算显然不合理，因精度较高的观测值，在最或然值中应占有较大的比例。设对某一量进行 $n$ 次不等精度观测，观测值分别为 $l_1$，$l_2$，$\cdots$，$l_n$，各观测值的权为 $p_1$，$p_2$，$\cdots$，$p_n$，顾及各观测值在精度上的差异，测量上应取加权平均值作为该量的最或然值，即

$$x = \frac{p_1 l_1 + p_2 l_2 + \cdots + p_n l_n}{p_1 + p_2 + \cdots + p_n} = \frac{[pl]}{[p]} \tag{5-26}$$

或

$$x = x_0 + \frac{p_1 \delta_1 + p_2 \delta_2 + \cdots + p_n \delta_n}{p_1 + p_2 + \cdots + p_n} = x_0 + \frac{[p\delta]}{[p]} \tag{5-27}$$

式中 $x_0$ 是 $x$ 的近似值，$\delta_i = l_i - x_0$，$i = 1$，2，$\cdots$，$n$。

不等精度观测的似真误差为 $v_i = l_i - x_i$，代入下式：

$$[pv] = [p(l_i - x)] = [pl] - [p]x$$

顾及式（5-26），上式为

$$[pv] = 0 \tag{5-28}$$

因此，式（5-28）可作为计算的检核。但应说明：计算过程如果取位不够，$[pv]$ 将不会严格等于 0，当接近于 0 也可，它不影响最终精度的计算，表5-4 就是如此。

### 5.5.4　不等精度观测值的精度评定

1. 单位权中误差

从式（5-25）可写出单位权中误差与观测值中误差的关系式如下：

$$\mu^2 = p_1 m_1^2 = p_2 m_2^2 = \cdots = p_n m_n^2$$

$$n\mu^2 = [pm^2]$$

$$\mu = \pm \sqrt{\frac{[pm^2]}{n}} \qquad (5\text{-}29)$$

当 $n$ 足够大时，中误差 $m_i$ 可由真误差 $\Delta_i$ 代替，故

$$\mu = \pm \sqrt{\frac{[p\Delta\Delta]}{n}} \qquad (5\text{-}30)$$

当真误差 $\Delta_i$ 未知时，可先求各观测值的似真误差 $v_i$（$v_i = l_i - x$），再根据 $v_i$ 计算单位权中误差 $\mu$ 为

$$\mu = \pm \sqrt{\frac{[pv v]}{n-1}} \qquad (5\text{-}31)$$

上式可按推导公式（5-21）思路推求得。

2. 观测值中误差

由式（5-25）知各观测值的权 $p_i$ 为

$$p_i \doteq \frac{\mu^2}{m_i^2}$$

即

$$m_i^2 = \frac{\mu^2}{p_i}$$

观测值中误差 $m_i$ 为

$$m_i = \mu \sqrt{\frac{1}{p_i}} \qquad (5\text{-}32)$$

3. 加权平均值的中误差

从式（5-26）可知不等精度观测的平均值为：

$$x = \frac{p_1 l_1 + p_2 l_2 + \cdots + p_n l_n}{p_1 + p_2 + \cdots + p_n}$$

设已知观测值的中误差为 $m_1$，$m_2$，$\cdots$，$m_n$，根据式（5-15），加权平均值的中误差为：

$$m_x^2 = \frac{p_1^2}{[p]^2}m_1^2 + \frac{p_2^2}{[p]^2}m_2^2 + \cdots + \frac{p_n^2}{[p]^2}m_n^2$$

$$= \frac{1}{[p]^2}(p_1^2 m_1^2 + p_2^2 m_2^2 + \cdots + p_n^2 m_n^2)$$

根据权定义式（5-25），即 $p_i m_i^2 = \mu^2$，代入上式得

$$m_x^2 = \frac{1}{[p]^2}(p_1 \mu^2 + p_2 \mu^2 + \cdots + p_n \mu^2)$$

$$= \frac{1}{[p]^2}(p_1 + p_2 + \cdots + p_n)\mu^2$$

$$= \frac{1}{[p]^2}[p]\mu^2 = \frac{\mu^2}{[p]}$$

因此加权平均值中误差 $m_x$ 为

$$m_x = \frac{\mu}{\sqrt{[p]}} \qquad (5\text{-}33)$$

【例 5-12】 为求得 $P$ 点高程，从已知三个水准点 $A$、$B$、$C$ 向 $P$ 点进行水准测量，如图5-2所示。已知 $H_a = 50.148\text{m}$，$H_b = 54.032\text{m}$，$H_c = 49.895\text{m}$，$A$ 至 $P$ 的高差 $h_{ap} = +1.535\text{m}$，$B$ 至 $P$ 的高差 $h_{bp} = -2.332\text{m}$，$C$ 至 $P$ 的高差 $h_{cp} = +1.780\text{m}$，路线长度 $L_{ap} = 2.4\text{km}$，$L_{bp} = 3.5\text{km}$，$L_{cp} = 2.0\text{km}$，求 $P$ 点的高程最或然值及

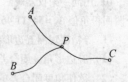

图 5-2　结点 $P$ 水准路线

其中误差。

【解】把已知数据填入表 5-4，按步骤计算。

表 5-4 高程最或然值及其中误差计算表

| 测 段 | 高程值<br>（m） | 路线长度<br>$L_A$（km） | 权<br>$P_A = 1/L_A$ | $v$<br>（mm） | $pv$ | $pvv$ |
|---|---|---|---|---|---|---|
| $A—P$ | 51.683 | 2.4 | 0.417 | -0.7 | -0.292 | 0.204 |
| $B—P$ | 51.700 | 3.5 | 0.286 | -16.3 | +4.662 | 75.991 |
| $C—P$ | 51.675 | 2.0 | 0.500 | -8.7 | -4.350 | 37.845 |
| $\Sigma$ | 51.6837 | | 1.203 | | 0.02 | 114.040 |

$$H_p = \frac{0.417 \times 51.683 + 0.286 \times 51.700 + 0.500 \times 51.675}{1.203} = 51.6837$$

单位权观测值中误差 $\mu$ 为：

$$\mu = \sqrt{\frac{[pv v]}{n-1}} = \sqrt{\frac{114.04}{2}} = \pm 7.6 \text{mm}$$

$P$ 点高程最或然值中误差 $m_x$ 为：

$$m_x = \pm \frac{\mu}{\sqrt{[P]}} = \frac{\pm 7.6}{\sqrt{1.203}} = \pm 6.9 \text{mm}$$

练 习 题

1. 什么叫系统误差？其特点是什么？通常采用哪几种措施消除或减弱系统误差对观测成果的影响。

2. 什么叫偶然误差？它有哪些特性？

3. 什么叫观测值的精度？精密度与准确度这两个概念有何区别？试举一实例说明。什么叫数字精度？在计算中应注意什么问题？

4. 衡量观测值精度的标准是什么？衡量角度测量与距离测量精度的标准分别是什么？并说明其原因。

5. 设有 9 边形，每个角的观测中误差 $m = \pm 10''$，求该 9 边形的内角和的中误差及其内角和闭合差的容许值。

6. 用某经纬仪观测水平角，已知一测回测角中误差 $m_\beta = \pm 14''$，欲使测角中误差 $m'_\beta \leqslant \pm 8''$，问需要观测几个测回？

7. 在比例尺为 1:2000 的平面图上，量得一圆半径 $R = 31.3 \text{mm}$，其中误差为 $\pm 0.3 \text{mm}$，求实际圆面积 $S$ 及其中误差 $m_S$。

8. 水准测量中，设每个站高差中误差为 $\pm 5 \text{mm}$，若 1km 设 16 个测站，求 1km 高差中误差是多少？若水准路线长为 4km，求其高差中误差是多少？

9. 对某直线丈量 6 次，观测结果是 246.535m、246.548m、246.520m、246.529m、246.550m、246.537m，试计算其算术平均值、算术平均值的中误差及其相对误差。

10. 用同一架仪器观测某角，第一次观测 4 个测回得角值 $\beta_1 = 54°12'33''$，$m_1 = \pm 6''$。第二次观测了 6 个测回得角值 $\beta_2 = 54°11'46''$，$m_2 = \pm 4''$。求该角度 $\beta$ 及中误差 $m$。

11. 等精度观测五边形各内角两测回，已知一测回测角中误差 $m_\beta = \pm 40''$，试求：

（1）五边形角度闭合差的中误差 $m_f$；

（2）欲使角度闭合差的中误差不超过 $\pm 50''$，求各角应观测几个测回；

（3）调整后各角度的中误差。

# 学 习 辅 导

1. 本章学习目的与要求

目的：测量误差是客观存在的，通过学习了解误差的来源、种类、分布及特性，掌握误差传播定律和等精度观测值的平差及精度评定，达到能正确分析、判断和处理观测成果。理解不等精度观测值的平差及精度评定，提高执行测量规范的理解力和自觉性。

要求：

（1）理解误差概念，了解系统误差、偶然误差的特点及其相应的处理办法。

（2）衡量观测精度的标准是什么，理解真误差计算中误差与似真误差计算中误差的概念及公式，理解相对误差与容许误差的概念。

（3）学会处理等精度观测成果的步骤和精度评定公式。

（4）理解处理不等精度观测成果的有关问题：权，加权平均值，单位权中误差，加权平均值中误差等。

2. 本章学习要领

（1）首先要了解什么是误差，它是观测值与理论值之差，例如，测量三角形观测值是 $179°59'$ 与真值（$180°$）之差 $-1'$ 才是误差，而 $+1'$ 不是误差，而是改正数。

（2）外业工作获得一系列观测值，如果真值已知，则用真误差计算中误差；如真值不知，则用似真误差计算中误差，不用改正数来计算，虽其结果相同，但概念上是错的。

（3）误差传播定律是本章的重点，本章列举很多实例，学生应以此为基础认真学习，可以提高对公式的理解和解决实际问题的能力，建议学生详细阅读 5.3.5 节误差传播定律应用总结。

（4）本章介绍了等精度双观测值的较差计算中误差方法与公式，这是同类教材中极少涉及的实际问题。在边长测量中经常采用往返观测，最后测距精度如何计算，学习本节就能解决这个问题。

（5）对于不等精度观测，首先要明确权的概念，它与中误差是什么关系。进一步理解单位权，单位权中误差，观测值中误差以及加权平均值中误差的概念。

# 第6章 小地区控制测量

## 6.1 控制测量概述

### 6.1.1 控制测量及其布设原则

在测量工作中，为了减少误差积累，保证测图精度，以及便于分幅测图，加快测图进度，满足碎部测量需要，就必须遵循"从整体到局部"、"先控制后碎部"及"由高级到低级"的测量组织原则。

无论控制测量、碎部测量和施工测设，其实质都是确定地面点的位置。控制测量又是碎部测量和测设工作的基础。即首先在测区内建立控制网，然后根据控制网进行碎部测量和测设。

在测区中选择若干具有控制意义的点，用精密的仪器和高精度方法测定其点位（平面位置和高程），这些点称为控制点。由控制点组成的几何图形，称为控制网。测定控制点平面位置和高程（$H$）的工作，称控制测量。

1. 平面控制测量

测定控制点平面位置（$x$，$y$）的工作，称为平面控制测量。平面控制网根据观测方式方法来划分，可以分为三角网、三边网、边角网、导线网、GPS平面网等。

在地面上选择一系列待求平面控制点，并将其连接成连续的三角形，从而构成三角形网，称三角网，如图6-1所示。

当三角形是沿直线展开时，称为三角锁；三角形附合到一条高级边，观测三角形内角及连接角，此图形为线形锁，如图6-2所示。

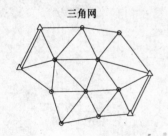

图6-1 三角网

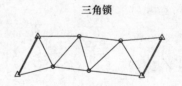

图6-2 三角锁与线形锁

如果不测三角形内角，而测定各三角形的边长，此时的控制网称为三边网或测边网。控制网中测量角度与测量边长相结合，测量部分角度、部分边长，此时的控制网称为边角组合网，简称边角网。利用全球定位系统（GPS）建立的控制网称GPS控制网。

在地面上选择一系列待求平面控制点，并将其依次相连成折线形式，这些折线称为导线，多条导线组成导线网，如图6-3所示。测量各导线边的边长及相邻导线边所夹的水平角，这种工作称导线测量。

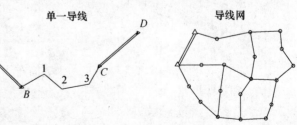

图6-3 单一导线与导线网

94

## 2. 高程控制测量

测定控制点高程（$H$）的工作，称为高程控制测量。根据高程控制网的观测方法来划分，可以分为水准网、三角高程网和GPS高程网等。

水准网基本的组成单元是水准线路，包括闭合水准线路和附合水准线路。三角高程网是通过三角高程测量建立的，主要用于地形起伏较大、直接水准测量有困难的地区或对高程控制要求不高的工程项目。GPS高程控制网是利用全球定位系统建立的高程控制网。

## 3. 控制网的布设原则

控制网的布设原则是：整体控制，全面加密或分片加密，高级到低级逐级控制。整体控制，即最高一级控制网能控制整个测区，例如，国家控制网用一等锁环控制整个国土；对于区域网，最高一级控制网必须能控制整个测区。全面加密，就是指在最高一级控制网下布置全面网加密，例如国家控制网的一等锁环内用二等全面三角网加密；分片加密，就是急用部分先加密，不一定全面布网。高级到低级逐级控制就是用精度高一级控制网去控制精度低一级控制网，控制层级数主要取决于测区的大小、碎部测量的精度要求、工程规模及其精度要求。目前，城市平面控制网分为一、二、三、四等，一、二、三级和图根级控制网。根据测区情况和仪器设备条件，将平面控制网和高程控制网分开独立布设，也可以将其合并为一个统一的控制网——三维控制网。

### 6.1.2 控制网的分类

按控制应用范围，控制网可分为国家基本控制网和区域控制网两大类。

## 1. 国家控制网

在全国范围内建立的控制网，称为国家控制网。它是由国家专门测量机构，用精密仪器和方法，进行整体控制，逐级加密的方式建立，高级点逐级控制低级点。

国家平面控制网的建立主要采用三角测量的方法。一等三角网是国家平面控制网的骨干，布置成沿经线、纬线的锁环，如图6-4所示。三角形边长20~25km，测角中误差不大于±0.7″。它除用于扩展低等平面控制测量外，还为研究地球的形状和大小提供精密数据。

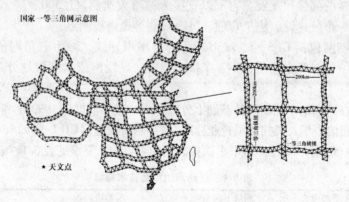

图6-4 国家一等控制网

二等三角网布设于一等三角锁环内，全面布设三角网，如图6-5所示，平均边长13km，测角中误差不大于±1.0″，并作为下一级控制网的基础。三、四等三角网是二等三角网的进一步加密，有插网和插点两种形式，如图6-6所示。三等网平均边长8km，测角中误差不大于±1.8″。四等平均边长2~6km，测角中误差不大于±2.5″，用以满足测图和各项工程建设的需要。

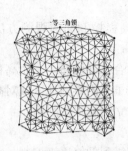

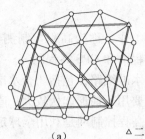

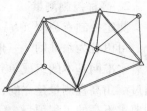

△二等三角点
○三、四等控制点

图 6-5　国家二等全面网　　　　　　图 6-6　国家三等与四等控制网点

(a) 三、四等控制点插网形式；(b) 三、四等控制点插点形式

国家高程控制网采用精密水准测量的方法。国家高程控制网同样按精度分为一、二、三、四个等级。如图 6-7 所示，一等水准网是国家高程控制网的骨干，除作为扩展低等高程控制的基础之外，还为科学研究提供依据。二等水准网布设于一等水准网环内，是国家高程控制网的全面基础。三、四等水准网是二等水准网的进一步加密，直接为各种测图和工程建设提供必需的高程控制点。

国家一、二、三、四等平面控制网和高程控制网是国家基本控制网，称为大地控制网，简称大地网，大地网中各类控制点统称大地点。大地点是测绘、编制国家基本图和各项工程建设的依据，同时也为地球科学研究，地壳升降、大陆漂移、地震预报、航天技术、国防科技等提供科学根据。

2. 区域控制网

（1）城市控制网

在城市或厂矿地区，一般是在国家控制点的基础上，根据测区大小和施工测量的要求，布设不同等级的城市控制网。城市控制测量是国家控制测量的继续和发展。它可以直接为城市大比例尺 1∶500 测图、城市规划、市政建设、施工管理、沉降观测等提供控制点。

城市平面控制网包括 GPS 网、城市三角网与城市导线，城市三角网依次等级划分是：二、三、四等，一、二级小三角，一、二级小三边。导线网依次等级划分是：三等、四等、一、二、三级。

城市控制网在国家基本控制网的基础上分级布设，建立依据是 1999 年和 1997 年由国家建设部分别制定发布的中华人民共和国行业标准《城市测量规范》（CJJ 8—99）和《全球定位系统城市测量技术规程》（CJJ 73—97）。城市平面控制网的主要技术要求见表 6-1、表 6-2、表 6-3。

━━━ 一等水准路线
━━━ 二等水准路线
──── 三等水准路线
- - - - 四等水准路线

图 6-7　国家高程控制网

表 6-1　三角网的主要技术指标

| 等级 | 平均边长 (km) | 测角中误差 (″) | 起始边边长 相对中误差 | 最弱边边长 相对中误差 |
|---|---|---|---|---|
| 二等 | 9 | ≤±1.0 | ≤1/30 万 | ≤1/12 万 |
| 三等 | 5 | ≤±1.8 | ≤1/20 万（首级）<br>≤1/12 万（加密） | ≤1/8 万 |
| 四等 | 2 | ≤±2.5 | ≤1/12 万（首级）<br>≤1/8 万（加密） | ≤1/4.5 万 |
| 一级小三角 | 1 | ≤±5.0 | ≤1/4 万 | ≤1/2 万 |
| 二级小三角 | 0.5 | ≤±10.0 | ≤1/2 万 | ≤1/1 万 |

96

表 6-2　边角网的主要技术指标

| 等　级 | 平均边长<br>（km） | 测距中误差<br>（mm） | 测　距<br>相对中误差 |
|---|---|---|---|
| 二等 | 9 | ≤ ±30 | ≤1/30 万 |
| 三等 | 5 | ≤ ±30 | ≤1/16 万 |
| 四等 | 2 | ≤ ±16 | ≤1/12 万 |
| 一级 | 1 | ≤ ±16 | ≤1/6 万 |
| 二级 | 0.5 | ≤ ±16 | ≤1/3 万 |

表 6-3　光电测距导线的主要技术指标

| 等级 | 闭合环或附合<br>导线长度（km） | 平均边长<br>（m） | 测距中误差<br>（mm） | 测角中误差<br>（"） | 导线全长<br>相对闭合差 |
|---|---|---|---|---|---|
| 三等 | 15 | 3000 | ≤ ±18 | ≤ ±1.5 | ≤1/6 万 |
| 四等 | 10 | 1600 | ≤ ±18 | ≤ ±2.5 | ≤1/4 万 |
| 一级 | 3.6 | 300 | ≤ ±15 | ≤ ±5 | ≤1/1.4 万 |
| 二级 | 2.4 | 200 | ≤ ±15 | ≤ ±8 | ≤1/1 万 |
| 三级 | 1.5 | 120 | ≤ ±15 | ≤ ±12 | ≤1/6000 |

城市高程控制用水准测量与三角高程测量方法。水准测量分为二、三、四等。城市首级高程控制网不应低于三等水准。光电测距三角高程测量可代替四等水准测量。经纬仪三角高程测量主要用于山区的图根控制及位于高层建筑物上平面控制点的高程测定。各等水准测量的主要技术要求见表 6-4。

表 6-4　各等水准测量的主要技术要求　　　　　　　　　单位：mm

| 等级 | 每千米高差中数中误差 | | 测段、区段、<br>路线往返测<br>高差不符值 | 测段、路线的<br>左右路线高差<br>不符值 | 附合路线或环线闭合差 | | 检测已测测段<br>高差之差 |
|---|---|---|---|---|---|---|---|
| | 偶然中误差<br>$M_\Delta$ | 全中误差<br>$M_W$ | | | 平原丘陵 | 山区 | |
| 二等 | ≤ ±1 | ≤ ±2 | ≤ ±4 $\sqrt{L_s}$ | — | ≤ ±4 $\sqrt{L}$ | | ≤ ±6 $\sqrt{L_i}$ |
| 三等 | ≤ ±3 | ≤ ±6 | ≤ ±12 $\sqrt{L_s}$ | ≤ ±8 $\sqrt{L_s}$ | ≤ ±12 $\sqrt{L}$ | ≤ ±15 $\sqrt{L}$ | ≤ ±20 $\sqrt{L_i}$ |
| 四等 | ≤ ±5 | ≤ ±10 | ≤ ±20 $\sqrt{L_s}$ | ≤ ±14 $\sqrt{L_s}$ | ≤ ±20 $\sqrt{L}$ | ≤ ±25 $\sqrt{L}$ | ≤ ±30 $\sqrt{L_i}$ |

注：1. $L_s$ 为测段、区段或路线长度，$L$ 为附合路线或环线长度，$L_i$ 为检测测段长度，均以 km 计；
2. 山区指路线中最大高差超过 400m 的地区；
3. 水准环线由不同等级水准路线构成时，闭合差的限差应按各等级路线长度分别计算，然后取其平方和的平方根为限差；
4. 检测已测测段高差之差的限差，对单程及往返检测均适用；检测测段长度小于 1km 时，按 1km 计算。

（2）工程控制网

为各类工程建设而布设的测量控制网称为工程控制网。根据不同的工程阶段，工程控制网可以分为测图控制网、施工控制网和变形监测网。其中，测图控制网主要用于工程的勘察设计阶段；施工控制网主要用于工程的施工阶段；变形监测网主要用于工程的施工、运营阶段。工程控制网同样包括平面控制网和高程控制网。其建立依据主要是 1993 年发布的国家标准《工程测量规范》（GB 50026—93）。

为了工程建设施工放样而布设的测量控制网即为施工控制网。施工控制网可以包括整体工程的控制网和单项工程的控制网，尤其是当某一单项工程要求较高的定位精度时，在整体的控制网内部需要建立较高精度的局部独立控制网。为工程建筑物及构筑物的变形观测布设的测量控制网称为变形监测网。变形监测主要是针对安全性需求较高的工程对象，如高层建筑、大坝等。

（3）小地区控制网

面积为 $15km^2$ 以内的小地区范围，为大比例尺测图和某项工程建设而建立的控制网，称为小地区控制网。在这一范围内，水准面可视为平面，不需将测量成果化算到高斯平面上，而是直接投影到测区的水平面上，采用平面直角坐标，直接在平面上计算坐标。当然，小地区控制网也应尽可能与国家（或城市）已建立的高级控制网连测，将国家（或城市）控制点的坐标和高程作为小地区控制网的起算和校核数据。若测区内或附近没有国家（或城市）控制点，或附近虽有这种高级控制点，但不便连测，此时可以建立测区内的独立控制网。

小地区控制网通常采用：三角测量、边角测量、各种交会定点（即用经纬仪进行前方、侧方或后方交会定点）以及导线测量等方法。

（4）图根控制网

直接用于地形图测图而布设的控制点，称为图根控制点，又称图根点。测定图根点平面位置和高程的工作，称为图根控制测量。包括高级点在内，图根点的密度与测图比例尺、地物、地貌的复杂程度等有关，一般不宜低于表6-5的数值。

**表6-5　各种测图比例尺图根点的密度**

| 测图比例尺 | 1∶500 | 1∶1000 | 1∶2000 | 1∶5000 |
|---|---|---|---|---|
| 图根点密度（点/km²） | 150 | 50 | 15 | 5 |
| 每幅图图根点数（50cm×50cm） | 8 | 12 | 15 | 30 |

注：1∶5000图幅大小为40cm×40cm。

图根控制可布设一级控制或两级控制，首级控制又该用什么方法，应根据城市与厂矿的规模而定。图根控制的方法有图根三角、图根导线以及全站仪极坐标法、经纬仪交会定点法等。图根三角、图根导线可以作为首级控制。它们的技术指标见表6-6与表6-7。

**表6-6　图根三角的技术指标**

| 边长<br>（m） | 测角中误差<br>（″） | 三角形个数 | DJ6 测回数 | 三角形最大闭合差<br>（″） | 方位角闭合差<br>（″） |
|---|---|---|---|---|---|
| ≤1.7测图<br>最大视距 | 20 | 13 | 1 | 60 | $40\sqrt{n}$ |

**表6-7　图根导线的技术指标**

| 导线长度 | 相对闭合差 | 边　长 | 测角中误差 | | DJ6<br>测回数 | 方位角闭合差 | |
|---|---|---|---|---|---|---|---|
| | | | 一般 | 首级控制 | | 一般 | 首级控制 |
| ≤1.0m | ≤1/2000 | ≤1.5测图最大视距 | 30″ | 20″ | 1 | $60\sqrt{n}$ | $40\sqrt{n}$ |

注：表6-6与表6-7摘自《工程测量规范》GB 50026—93。

本章主要介绍小地区平面控制网建立的有关问题。着重介绍用导线测量建立小地区平面控制网的方法，以及用三、四等水准测量和三角高程测量建立小地区高程控制网的方法。

### 6.1.3　导线测量概述

导线测量是建立局部地区平面控制网的常用方法。特别是在地物分布较复杂的建筑区，通视条件较差的隐蔽区、居民区、森林地区和地下工程等的控制测量。

根据测量任务在测区内选定若干控制点，组成的多边形或折线称导线，这些点称导线点。观测导线边长及夹角等测量工作称导线测量。

根据测区的条件和需要，导线可布设成下列三种形式：

**1. 闭合导线**

导线从一点出发，经过若干点的转折，最后又回到起点的导线，称为闭合导线。

如图6-8所示，导线从已知的高级控制点 $B$ 出发，经过1，2，3，4点，最后又回到起点 $B$，形成一闭合多边形，测量连接角 $\varphi_B$ 及闭合导线内角。因 $n$ 边闭合多边形内角和应满足理论值（$n-2$）$\times 180°$，因此可检核观测成果。

**2. 附合导线**

布设在两已知高级点间的导线，称为附合导线。

如图6-9所示，导线从一高级控制点 $B$ 和已知方向 $BA$ 出发，经过1，2，3点的转折，最后附合到另一高级控制点 $C$ 和已知方向 $CD$ 上。测量连接角 $\varphi_B$ 与 $\varphi_C$ 及附合导线的折角，此种导线布设形式，也具有很好检核观测成果的作用。

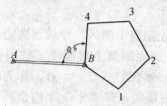

图6-8 闭合导线

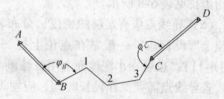

图6-9 附合导线

**3. 支导线**

由一已知点和一已知方向出发，既不附合到另一已知点，又不回到原起点的导线，称为支导线。如图6-10所示，$B$ 为已知控制点，测量连接角 $\varphi_B$ 及1，2点的折角，由于支导线缺乏检核条件，不易发现错误，故不得多于4条边，总长度不得超过附合导线长的一半。

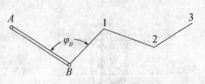

图6-10 支导线

导线测量的等级与技术要求用导线测量方法建立小地区平面控制网，通常分为一级导线、二级导线、三级导线和图根导线等几个等级，其主要技术要求见表6-8。

表6-8 各级钢尺量距导线主要技术指标

| 等级 | 测图比例尺 | 附合导线长度（m） | 平均边长（m） | 往返丈量较差的相对中误差（mm） | 测角中误差（"） | 导线全长相对闭合差 $K$ | 测回数 | | 方位角闭合差（"） |
|---|---|---|---|---|---|---|---|---|---|
| | | | | | | | DJ$_2$ | DJ$_6$ | |
| 一级 | | 3600 | 300 | ≤1/2万 | ≤ ±5 | 1/1万 | 2 | 4 | ±$10\sqrt{n}$ |
| 二级 | | 2400 | 200 | ≤1/1.5万 | ≤ ±8 | 1/7000 | 1 | 3 | ±$16\sqrt{n}$ |
| 三级 | | 1500 | 120 | ≤1/1万 | ≤ ±12 | 1/5000 | 1 | 2 | ±$24\sqrt{n}$ |
| 图根 | 1:500 | 500 | 75 | ≤1/3000 | ±20 | 1/2000 | | 1 | ±$60\sqrt{n}$ |
| | 1:1000 | 1000 | 120 | | | | | | |
| | 1:2000 | 2000 | 200 | | | | | | |

注：摘自中国建筑工业出版社《城市测量规范》（行业标准编号 CJJ 8—99），1999 年版第6页、第47页。

## 6.2 导线测量的外业工作

导线测量的外业工作包括：踏勘选点及建立标志、量边、测角和连测等。

1. 踏勘选点及建立标志

在踏勘选点前，应调查收集测区已有的地形图和高一级控制点的成果资料，然后到现场踏勘，了解测区现状和寻找已知点。根据已知控制点的分布、测区地形条件和测图及工程要求等具体情况，在测区原有地形图上拟定导线的布设方案，最后到实地去踏勘，核对，修改，落实点位和建立标志。

选点时应注意以下几点：

（1）邻点间应通视良好，便于测角和量距。

（2）点位应选在土质坚实，便于安置仪器和保存标志的地方。

（3）视野开阔，便于施测碎部。

（4）导线各边的长度应大致相等，除特殊情况外，应不大于350m，也不宜小于50m，平均边长见表6-8所示。

（5）导线点应有足够的密度，分布较均匀，便于控制整个测区。导线点选定后，应在点位上埋设标志。一般常在点位上打一大木桩，在桩的周围浇上混凝土，桩顶钉一小钉（图6-11）；也可在水泥地面上用红漆画一圈，圈内打一水泥钉或点一小点，作为临时性标志。若导线点需要保存较长时间，应埋设混凝土桩，桩顶嵌入带"十"字的金属标志，作为永久性标志（图6-12）。导线点应按顺序统一编号。为了便于寻找，应量出导线点与附近固定而明显的地物点的距离，绘制一草图，注明尺寸（图6-13），称为"点之记"。

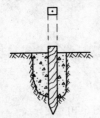

图6-11　临时性导线点

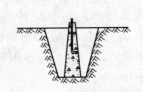

图6-12　永久性导线点

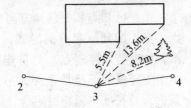

图6-13　点之记

2. 量边

导线量边一般用钢尺或高精卷尺直接丈量，如有条件最好用光电测距仪直接测量。

钢尺量距时，应用检定过的30m或50m钢尺。对于一、二、三级导线，应按钢尺量距的精密方法进行丈量。对于图根导线，用一般方法往返丈量或同一方向丈量两次，取其平均值。丈量结果要满足表6-8的要求。

3. 测角

测角方法主要采用测回法，每个角的观测次数与导线等级、使用的仪器有关，可参阅表6-8。对于图根导线，一般用 DJ$_6$ 级光学经纬仪观测一个测回。若盘左、盘右测得的角值的较差不超过40″，则取其平均值。

导线测量可测左角（位于导线前进方向左侧的角）或右角，在闭合导线中必须测量内角（如图6-14所示，a图应观测右角；b图应观测左角）。

4. 连测

若测区中有导线边与高级控制点连接时，还应观测连接角，如图6-14a所示，必须观测连接角 $\varphi_B$、$\varphi_1$ 及连接边 $D_{B1}$，作为传递坐标方位角和坐标之用。如果附近没有高级控制点，则应用罗盘仪施测导线起始边的磁方位角或用建筑物南北轴线作为定向的标准方向，并假定起始点的坐标作为起算数据。

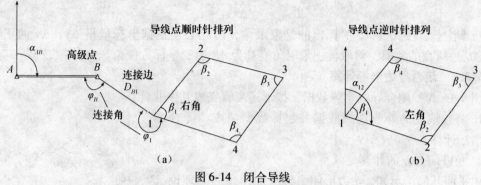

导线点顺时针排列      导线点逆时针排列

图 6-14 闭合导线

（a）闭合导线与高级点连接；（b）独立闭合导线

## 6.3 导线测量的内业计算

导线测量内业计算的目的，就是根据已知的起算数据和外业的观测成果，推算各导线点的坐标。

计算之前，应全面检查导线测量外业记录，数据是否齐全，有无记错、算错，成果是否符合精度要求，起算数据是否准确。然后绘制导线略图，把各项数据注于图上相应位置。

必须注意内业计算中数字取位的要求，对于四等以下的小三角及导线，角值取至秒，边长及坐标取至毫米。对于图根三角锁及图根导线，角值取至秒，边长和坐标取至厘米。

### 6.3.1 坐标计算的基本公式

#### 1. 坐标正算

根据已知点的坐标、已知边长及该边坐标方位角，计算未知点的坐标，称为坐标正算。如图 6-15 所示，设 $A$ 点坐标 $x_A$，$y_A$，$AB$ 边的边长 $D_{AB}$ 及其坐标方位角 $\alpha_{AB}$ 为已知，则未知点 $B$ 的坐标为

$$\left.\begin{array}{l} x_B = x_A + \Delta x_{AB} \\ y_B = y_A + \Delta y_{AB} \end{array}\right\} \tag{6-1}$$

式中 $\Delta x_{AB}$，$\Delta y_{AB}$ 称为坐标增量，也就是直线两端点 $A$，$B$ 的坐标差，从图中可看出坐标增量的计算公式为

$$\left.\begin{array}{l} \Delta x_{AB} = x_B - x_A = D_{AB}\cos\alpha_{AB} \\ \Delta y_{AB} = y_B - y_A = D_{AB}\sin\alpha_{AB} \end{array}\right\} \tag{6-2}$$

#### 2. 坐标反算

根据两个已知点的坐标，求两点间的边长及其方位角，称为坐标反算。当导线与高级控制点连测时，一般应利用高级控制点的坐标，反算求得高级控制点间的边长及其方位角。如图 6-15 所示，若 $A$，$B$ 两点坐标已知，求方位角及边长公式如下：

$$\tan\alpha_{AB} = \frac{\Delta y_{AB}}{\Delta x_{AB}} = \frac{y_B - y_A}{x_B - x_A}$$

即

$$\alpha_{AB} = \tan^{-1}\frac{\Delta y_{AB}}{\Delta x_{AB}} = \tan^{-1}\frac{y_B - y_A}{x_B - x_A} \tag{6-3}$$

$$D_{AB} = \frac{\Delta y_{AB}}{\sin\alpha_{AB}} = \frac{\Delta x_{AB}}{\cos\alpha_{AB}} \tag{6-4}$$

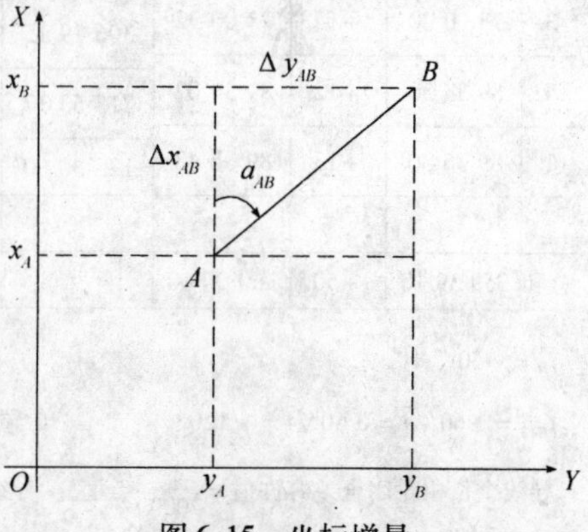

图 6-15 坐标增量

或
$$D_{AB} = \sqrt{\Delta x_{AB}^2 + \Delta y_{AB}^2} \qquad (6-5)$$

应该注意，按式（6-3）算出的是象限角，因此必须根据坐标增量 $\Delta x$、$\Delta y$ 的正负号，确定 $AB$ 边所在的象限，然后再把象限角换算为 $AB$ 边的坐标方位角。

### 6.3.2 闭合导线坐标计算

图 6-16 为一闭合导线实测数据，按下述步骤完成其内业计算。

1. 将校核过的外业观测数据及起算数据填入"闭合导线坐标计算表"（表6-9）中。

2. 角度闭合差的计算与调整

由平面几何学可知，$n$ 边形闭合导线的内角和的理论值应为

$$\sum \beta_{理} = (n - 2) \times 180°$$

由于观测值带有误差，使得实测的内角和 $\sum \beta_{测}$ 与理论值不符，其差值称为角度闭合差，用 $f_\beta$ 表示，即

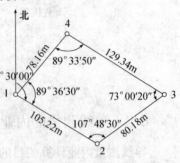

图 6-16 闭合导线举例

$$f_\beta = \sum \beta_{测} - \sum \beta_{理} \qquad (6-6)$$

各级导线的角度闭合差的容许值 $f_{\beta容}$ 见表6-8中的"方位角闭合差"栏的规定。本例属图根导线，$f_{\beta容} = \pm 60'' \sqrt{n}$。如果 $f_\beta$ 超过容许值范围，说明所测角度不符合要求，应重新检查外业的角度观测值。若 $f_\beta$ 不超过容许值范围，可将闭合差 $f_\beta$ 反符号平均分配到各观测角中去做修正，即各角的改正数为：

$$v_\beta = -\frac{f_\beta}{n} \qquad (6-7)$$

$v_\beta$ 计算至秒，原则上各角改正数是相同的，可适当调整若干秒，以使计算得 $v_\beta$ 其总和应等于 $-f_\beta$，改正后的内角和应为 $(n-2) \times 180°$，应进行校核。

表 6-9 闭合导线坐标计算表

| 点号 | 观测角（左角）(° ′ ″) | 改正数(″) | 改正角(° ′ ″) | 坐标方位角 $\alpha$ | 距离 $D$(m) | 增量计算表 | | 改正后增量 | | 坐标值 | |
|---|---|---|---|---|---|---|---|---|---|---|---|
| | | | | | | $\Delta x$(m) | $\Delta y$(m) | $\Delta x$(m) | $\Delta y$(m) | $x$(m) | $y$(m) |
| 1 | 2 | 3 | 4 = 2 + 3 | 5 | 6 | 7 | 8 | 9 | 10 | 11 | 12 |
| 1 | | | | 125 30 00 | 105.22 | −2 −61.10 | +2 +85.66 | −61.12 | +85.68 | 500.00 | 500.00 |
| 2 | 107 48 30 | +13 | 107 48 43 | 53 18 43 | 80.18 | −2 +47.90 | +2 +64.30 | +47.88 | +64.32 | 438.88 | 585.68 |
| 3 | 73 00 20 | +12 | 73 00 32 | 306 19 15 | 129.34 | −3 +76.61 | +2 −104.21 | +76.58 | −104.19 | 486.76 | 650.00 |
| 4 | 89 33 50 | +12 | 89 34 02 | 215 53 17 | 78.16 | −2 −63.32 | +1 −45.82 | −63.34 | −45.81 | 563.34 | 545.81 |
| 1 | 89 36 30 | +13 | 89 36 43 | 125 30 00 | | | | | | 500.00 | 500.00 |
| 总和 | 359 59 10 | +50 | 360 00 00 | | 392.90 | −0.09 | +0.07 | 0.00 | 0.00 | | |

$f_\beta = -50''$  　　　　　$f_x = +0.09$　$f_y = -0.07$

$f_{\beta容} = \pm 60'' \sqrt{n} = \pm 60'' \sqrt{4} = \pm 120''$ 　　　导线全长闭合差 $f = \sqrt{f_x^2 + f_y^2} = \pm 0.11$m

导线全长相对闭合差容许值 $\dfrac{1}{2000}$ 　　　导线全长相对闭合差 $K = \dfrac{0.11}{392.90} = \dfrac{1}{3571}$

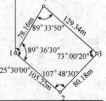

## 3. 导线各边坐标方位角的计算

根据起始边的已知方位角及改正角，按下列公式推算其他各导线边的坐标方位角。

$$\alpha_{前} = \alpha_{后} + 180° + \beta_{左} \quad （适用于测左角）\tag{6-8}$$

$$\alpha_{前} = \alpha_{后} + 180° - \beta_{右} \quad （适用于测右角）\tag{6-9}$$

本例观测左角，按式（6-8）推算出导线各边的坐标方位角，列入表6-9的第5栏。

在推算过程中必须注意：

（1）如果算得 $\alpha_{前} > 360°$，则应减去 $360°$；$\alpha_{前} < 0°$，则应加上 $360°$。

（2）闭合导线各边坐标方位角的推算，最后推算出起始边的坐标方位角，应与原有的已知坐标方位角值相等，否则应重新检查计算是否有误。

## 4. 坐标增量的计算及其闭合差的调整

（1）坐标增量的计算

如图 6-17 所示，设点 1 的坐标 $x_1$，$y_1$ 和 1—2 边的坐标方位角 $\alpha_{12}$ 均已知，边长 $D_{12}$ 也已测得，则据图示关系，点 2 与点 1 的坐标增量有下列计算公式：

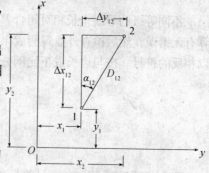

图6-17 坐标增量的计算

$$\left.\begin{array}{l}\Delta x_{12} = D_{12}\cos\alpha_{12}\\\Delta y_{12} = D_{12}\sin\alpha_{12}\end{array}\right\}\tag{6-10}$$

上式中的 $\Delta x_{12}$，$\Delta y_{12}$ 正、负号，由 $\cos\alpha$、$\sin\alpha$ 的正、负号决定。按式（6-10）算得坐标增量，填入表6-9的第7、8两栏中。

（2）坐标增量闭合差的计算与调整

从图6-18可以看出，闭合导线纵、横坐标增量代数和的理论值应为零，即

$$\left.\begin{array}{l}\sum \Delta x_{理} = 0\\\sum \Delta y_{理} = 0\end{array}\right\}\tag{6-11}$$

而实际上由于量边的误差和角度闭合差调整后的残余差，使 $\sum \Delta_{测}$，$\sum \Delta_{测}$ 不为零，产生了纵、横坐标增量闭合差 $f_x, f_y$，即

$$\left.\begin{array}{l}f_x = \sum \Delta x_{测}\\f_y = \sum \Delta y_{测}\end{array}\right\}\tag{6-12}$$

这就表明，实际计算出的闭合导线坐标并不闭合（如图6-19所示），存在一个导线全长闭合差 $f$，用下式进行计算

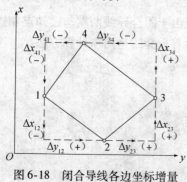

图6-18 闭合导线各边坐标增量

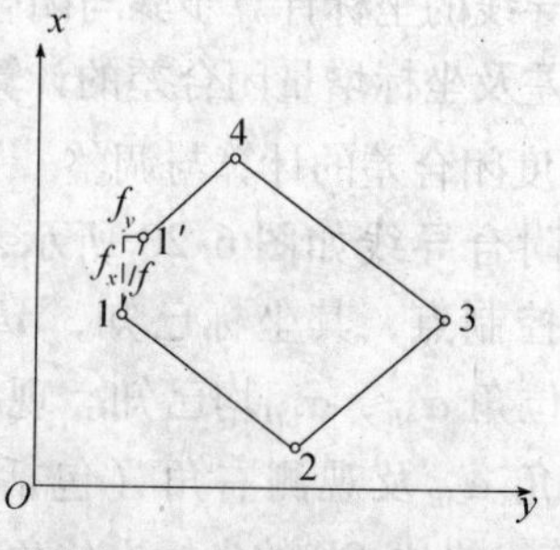

图6-19 闭合导线闭合差

$$f = \sqrt{f_x^2 + f_y^2} \qquad (6\text{-}13)$$

仅从 $f$ 值的大小还不能判断导线测量的精度，应当将 $f$ 与导线全长 $\sum D$ 相比，即导线全长相对闭合差 $K$ 来衡量导线测量的精度，公式如下：

$$K = \frac{f}{\sum D} = \frac{1}{\dfrac{\sum D}{f}} \qquad (6\text{-}14)$$

不同等级的导线全长相对闭合差的容许值 $K_{容}$ 见表6-8。若 $K$ 超过 $K_{容}$，首先应检查内业计算有无错误，然后检查外业观测成果，必要时重测。如 $K$ 值在容许值范围内，将 $f_x$ 与 $f_y$ 分别以相反的符号，按与边长成正比例分配到各边的纵、横坐标增量中去。第 $i$ 边的这项改正数为

$$v_{xi} = -\frac{f_x}{\sum D} \times D_i \qquad (6\text{-}15)$$

$$v_{yi} = -\frac{f_y}{\sum D} \times D_i \qquad (6\text{-}16)$$

坐标增量改正数 $v_x$、$v_y$ 计算后按下式进行校核：

$$\sum v_{xi} = -f_x \qquad (6\text{-}17)$$

$$\sum v_{yi} = -f_y \qquad (6\text{-}18)$$

本例 $\sum v_{xi} = -0.09$，$\sum v_{yi} = +0.07$，满足上述两式。然后计算改正后的坐标增量，填入表中9、10栏。

$$\Delta x_{改} = \Delta x + v_x \qquad (6\text{-}19)$$

$$\Delta y_{改} = \Delta y + v_y \qquad (6\text{-}20)$$

改正后的纵、横坐标增量之和应分别为零，即

$$\sum \Delta x_{改} = 0 \qquad (6\text{-}21)$$

$$\sum \Delta y_{改} = 0 \qquad (6\text{-}22)$$

5. 推算各导线点坐标

根据起始点的坐标和各导线边的改正后坐标增量，逐步推算各导线点的坐标（填入表中11、12栏），公式如下

$$x_{前} = x_{后} + \Delta x_{改} \qquad (6\text{-}23)$$

$$y_{前} = y_{后} + \Delta y_{改} \qquad (6\text{-}24)$$

### 6.3.3  附合导线坐标计算

附合导线的坐标计算步骤与闭合导线基本相同，但由于附合导线两端与已知点相连，在角度闭合差及坐标增量闭合差的计算上有些不同，下面着重介绍这两项计算方法。

1. 角度闭合差的计算与调整

设有附合导线如图6-20所示，$A$，$B$，$C$，$D$ 为高级控制点，其坐标已知，$AB$，$CD$ 两边的坐标方位角 $\alpha_{AB}$，$\alpha_{CD}$ 均已知。现根据已知的坐标方位角 $\alpha_{AB}$ 及观测右角（包括连接角 $\beta_B$，$\beta_C$），推算出终边 $CD$ 的坐标方位角 $\alpha_{CD}$

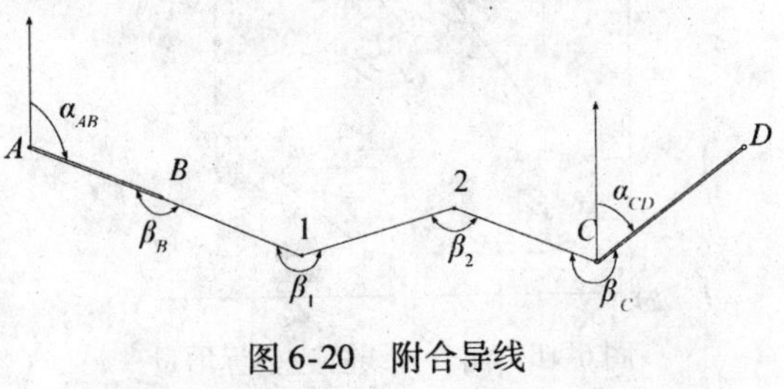

图6-20  附合导线

104

$$\alpha_{B1} = \alpha_{AB} + 180° - \beta_B$$

$$\alpha_{12} = \alpha_{A1} + 180° - \beta_1$$

$$\alpha_{2C} = \alpha_{12} + 180° - \beta_2$$

$$\alpha_{CD} = \alpha_{2C} + 180° - \beta_C$$

即

$$\alpha'_{CD} = \alpha_{AB} + 4 \times 180° - \sum \beta_测$$

写成观测右角推算的通用式为

$$\alpha'_终 = \alpha_始 + n \times 180° - \sum \beta_右 \tag{6-25}$$

观测左角推算的通用式为

$$\alpha'_终 = \alpha_始 + n \times 180° + \sum \beta_左 \tag{6-26}$$

则角度闭合差 $f_\beta$ 按下式计算

$$f_\beta = \alpha'_终 - \alpha_终 \tag{6-27}$$

上式中 $\alpha_终$，在本例即 $\alpha_{CD}$。若 $f_\beta$ 在容许值范围内，则可进行调整。调整的方法与闭合导线的基本相同，但必须注意：

用左角推算时，假定 $f_\beta$ 为正，从式（6-27）看出 $\alpha'_终$ 大，再从式（6-26）可知 $\beta_左$ 测大了，故对左角施加改正数应为负，即与 $f_\beta$ 符号相反。如用右角推算时，右角改正数与 $f_\beta$ 同号。详见例表 6-10 所示计算。

2. 坐标增量闭合差的计算

根据附合导线本身的条件，各边坐标增量代数和的理论值应等于终、始两点的已知坐标值之差，即

$$\sum \Delta x_理 = x_终 - x_始 \tag{6-28}$$

$$\sum \Delta y_理 = y_终 - y_始 \tag{6-29}$$

但由于观测值不可避免地会产生误差，所以 $\sum \Delta x_测$、$\sum \Delta y_测$ 与理论值不符。则附合导线坐标增量闭合差的计算公式为

$$f_x = \sum x_测 - (x_终 - x_始) \tag{6-30}$$

$$f_y = \sum y_测 - (y_终 - y_始) \tag{6-31}$$

坐标增量闭合差的调整方法与闭合导线相同。

表 6-10 为附合导线（右角）计算的实例。

**表 6-10　附合导线坐标计算表**

| 点号 | 内角观测值 (° ′ ″) | 改正后内角 (° ′ ″) | 坐标方位角 (° ′ ″) | 边长 (m) | 纵坐标增量 ΔX | 横坐标增量 ΔY | 改正后坐标增量 ΔX | 改正后坐标增量 ΔY | 坐标 X | 坐标 Y |
|---|---|---|---|---|---|---|---|---|---|---|
| A |  |  | 127　20　30 |  |  |  |  |  |  |  |
| B | 128　57　32 | 128　57　38 | 178　22　52 | 40.510 | +7 −40.494 | +7 +1.144 | −40.487 | +1.151 | 509.580 | 675.890 |
| 1 | 295　08　00 | 295　08　06 | 63　14　46 | 79.040 | +14 +35.581 | +15 +70.579 | +35.595 | +70.594 | 469.093 | 677.041 |
| 2 | 177　30　58 | 177　31　04 | 65　43　42 | 59.120 | +10 +24.302 | +11 +53.894 | +24.312 | +53.905 | 504.688 | 747.635 |
| C | 211　17　36 | 221　17　42 | 34　26　00 |  |  |  |  |  | 529.000 | 801.540 |
| D |  |  |  |  |  |  |  |  |  |  |

$f_\beta = +24″$　　　　　　$\sum D = 178.670$　$f_x = -0.031$　$f_y = -0.033$

$f = +0.045$　$K = 1/3953$

## 6.4 控制点的加密

小地区控制测量除了以上提到的导线控制测量方法以外，在山区、丘陵等量距困难地区，多采用小三角测量方法。

当测区控制点的密度不能满足工程及大比例尺测图的需要时，有必要进行控制点的加密。一般常用的控制点加密方法主要采用交会定点法，包括前方交会、侧方交会、后方交会与边长交会。

### 6.4.1 角度前方交会

如图 6-21 所示，设原有控制点 $A$，$B$，其坐标分别为 $x_A$，$y_A$ 及 $x_B$，$y_B$。在 $A$，$B$ 点分别观测 $P$ 点得 $\alpha$，$\beta$ 角，则交会可得到 $P$ 点的坐标 $x_P$，$y_P$。公式推导如下：

如图中可见

$$x_P = x_A + \Delta x_{AP} = x_A + D_{AP} \cdot \cos\alpha_{AP} \qquad (6\text{-}32)$$

而

$$\alpha_{AP} = \alpha_{AB} - \alpha$$

$$D_{AP} = \frac{D_{AB}\sin\beta}{\sin[180° - (\alpha + \beta)]} = \frac{D_{AB}\sin\beta}{\sin(\alpha + \beta)}$$

则

$$x_P = x_A + \frac{D_{AB}\sin\beta}{\sin(\alpha + \beta)}\cos(\alpha_{AB} - \alpha)$$

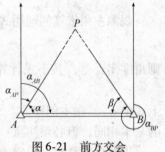

图 6-21 前方交会

用三角关系式展开有

$$x_P = x_A + \frac{D_{AB}\sin\beta}{\sin\alpha\cos\beta + \cos\alpha\sin\beta}(\cos\alpha_{AB}\cos\alpha + \sin\alpha_{AB}\sin\alpha)$$

$$= x_A + \frac{D_{AB}\sin\beta\cos\alpha_{AB}\cos\alpha + D_{AB}\sin\beta\sin\alpha_{AB}\sin\alpha}{\sin\alpha\cos\beta + \cos\alpha\sin\beta}$$

经简化得

$$x_P = x_A + \frac{D_{AB}\cos\alpha_{AB}\cot\alpha + D_{AB}\sin\alpha_{AB}}{\cot\beta + \cot\alpha} \qquad (6\text{-}33)$$

根据坐标增量计算公式有

$$D_{AB}\cos\alpha_{AB} = \Delta x_{AB}$$

$$D_{AB}\sin\alpha_{AB} = \Delta y_{AB}$$

则

$$x_P = x_A + \frac{\Delta x_{AB}\cot\alpha + \Delta y_{AB}}{\cot\beta + \cot\alpha} \qquad (6\text{-}34)$$

而

$$\Delta x_{AB} = x_B - x_A$$

$$\Delta y_{AB} = y_B - y_A$$

则经简化计算后有

$$x_P = \frac{x_A\cot\beta + x_B\cot\alpha + (y_B - y_A)}{\cot\beta + \cot\alpha} \qquad (6\text{-}35)$$

同理得

$$y_P = \frac{y_A \cot\beta + y_B \cot\alpha - (x_B - x_A)}{\cot\beta + \cot\alpha} \qquad (6\text{-}36)$$

式（6-35）和式（6-36）适用于计算器计算 $P$ 点坐标。但要注意，应用上述公式时 $A$，$B$，$P$ 点的点号必须按逆时针次序排列。

上述前方交会中，如 $\alpha$，$\beta$ 角测量错误，则在计算过程中无法检查，故对 $\alpha$，$\beta$ 角度测量务必仔细，可多测一个测回以作校核。在实践中，为了防止可能发生的错误和提高 $P$ 点坐标的计算精度，常采用如图 6-22 所示的图形，即由另一控制点 $B$ 与 $C$ 组合，加测 $\alpha_2$ 及 $\beta_2$ 角，由此推算出 $P$ 点的另一组坐标，若两组坐标值相差 $e$ 不超过两倍的比例尺精度，用公式表示为

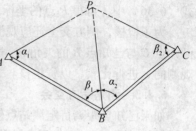

图 6-22　三点进行前方交会

$$e = \sqrt{\delta_x^2 + \delta_y^2} \leqslant e_容 = 2 \times 0.1 \times M(\text{mm}) \qquad (6\text{-}37)$$

式中 $\delta_x = x_P{}' - x_P{}''$，$\delta_y = y_P{}' - y_P{}''$，$M$ 为测图比例尺分母。

表 6-11 实例中：$\delta_x = 4628.558 - 4628.586 = -0.028\text{m}$

$$\delta_y = 8105.245 - 8105.210 = +0.035\text{m}$$

$$e = 0.045\text{m}$$

$$e_容 = 2 \times 0.1 \times 1000 = 200\text{mm}$$

观测结果计算得 $e \leqslant e_容$，说明观测结果达到精度要求；若超过容许范围应检查原因，确实超限应重测。最后取平均值作为 $P$ 点坐标，本例 $P$ 点坐标为

$$x_P = 4628.572\text{m} \qquad y_P = 8105.288\text{m}$$

表 6-11　角度前方交会点坐标计算表

| 略图 | | | | 公式 | | | |
|---|---|---|---|---|---|---|---|
| 北 ↑ 图P、A、B、C点 | | | | $x_P = \dfrac{x_A \cot\beta + x_B \cot\alpha + (y_B - y_A)}{\cot\beta + \cot\alpha}$ <br> $y_P = \dfrac{y_A \cot\beta + y_B \cot\alpha - (x_B - x_A)}{\cot\beta + \cot\alpha}$ | | | |
| 已知数据 | $x_A = 4807.86\text{m}$ | | | I 组 | $\alpha_1 = 60°17'16''$ | $\cot\alpha_1$ | 0.570673 |
| | $y_A = 6936.06\text{m}$ | | | | $\beta_1 = 53°34'38''$ | $\cot\beta_1$ | 0.727877 |
| | $x_B = 3552.77\text{m}$ | | | II 组 | $\alpha_2 = 49°29'32''$ | $\cot\alpha_2$ | 0.854315 |
| | $y_B = 7417.68\text{m}$ | | | | $\beta_2 = 65°07'57''$ | $\cot\beta_2$ | 0.463495 |
| | $x_C = 3729.17\text{m}$ | | | (1) | $\cot\alpha + \cot\beta$ | I 组 | 1.308550 |
| | $y_C = 8684.70\text{m}$ | | | | | II 组 | 1.317810 |
| (2) | $x_A \cot\beta$ | I 组 | 3547.609 | (3) | $y_A \cot\beta$ | I 组 | 5117.959 |
| | | II 组 | 1646.691 | | | II 组 | 3438.058 |
| (4) | $x_B \cot\alpha$ | I 组 | 2027.470 | (5) | $y_B \cot\alpha$ | I 组 | 4233.070 |
| | | II 组 | 3185.886 | | | II 组 | 7419.469 |
| (6) | $y_B - y_A$ | I 组 | 481.62 | (7) | $-(x_B - x_A)$ | I 组 | +1255.09 |
| | | II 组 | 1267.02 | | | II 组 | -176.40 |
| (8) | (2)+(4)+(6) | I 组 | 6056.699 | (9) | (3)+(5)+(7) | I 组 | 10606.119 |
| | | II 组 | 6099.597 | | | II 组 | 10681.127 |
| (10) | $x_P = \dfrac{(8)}{(1)}$ | I 组 | 4628.558 | (11) | $y_P = \dfrac{(9)}{(1)}$ | I 组 | 8105.245 |
| | | II 组 | 4628.586 | | | II 组 | 8105.210 |

107

### 6.4.2 测角侧方交会

如果不便在两个已知点上安置仪器（图 6-23 中 $B$ 点），这时可以在一已知点 $A$ 和待定点 $P$ 安置仪器，分别观测内角 $\alpha$，$\gamma$，根据 $\beta = 180° - (\alpha + \gamma)$，再将结果代入式（6-35）和式（6-36）中，可得 $P$ 点的坐标。此方法称为测角侧方交会。

为了检核，侧方交会还应观测第 3 个已知控制点，如图 6-23 所示，在 $P$ 点应观测第 3 已知点 $C$ 与已知点 $B$ 的夹角 $\varepsilon$。通过求得 $P$ 点坐标与 $B$、$C$ 两点已知坐标，计算出的 $\varepsilon$ 角与观测的 $\varepsilon$ 进行比较，以资检核。

### 6.4.3 测角后方交会

如果已知点距离待定测站点较远，也可在待定点 $P$ 上瞄准三个已知点 $A$、$B$ 和 $C$，观测 $\alpha$ 及 $\beta$ 角（图 6-24），这种方法称为后方交会法。

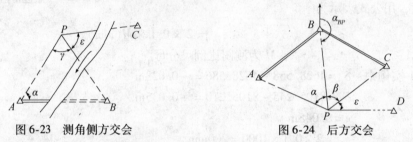

图 6-23 测角侧方交会    图 6-24 后方交会

用后方交会计算待定点坐标的公式很多，现介绍一种公式如下。引入辅助量 $a$、$b$、$c$、$d$：

$$\left.\begin{aligned}
a &= (x_B - x_A) + (y_B - y_A)\cot\alpha \\
b &= (y_B - y_A) - (x_B - x_A)\cot\alpha \\
c &= (x_B - x_C) - (y_B - y_C)\cot\beta \\
d &= (y_B - y_C) + (x_B - x_C)\cot\beta
\end{aligned}\right\} \tag{6-38}$$

令

$$K = \frac{a - c}{b - d} \tag{6-39}$$

则

$$\left.\Delta x_{BP} = \frac{-a + Kb}{1 + K^2} \quad 或 \quad \Delta x_{BP} = \frac{-c + Kd}{1 + K^2}\right\} \tag{6-40}$$

$$\Delta y_{BP} = -K\Delta x_{BP}$$

待定点 $P$ 的坐标为

$$\left.\begin{aligned}
x_P &= x_B + \Delta x_{BP} \\
y_P &= y_B + \Delta y_{BP}
\end{aligned}\right\} \tag{6-41}$$

为了进行检验，应在 $P$ 点观测第 4 个已知点 $D$，测得 $\varepsilon_测$ 角，同时可由 $P$ 点坐标以及 $C$、$D$ 点坐标，按坐标反算公式求得 $\alpha_{PC}$ 及 $\alpha_{PD}$。$\varepsilon_算 = \alpha_{PD} - \alpha_{PC}$，则较差 $\Delta\varepsilon = \varepsilon_算 - \varepsilon_测$。由此可算出 $P$ 点的横向位移 $e$：

$$e = \frac{D_{PD} \cdot \Delta\varepsilon''}{\rho''} \tag{6-42}$$

在一般测量规范中，规定最大横向位移 $e_允$ 不大于比例尺精度的两倍，即 $e_允 \leqslant 2 \times 0.1M$（mm）。$M$ 为测图比例尺的分母。

选择后方交会点 $P$ 时，若 $P$ 点刚好选在过已知点 $A$，$B$，$C$ 的圆周上，则无论 $P$ 点位于圆周上任何位置，角度 $\alpha$，$\beta$ 都符合要求，因此 $P$ 点位置不定，测量上把该圆叫做危险圆。若 $P$

点位于危险圆上则无解。因此外业测量时应使 $P$ 点离危险圆圆周的距离大于该圆半径的 1/5。

后方交会计算时，图形编号应与表 6-12 中的图形一致，点号与角度编号不能搞错。在表中 $A$，$B$，$C$ 三个已知点按顺时针排列，$P$ 点至 $A$，$B$ 方向的夹角为 $\alpha$，$P$ 点至 $B$，$C$ 方向的夹角为 $\beta$。$\alpha$，$\beta$ 的余切函数至少应保留 6 位，否则计算精度不够。

**表 6-12　后方交会计算表**

| 已知数据 | | | | |
|---|---|---|---|---|
| | $x_A$ | 1406.593 | $y_A$ | 2654.051 |
| | $x_B$ | 1659.232 | $y_B$ | 2355.537 |
| | $x_C$ | 2019.396 | $y_C$ | 2264.071 |
| 观测值 | $\alpha$ | 51°06′17″ | $\cot\alpha$ | 0.806762 |
| | $\beta$ | 46°37′26″ | $\cot\beta$ | 0.944864 |

| $x_B-x_A$ | +252.639 | $y_B-y_A$ | -298.514 | $x_B-x_C$ | -360.164 | $y_B-y_C$ | +91.466 |
|---|---|---|---|---|---|---|---|
| $\alpha$ | +11.809 | $b$ | -502.334 | $c$ | -446.587 | $d$ | -248.840 |
| $K=\dfrac{a-c}{b-d}$ | -1.80831 | $Kb-\alpha$ | 896.567 | $Kd-c$ | 896.567 | $\Delta x$ | +209.969 |
| $\Delta y$ | +379.689 | $x_P$ | 1869.201 | $y_P$ | 2735.226 | | |

计 算 公 式

$$a = (x_B-x_A) + (y_B-y_A)\cot\alpha$$
$$b = (y_B-y_A) - (x_B-x_A)\cot\alpha$$
$$c = (x_B-x_C) - (y_B-y_C)\cot\beta$$
$$d = (y_B-y_C) + (x_B-x_C)\cot\beta$$

$$\Delta x = \frac{-a+Kb}{1+K^2} \text{ 或 } \Delta x = \frac{-c+Kd}{1+K^2}$$
$$\Delta y = -K\cdot\Delta x$$

### 6.4.4　极坐标法

在图 6-21 中，在已知点 $A$ 上测出水平角 $\alpha$ 和水平距离 $D_{AP}$，在 $B$ 点上测出水平角 $\beta$ 和水平距离 $D_{BP}$，则

$$\alpha_{AP} = \alpha_{AB} - \alpha$$
$$\alpha_{BP} = \alpha_{BA} + \beta$$

由 $A$ 点计算 $P$ 点坐标：

$$x_P = x_A + D_{AP}\cos\alpha_{AP}$$
$$y_P = y_A + D_{AP}\sin\alpha_{AP}$$
(6-43)

由 $B$ 点计算 $P$ 点坐标：

$$x_P = x_B + D_{BP}\cos\alpha_{BP}$$
$$y_P = y_B + D_{BP}\sin\alpha_{BP}$$
(6-44)

求得 $P$ 点两组坐标之差若在限差之内，取平均值作为最后的结果。

有光电测距仪或全站仪时，用极坐标观测法求点的坐标极为方便。各种全站仪，本身带有程序，观测完毕，测点坐标即可获得（参看第 17 章）。

## 6.5　三、四等水准测量

三、四等水准测量主要用于测定施测地区的首级控制点的高程。一般布设成闭合水准路线、附合水准路线，特殊情况下允许采用支水准路线。所用水准仪精度不低于 DS₃ 级。水准尺一般采用红黑双面尺，尺上匹配有水准器。在测量前必须进行水准仪的检验校正。

### 6.5.1　三、四等水准测量的技术要求

三、四等水准测量的主要技术要求见表 6-13。

表 6-13　三、四等水准测量的技术要求

| 等级 | 视线长度（m） | 视线高度（m） | 前后视距差（m） | 前后视距累积差（m） | 红黑面读数差（mm） | 红黑面高差之差（mm） |
|---|---|---|---|---|---|---|
| 三等 | ≤65 | ≥0.3 | ≤3 | ≤6 | ≤2 | ≤3 |
| 四等 | ≤80 | ≥0.2 | ≤5 | ≤10 | ≤3 | ≤5 |

### 6.5.2　三、四等水准测量的观测方法与计算

1. 每一测站的观测程序

三、四等水准测量主要采用双面水准尺观测法。在测站上的观测程序为：

（1）用圆水准器整平仪器。

（2）后视黑面尺，读下、上视距丝读数（1）、（2），转动微倾螺旋，严格整平水准管气泡，读取中丝读数（3）。

（3）前视黑面尺，读下、上视距丝读数（4）、（5），转动微倾螺旋，严格整平水准管气泡，读取中丝读数（6）。

（4）前视红面尺，转动微倾螺旋，严格整平水准管气泡，读中丝读数（7）。

（5）后视红面尺，转动微倾螺旋，严格整平水准管气泡，读中丝读数（8）。

以上观测程序简称为"后、前、前、后"。其优点是可以减弱仪器下沉误差的影响。观测和记录顺序见表 6-14。

表 6-14　四等水准测量记录表

| 测站编号 | 点号 | 后尺 下丝／上丝 后视距／视距差 d（m） | 前尺 下丝／上丝 前视距／∑d（m） | 方向及尺号 | 水准尺读数（m） 黑面 | 红面 | K+黑−红 | 平均高差（m） | 备注 |
|---|---|---|---|---|---|---|---|---|---|
|  |  | (1) | (4) | 后 | (3) | (8) | (14) |  |  |
|  |  | (2) | (5) | 前 | (6) | (7) | (13) |  |  |
|  |  | (9) | (10) | 后-前 | (15) | (16) | (17) | (18) |  |
|  |  | (11) | (12) |  |  |  |  |  |  |
| 1 | BM1-ZD1 | 1.536 | 1.030 | 后5 | 1.242 | 6.030 | −1 |  |  |
|  |  | 0.947 | 0.442 | 前6 | 0.736 | 5.422 | +1 |  |  |
|  |  | 58.9 | 58.8 | 后-前 | +0.506 | +0.608 | −2 | +0.5070 |  |
|  |  | +0.1 | +0.1 |  |  |  |  |  | 水准尺 No.5 |
| 2 | ZD1-ZD2 | 1.954 | 1.276 | 后6 | 1.664 | 6.350 | +1 |  | $K_5=4.787$ |
|  |  | 1.373 | 0.694 | 前5 | 0.985 | 5.773 | −1 |  |  |
|  |  | 58.1 | 58.3 | 后-前 | +0.679 | +0.577 | +2 | +0.6780 | 水准尺 No.6 |
|  |  | −0.2 | −0.1 |  |  |  |  |  | $K_6=4.687$ |
| 3 | ZD2-ZD3 | 1.146 | 1.744 | 后5 | 1.024 | 5.811 | 0 |  |  |
|  |  | 0.903 | 1.499 | 前6 | 1.622 | 6.308 | +1 |  | （K 为尺常数） |
|  |  | 48.6 | 49.0 | 后-前 | −0.598 | −0.497 | −1 | −0.5975 |  |
|  |  | −0.4 | −0.5 |  |  |  |  |  |  |
| 4 | ZD3-A | 1.479 | 0.982 | 后6 | 1.171 | 5.859 | −1 |  |  |
|  |  | 0.864 | 0.373 | 前5 | 0.678 | 5.465 | 0 |  |  |
|  |  | 61.5 | 60.9 | 后-前 | +0.493 | +0.394 | −1 | +0.4935 |  |
|  |  | +0.6 | +0.1 |  |  |  |  |  |  |
| 每页校核 | | $\sum(9)=227.1$ $-\sum(10)=227.0$ +0.1 4 站(12)= +0.1 | $\sum[(3)+(8)]=29.151$ $-\sum[(6)+(7)]=26.989$ +2.162 总视距 $\sum(9)+\sum(10)=454.1m$ | | $\sum[(15)+(16)]=+2.162$ $\sum(18)=+1.081$ $2\sum(18)=2\times1.081=+2.162$ | | | | |

110

2. 测站的计算与检核

（1）视距部分

后视距离(9)=(1)-(2)

前视距离(10)=(4)-(5)

前、后视距差(11)=(9)-(10)

前、后视距累积差(12)=本站(11)+前站(12)

视距部分各项限差详见表6-7。

（2）高差部分

黑面所测高差(15)=(3)-(6)

红面所测高差(16)=(8)-(7)

前视尺黑红面读数差(13)=(6)+$K_1$-(7)

后视尺黑红面读数差(14)=(3)+$K_2$-(8)

后尺与前尺读数差之差(17)=(14)-(13)应等于黑红面所测高差之差。理由是：

前视尺、后视尺的红黑面零点差$K_1$和$K_2$不相等（一个为4.787m，一个为4.687m，相差0.1m），因此（17）项的检核计算为

$$(17)=(15)-(16)\pm0.1$$

高差部分各项限差详见表6-13。

测站上各项限差若超限，则该测站需重测。若检核合格后，计算测站平均高差(18)=[(15)+(16)±0.1]/2，然后搬仪器到下一测站观测。

3. 每页计算总检核

（1）高差检核：

因为黑面各站高差总和$\sum(15)=\sum(3)-\sum(6)$

红面各站高差总和$\sum(16)=\sum(8)-\sum(7)$

由上两式相加得：

$\sum(15)+\sum(16)=\sum[(3)+(8)]-\sum[(6)+(7)]=29.151-26.989=2.162$m

偶数站时$\sum(15)+\sum(16)=2\sum(18)=2\times1.081=2.162$

奇数站时$\sum(15)+\sum(16)=2\sum(18)\pm0.1$m

（2）视距检校核$\sum(9)-\sum(10)$=末站视距累积差(12)=0.1m

本页总视距=$\sum(9)+\sum(10)$=454.1

## 6.6 三角高程测量

### 6.6.1 三角高程测量原理

三角高程测量原理是根据两点间的水平距离及竖直角应用三角学公式计算两点间的高差。三角高程测量主要用于测定图根控制点之间的高差，尤其在测区进行三角高程测量的先决条件为两点间水平距离已知，或用光电测距仪测定距离。如图6-25所示，欲测定$A$、$B$两点间的高差，安置经纬仪于$A$点，在$B$点竖立标杆。设仪器高为$i$，标杆高度为$v$，已知两点间平距为$D$，望远镜瞄准标杆顶点$M$时测得竖直角为

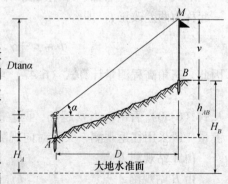

图6-25　三角高程测量原理

111

$\alpha$，从图中看出高差 $h_{AB}$ 公式为

$$h_{AB} = D\tan\alpha + i - v \tag{6-45}$$

已知 $A$ 点高程为 $H_A$，则 $B$ 点高程 $H_B$ 公式为

$$H_B = H_A + h_{AB} \tag{6-46}$$

上述三角高程公式推导是假设大地水准面是平面，事实上，大地水准面是曲面，因此，还应考虑地球曲率对高差的影响。当距离大时，地球曲率的影响不可忽视，从图 6-26 中看出高差值应增加 $c$，$c$ 称球差改正。另外，由于大气折光的影响，测站望远镜观测目标顶点 $M$ 的视线是一条向上凸的弧线，使 $\alpha$ 角测大了，从图中看出高差值中应减少 $\gamma$，$\gamma$ 称气差改正。从图 6-26 中看出：

$$h_{AB} = NP + PQ - NB$$

上式中：$NP = D\tan\alpha$，$PQ = i + c$，$NB = v + \gamma$，代入后得

$$h_{AB} = D\tan\alpha + i + c - (v + \gamma)$$

即　　$h_{AB} = D\tan\alpha + i - v + (c - \gamma)$　(6-47)

式(6-47)为三角高程测量计算公式，式中 $(c-\gamma)$ 即为球差与气差两项改正。

由第 1 章 1.3 节可知球差改正 $c$ 为

$$c = \frac{D^2}{2R} \tag{6-48}$$

式中　$R$——地球曲率半径；
　　　　$D$——两点间水平距。

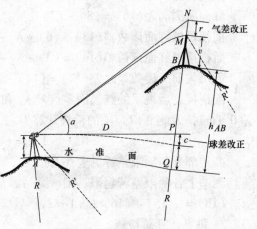

图 6-26　三角高程测量原理（长距离）

大气垂直折光影响使视线变弯曲，其曲率半径 $R'$ 为变量，设 $K = \dfrac{R}{R'}$，称为大气垂直折光系数，它受地区高程、气温、气压、季节、日照、地面覆盖地物和视线超过地面的高度等诸多因素的影响。通常认为 $R' = 7R$，将其代入折光系数公式得

$$K = \frac{R}{R'} = \frac{R}{7R} = 0.14$$

仿照式（6-48）可写出气差改正的公式

$$\gamma = \frac{D^2}{2R'} = \frac{D^2}{2 \times 7R} = 0.14\frac{D^2}{2R} \tag{6-49}$$

从式（6-47）看出：球差改正 $c$ 恒为正，气差改正 $\gamma$ 恒为负。球差改正与气差改正合在一起称为两差改正 $f$，即

$$f = c - \gamma = \frac{D^2}{2R} - 0.14\frac{D^2}{2R} = 0.43\frac{D^2}{R} \tag{6-50}^{[补1]}$$

因此，三角高程测量计算式（6-47）可写为：

$$h_{AB} = D\tan\alpha + i_A - v_B + f \tag{6-51}$$

从式（6-50）看出，当 $D$ 越长，两差改正越大，当 $D = 1\text{km}$ 时，$f = 6.7\text{cm}$。因此，三角高程测量一般采用往返观测，又称对向观测，取往返平均值可以消除两差的影响。因为

由 $A$ 站观测 $B$ 点：　　　　$h_{AB} = D\tan\alpha_A + i_A - v_B + f$　(6-52)

由 $B$ 站观测 $A$ 点：　　　　$h_{BA} = D\tan\alpha_B + i_B - v_A + f$　(6-53)

往返取平均得：

112

$$h = \frac{1}{2}(h_{AB} - h_{BA}) = \frac{1}{2}(D\tan\alpha_A - D\tan\alpha_B) + \frac{i_A - i_B}{2} + \frac{v_A - v_B}{2} \qquad (6\text{-}54)$$

从上面公式看出两差 $f$ 自动消除了。

### 6.6.2 三角高程测量观测与计算

**1. 三角高程测量观测**

在测站上安置经纬仪（或全站仪），量取仪器高 $i$，在目标点上量觇标高，或安置棱镜，量棱镜高 $v$，仪器高 $i$ 与目标高 $v$ 用皮尺量，取至厘米。

用正倒镜中丝观测法或三丝观测法（上、中、下三丝依次瞄准目标）观测竖直角。注意正倒镜瞄准目标时，目标成像应位于纵丝左、右附近的对称位置。竖直角观测测回数与限差按表 6-15 规定：

**表 6-15　竖直角观测测回数与限差**

| 项　　目 | 四等、一、二、三级导线 | | 图根导线 |
|---|---|---|---|
| | DJ$_2$ | DJ$_6$ | DJ$_6$ |
| 测回数 | 1 | 2 | 1 |
| 各测回竖直角互差 | 15″ | 25″ | 25″ |
| 各测回指标差互差 | 15″ | 25″ | 25″ |

**2. 三角高程测量的计算**

三角高程测量往测按式（6-52）、返测按式（6-53）计算。往返高差较差的容许值 $\Delta h_容$，对于四等光电测距三角高程测量规定为：

$$\Delta h_容 \leqslant \pm 40\sqrt{D}(\text{mm}) \qquad (6\text{-}55)$$

式中 $D$ 为两点间的水平距离，以 km 为单位。

图根三角高程测量对向观测两次高差的校差，城市测量规范规定应小于或等于 $0.4 \times D$（m），$D$ 为边长，以 km 为单位。

如图 6-27 所示的三角高程测量控制网略图，在 $A$、$B$、$C$、$D$ 四点间进行了三角高程测量，构成了闭合线路。已知 $A$ 点的高程为 450.56m，已知数据及观测数据注于图 6-27 上。计算列于表 6-16 及表 6-17中。

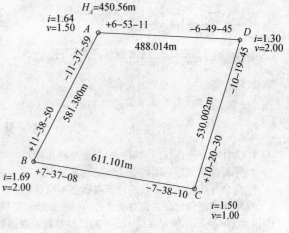

图 6-27　三角高程测量控制网略图

**表 6-16　电磁波三角高程测量高差计算**

| 起算点 | $A$ | | $B$ | | … |
|---|---|---|---|---|---|
| 待求点 | $B$ | | $C$ | | … |
| 往返测 | 往 | 返 | 往 | 返 | … |
| 观测高差 $h'$ | -119.69 | +119.84 | 81.743 | -81.93 | … |
| 仪器高 $i$ | 1.64 | 1.69 | 1.69 | 1.50 | … |
| 棱镜高 $v$ | 1.50 | 2.00 | 2.00 | 1.00 | … |
| 两差改正 $f$ | 0.02 | 0.02 | 0.02 | 0.02 | … |
| 单向高差 | -119.53 | +119.55 | 81.43 | -81.41 | … |
| 平均高差 | -119.54 | | +81.42 | | … |

**表 6-17　三角高程测量高差调整及高程计算**

| 点　号 | 水平距离（m） | 计算高差（m） | 改正值（m） | 改正后高差（m） | 高程（m） |
|---|---|---|---|---|---|
| 1 | 2 | 3 | 4 | 5 | 6 |
| A | | | | | 450.56 |
| B | 581.380 | -119.54 | -0.01 | -119.55 | 331.01 |
| C | 611.101 | +81.42 | -0.01 | +81.41 | 412.42 |
| D | 530.002 | +97.26 | -0.01 | 97.25 | 509.67 |
| A | 488.014 | -59.11 | 0.00 | -59.11 | 450.56 |
| Σ | 2210.497 | +0.09 | -0.05 | 0 | |
| 高差闭合差及容许闭合差 | $f_h = +0.03\text{m}$　　　　$f_{h容} = \pm 25\sqrt{2.21} = \pm 0.037\text{m}$ | | | | |

　　由对向观测所求得高差平均值，计算闭合或附合线路的高差闭合差 $f_h$ 的容许值，对于四等光电测距三角高程测量来说同四等水准测量的要求，在山区为：

$$f_{h容} = \pm 25\sqrt{\sum D_i}\quad(mm) \tag{6-56}$$

式中　$D_i$——相邻两点之间的边长。

## 本章补充

　　[补 1] 在光电测距三角高程测量计算中，由于某些光电测距仪仅测量斜距（$s$），还应测量竖直角（$\alpha$），因此两差改正公式以如下的一种形式表示，即

　　球差改正 $c$ 为　$c = \dfrac{(s\cos\alpha)^2}{2R}$

　　气差改正 $\gamma$ 为　$\gamma = \dfrac{(s\cos\alpha)^2}{2R'}$

$$\text{因此}\quad f = \frac{(s\cos\alpha)^2}{2R} - \frac{(s\cos\alpha)^2}{2R'} = \frac{1-K}{2R}(s\cos\alpha)^2 \tag{6-57}$$

式中　$S$——测站至目标的斜距；
　　　　$\alpha$——观测目标的竖直角。

## 练　习　题

1. 为什么要进行控制测量？控制测量有几种？
2. 平面控制测量有哪些方法？简述其区别。
3. 附合导线与闭合导线的计算有哪些不同点？
4. 经纬仪测角交会主要有哪几种方法？试绘图说明观测的方法与测算的校核法。
5. 图 6-28 所示闭合导线 12341 的已知数据及观测数据列入如下，用导线坐标表进行各项计算与校核。
起始边坐标方位角：$\alpha_{12} = 97°58'08''$
观测导线各右角：$\beta_1 = 125°52'04''$
　　　　　　　　　$\beta_2 = 82°46'29''$
　　　　　　　　　$\beta_3 = 91°08'23''$
　　　　　　　　　$\beta_4 = 60°14'02''$
观测导线各边：
$D_{12} = 100.29\text{m}$　　$D_{23} = 78.96\text{m}$
$D_{34} = 137.22\text{m}$　　$D_{41} = 78.67\text{m}$
1 点的坐标：$X_1 = 5032.700\text{m}$　$Y_1 = 4537.660\text{m}$
6. 何谓连接角与连接边？它们的作用是什么？试绘图说明。
7. 怎样衡量导线的精度？
8. 四等水准测量观测两个测站记录如下表，试完成各项计算。

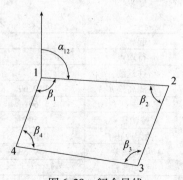

图 6-28　闭合导线

## 四等水准测量观测记录计算表

| 测站编号 | 后尺 | 下丝 | 前尺 | 下丝 | 方向及尺号 | 水准尺读数（m） | | K+黑-红 | 平均高差（m） | 备注 |
|---|---|---|---|---|---|---|---|---|---|---|
| | | 上丝 | | 上丝 | | | | | | |
| | 后距 | | 前距 | | | 黑面 | 红面 | | | |
| | 视距差 d | | ∑d | | | | | | | |
| | (1) | | (4) | | 后 | (3) | (8) | (14) | | |
| | (2) | | (5) | | 前 | (6) | (7) | (13) | | |
| | (9) | | (10) | | 后-前 | (15) | (16) | (17) | (18) | |
| | (11) | | (12) | | | | | | | |
| 1 | 1.571 | | 0.739 | | 后3 | 1.384 | 6.171 | | | $K$ 为标尺常数 |
| | 1.197 | | 0.363 | | 前4 | 0.551 | 5.239 | | | $k_3 = 4.787$ |
| | | | | | 后-前 | | | | | $k_4 = 4.687$ |
| 2 | 2.121 | | 2.196 | | 后4 | 1.934 | 6.621 | | | |
| | 1.747 | | 1.821 | | 前3 | 2.008 | 6.796 | | | |
| | | | | | 后-前 | | | | | |

# 学 习 辅 导

1. 本章学习目的与要求

目的：理解控制测量目的、控制网的分类及布网的原则，掌握导线测量外业与内业，理解控制点加密方法，掌握四等水准测量与三角高程测量的观测法。

要求：

（1）明确控制测量的目的、控制网、控制点的概念。明确控制网的分类及布网原则。

（2）了解城市平面控制网分级及其特点，理解图根控制测量及其主要技术指标。

（3）掌握导线测量外业步骤。

（4）掌握闭合与附合导线测量的各项计算、检核及精度计算。

（5）理解控制点的加密方法，角度前方交会、侧方交会及后方交会的观测法和计算要点。

（6）掌握四等水准测量的观测、记录与计算。理解三角高程测量概念及观测法。

2. 本章学习要领

（1）测绘工作中无论测图还是施工测量，一般总是先做控制，后做碎部或细部测设，主要是考虑精度控制，其次是考虑分幅测图，加大工作面。

（2）控制网的布设原则：整体控制，整体控制就是从全局的角度和发展的眼光去考虑布网；加密可以全面加密或分片加密，前者工作量大，后者工作量小，需要时再加密。逐级控制，高级控制低级，分级数要根据不同测绘的对象、任务、精度要求、采用的仪器设备及使用方法而定。

（3）导线测量外业应注意连测问题，如有高级控制点应加以连测，不仅要测连接角，而且要测连接边。如无高级控制点，则布设为独立控制。确定起始边坐标方位角有二种做法：一是用罗盘测量起始边磁方位角作为坐标方位角，此法适用于树木标本园、种子园、苗圃地等生物用地测图；另一个是以测区内现有建筑物南北轴线为 $X$ 轴，纯工业用地采用此法确定起始边方位角为好，以使建筑物南北与图纸方向一致。

（4）确保导线内业计算过程的正确性，步步检核尤为重要，导线计算表的每一纵栏计算都要做检核，其道理要搞清楚。

（5）坐标增量的概念、不同象限坐标增量符号不同，坐标正算与反算等问题，在测绘计算中经常用到。

（6）学习三角高程测量要搞清二差的概念：气差与球差，气差是由于大气折光引起的，它使竖直角测大了，致使高差增大，因此用减号。球差是地球曲率引起的改正，三角高程计算初算高差时，以切平面为起始面计算，因而少算了一段 $c$（切平面与曲面间的差数），所以采用加号。通过往返观测又为什么会自动消除两差的影响（不是消除两差，而是消除它对高差的影响）。

# 第7章  地形图的测绘

地形图是控制测量与碎部测量的综合成果。控制网建立之后，就可根据控制点进行碎部测量。在第1章已解释地物是指人工或自然形成的构造物，地貌是指地面高低起伏的形态。碎部测量任务就是测定地物轮廓转折点和地貌的特征点的位置，然后按规定的符号进行描绘，最后形成地形图。

## 7.1  地形图的基本知识

### 7.1.1  地形图比例尺

1. 比例尺种类

图上一线段的长度 $d$ 与地面上相应线段的水平距离 $D$ 之比，称为地形图的比例尺。数字比例尺一般表示为

$$\frac{d}{D} = \frac{1}{M} \tag{7-1}$$

分数值愈大表示比例尺愈大。为了图上量距方便，把数字比例尺用图形表示，称为图示比例尺，最常见的图示比例尺为直线比例尺，图 7-1 为 1∶1000 的直线比例尺，取 1cm 为基本单位，在左端 2cm 又分成 20 等份，在尺上注记所代表的实际水平距离。图示比例尺绘于地形图的下方，便于用分规直接在图上量取线段的水平距离，并且可避免因图纸伸缩而引起的误差。

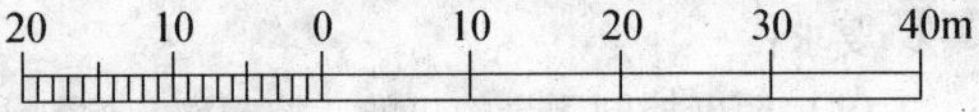

图 7-1  1∶1000 的直线比例尺

通常把 1∶500、1∶1000、1∶2000、1∶5000 比例尺地形图称为大比例尺图；把 1∶1 万、1∶2.5 万、1∶5 万的地形图称为中比例尺图；把 1∶10 万、1∶20 万、1∶50 万、1∶100 万的图称为小比例尺图。

本章所讨论的是有关大比例尺（指 1∶500，1∶1000，1∶2000，1∶5000）地形图测绘的各项工作。

2. 比例尺精度

正常人眼在图上能分辨两点的最小距离为 0.1mm，因此定义相当于图上 0.1mm 的实地水平距离，称为比例尺精度。例如 1∶1000 地形图比例尺精度为 $0.1 \times 1000 = 0.1$m。几种常用的比例尺精度列于表 7-1。

表 7-1  比例尺精度

| 比例尺 | 1∶500 | 1∶1000 | 1∶2000 | 1∶5000 | 1∶1 万 |
|---|---|---|---|---|---|
| 比例尺精度（m） | 0.05 | 0.1 | 0.2 | 0.5 | 1.0 |

比例尺精度，既是测图时确定测距准确度的依据，又是选择测图比例尺的因素之一。例如在比例尺 1∶1000 测图时，根据比例尺精度，可以概略地确定测距精度应为 0.1m，这是比例尺精度的第一个用途。第二个用途就是初步确定测图比例尺，例如要求在图上能反映地面上 0.2m 的精度，则 $\frac{d}{D} = \frac{0.1\text{mm}}{0.2\text{m}} = \frac{1}{2000}$，因此，选用测图的比例尺不得小于 1∶2000。比例尺愈大，图上所表示的地物和地貌愈详细，精度就愈高，但是测绘工作量会大大地增加。因

116

此，应按工程建设项目不同阶段的实际需要选择用图比例尺。

3. 地形图比例尺的选用

在城市和工程建设的规划、设计和施工阶段中，可参照表 7-2 选用不同比例尺的地形图。

表 7-2　不同比例尺图的用途

| 比例尺 | 用　　途 |
|--------|----------|
| 1:10000 | 城市管辖区范围的基本图，一般用于城市总体规划、厂址选择、方案比较与初步设计等 |
| 1:5000 | |
| 1:2000 | 城市郊区基本图，一般用于城市详细规划及工程项目的初步设计等 |
| 1:1000 | 小城市、城镇街区基本图，一般用于城市详细规划、管理和工程项目的施工图设计等 |
| 1:500 | 大、中城市城区基本图，一般用于城市详细规划、管理、地下工程竣工图和工程项目的施工图设计等 |

### 7.1.2　地形图的分幅与编号

各种比例尺的地形图都应进行统一的分幅与编号，以便进行测绘、管理和使用。地形图的分幅方法分为两大类，一类是按经纬线分幅的梯形分幅法，另一类是按坐标格网分幅的矩形分幅法。

梯形分幅法适用于中、小比例尺的地形图，例如 1:100 万比例尺的图，一幅图的大小为经差 6°，纬差 4°，编号采用横行号与纵行号组成，有关梯形分幅编号详细内容将在第 8 章地形图的应用中介绍。这里重点介绍适用于大比例尺地形图的矩形分幅法，它是按统一的直角坐标格网划分的。图幅大小如表 7-3 所示：

表 7-3　大比例尺图的图幅大小

| 比例尺 | 图幅大小（cm×cm） | 实地面积（km²） | 每平方公里的幅数 |
|--------|------------------|-----------------|------------------|
| 1:5000 | 40×40 | 4 | 1/4 |
| 1:2000 | 50×50 | 1 | 1 |
| 1:1000 | 50×50 | 0.25 | 4 |
| 1:500 | 50×50 | 0.0625 | 16 |

大比例尺地形图矩形分幅的编号方法主要有：

1. 图幅西南角坐标公里数编号法

例如图 7-2 所示 1:5000 图幅西南角的坐标 $x = 32.0$km，$y = 56.0$km，因此，该图幅编号为"32 - 56"。编号时，对于 1:5000 取至 1km，对于 1:1000、1:2000 取至 0.1km，对于 1:500 取至 0.01km。

2. 以 1:5000 编号为基础并加罗马数字的编号法

如图 7-2 所示，以 1:5000 地形图西南坐标公里数为基础图号，后面再加罗马数字Ⅰ、Ⅱ、Ⅲ、

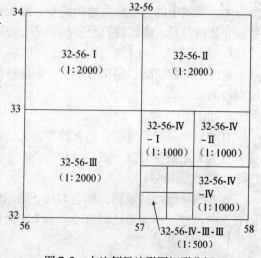

图 7-2　大比例尺地形图矩形分幅

Ⅳ组成。一幅 1∶5000 地形图可分成 4 幅 1∶2000 地形图，其编号分别为 32-56-Ⅰ、32-56-Ⅱ、32-56-Ⅲ及 32-56-Ⅳ。一幅 1∶2000 地形图又分成 4 幅 1∶1000 地形图，其编号为 1∶2000 图幅编号后再加罗马数字Ⅰ、Ⅱ、Ⅲ、Ⅳ。1∶500 地形图编号按同样方法编号。注意罗马数字Ⅰ、Ⅱ、Ⅲ、Ⅳ排列均是先左后右，不是顺时针排列。

### 3. 数字顺序编号法

带状测区或小面积测区，可按测区统一用顺序进行标号，一般从左到右，而后从上到下用数字 1，2，3，4，…编定，如图 7-3 所示，其中"新镇-14"为测区新镇的第 14 幅图编号。

### 4. 行列编号法

行列编号法的横行是指以 A，B，C，D，…编排，由上到下排列；纵列以数字 1，2，3，…从左到右排列。编号是"行号-列号"，如图 7-4 所示，"C-4"为其中 3 行 4 列的一幅图幅编号。

北京市大比例尺地形图采用象限行列编号法，把北京市分成四个象限，每个象限内再按行列编号[补1]。

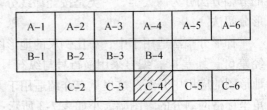

图 7-3　数字顺序编号法　　　　图 7-4　行列编号法

## 7.2　地物表示方法

地形是地物和地貌的总称。地物是地面上天然或人工形成的物体，如湖泊、河流、房屋、道路、桥梁等。

地面上的地物与地貌，应按国家测绘总局颁发的《地形图图式》中规定的符号表示在图形中。图式中的符号分为地物符号、地貌符号和注记符号三种。其中地物符号分为比例符号、非比例符号、半比例符号和地物注记等四种。

### 1. 比例符号

地面上的建筑物、旱田等地物，如能按测图比例尺并用规定的符号缩绘在图纸上，称为比例符号。

### 2. 非比例符号

有些地物，如导线点、消火栓等，无法按比例尺缩绘，只能用特定的符号表示其中心位置，称为非比例符号。

### 3. 半比例符号

一些线状延伸的地物，如电力线、通讯线等，其长度能按比例尺缩绘，而宽度不能按比例表示的符号，称为半比例符号。表 7-4 为地形图图式中的一些常用符号。

表 7-4  常用地物、地貌和注记符号

| 编号 | 符号名称 | 1:500 1:1000　1:2000 | 编号 | 符号名称 | 1:500 1:1000　1:2000 |
|---|---|---|---|---|---|
| 1 | 一般房屋<br>　混—房屋结构<br>　3—房屋层数 | 混 3　　1.6　2 | 20 | 人工草地 | 2.0<br>3.0　10.0<br>10.0 |
| 2 | 简单房屋 |  | 21 | 菜地 | 2.0<br>2.0　10.0<br>10.0 |
| 3 | 建筑中的房屋 | 建 | 22 | 苗圃 | 1.0<br>苗　10.0<br>10.0 |
| 4 | 破坏房屋 | 破 |  |  |  |
| 5 | 棚房 | 45°　1.6 | 23 | 果园 | 1.6　3.0<br>梨　10.0<br>10.0 |
| 6 | 架空房屋 | 砼4　1.0<br>砼　砼4　1.0 |  |  |  |
| 7 | 廊房 | 混 3　1.0　2.0 1.0 | 24 | 有林地 | 1.6<br>松6<br>10.0 |
| 8 | 柱廊<br>　a. 无墙壁的<br>　b. 一边有墙壁的 | 1.0 | 25 | 稻田、田埂 | 0.2　3.0<br>1.0　10.0<br>10.0 |
| 9 | 门廊 | 混 5　1.0 |  |  |  |
| 10 | 檐廊 | 砼 4 | 26 | 灌木林<br>　a. 大面积的<br>　b. 独立灌木丛<br>　c. 狭长的 | a　1.0<br>0.6<br>b<br>c.1　6.0<br>c.2　10.0　3.0 |
| 11 | 悬空通廊 | 砼4　砼4 |  |  |  |
| 12 | 建筑物下的通道 | 砼　3 |  |  |  |
| 13 | 台阶 | 0.6<br>1.0　1.0 | 27 | 等级公路<br>　2—技术等级<br>代码<br>　（G301）—国<br>道路线编号 | 0.2<br>2（G301）　0.4 |
| 14 | 门墩<br>　a. 依比例尺的<br>　b. 不依比例尺的 | a　1.0<br>b |  |  |  |
| 15 | 门顶 | 1.0 | 28 | 等外公路 | 0.2 |
| 16 | 支柱（架）、墩<br>　a. 依比例尺的<br>　b. 不依比例尺的 | a　0.6　1.0<br>b<br>1.0　1.0 | 29 | 乡村路<br>　a. 依比例尺的<br>　b. 不依比例<br>尺的 | 4.0　1.0<br>a　0.2<br>8.0　2.0<br>b　0.3 |
| 17 | 打谷场、球场 | 球 | 30 | 小路 | 4.0<br>0.3 |
| 18 | 旱地 | 1.0<br>2.0　10.0<br>10.0 | 31 | 内部道路 | 1.0 1.0 |
| 19 | 花圃 | 1.6<br>1.6　10.0<br>10.0 | 32 | 阶梯路 | 1.0 |

| 编号 | 符号名称 | 1:500 1:1000　　1:2000 | 编号 | 符号名称 | 1:500 1:1000　　1:2000 |
|---|---|---|---|---|---|
| 33 | 三角点<br>凤凰山—点名<br>394.468—高程 | △ 凤凰山<br>394.468<br>3.0 | 49 | 电信检修井<br>a. 电信入口<br>b. 电信手孔 | a ⊕⋮2.0<br>b ⊠⋮2.0<br>2.0 |
| 34 | 导线点<br>I16—等级、点名<br>84.46—高程 | □ 116<br>84.46<br>2.0 | 50 | 电力检修井 | ⊙⋮2.0 |
| 35 | 埋石图根点<br>16—点号<br>84.46—高程 | 1.6⋮◇ 16<br>84.46<br>2.6 | 51 | 污水箅子 | 2.0<br>⊖⋮2.0　□⋮1.0 |
| 36 | 不埋石图根点<br>25—点号<br>62.74—高程 | 1.6⋮○ 25<br>62.74 | 52 | 消火栓 | 1.6<br>2.0⋮○ 3.6 |
| 37 | 水准点<br>Ⅱ京石5—等级、<br>点名、点号<br>32.804—高程 | 2.0⋮○ Ⅱ京石5<br>32.804 | 53 | 水龙头 | 2.0⋮↑ 3.6 |
| 38 | GPS控制点<br>B14—级别、点号<br>495.267—高程 | ▲ B14<br>495.267<br>3.0 | 54 | 独立树<br>a. 阔叶<br>b. 针叶 | 　　1.6　　　1.6<br>a 2.0⋮○ 3.6 b ↑ 3.6<br>　　1.0　　　1.0 |
| 39 | 加油站 | 1.6⋮∶ 3.6<br>1.0 | 55 | 围墙<br>a. 依比例尺的<br>b. 不依比例尺的 | a ⋮10.0<br>0.6<br>b ⋮10.0⋮ 0.3 |
| 40 | 照明装置<br>a. 路灯<br>b. 杆式照射灯 | 2.0　　　　1.6<br>a 1.6⋮○ 1.0 b 4.0⋮○ 1.6<br>1.0　　　　1.0 | 56 | 栅栏、栏杆 | 10.0　　10<br>⋮ |
| 41 | 假石山 | 4.0 ⚲<br>2.0 1.0 | 57 | 篱笆 | 10.0　1.0 |
| 42 | 喷水池 | ⚲ 3.6<br>1.0 | 58 | 活树篱笆 | 6.0　1.0 0.6<br>○ |
| 43 | 纪念碑<br>a. 依比例尺的<br>b. 不依比例尺的 | a 　 b 1.6<br>□ 1.6⋮ 4.0<br>3.0 | 59 | 铁丝网 | 10.0<br>× |
| 44 | 塑像<br>a. 依比例尺的<br>b. 不依比例尺的 | a □ b 1.0⋮ 4.0<br>2.0 | 60 | 电杆及地面上的配电线 | 4.0　　　1.0<br>○—▸ ○ |
| 45 | 亭<br>a. 依比例尺的<br>b. 不依比例尺的 | a □ b 3.0<br>1.6⋮ 3.0<br>1.6 | 61 | 电杆及地面上的通信线 | 4.0　　　1.0<br>○ ○ |
| 46 | 旗杆 | 1.6<br>4.0⋮ 1.0<br>1.0 | 62 | 陡坎<br>a. 未加固的<br>b. 已加固的 | a 2.0<br>4.0<br>b |
| 47 | 上水检修井 | ⊖⋮2.0 | 63 | 散数、行数<br>a. 散数<br>b. 行数 | ○ 1.6<br>a 10.0<br>b ○ ○ |
| 48 | 下水（污水）、雨水检修井 | ⊕⋮2.0 | 64 | 地类界、地物范围线 | 1.6<br>0.3 |
| | | | 65 | 等高线<br>a. 首曲线<br>b. 计曲线<br>c. 间曲线 | a 0.15<br>b 0.3<br>1.0<br>c 6.0 0.15 |
| | | | 66 | 等高线注记 | 25 |
| | | | 67 | 一般高程点及注记<br>a. 一般高程点<br>b. 独立性地物的高程 | a 　　　b<br>0.5⋯·163.2　▲75.4 |

**4. 地物注记**

对地物用文字或数字加以注记和说明称为地物注记，如建筑物的结构和层数、桥梁的长宽与载重量、地名、路名等。

测定地物特征点后，应随即勾绘地物符号，如建筑物的轮廓用线段连接，道路、河流的弯曲部分需逐点连成光滑的曲线；消火栓、水井等地物可在图上标定其中心位置，待整饰时再绘规定的非比例符号。

## 7.3 地貌表示方法

地貌是指地表的高低起伏状态。它包括山地、丘陵和平原等。在图上表示地貌的方法很多，而测量工作中通常用等高线表示地貌，本节讨论等高线表示地貌的方法。

### 7.3.1 等高线概念、等高距、等高线平距、坡度及等高线分类

地面上高程相同的各相邻点所连成的闭合曲线，称为等高线。

实际上水面静止时湖泊的水边缘线就是一条等高线，如图 7-5 所示，设想静止的湖水中有一岛屿，起初水面的高程为 320m，因此高程为 320m 的水准面与地表面的交线就是 320m 的等高线。若水面上涨 10m，则高程为 330m 的水准面与地表面的交线即为 330m 的等高线，依此类推。把这些等高线沿铅垂线方向投影到水平面上，再按比例尺缩绘于图上，便得到该岛屿地貌的等高线图。由此可见，地貌的形态、高程、坡度决定了等高线的形状、高程、疏密的程度。因此，等高线图可以充分地表示地貌。

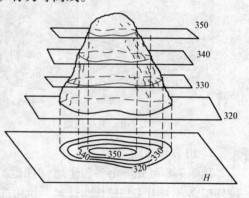

图 7-5 等高线概念

相邻等高线之间的高差称为等高距，一般用 $h$ 表示，图 7-5 中 $h = 10m$。一般按测图比例尺和测区的地面坡度选择基本等高距，见表 7-5。在同一幅地形图上，等高距是相同的。

表 7-5 地形图的基本等高距 （m）

| 比例尺\地形类别 | 1:500 | 1:1000 | 1:2000 |
|---|---|---|---|
| 平地 | 0.5 | 0.5 | 0.5 或 1 |
| 丘陵地 | 0.5 | 0.5 或 1 | 1 |
| 山地 | 0.5 或 1 | 1 | 2 |
| 高地 | 1 | 1 或 2 | 2 |

相邻等高线之间的水平距离称为等高线平距，一般以 $D$ 表示。等高线平距随地面坡度而异，陡坡平距小，缓坡平距大，均坡平距相等，倾斜平面的等高线是一组间距相等的平行线。

令 $i$ 为地面坡度，则

$$i = \frac{h}{D} = \frac{h}{d \cdot M} \qquad i = \tan\alpha = \frac{h}{d \cdot M} \tag{7-2}$$

式中 $h$ 表示等高距，$d$ 表示图上距离，$D$ 表示实地距离，$M$ 为图比例尺。坡度用角度表示，即 $\alpha$，坡度还常用百分率或千分率表示，即 $i$，上坡为正，下坡为负。

等高线的分类：按规范规定的基本等高距描绘的等高线称为首曲线，线粗0.15mm的实线。为了便于读图，每隔四条首曲线加粗的一条等高线称为计曲线，如图7-6所示，线粗0.3mm实线。在计曲线的适当位置注记高程，注记时等高线断开，字头朝向高处。在个别地方，为了显示局部地貌特征，可按1/2基本等高距用虚线加绘半距等高线，称为间曲线，线粗0.15mm长虚线。按1/4基本等高距用虚线加绘的等高线，称为助曲线，线粗0.15mm短虚线。

### 7.3.2 几种典型地貌的等高线图

地貌尽管千姿百态，变化多端，但归纳起来不外乎由山丘、洼地、山脊、山谷、鞍部等典型地貌组成，如图7-7所示。

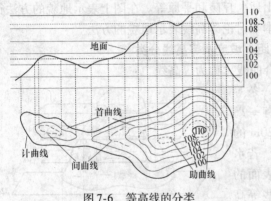

图7-6 等高线的分类

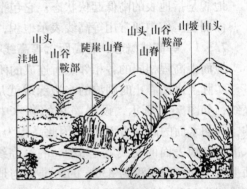

图7-7 各种典型地貌

#### 1. 山头和洼地

从图7-8可知，山头和洼地（凹地）的等高线都是一组闭合的曲线，内圈等高线高程较外围高者为山头，反之为洼地，也可加绘示坡线（图中垂直于等高线的短线），示坡线的方向指向低处，一般绘于山头最高、洼地最低的等高线上。

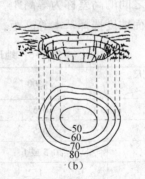

图7-8
（a）山头；（b）洼地

#### 2. 山脊和山谷

如图7-9所示，沿着一个方向延伸的高地称为山脊，山脊的最高棱线称为山脊线或分水线。山脊的等高线是一组凸向低处的曲线。两山脊之间的凹地为山谷，山谷最低点的连线称为山谷线或集水线。山谷的等高线是一组凸向高处的曲线。地表水由山脊线向两坡分流，或由两坡汇集于谷底沿山谷线流出。山脊线和山谷线统称为地性线，地性线对于阅读和使用地形图有着重要的意义。

122

## 3. 鞍部

山脊上相邻两山顶之间形如马鞍状的低凹部位为鞍部，其等高线常由两组山头和两组山谷的等高线组成，如图7-10所示。

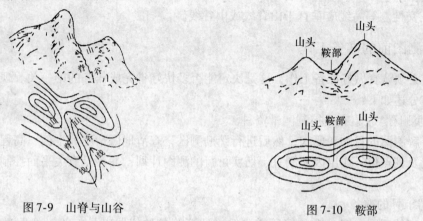

图7-9　山脊与山谷　　　　　　　图7-10　鞍部

## 4. 陡崖和悬崖

近似于垂直的山坡称陡崖（峭壁、绝壁），上部凸出，下部凹进的陡崖称悬崖。陡崖等高线密集，用符号代替，图7-11a表示土质陡崖，图7-11b表示石质陡崖。悬崖上部等高线投影到水平面时，与下部等高线相交，俯视看隐蔽的部分等高线用虚线表示，如图7-11c所示。

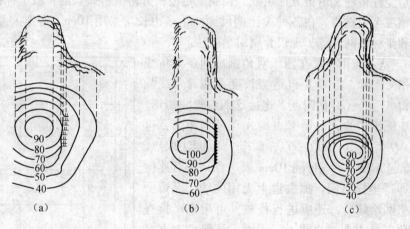

图7-11　陡崖与悬崖

## 5. 冲沟

冲沟是指地面长期被雨水急流冲蚀，逐渐深化而形成的大小沟堑。如果沟底较宽，沟内应绘等高线。如图7-12所示。

### 7.3.3　等高线的特性

掌握等高线的特性，才能合理地显示地貌，正确地使用地形图。其特性有：

（1）等高性。同一条等高线上各点的高程都相等。

（2）闭合性。每条等高线（除间曲线、助曲线外）必闭合，如不能在同一图幅内闭合，则在相邻其他图幅内闭合。

图7-12　冲沟

123

（3）非叠交性。等高线只在陡崖、悬崖处重叠或相交。

（4）密陡疏缓性。在同一张地形图上，等高线密处（平距小）为陡坡，疏处（平距大）为缓坡。

（5）正交性。等高线应垂直于山脊线或山谷线。

## 7.4 测图前的准备工作

测图前必须认真做好准备工作，这是决定能否多快好省完成任务的第一关。现将几项主要准备工作分述如下：

**1. 踏勘测区，收集有关控制测量资料**

首先了解测图的目的和要求，然后进行踏勘测区，查清地区情况和平面、高程控制网点的分布情况及其点位，作出因地制宜、切实可行的测图计划，并抄录有关平面控制和水准点高程等资料。

**2. 仪器工具的准备**

根据拟定的测图方案，准备好所需测绘、计算等各种仪器工具，并对仪器进行检验校正。查看所有附件是否齐全，工具是否完好。对用来进行碎部测量的经纬仪，可着重检校指标差和视距乘常数。

**3. 绘制坐标方格网**

为了准确地将控制点展绘在图纸上，首先要在图纸上精确地绘制 10cm×10cm 的直角坐标格网。直角坐标格网是由正方形组成。控制点是根据方格进行展点的，故坐标格网的绘制的正确性与精度至关重要。在各种大比例尺测图中诸边长均采用 10cm。绘制的方法，通常有对角线法和坐标格网尺等。现仅介绍对角线法。

如图 7-13 所示，用直尺在图纸对角画出两条对角线 AB 与 CD，相交于 O，自 O 点以适当长度在两对角线截取等长线段得 A，B，C，D 四点，连接这四点得一矩形。为使方格处于图纸中央，取第 1 点离 A 点适当距离，再从第 1 点沿 AD 每隔 10cm 取一点，C 至 D 也同法取点。从 A，D 两点起 AC，DB 线每隔 10cm 取一点；最后连接对边相应点即得坐标格网。擦去边上无用的线，保留所要的方格，格网绘好后，还应进行校核。可用直尺检查各方格网的顶点是否在一直线上，同时，还要检查方格的边长，最大误差不应超过 0.2mm。

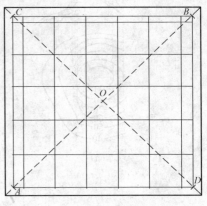

图 7-13 对角线法绘制方格网

**4. 展绘平面控制点**

绘制好坐标格网后，应根据展绘点的坐标最大值与最小值，来确定坐标格网左下角的起始坐标应为多少，并在图上标注纵横坐标值。然后，根据各平面控制点的坐标进行展点。

如图 7-14 所示，例如 1 点的坐标为：

$$x_1 = 525.43m$$
$$y_1 = 634.52m$$

欲将其展绘在方格网图上。首先按其标值确定 1 点在哪个方格，例如，确定其位置在 plmn 方格内。然后，分别从 p、l 点沿 pn 和 lm 线上向上按测图比例尺量取 25.43m 得 a、b 两点，同法在 pl 和 nm 线上向右量取 34.52m 得 c、d 两点，连接 ab 和 cd，其交点即为 1 点的位置。同法展绘其他各导线点。最后，用比例尺量图上各导线边长，与相应实测边长比较，其误差图上不得超过 0.3mm，相应实际的距离为 $0.3\text{mm} \times M$，超限时应进行检查改正。

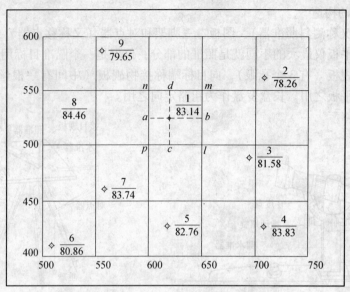

图 7-14　在坐标格网中展绘控制点

点位展绘后，以图式规定的符号描绘，并在其右侧用分子式注明其点号和高程（分子表示点号，分母表示高程）。

## 7.5　地形图的测绘方法

地形图的测绘又称碎部测量。它是依据已知点的平面位置和高程，使用测绘仪器和方法来测定地物、地貌的特征点的平面位置和高程，按照规定的线条或符号（地形图图式），把地物、地貌按测图比例尺缩绘成相似图形，最后形成地形图。

### 7.5.1　测图仪器简介

常用的测图仪器有大平板仪、中平板仪、小平板仪、经纬仪、光电测距仪、全站仪（见第 17 章）等。本节重点介绍大、中、小平板仪的构造及平板仪安置。

1. 大平板仪的构造

大平板仪由平板、照准仪和若干附件组成，如图 7-15 所示。平板部分由图板、基座和三脚架组成。基座用中心固定螺旋与三脚架连接。平板可在基座上转动，有制动螺旋与微动螺旋进行控制。

照准仪由望远镜、竖盘和直尺组成。有望远镜与竖盘，光学的方法直读目标的竖角，与塔尺配合可作视距测量。用直尺可在平板上画出瞄准的方向线。对点器可使平板上的点与相应的地面点安置在同一铅垂线上。定向罗盘用于平板的粗略定向。圆水准器用于整平平板。

2. 中平板仪的构造

中平板仪与大平板仪大致相同，主要不同点在于

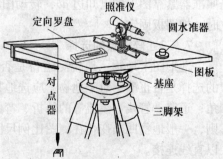

图 7-15　大平板仪及其附件

照准仪，如图 7-16 所示中平板仪的照准仪。照准仪虽有望远镜与竖盘，但竖盘不是光学玻璃度盘，而是一个竖直安置的金属盘，与罗盘仪相同，非光学方法直读竖角，精度较低。

3. 小平板仪的构造

由照准器（又称测斜照准器）、图板、三脚架和对点器（又称移点器）组成，如图 7-17 所示。与大、中平板仪最大的不同就是照准的部分，仅仅是一个瞄准目标用的照准器，靠近眼睛一端称接目觇板（有 3 个孔眼），向目标端称接物觇板（中间有一根丝）。直尺上有水准器，作为整平平板之用。长盒罗盘作为粗略定向之用。

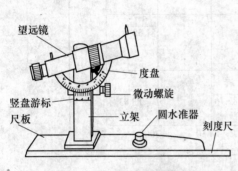

图 7-16　中平板仪的照准仪

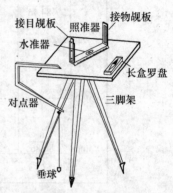

图 7-17　小平板仪及其附件

4. 平板仪的安置

平板仪测量实质上是在图板上图解画出缩小的地面上图形，图板方位要与实地相同，因此在测站上，不仅要对中、整平，并且要定向。对中、整平、定向，这三步工作互相有影响。为了做好安置工作，首先初步安置，然后精确安置。

（1）初步安置

用长盒罗盘将平板粗略定向，移动脚架目估使平板大致水平，再移动平板使平板概略对中。

（2）精确安置：与初步安置步骤正相反

①对中：使用对点器，对中允许误差为 $0.05\mathrm{mm} \times M$（$M$ 为测图比例尺分母）。

②整平：用圆水准器或照准仪直尺上的水准器。

③定向：它的目的是使图上的直线与地面上相应的直线在同一个竖面内。精确定向应使用已知边定向，如图 7-18 所示，将照准器紧靠图上的已知边 $ab$，转动图板，当精确照准地面目标 $B$ 时，把图板固定住。

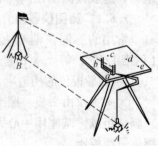

图 7-18　平板仪的安置

### 7.5.2　碎部点的选择

地形图上地物、地貌测绘得是否正确与详细，取决于碎部点（地物、地貌的特征点）的选择是否正确。对于地物，应选地物特征点，即地物轮廓的转折点，如建筑物的屋角、墙角；道路、管线、溪流等的转折、弯曲点、分岔会合点和最高最低点。由于地物形状极不规则，一般地物凹凸变化在测图比例尺图上小于 0.5mm 或 1:500 比例尺图上小于 1mm 时，可以直线连接。

对于地貌，其形状更是千变万化的，地性线（即山脊线、山谷线、山脚线）是构成各种地貌的骨骼，骨骼绘正确了，地貌形状自然能绘得相似。因此，其碎部点应注意选在地性线的起止点、倾斜变换点、方向变换点上，如图7-19所示。对这些主要碎部点尽量按其延伸的顺序测定。不能漏测特征点，否则，在勾绘等高线时将会产生与实地不符的错误。在坡度无显著变化的坡面或较平坦的地面，为了较精确地勾绘等高线，也应在比例尺图上每隔 2~3cm 测定一点。碎部点最大间距规定见表7-6。

图7-19　碎部点的选择

表7-6　碎部测量的一般规定

| 测图比例尺 | 等高距 | | 测站至测点的最大视距 | | 碎部点最大间距 (m) |
| --- | --- | --- | --- | --- | --- |
| | 一般采用值 (m) | | 主要地物点 (m) | 次要地物点 (m) | |
| 1:500 | 0.25、0.5、1.0 | | 60 | 100 | 15 |
| 1:1000 | 0.5、1.0、2.0 | | 100 | 150 | 30 |
| 1:2000 | 0.5、1.0、2.0、5.0 | | 180 | 250 | 50 |
| 1:5000 | 1.0、2.0、5.0、10.0 | | 300 | 350 | 100 |

### 7.5.3　碎部点点位测定的几种方法

1. 极坐标法

测水平角 $\beta$，并测量测站点至碎部点的水平距 $D$，即可求得碎部点的位置。如图7-20所示，测 $\beta_1$，并测量 $D_1$，即可确定1点的位置；测 $\beta_2$，并测量 $D_2$，即可确定2点的位置。

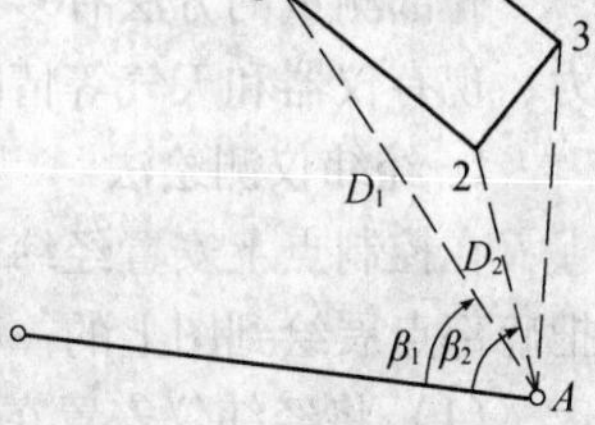

图7-20　极坐标法

2. 直角坐标法

当地面较平坦，当待定的碎部点靠近已知点或已测的地物时，可测量 $x$、$y$ 来确定碎部点。如图7-21所示，由 $P$ 沿已测地物丈量 $y_1$ 定一点，在此点上安置十字方向架，定出直角方向，再量 $x_1$，便可确定碎部点1。

3. 方向交会法

当地物点距控制点较远，或不便于量距时，如图7-22所示，欲测定河对岸的特征点1、2、3等点，先将仪器安置在 $A$ 点，经过对中、整平、定向后，瞄准1、2、3各点，并在图板上画出各方向线；然后将仪器安置在 $B$ 点，再瞄准1、2、3各点，同样在图板上画出各方向线，同名各方向线交点，即为1、2、3各点在图板上的位置。

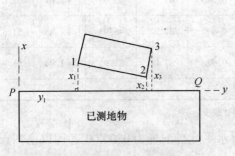

图7-21　直角坐标法

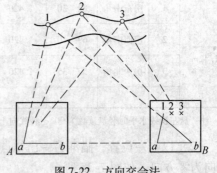

图7-22　方向交会法

127

**4. 距离交会法**

当地面较平坦，地物靠近已知点时，可用量距离来确定点位。例如图 7-23，要确定 1 点，通过量 P1 与 Q1 距离，换为图上的距离后，用两脚规以 P 为圆心，P1 为半径作圆弧，再以 Q 为圆心，Q1 为半径作圆弧，两圆弧相交便得 1 点；同法交出 2 点。连 12 两点便得房屋的一条边。

**5. 方向距离交会法**

实地可测定控制点至未知点方向，但不便于由控制点量距，可以先测绘一方向线，由临近已测定地物用距离交会定点。如图 7-24 所示，从测站 A 测绘 1、2 的方向线，再从 P 点量 P1、P2 的距离，以 P 点为圆心，P1 为半径画圆弧交 A1 方向线得 1 点；同法，以 P 点为圆心，P2 为半径画圆弧交 A2 方向线得 2 点。

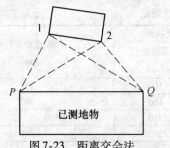

图 7-23  距离交会法

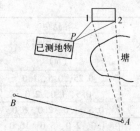

图 7-24  方向距离交会法

### 7.5.4  碎部测量的方法

碎部测量的方法有多种，现介绍较常用的以下几种。这些方法各有其优缺点，应结合人力、现有仪器和天气等情况，因地制宜地采用。

**1. 经纬仪测绘法**

在控制点上安置经纬仪，测量碎部点的位置数据（水平角、距离、高程），用绘图工具把碎部点展绘到图上的一种方法。施测步骤如下：

（1）将经纬仪安置在测站点 A，对中、整平，绘图板安置在经纬仪旁，用皮尺量经纬仪的仪器高 $i$，测定竖直度盘指标差 $x$，记入表 7-7 中。

表 7-7  碎部测量记录表

仪器编号：J08　　　　　　　　竖盘指标差：$x = +0'12''$　　　　　　　测站高程：$H_A = 50.00\text{m}$

日期：2003 年 5 月 15 日　　　　天气：晴　　　　观测者：×××　　　　记录者：×××

| 测站<br>仪器高 | 碎部点号 | 碎部点名称 | 水平角<br>(°′) | 标尺读数 | | | 竖盘读数<br>(°′) | 水平距 | 高差 | 高程 |
|---|---|---|---|---|---|---|---|---|---|---|
| | | | | 中丝 | 上丝<br>下丝 | 尺间隔 | | | | |
| | 1 | 房东南角 | 82　30 | 1.420 | 1.150<br>1.690 | 0.540 | 87　52 | 53.93 | +2.01 | 52.01 |
| $\dfrac{A}{1.42\text{m}}$ | 2 | 房西南角 | 69　10 | 1.420 | 1.175<br>1.665 | 0.490 | 87　50 | 48.93 | +1.85 | 51.85 |
| | 3 | 房西北角 | 57　35 | 1.420 | 1.160<br>1.680 | 0.520 | 87　48 | 51.92 | +1.94 | 51.94 |
| | | | | | | | | | | |

注：盘左视线水平时竖盘读数为 90°，视线向上倾斜时竖盘读数减少。

（2）以盘左位置，瞄准另一已知点 B。此时将水平度盘配置为 0°00′00″，即以已知点 B 方向为零方向，如图 7-25 所示。

128

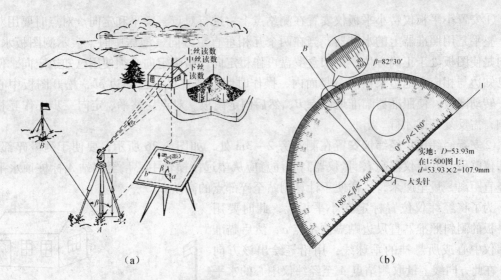

（a）　　　　　　　　　　　　　　　　　　（b）

图 7-25　经纬仪测绘法

（a）经纬仪测绘法测量碎部点；（b）用半圆量角器展碎部点

（3）转动照准部瞄准碎部点上所立的尺子，读取标尺中丝、上丝、下丝的读数，并读水平度盘读数（读至分即可），该读数即为碎部点与已知方向 AB 线间的夹角 $\beta$。还要读竖直度盘读数，记入表中。

（4）计算测站至碎部点的水平距离 D 及高差 h，并计算碎部高程 $H_{碎部}$，即

$$H_{碎部} = H_{测站} + h$$

（5）展绘碎部点：由经纬仪测出碎部点与已知方向间的夹角，以及测站点至碎部点的距离，用量角器和比例尺将碎部点位展绘在图纸上，并注明其高程。展点时，绘图员用小针将量角器的圆心插在图板上测站点 a，转动量角器，使图上 ab 方向线正好对准量角器 $\beta$ 角值的刻线，此时，沿量角器的零方向线（量角器的直尺边线）便是碎部点 1 的方向线。在此方向线上按测图比例尺截取 $d_{A1}$ 距离，便得到点 1 在图上位置，将其高程 $H_1$ 注于点位的右侧。

实地距离 D 换算为图上距离 d 的简便算法：

例 1：500　　$d = \dfrac{D}{500} = \dfrac{D \times 1000}{500} = D \times 2$（mm）（D 以米为单位）

例 1：2000　　$d = \dfrac{D}{2000} = \dfrac{D \times 1000}{2000} = \dfrac{D}{2}$（mm）（D 以米为单位）

本例图中 A1 实际距离 $D = 53.93\text{m}$，测图比例尺 1：500，按公式很容易心算得图上距离 $d = 107.9\text{mm}$，然后按量角器直径边的毫米分划展绘碎部点。

展绘碎部点用量角器，在精度方面损失较大，如有可能，直接用 AutoCAD 来绘图可大大提高精度，并可获得数字化的成果，操作法详见[补2]。

经纬仪测绘法利用光电测距仪进行测距，以此代替经纬仪视距法，这样表 7-6 中，测站至测点的最大距离的规定可大大放宽。

2. 小平板仪配合经纬仪测绘法

该法的特点是将小平板仪安置在测站点上，描绘测站至碎部点的方向，而将经纬仪安置在测站旁，测定经纬仪至碎部点的距离与高差，最后用方向距离交会的方法定出碎部点在图上的位置。施测步骤如下：

①安置小平板仪：小平板仪安置在测站点上，进行对点、整平和定向。对点时要用对点器。整平是用照准器上的水准器，当在两个互相垂直定方向气泡居中时，表示测图板水平。定向是使图板处于正确方位，用长盒罗盘可作粗定向，精确定向必须使用已知边定向，使图上已知边与相应实地边长在同一竖面内，操作时照准器直尺靠已知边 $ab$，松开图板中心螺旋，转动图板，使照准器瞄准地面点 $B$，然后固定图板。对点、整平、定向三步工作互相有影响，需反复调试才行。

②安置经纬仪：经纬仪安置在测站旁 $2\sim3m$ 处，如图 7-26 所示，要便于测量碎部点。经纬仪整平，并量仪器高 $i$，量仪器高时注意应从望远镜横轴中心量至测站 $A$ 标桩顶水平面的竖直距离，量至厘米，这样便于计算测站至碎部点的高差。

为了将经纬仪位置标定在小平板上，此时要用小平板的测斜照准器直尺边贴靠测站点 $a$，然后瞄准经纬仪中心或所悬挂的垂球线，用铅笔绘出该方向线，在此方向线上量取测站点 $A$ 至经纬仪中心的水平距离，按测图比例尺在图纸上标出经纬仪的位置 $a'$。

③观测。

观测时，各施测人员的工作如下：

A. 持尺员：在碎部点上竖立视距尺。

B. 经纬仪观测员：经纬仪整置后，瞄准视距尺，读取上中下丝的尺上读数，把竖盘指标自动归零开关打开（老式 J6 级仪器要使竖盘指标水准管气泡居中），读竖盘读数。

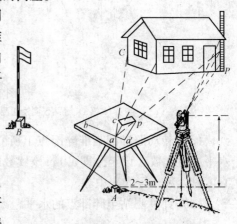

图 7-26　小平板仪配合经纬仪测绘法

C. 记录计算员：根据上、下丝读数计算尺间隔，根据读竖盘读数计算竖角值。然后按公式计算平距 $D$ 及高差 $h$，最后计算测点高程。

D. 掌板员：将照准器的直尺边紧靠测站点所立小针，瞄准视距尺绘出方向线，如图7-26所示的 $ap$ 线，然后以经纬仪的点位 $a'$ 为圆心，以平距 $D$ 为半径（按测图比例尺缩小的长度）用圆规画弧与 $ap$ 相交于 $p$ 点，即为所测碎部点的图上位置，随即以针刺出其点位，并将高程注记于点的右旁。

上述展碎部点用圆规作图，精度不高。本章末补充介绍小平板配合经纬仪测图半解析法[补3]。

同法测其他碎部点，掌板员应在实地依据碎部点位和高程，对照地物勾绘出地物轮廓，对地貌绘出地性线、低层曲线和变化较大的等高线，其他等高线可在室内插绘。

掌板员在测绘过程中要时常检查和防止平板变向，注意相邻测点的位置和高程是否与实地相符，遇不符的要及时通知司经纬仪者及时重测修正。还应注意掌握测点的疏密程度，如漏失主要碎部点，应指挥立尺员补测。立尺不能到达的主要碎部点，可用图解交会法测定。认为图上应增设测站的地方，应指挥立尺员进行选设。

在第一站测完，进行第二站施测时，首先应检查前一站所测绘主要地物地貌是否正确，可用照准仪瞄方向的方法来检查。

## 7.6　地形图的绘制

外业工作中，把碎部点展绘在图上后，就可以对照实地进行地形图的绘制工作了。主要内容就是地物、地貌的勾绘，以及大测区地形图的拼接、检查和整饰工作。

### 7.6.1 地物的描绘

地物要按照地形图图式规定的符号表示。房屋轮廓需用直线连接起来，而道路、河流的弯曲部分要逐点连成光滑曲线。不能依比例绘制的地物，应按规定的符号表示。

### 7.6.2 地貌的勾绘

在地形图上，地貌主要以等高线来表示。所以地貌的勾绘，即等高线的勾绘。

图7-27a表示碎部测量后，图板展绘若干个碎部点的情况。勾绘等高线时，首先用铅笔画地性线，山脊线用虚线，山谷线用实线。然后用目估内插等高线通过的点。图中 $ab$，$ad$ 为山脊线，$ac$，$ae$ 为山谷线。图中，$a$ 点高程为48.5m，$b$ 点高程为43.1m，若等离距为1m，则 $ab$ 间有44，45，46，47，48共5条等高线通过。由于同一坡度，高差与平距成正比例，先估算一下1m等高距相应的平距为多少，本例 $ab$ 两点高差：48.5－43.1＝5.4m，对应平距为 $ab$（例如38mm），按比例算得高差1m平距为7mm。首尾两段高差，$a$ 端为0.5m（48.5m与48m之差），相应平距为4mm，即距 $a$ 点4mm画48m等高线。$b$ 端为0.9m（43.1m与44m之差），相应平距为6mm，即距 $b$ 点6mm画44m等高线。

实际工作中目估即可，不必做上述计算，方法是先"目估首尾，后等分中间"，如图7-27b所示。然后对照实际地形，把高程相同的相邻点用光滑曲线相连，便得等高线，如图7-27c所示。一般先勾绘计曲线，再勾绘首曲线，当一个测站或一小局部碎部测量完成之后，应立即勾绘等高线，以便及时改正测错和漏测。

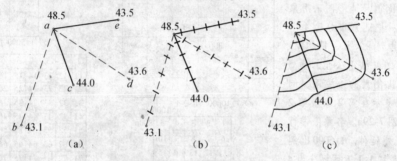

图7-27　内插勾绘等高线

### 7.6.3 地形图的拼接、检查和整饰

**1. 地形图的拼接**

当测区面积大于一幅图的范围时，必须分幅测图。因测量和绘图误差致使相邻图幅连接处的地物轮廓和等高线不能完全吻合，如图7-28所示，左、右两幅图在拼接处的等高线、房屋和道路都有偏差。为了接边，每幅图应测出图廓外5mm。接边时，对于聚酯薄膜图纸，可直接按坐标格线将两幅图重叠拼接。若测图用的是绘图纸，则必须用透明纸将一幅图图边处的坐标格线、地物、地貌等描下来，再与另一幅图拼接。

拼接时，首先将邻图幅接边透明纸条与本图幅的坐标格线对齐，然后再查看同名地物、等高线重合情况。若接边两侧的同名地物、等高线之偏差小于表7-8、表7-9中规定的碎部点中误差的 $2\sqrt{2}$ 倍时，可平均配赋，但应注意保持地物、地貌相互位置和走向的正确性。超限时，应到实地检查、纠正。

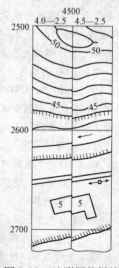

图7-28　地形图的拼接

**表7-8　图上地物点点位中误差**

| 地区分类 | 城市建筑区和平地、丘陵地 | 山地、高山地和设站测设困难的旧街坊内部 |
|---|---|---|
| 地物点点位中误差（mm） | ±0.5 | ±0.75 |

**表7-9　等高线插求点的高程中误差**

| 地形类别 | 平地 | 丘陵地 | 山地 | 高山地 |
|---|---|---|---|---|
| 高差中误差（等高距） | 1/3 | 1/2 | 2/3 | 1 |

### 2. 地形图的检查和整饰

拼接工作完成后，应对本图幅的所有内容进行一次全面检查，包括图面检查、野外巡视和设站检查，以保证成图质量。

地形图经过拼接、检查和纠正后，还应按照地形图图式规定的要求进行清绘和整饰，然后作为地形图原图保存。

# 本 章 补 充

[补1]　北京市大比例尺地形图分幅编号

北京市大比例尺地形图采用象限行列编号法：把北京市分为4个象限，顺时针排列 Ⅰ、Ⅱ、Ⅲ 和 Ⅳ。在每个象限内，以纵4公里，横5公里为1:1万比例尺的一幅图，例如编号 Ⅱ-2-1 表示在第2象限第2列第1行，见图7-29a。各象限内行列均自原点向外延伸。1:5000比例尺的图幅大小是把1:1万图幅分为4个象限，见图7-29b箭头所指的编号为Ⅱ-2-1（1）。1:2000比例尺图幅大小是把1:1万图幅分成25幅，图7-29c箭头所指的编号为Ⅱ-2-1-[15]。

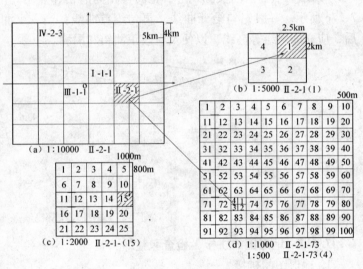

图7-29　北京市大比例尺地形图分幅编号

1:1000比例尺图幅大小是把1:1万图幅分成100幅，箭头所指编号为Ⅱ-2-1-73。1:500比例尺图幅大小是把一幅1:1000图幅再分为4幅，它的编号是Ⅱ-2-1-73（4），见图7-29d。

[补2]　用AutoCAD绘图时，当然不必预先打方格展绘控制点，而是直接将控制点按其坐标输入计算机中，但应注意原测量 X、Y 值互换后输入。经纬仪测绘法测得水平角及距离，相当于极坐标法的角度与向径。输入时由控制点用AutoCAD的相对坐标输入。主要步骤如下：

1. 设置图形界限

AutoCAD绘图区域可看成是一幅无穷大的图纸，左下角一般为（0，0），右上角根据实际测区，输入一对较大的数值。选定范围，便于辅助检查绘图的正确性。

2. 设置绘图单位

绘图单位包括：

（1）长度类型与精度设置，长度选小数，精度选0.000，即毫米。

（2）角度类型与精度设置，类型选：度/分/秒，精度选0°00′00″。方向顺时针应打√。

（3）基准角度，即0°方向应选北。

3. 控制点坐标输入

原测量 $X$、$Y$ 值互换后输入。

4. 碎部点输入

从控制点开始，绘碎部点辐射线，用 AutoCAD 的相对坐标输入，以极坐标形式，如@22.01＜95°15′12″，见图7-30，即表示从控制点1开始距离22.01m，角度为95°15′12″展得碎部点。绘图时注意，测站实测零方向至碎部点的角度为11°15′12″应加上零方向的坐标方位角85°00′，故极坐标法输入角度应为95°15′12″。根据野外草图把相关的碎部点相连接便得地物，最后把绘碎部点的辐射线删去。

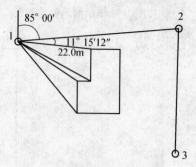

图 7-30　AutoCAD 绘平面图

这种方法不是完全的数字化测图，但在条件不具备的情况下，手工测图后，通过计算机绘图获得数字化的成果，精度大大高于量角器展绘碎部点，效率也高得多。

[补3] 小平板配合经纬仪测图半解析法

传统方法求测站至碎部点的距离是通过图解作图，其精度损失很大，见图7-31。实际上 A1 的距离 $D_{A1}$ 可以通过目前十分普及的编程计算器计算，计算公式为

$$D_{A1}^2 = D_{AA'}^2 + D_{A'1}^2 - 2D_{AA'}D_{A'1}\cos\beta \tag{7-3}$$

式中　$D_{AA'}$——经纬仪至平板仪的距离，距离不受原法的限制，可适当放长便于测碎部点；

　　　$D_{A1}$——经纬仪至碎部点的距离，由经纬仪用视距法测得，如用光电测距则更好；

　　　$\beta$——经纬仪测得 $A'A$ 与 $A1$ 的水平角，观测时以瞄准 $A$ 作零方向。

此法本质上是经纬仪测绘法与小平板相结合的一种碎部测量法，该法测定碎部点的精度高于传统的方法。为了提高计算距离速度，最好使用可编程的计算器。缺点是效率比传统方法略低一些。

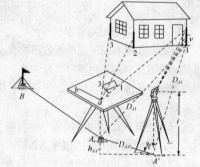

图 7-31　小平板配合经纬仪测图解析法

## 练　习　题

1. 测图前应做好哪些准备工作？控制绘后，怎样检查其正确性？

2. 准备一张 40cm×40cm 白纸，按照对角线法绘制 9 格坐标方格网，方格大小 10cm×10cm。按照第 6 章练习题 5 计算的导线点坐标进行展点，假设测图比例尺为 1∶1000。

3. 试述经纬仪测绘法在一个测站测绘地形图的工作步骤。

4. 根据下列碎部测量记录表中的观测数据，计算水平距离、高差及高程。

测站：$A$　　　测站高程：$H_A = 94.05$m　　　竖盘指标差：$x = +1′$

| 测站 仪器高 | 碎部 点号 | 碎部点 名称 | 水平角 (°′) | 标尺读数 | | | 竖盘读数 (°′) | 水平距 | 高差 | 高程 |
|---|---|---|---|---|---|---|---|---|---|---|
| | | | | 中丝 | 上丝 下丝 | 尺间隔 | | | | |
| $\dfrac{A}{1.50\text{m}}$ | 1 | | 43°30′ | 1.500 | 1.300 1.695 | 0.395 | 84°36′ | | | |
| | 2 | | 69°22′ | 1.500 | 1.210 1.785 | 0.575 | 84°36′ | | | |
| | 3 | | 105°00′ | 2.500 | 2.200 2.814 | 0.614 | 93°15′ | | | |

注：盘左视线水平时竖盘读数为90°视线向上倾斜时竖盘读数减少。

133

5. 按图 7-32 所示的地貌特征点高程，用内插法目估勾绘 1m 等高距的等高线。（图中虚线为山脊线，实线为山谷线。）

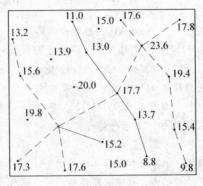

图 7-32

# 学 习 辅 导

1. 本章学习目的与要求

目的：掌握小面积地形图的测绘技术与方法。各项工程建设首先都必须有待建地区的地形图，大比例尺的地形图大多由工程部门自行测绘，因此掌握地形测绘技术也是工程设计与施工主管人员必备的技术。测图是测绘技术的综合应用，所以也是检验学生是否掌握所学知识的重要手段。

要求：

（1）理解大比例地形图的分幅与编号。

（2）理解地形图上地物与地貌的表示方法。

（3）测绘大比例尺地形图传统的方法主要有三种，比较它们的优缺点。

（4）掌握经纬仪测绘法的步骤，明确司仪器、记录绘图者与扶尺者的各自工作与如何相互配合。

（5）掌握内插等高线的方法。

2. 本章学习要领

（1）为什么要对地形图进行分幅编号，一是便于测绘管理，二是便于用户使用。大比例地形图分幅采用矩形或正方形分幅，以 1:5000 为基础。但是，各省市做法不同，北京市采用象限行列编号法，将来到某地工作要先了解一下。

（2）掌握地形图测绘法，测绘前应做好仪器和图纸的准备工作，其中绘制坐标格网最为重要，学生应掌握对角线法绘制坐标格网，如何绘制，该检查什么，如何展绘控制点等技术。

（3）要使所测的图能真实反映现状，选合适的碎部点极为重要，对于地物应选轮廓的转折点，对地貌应选地貌的特征点、坡度变换点及方向变换点。碎部点平面位置的测定方法主要有极坐标法、直角坐标法、方向交会法、距离交会法、方向距离交会法等。

（4）测绘地形图由于采用不同仪器可分为经纬仪测绘法、大平板仪测绘法、小平板仪与经纬仪配合测绘法，这些是传统的测法。现代测绘可以用全站仪，有条件则可进行数字化测图，第 19 章将详细介绍。

# 第8章 测设的基本工作

测设，又称放样，测设工作与测图工作恰好相反。它是根据控制网，把图纸上设计的建（构）筑物平面位置和高程放样到实地上去，以便进行施工。放样必须首先求出设计建（构）筑物对于控制网或原有建筑物的相互关系，求出测设元素（角度、距离和高程），这些资料称为放样数据。因此，放样基本工作不外乎是在地面上测设已知水平距离、测设已知水平角度和测设已知高程。本章除着重介绍这三项基本工作的放样方法外，还将介绍点的平面位置和设计坡度线的放样方法。

## 8.1 水平距离、水平角和高程的测设

### 8.1.1 测设已知水平距离

在施工放样中，经常要把房屋轴线（或边线）的设计长度在地面上标定出来，这项工作称为测设已知距离。

测设已知距离不同于测量未知距离，它是由一个已知点起，沿指定方向量出设计的水平距离，从而定出第二点。测设已知距离的方法有二，分述如下：

1. 一般方法

如图8-1所示，设 $A$ 为地面上已知点，$D_设$ 为设计的水平距离，要在地面的 $AB$ 方向上测设出水平距离 $D_设$ 以定出 $B$ 点。将钢尺的零点对准 $A$ 点，

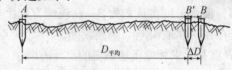

图 8-1 测设已知水平距离一般方法

沿 $AB$ 方向拉平钢尺，根据设计水平距往测初定出 $B'$ 点，然后从 $B'$ 点返测回 $A$ 点，取往返结果的平均值 $D_平$。$D_平$ 值就是初定的 $AB'$ 段的准确距离，与设计值的差值为 $\Delta D = D_设 - D_平$。

如果设计距离 $D_设 > D_平$，则向外延长量 $\Delta D$，打木桩 $B$，即为所求的点。如果 $D_设 < D_{平均}$，则应个内量 $\Delta D$，打木桩 $B$。

2. 精确方法

若要求测设精度较高，应按钢尺量距的精密方法进行测设。即根据已知水平距离，结合地面起伏状况，及所用钢尺的实际长度，测设时的温度等，进行尺长、温度和倾斜改正。算出在地面上应量出的距离 $D$。

从第4章可知，要获得精确的距离必须对实地丈量距离 $D$ 进行三项改正，即

$$D_设 = D + \Delta D_d + \Delta D_t + \Delta D_h$$

所以实地丈量距离 $D$ 应为 $\qquad D = D_设 - \Delta D_d - \Delta D_t - \Delta D_h$ （8-1）

【例8-1】 如图8-1所示，设已知图上设计距离 $D_设 = 46.000$m，所用钢尺名义长度为 $l_0 = 30.000$m，经检定该钢尺实际长度 30.005m，测设时温度 $t = 10℃$，钢尺的膨胀系数 $\alpha = 1.25 \times 10^{-5}$，测得 $AB$ 的高差 $h = 1.380$m。试计算测设时在地面上应量出的距离 $D$。

【解】 首先计算各项改正数：

（1）尺长改正数

$$\Delta D_d = \frac{l - l_0}{l_0} D = \frac{30.005 - 30.000}{30.000} \times 46.000 = +0.008\text{m}$$

（2）温度改正数

$$\Delta D_t = \alpha(t - t_0) D = 1.25 \times 10^{-5} \times (10 - 20) \times 46.000 = -0.006\text{m}$$

（3）倾斜改正数

$$\Delta D_h = -\frac{h^2}{2D} = \frac{(1.38)^2}{2 \times 46.000} = -0.021\mathrm{m}$$

按式（8-1）实地丈量距离 $D$ 为

$$D = D_设 - \Delta D_d - \Delta D_t - \Delta D_h$$
$$= 46.000 - 0.008 - (-0.006) - (-0.021)$$
$$= 46.019\mathrm{m}$$

如图 8-1 所示，从 $A$ 点起，沿 $AB$ 方向用钢尺量 46.019m 定出 $B$ 点，则 $AB$ 的水平距离即为 46.000m。

### 8.1.2 测设已知水平角度

测设已知水平角与测量未知水平角也不同。它是根据地面上一个已知方向（该角之始边）及图纸上设计的角值，用经纬仪在地面上标出设计方向（该角之终边），以作施工之依据。

有两种测设已知水平角度的方法，分述如下：

#### 1. 一般方法

如图 8-2 所示，设 $OA$ 为地面上的已知方向，$\beta$ 为设计的角度，今求设计方向 $OB$。放样时，在 $O$ 点安置经纬仪，盘左时，置水平度盘读数为 $0°00'00''$，瞄准 $A$ 点。然后转动照准部，使水平度盘读数为 $\beta$，在视线方向上标定 $B'$ 点；用盘右位置再测设 $\beta$ 角，标定 $B''$ 点。由于存在视准轴误差与观测误差，$B'$ 与 $B''$ 点往往不重合，取其中点 $B$。则 $\angle AOB$ 即为 $\beta$，方向 $OB$ 就是要求标定于地面上的设计方向。

#### 2. 精确方法

如图 8-3 所示，可先用盘左按设计角度转动照准部测设 $\beta$，标定出 $B'$ 点。再用测回法（测回数根据精度要求而定）测量 $\angle AOB'$ 的角值设为 $\beta'$。用钢尺量出 $OB'$ 之长度，从图中可知：$BB' = OB' \cdot \Delta\beta/\rho$，其中 $\Delta\beta = \beta - \beta'$。

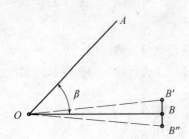

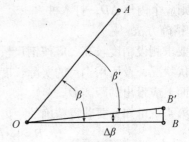

图 8-2　测设已知水平角一般方法　　　　图 8-3　测设已知水平角精确方法

以 $BB'$ 为依据改正点位 $B'$。若 $\beta > \beta'$，$\Delta\beta$ 为正值时，作 $OB'$ 的垂线，从 $B'$ 起向外量取支距 $B'B$，以标定 $B$ 点；反之，向内量取 $B'B$ 以定 $B$ 点。则角 $\angle AOB$ 即为所要测设的 $\beta$ 角。

### 8.1.3 测设已知设计高程

在施工放样中，经常要把设计的建筑物第一层地坪的高程（称 ±0 标高）及房屋其他各部位的设计高程在地面上标定出来，作为施工的依据。这项工作称为测设已知高程。

#### 1. 测设 ±0 标高线

如图 8-4 所示，为了要将某建筑物 ±0 标高线（其高程为 $H_设$）测设到现有建筑物墙上。现安置水准仪于水准点 $R$ 与某现有建筑物 $A$ 之间，水准点 $R$ 上立水准尺，水准仪观测得后

视读数 $a$，此时视线高程 $H_视$ 为：$H_视 = H_R + a$。另一根水准尺由前尺手扶持使其紧贴建筑物墙 $A$ 上，则该前视尺应读数 $b_应$ 为：$b_应 = H_视 - H_设$。因此操作时，前视尺上下移动，当水准仪在尺上的读数恰好等于 $b_应$ 时，紧靠尺底在建筑物墙上画一横线，此横线即为设计高程位置，即 ±0 标高线。为求醒目，再在横线下用红油漆画一"▼"，并在标志上注明"±0.000"。

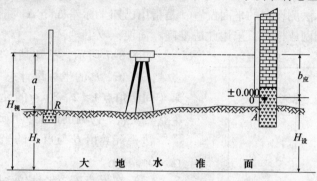

图 8-4　测设已知设计高程

### 2. 高程上下传递法

若待测设高程点，其设计高程与水准点的高程相差很大，如测设较深的基坑标高或测设高层建筑物的标高。只用标尺已无法放样，此时可借助钢尺，将地面水准点的高程传递到在坑底或高楼上所设置的临时水准点上，然后再根据临时水准点测设其他各点的设计高程。

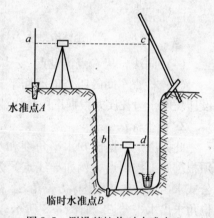

图 8-5　测设基坑临时水准点 $B$

如图 8-5 所示，是将地面水准点 $A$ 的高程传递到基坑临时水准点 $B$ 上。

在坑边木杆上悬挂经过检定的钢尺，零点在下端，并挂 10kg 重锤，为减少摆动，重锤放入盛废机油或水的桶内，在地面上和坑内分别安置水准仪，瞄准水准尺和钢尺读数（如图 8-5 中 $a$，$b$，$c$ 和 $d$ 所示），则

$$H_B + b = H_A + a - (c - d)$$

即

$$H_B = H_A + a - (c - d) - b \tag{8-2}$$

$H_B$ 求出后，即可以临时水准点 $B$ 为后视点，测设坑底其他各待测设高程点的设计高程。

如图 8-6 所示，是将地面水准点 $A$ 的高程传递到高层建筑物上，方法与上述相仿，任一层上临时水准点 $B_i$ 的高程为

$$H_{Bi} = H_A + a + (c_i - d) - b_i \tag{8-3}$$

$H_i$ 求出后，即可以临时水准点 $B_i$ 为后视点，测设第 $i$ 层高楼上其他各待测设高程点的设计高程。

## 8.2　点的平面位置的测设方法

施工之前，需将图纸上设计的建（构）筑物的平面位置测于实地，其实质是将该房屋诸特征点（例如各转

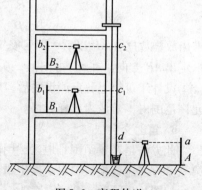

图 8-6　高程传递

角点）在地面上标定出来，作为施工的依据。放样时，应根据施工控制网的形式、控制点的分布、建（构）筑物的大小、放样的精度要求及施工现场条件等因素，选用合理的、适当的方法。现将常用的四种方法分述如下。

### 1. 直角坐标法

所谓的直角坐标法测设点的平面位置，是指用已知坐标差 $\Delta x$，$\Delta y$ 测设点位。当根据建筑方格网或矩形控制网放样时，采用此法准确、简便。

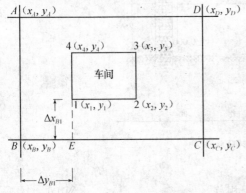

图 8-7　直角坐标法测设

如图 8-7 所示，已知某厂房矩形控制网四角点 $A$、$B$、$C$、$D$ 的坐标设计总平面图中，已确定某车间四角点 1、2、3、4 的设计坐标。现在以据 $B$ 点测设点 1 为例进行说明其放样步骤：

（1）先算出 $B$ 与点 1 的坐标差：$\Delta x_{B1} = x_1 - x_B$，$\Delta y_{B1} = y_1 - y_B$。

（2）在 $B$ 点安置经纬仪，瞄准 $C$ 点，在此方向上用钢尺量 $\Delta y_{B1}$ 得 $E$ 点。

（3）在 $E$ 点安置经纬仪，瞄准 $C$ 点，用盘左、盘右位置两次向左测设 90°，在两次平均方向 $E1$ 上从 $E$ 点起用钢尺量 $\Delta x_{B1}$，即得车间角点 1。

（4）同法，从 $C$ 点测设点 2，从 $D$ 点测设点 3，从 $A$ 点测设点 4。

（5）检查车间的四个角是否等于 90°，角度误差一般不应超过 20″；各边长度是否等于设计长度，边长误差根据厂房放样精度而定，一般不低于 1/5000。

### 2. 极坐标法

此方法是根据已知水平角度和水平距离测设点位。测设前必须根据施工控制点（例如导线点）及测设点的坐标，按坐标反算公式求出 $AP$ 方向的坐标方位角 $\alpha_{AP}$ 和水平距离 $D_{AP}$，再根据坐标方位角求出水平角 $\beta$。如图 8-8 所示，水平角 $\beta = \alpha_{AP} - \alpha_{AB}$，以及计算水平距离为 $D_{AP}$。所有计算公式列如下：

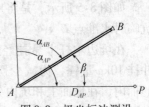

图 8-8　极坐标法测设

$$
\left.
\begin{aligned}
\alpha_{AP} &= \text{arcot}\, \frac{y_P - y_A}{x_P - x_A} \\
\alpha_{AB} &= \text{arcot}\, \frac{y_B - y_A}{x_B - x_A} \\
\beta &= \alpha_{AP} - \alpha_{AB} \\
D_{AP} &= \sqrt{(x_P - x_A)^2 + (y_P - y_A)^2}
\end{aligned}
\right\}
\tag{8-4}
$$

求出放样数据 $\beta$，$D$ 以后，即可安置经纬仪于控制点 $A$，按 8.1 节第二种所述方法测设 $\beta$ 角，以定出 $AP$ 方向。在 $AP$ 方向上，从 $A$ 点起用钢尺测设水平距离 $D_{AP}$，定出 $P$ 点的位置。

设计建筑物上各点测设之后，应按设计建筑物的形状、尺寸检核角度和长度误差，若在允许范围内，才认为放样合格。

### 3. 角度交会法

此方法是在量距困难地区，用两个已知水平角度测设点位的方法，效果很好。但必须有第三个方向进行检核，以免发生错误。

如图 8-9 所示，$A$，$B$，$C$ 为三个控制点，其坐标为已知，$P$ 为待放样点，其设计坐标亦

138

为已知。先用坐标反算公式求出 $\alpha_{AP}$，$\alpha_{BP}$ 和 $\alpha_{CP}$，然后由相应坐标方位角之差，求出放样数据 $\beta_1$，$\beta_2$，$\beta_3$ 与 $\beta_4$，并按下述步骤放样：

用经纬仪先定出 $P$ 点的概略位置，在概略位置处打一个顶面积约为 $10\text{cm} \times 10\text{cm}$ 的大木桩。然后在大木桩的顶面上精确放样。由仪器指挥，用铅笔在顶面上分别在 $AP$，$BP$，$CP$ 方向上各标定两点（见图 8-9 中小图中的 $a$，$p$；$b$，$p$；$c$，$p$），将各方向上的两点连起来，就得 $ap$，$bp$，$cp$ 三个方向线，三个方向线理应交于一点，但实际上由于放样等误差，将形成一个示误三角

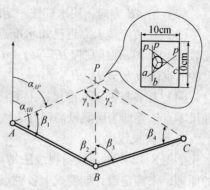

图 8-9　角度交会法测设

形。一般规定，若示误三角形的最大边长不超过 $3 \sim 4\text{cm}$ 时，则取示误三角形内切圆的圆心，或示误三角形角平分线的交点，作为 $P$ 点的最后位置。

应用此法放样时，宜使交会角 $\gamma_1$，$\gamma_2$ 在 $30° \sim 150°$ 之间，最好使交会角 $\gamma$ 近于 $90°$，以提高交会点的精度。

4. 距离交会法

在便于量距地区，且边长较短时（例如不超过一钢尺长），可用此法。

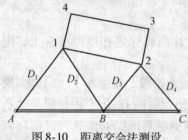

图 8-10　距离交会法测设

距离交会法是根据两段已知距离交会出点的平面位置。如图 8-10 所示，由已知控制点 $A$，$B$，$C$ 测设房角点 1、2，根据控制点的已知坐标及 1、2 点的设计坐标，反算出放样数据 $D_1$，$D_2$，$D_3$ 和 $D_4$。分别从 $A$，$B$，$C$ 点，用钢尺测设已知距离 $D_1$，$D_2$，$D_3$ 和 $D_4$。$D_1$ 和 $D_2$ 的交点即为点 1，$D_3$ 和 $D_4$ 的交点即为点 2。最后量点 1 至点 2 的长度，与设计长度比较作为校核。

## 8.3　已知设计坡度线的测设方法

在铺设管道、修筑道路工程中经常需要在地面上测设给定的坡度线。测设已知的坡度线就是根据附近的水准点、设计坡度和坡度线端点的设计高程，用测设高程的方法将坡度线上各点标定在地面上的测量工作。测设方法分水平视线法和倾斜视线法两种。

1. 水平视线法

如图 8-11 所示，$A$，$B$ 为设计坡度线的两端点，$A$ 点设计高程为 $H_A$，$B$ 点高程可计算得 $H_B = H_A + i \times D_{AB}$。为了施工方便，每隔一定的距离 $d$ 打入一木桩，要求在木桩上标出设计坡度为 $i$ 的坡度线。施测步骤如下：

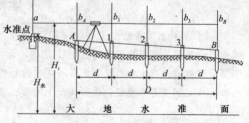

图 8-11　水平视线法测设坡度线

（1）先用高程放样的方法，将坡度线两端点 $A$，$B$ 的高程标定在地面木桩上；然后按照公式 $H_n = H_{n-1} + i \times d$（$n$ 表示某桩号点）计算出各桩点的高程，即：

第 1 点的计算高程　$H_1 = H_A + i \times d$

第 2 点的计算高程　$H_2 = H_1 + i \times d$

　　　　　　　　　$\vdots$

$B$ 点的计算高程　$H_B = H_n + i \times d = H_A + i \times D_{AB}$（用于计算检核）

（2）沿 $AB$ 方向，用木桩按一定间距 $d$ 标定出中间 1，2，3，…，$n$。

（3）在坡度线上靠近已知水准点附近安置水准仪，瞄准立在水准点上的标尺，读后视读数 $a$，并计算视线高程 $H_i = H_水 + a$。根据各桩点已知的高程值，分别计算其相应点上水准尺的前视读数 $b_n = H_i - H_n$。

（4）在各桩处立水准尺，上下移动水准尺，当水准仪视线对准该尺前视读数 $b_n$ 时，水准尺零点位置即为所测设高程标志线。

2. 倾斜视线法

如图 8-12 所示，倾斜视线法是利用水准仪视线与设计坡度相同时，其间垂直距离相等的原理，来确定设计坡度线上各桩点高程位置的一种方法。当设计坡度与地面自然坡度较接近时，适宜采用这种方法。

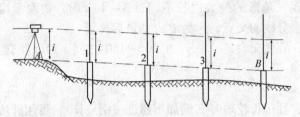

图 8-12　倾斜视线法测设坡度线

（1）先用高程放样的方法，将坡度线两端点 $A$、$B$ 的设计高程标定在地面木桩上，则 $AB$ 的连线已成为符合设计要求的坡度线。

（2）细部测设坡度线上中间各点 1，2，3…先在 $A$ 点安置水准仪，使基座上一只脚螺旋位于 $AB$ 方向线上，另两只脚螺旋的连线与 $AB$ 方向垂直；量出仪器高 $i$；用望远镜瞄准立在 $B$ 点上的水准尺，转动在 $AB$ 方向上的那只脚螺旋，使十字丝横丝对准尺上读数为仪器高 $i$，此时，仪器的视线与设计坡度线平行。

（3）在 $AB$ 的中间点 1，2，3…的各桩上立尺，逐渐将木桩打入地下，直到桩上水准尺读数均为 $i$ 时，各桩顶连线就是设计坡度线。

当坡度更大时，宜采用经纬仪来做，经纬仪和水准仪测设原理相同[补1]。

# 本 章 补 充

[补1] 测设水平面的方法

测设水平面又称为抄平。如图 8-13 所示，设待测水平面的高程为 $H_设$。测设时，可先在地面按一定的边长测设方格网，用木桩标定各方格网点（进行室内楼地面找平时，常在对应点上做灰饼）。然后在场地与已知点 $A$ 之间安置水准仪，读取 $A$ 尺上的后视读数 $a$，计算出仪器的视线高为

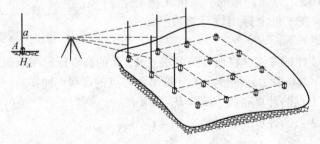

图 8-13　测设水平面

$$H_i = H_A + a$$

依次在各木桩上立尺，使各木桩顶的尺上读数都等于 $b_{应} = H_i - H_{设}$，此时，各桩顶就构成一个测设的水平面。

## 练 习 题

1. 测设与测绘有何区别？

2. 用水准仪测设已知坡度线时，安置仪器有何要求？

3. 在地面上要设置一段 28.000m 的水平距离 $AB$，所使用的钢尺方程式为 $l_t = 30 + 0.005 + 0.000012$ $(t-20°) \times 30$m。测设时钢尺的温度为 12℃，所施于钢尺的拉力与检定时的拉力相同。当概量后测得 $AB$ 两点间桩顶的高差 $h = +0.40$m，试计算在地面上需要丈量的长度。

4. 叙述在实地测设某已知角度一般方法（盘左盘右分中法）的步骤。

5. 在地面上要求测设一个直角，先用一般方法测设出 $\angle AOB$，再测量该角若干测回取平均值为 $\angle AOB = 90°00'24''$，已知 $OB$ 的长度为 100m，试计算改正该角值的垂距，改正的方向是向内还是向外？

6. 利用高程为 7.531m 的水准点，测设高程为 7.831m 的室内 ±0.000 标高。水准仪安置在水准点与某永久性的建筑之间，假设水准仪后视读数（瞄准水准点上的水准尺）为 1.600m，求前视尺上（水准尺紧靠某建筑的墙）应有的读数为多少？并叙述具体测设步骤。

7. 要在 $AB$ 方向测设一个坡度为 -1% 的坡度线，已知 $A$ 点的高程为 36.425m，$AB$ 之间的水平距离为 130m，另又在 $AB$ 间架设水准仪，测得 $B$ 点水准尺的读数为 3.638m，试求视线高程、$A$ 点水准尺的读数及 $B$ 点的高程。

8. 测设点的平面位置有哪几种方法？各适用于什么情况？

9. 已知 $M$ 点的坐标为 $x_M = 13.89$m，$y_M = 87.02$m；$M$ 点至 $N$ 点坐标方位角为 $\alpha_{MN} = 279°15'30''$，若要测设坐标为 $x_P = 45.78$m，$y_P = 84.98$m 的 $P$ 点，求仪器安置在 $M$ 点用极坐标法测设 $P$ 点的所需数据，并叙述测设步骤。

## 学 习 辅 导

1. 本章学习目的与要求

目的：测设是测绘工作的第二大任务，是测绘的重要基础知识。通过本章学习应掌握水平距离、水平角、高程、点的平面位置以及坡度的测设。

要求：

（1）掌握水平距离测设的一般方法及精密方法。

（2）掌握水平角测设的一般方法及精密方法。

（3）掌握高程测设法。

（4）掌握极坐标法、直角坐标法及角度交会法测设点位。

（5）掌握坡度测设法。

2. 学习要领

（1）学习水平距离测设的精密方法时，应很好地复习第 4 章距离丈量中的精密量距，在实地精密量距后要做三项改正才能得到精确的水平距离。

（2）水平角测设常用一般方法（即正倒镜取中法），重点掌握该法的原理和操作法。

（3）极坐标法测设点位是最常用的方法，学习时可结合第 6 章讲的坐标正算与反算问题，以加深理解。

（4）对于坡度的测设可与高程测设相联系进行学习。

# 第二篇　应用篇

# 第9章　地形图的应用

## 9.1　概述

遵循一定的数学法则（即采用某种比例尺、坐标系统及地图投影），将地面上的各种地物地貌等各种地理信息，在图上用符号系统表示，以反映地理信息的空间分布规律，这种图称为普通地图。普通地图又分为地理图与地形图两种，地理图是指概括程度比较高，以反映要素基本分布规律为主。地理图通常大多数比例尺小于1:100万，但不是绝对的，也有县、市的普通地图，比例尺可能比较大，但概括程度高，仍属于地理图。

地形图通常是指比例尺大于1:100万，按照统一的数学基础、图式图例，统一的测量规范，经实地测绘或根据遥感资料编绘而成的一种普通地图。地形图精度高、内容详细，图中可以提取详细的地形信息。1:100万，1:50万，1:25万，1:10万，1:5万，1:2.5万，1:1万，1:5000八种比例尺的地形图，称为国家基本地形图（简称国家基本图），它是由国家测绘管理部门统一组织测绘，作为国民经济建设、国防建设和科学研究的基础资料。国家基本图的特点是：

（1）具有统一的大地坐标系和高程坐标系。采用"1980年中国国家大地坐标系"和"1985年国家高程基准"（1985年以前曾采用"1956年黄海高程系"）。

（2）具有完整的比例尺系列和分幅编号系统。它包含1:100万，1:50万，1:25万，1:10万，1:5万，1:2.5万，1:1万，1:5000八种比例尺的地形图，按统一的经差和纬差分幅，并以国际百万分之一地图分幅编号为基础的编号系统。

（3）依据统一的规范和图式。依据国家测绘局统一制定的测量与编绘规范和《地形图图式》。

工程用的小区域大比例尺地形图，有的是按国家统一的坐标系统和高程系统测绘的，有的也可以按某个城市坐标系统，或假定的坐标系统和假定的高程系统。

## 9.2　大比例尺地形图的识读

地形图上包含大量的自然、环境、社会、人文、地理等要素和信息，能够比较全面、客观地反映地面的情况。因此，地形图是国土整治、资源勘察、城乡规划、土地利用、环境保护、工程设计、矿藏采掘、河道整理等工作的重要资料。特别是在规划设计阶段，不仅要以地形图为底图进行总平面的布设，而且还要根据需要，在地形图上进行一定的量算工作，以便因地制宜地进行合理的规划和设计。

地形图是用各种规定的图式符号和注记表示地物、地貌及其他有关资料的。要想正确地使用地形图，首先要能熟读地形图。通过对地形图上的符号和注记的阅读，可以判断地貌的自然形态和地物间相互关系，这也是地形图阅读的主要目的。在地形图阅读时，应注意以下几方面的问题。

### 9.2.1 图廓外信息识读

图廓外信息主要有图的比例尺、坐标系统、高程系统、基本等高距、测图的年月、测绘单位以及接图表。图9-1是一幅1:2000沙湾村地形图，图名下标注20.0-15.0表示该图的编号（采用图幅西南角坐标公里数编号法）。图幅左下角注明测绘日期是1991年8月，从而可以判定地形图的新旧程度。测图采用经纬测绘法，坐标系采用任意直角坐标系，即假定的平面直角坐标系，高程采用1985年国家高程基准。内图廓四个角标注的数字是它的直角坐标值。图内的十字交叉线是坐标格网的交点。图幅左上角是接图表，通过它可了解相邻图幅的图名。

图 9-1　沙湾村 1:2000 比例尺地形图

143

### 9.2.2 熟悉图式符号

在地形图阅读前，首先要熟悉一些常用的地物符号的表示方法，区分比例符号、半比例符号和非比例符号的不同，以及这些地物符号和地物注记的含义。对于地貌符号要能根据等高线判断出各类地貌特征（例如，山头、洼地、山脊、山谷、鞍部、峭壁、冲沟等），了解地形坡度变化。

### 9.2.3 地物的识读

认识地物首先要查找居民地、道路与河流。图9-1图幅最大的居民地就是沙湾村。道路是大兴公路，该公路的西边通向李村，离李村0.7km。大兴公路从西北边的山哑口出来，沿山脚向东南延伸。大兴公路在图中地段有两个分岔口，北边分岔口的分岔公路经过白沙河上的一座桥梁去化工厂，南边分岔公路去石门。沙湾村没有公路直通，但村西有大车路与公路相连。沙湾村南面有一条乡村小路通向南边的丘陵地。白沙河为本幅图内唯一的一条河流，河流两岸为平坦地，河北岸至沙湾村有大面积的菜地。河南岸可能为耕地，图上未注明，或有尚待开发的荒地，此处与大兴公路最接近，开发潜力巨大。白沙河中间有境界符号，因此白沙河也是梅镇与高乐乡的分界线。

### 9.2.4 地貌的识读

从图中等高线形状、密集程度与高度可以看出，地貌属于丘陵地。一般是先看计曲线再看首曲线的分布情况，了解等高线所表示出的地性线及典型地貌。东部山脚至图边为缓坡地。丘陵地内有许多小山头，最高的山头为图根点 $N_4$，其高程为108.23m，最低的等高线为78m。金山上有一个三角点高程为104.13m，从金山向东北方向延伸至图根点 $N_5$ 的山头，再下坡到大兴公路，是本图幅内的最长的山梁。山梁的东边是缓坡地，已开垦为旱地。山梁的西北面为较长的山沟，从西南走向东北，谷底较宽，也已开垦为旱地。沙湾村南有一条乡村小路，向南延伸跨过公路到南面的山沟，沿沟边上山通过一个哑口抵达南面96.12m的山头，继续向西延伸。

图9-2为城市居民区1:500地形图，图中有各种地物符号，其含义请查阅第7章表7-4常用地物、地貌和注记符号。

## 9.3 中小比例尺地形图的识读

### 1. 编号

大比例尺地形图的图幅是按矩形或正方形分幅，其编号法已在第7章介绍了。中小比例尺地形图的图幅是按经纬度分幅，即按一定的经差与纬差大小组成一幅图。由于经线收敛于两极，因此图幅呈梯形状。图幅的划分与编号是以1:100万比例尺为基础，1:100万每幅图为经差6°，纬差4°；1:50万则是在1:100万一分为四，因此，每幅图为经差3°，纬差2°；1:10万则是在1:100万一分为144，因此，每幅图为经差30′，纬差20′；其他各种比例图分幅大小详见表9-2。

1992年12月，我国颁布了《国家基本比例尺地形图分幅和编号》（GB/T 13989—92）新标准，1993年3月开始实施。新的分幅大小与旧的相同，但编号方法不同，1:100万图幅的编号，由图幅所在的"行号列号"组成，例如某地经度114°33′45″，纬度39°22′30″所在的图幅编号，新旧两种编号均列于表9-2。新编号是由所在的1:100万图幅的编号、比例尺代码

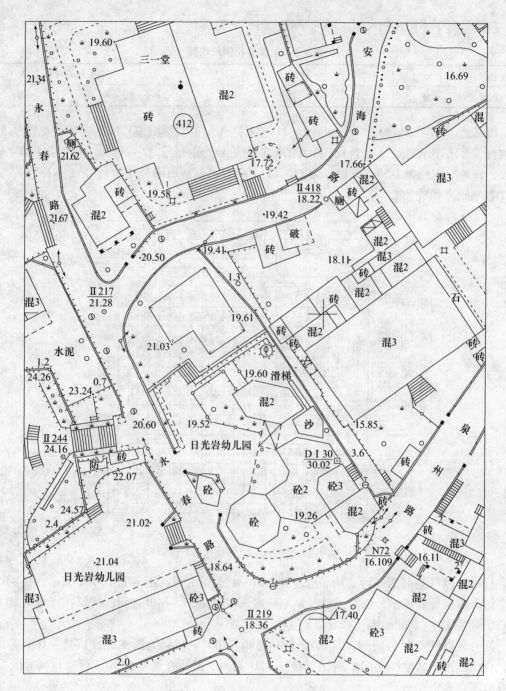

图 9-2 某城市居民区 1:500 地形图

和各图幅行号列号共 10 位码组成。即

145

新编号对于不同比例尺用不同的字符代码，见表9-1。

表9-1　新编号比例尺代码

| 比例尺 | 1:50万 | 1:25万 | 1:10万 | 1:5万 | 1:2.5万 | 1:1万 | 1:5千 |
|---|---|---|---|---|---|---|---|
| 代码 | B | C | D | E | F | G | H |

以某地（纬度 $\varphi = 39°23'$，经度 $\lambda = 114°34'$）为例说明新旧编号法的区别，见图9-3新旧两种编号法图示对照。对于1:100万图幅新旧编号均由行号（字符码）与列号（数字码）组成，该地旧编号为J-50，新编号为J50。1:100万图幅新旧编号均由行号（字符码）与列号（数字码）组成。

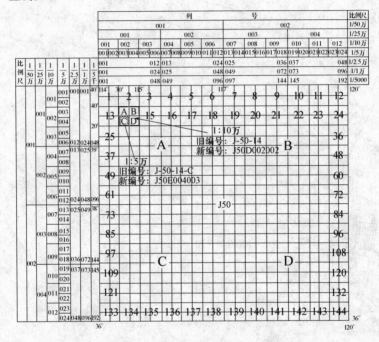

图9-3　新旧两种编号法图示对照

行号是以纬差4°为一行，从赤道起算，0°~4°为第1行，用英文字母A表示；4°~8°为第2行，用字母B表示；依此类推；某地纬度39°23′在36°~40°之间，其所在行号第10行，相应字母为J。

列号是以经差6°为一列，从西经180°向西，180°~174°为第1列，174°~168°为第2列，依此类推；某地经度114°34′在114°~120°之间，其所在列号为50。行号与列号的公式计算见本章末[补1]。

确定行号与列号后，就可在如图9-3中标出某地所在1:100万图幅四角的经纬度，纬度从36°~40°，经度从114°~120°。其他比例尺新旧图幅编号，从表9-2中得到对应关系。图中A，B，C，D表示1:50万比例尺图幅的旧编号。数字1，2，3，4，……144表示1:10万比例尺图幅旧编号中末尾的序号，如图9-3旧编号J-50-14，相应新编号，查得行号002，列号002，故新编号为J50D002002。1:5万比例尺图幅旧编号为J-50-14-C，新编号为J50E004003。

146

表 9-2　1:100 万 ~ 1:1 万地形图分幅编号

| 比例尺 | 图幅大小 | | 包含的图幅数 | | 比例尺代码 | 图幅编号举例 | |
|---|---|---|---|---|---|---|---|
| | 经差 | 纬差 | 上幅数 | 本幅数 | | 旧编号 | 新偏号 |
| 1:100 万 | 6° | 4° | 1 | 1 | | J-50 | J50 |
| 1:50 万 | 3° | 2° | 1 | 4 | B | J-50-A | J50B001001 |
| 1:25 万 | 1°30′ | 1° | 1 | 4 | C | J-50-A-a | J50C001001 |
| 1:10 万 | 30′ | 20′ | 1:100 万 1 | 144 | D | J-50-14 | J50D002002 |
| 1:5 万 | 15′ | 10′ | 1 | 4 | E | J-50-14-C | J50E004003 |
| 1:2.5 万 | 7′30″ | 5′ | 1 | 4 | F | J-50-14-C-3 | J50F008005 |
| 1:1 万 | 3′45″ | 2′30″ | 1:10 万 1 | 64 | G | J-5-14-(49) | J50G015010 |

认识图幅的分幅与编号，对于用图者来说要能提出规划区内所需图幅编号与数量，以便向测绘部门购买。例如，某规划区位于东经 119° 15′ ~ 119° 45′，北纬 39° 40′ ~ 40°00′，求该区域内有 1:10 万与 5 万图幅有多少张？并写出它们新旧图幅编号。

由于 1:10 万每幅图为经差 30′、纬差 20′，所以 1:10 万图幅角的经度只有整度数与 30′两种，纬度则有整度数与 20′、40′三种。因此，规划区所在范围很容易画出如下草图（图9-4）：

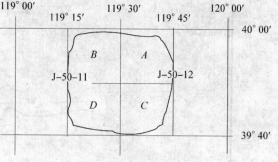

图 9-4　某区域位置示意图

从图 9-4 看出规划区含 1:10 万图 2 张：即 J-50-11 与 J-50-12。

1:5 万图 4 张：即 J-50-11-B，J-50-11-D，J-50-12-A，J-50-12-C。

相应新图幅编号从图 9-3 对应位置可查得：

1:10 万　　J-50-11 新编号为 J50D001011，J-50-12 新编号为 J50D001012

1:5 万　　J-50-11-B 新编号为 J50E001022，J-50-11-D 新编号为 J50E002022

J-50-12-A 新编号为 J50E001023，J-50-12-C 新编号为 J50E002023

2. 图框形式

图 9-5 是长安集 1:2.5 万地形图，内图廓为本图幅的范围，西边经线是 125°52′30″，东边经线是 126°00′，南边纬线是 44°00′，北边纬线是 44°05′。图中最外边的粗黑线为外图廓，起装饰作用。在内外图廓中间绘有经纬度的分度带，在图幅左右两边南北方向绘有黑白相间的是纬度分度带，黑、白段均为 1′；在图框上下绘有黑白相间的是经度分度带，西边短粗黑线段表示为 30″，其余黑、白段表示 1′。通过经纬度的分度带可以确定图上某点的经纬度。

图内有坐标格网，又称公里格网，每方格为 1km × 1km。公里格网的坐标值标注在分度带与内图廓之间，以 km 为单位的高斯平面直角坐标系的坐标。图中 4879，4880，…，4886，4887 为赤道起算的纵坐标 $X$。21731，21732，…，21740 为高斯直角坐的通用横坐标 $Y$（即实际坐标加 500km），冠以 21 表示投影带带号。

在图幅四边中部于外图廓与分度带之间注有相邻接图幅的编号，如相邻北图幅编号

147

L-51-144-D-2，相邻南图幅编号 K-51-12-D-2，供接边和用图者查用（图9-5相邻东、西图幅编号，因缩图而裁去，图中未显示）。

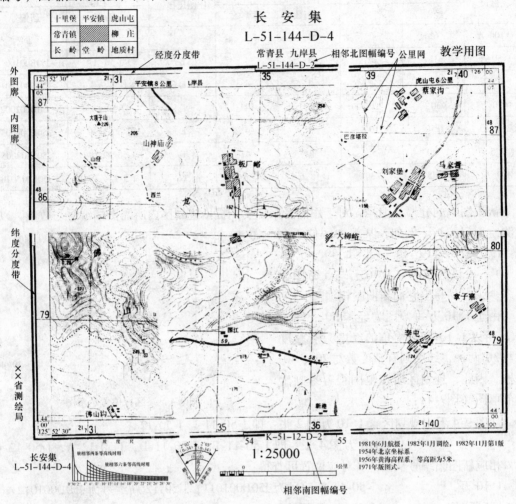

图 9-5　1∶2.5 万比例尺地形图

3. 图框外的图形与文字说明

　　图框外正上方写图名，图名下面是本图幅的编号。为了便于查找和使用地形图，图框外左上角为接图表，标名本图幅与相邻八个方向图幅的图名。图框左下方绘有坡度尺和三北方向图。坡度尺用来量图上两点的地面坡度，用两脚规在坡度尺图上可量二条、三条、四条、五条及六条等高线之间的坡度，如图9-6所示。三北方向图是指真子午线方向、磁子午线方向及坐标纵轴线方向之间的关系图。图中真子午线方向总是画在正南北方向，而磁子午线方向、坐标纵轴线方向根据实际情况画在它的东边或西边，如图9-7所示。图中2°02′为磁偏角，2°03′为子午线收敛角，4°05′为磁坐偏角。在三北方向图中，在度分角度数值下面括号内表示另一种角度制——密位。一圆周分为6400等份，每一等份弧长所对的圆心角为一密位，因此，1密位 $= \dfrac{360°}{6000} = 3′36″$。密位主要用于军事上，当半径为1km时，弧长1m所对的圆心角约为1密位。

148

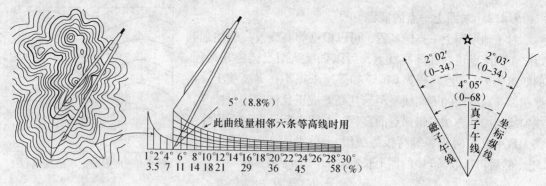

图 9-6 坡度尺及其使用

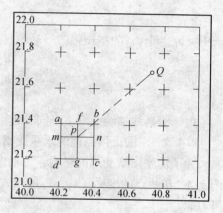

图 9-7 三北方向图

图框外的文字说明是了解图件来源、成图方法、测绘日期等重要资料。通常在图的下方或左、右两侧注有文字说明，内容包括测图日期、坐标系、高程基准、测绘单位等。

### 9.4 地形图应用的基本内容

#### 9.4.1 求图上一点坐标

利用地形图进行规划设计，经常需要知道设计点的平面位置，一般是根据图廓坐标格网的坐标值来求出。

图 9-8 1:2000 图坐标格网

如图 9-8 所示，欲确定图上 $p$ 点坐标，首先绘出坐标方格 $abcd$，过 $p$ 点分别作 $x$，$y$ 轴的平行线与方格 $abcd$ 分别交于 $m$，$n$，$f$，$g$，根据图廓内方格网坐标可知

$$x_d = 21200\text{m}$$

$$y_d = 40200\text{m}$$

再按测图比例尺（1:2000）量得 $dm$，$dg$ 实际水平长度

$$D_{dm} = 120.2\text{m}$$

$$D_{dg} = 100.3\text{m}$$

则

$$x_p = x_d + D_{dm} = 21200 + 120.2 = 21320.2\text{m}$$

$$y_p = y_d + D_{dg} = 40200 + 100.3 = 40300.3\text{m}$$

如果为了检核量测的结果，并考虑图纸伸缩的影响，则还需量出 $ma$ 和 $gc$ 的长度。若 $(dm + ma)$ 和 $(dg + gc)$ 不等于坐标格网的理论长度 $l$（一般为 10cm），为了使求得的坐标值精确，应按下式计算

$$\left.\begin{array}{l} x_p = x_d + \dfrac{l}{da} \cdot dm \cdot M \\[2mm] y_p = y_d + \dfrac{l}{dc} \cdot dg \cdot M \end{array}\right\} \tag{9-1}$$

式中 $M$ 为地形图比例尺的分母。

### 9.4.2 求图上一点的高程

对于地形图上一点的高程，可以根据等高线及高程注记确定之。如该点正好在等高线上，可以直接从图上读出其高程，例如图 9-9 中 $q$ 点高程为 64m。如果所求点不在等高线上，根据相邻等高线间的等高线平距与其高差成正比例原则，按等高线勾绘的内插方法求得该点的高程。如图中所示，过 $p$ 点作一条大致垂直于两相邻等高线的线段 $mn$，量取 $mn$ 的图上长度 $d_{mn}$，然后再量取 $mp$ 中的图上长度 $d_{mp}$，则 $p$ 点的高程

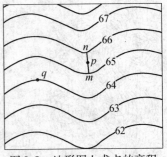

图 9-9 地形图上求点的高程

$$H_p = H_m + h_{mp}$$

$$h_{mp} = \frac{d_{mp}}{d_{mn}} h_{mn} \tag{9-2}$$

式中，$h_{mn} = 1\text{m}$，为本图幅的等高距，$d_{mp} = 3.5\text{mm}$，$d_{mn} = 7.0\text{mm}$，则

$$h_{mp} = \frac{d_{mp}}{d_{mn}} h_{mn} = \frac{3.5}{7.0} \times 1 = 0.5\text{m}$$

$$H_p = 65 + 0.5 = 65.5\text{m}$$

由于等高线描绘的精度不同，也可以用目估的方法确定图上一点的高程。

### 9.4.3 求图上两点间的水平距离

为了消除图纸变形的影响，可根据两点的坐标计算水平距离。首先，按式（9-1）求出图上 $A$，$B$ 两点的坐标 $(x_A, y_A)$，$(x_B, y_B)$，如图 9-10 所示，然后按式（9-3）计算水平距离 $D_{PQ}$

$$D_{AB} = \sqrt{\Delta x_{AB}^2 + \Delta y_{AB}^2} = \sqrt{(x_B - x_A)^2 + (y_B - y_A)^2} \tag{9-3}$$

若精度要求不高，也可以用毫米尺量取图上 $A$，$B$ 两点间距离，再按比例尺换算为水平距离，这样做受图纸伸缩的影响较大。

### 9.4.4 确定图上直线的坐标方位角

如图 9-10 所示，欲求直线 $AB$ 的坐标方位角，先求出图上 $A$，$B$ 两点的坐标 $(x_A, y_A)$，$(x_B, y_B)$，然后按反正切函数计算出直线 $AB$ 坐标方位角，即

$$\alpha_{AB} = \arctan \frac{\Delta y_{AB}}{\Delta x_{AB}} \tag{9-4}$$

当直线 $AB$ 距离较长时，按式（9-4）可取得较好的结果。

如果精度要求不高，也可以用图解的方法确定直线坐标方位角。首先过 $A$，$B$ 两点精确地作坐标格网 $X$ 方向的平行线，然后用量角器量测直线 $AB$ 的坐标方位角。同一直线的正、反坐标方位角之差应为 $180°$。

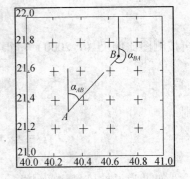

图 9-10 图上确定直线坐标方位角

### 9.4.5 确定直线的坡度

设地面两点 $m$，$n$ 间的水平距离为 $D_{mn}$，高差为 $h_{mn}$，直线的坡度 $i$ 为其高差与相应水平距离之比：

$$i_{mn} = \frac{h_{mn}}{D_{mn}} = \frac{h_{mn}}{d_{mn} \cdot M} \tag{9-5}$$

式中 $d_{mn}$ 为地形图上 $m$，$n$ 两点间的长度（以米为单位），$M$ 为地形图比例尺分母。坡度 $i$ 常

150

以百分率表示。图 9-9 中 $m$, $n$ 两点间高差为 $h_{mn} = 1.0\text{m}$，量得直线 $mn$ 的图上距离为 7mm，并设地形图比例尺为 1:2000，则直线 $mn$ 的地面坡度为 $i = 7.14\%$。

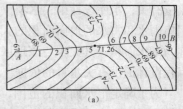

## 9.5 地形图在工程设计中的应用

### 9.5.1 根据地形图绘制指定方向的断面图

在工程设计中，经常要了解在某一方向上的地形起伏情况，例如公路、隧道、管道等的选线，可根据断面图设计坡度，估算工程量，确定施工方案。如图 9-11 所示，绘制 $AB$ 方向的断面图方法如下：

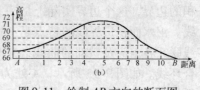

图 9-11 绘制 $AB$ 方向的断面图

（1）在 $AB$ 线与等高线交点上标明序号，如图 9-11a 中的 1，2，…，10 各点。

（2）如图 9-11b 所示，绘一条水平线作为距离的轴线，绘一条垂线作为高程的轴线。为了突出地形起伏，选用高程比例尺为距离比例尺的 5 倍或 10 倍。

（3）将图 9-11a 中 1，2，…，10 各点距 $A$ 点的距离量出，并转绘于 9-11b 图的距离轴线上。转绘时，一般情况下断面图采用的距离比例尺与 9-11a 图上用的比例尺一致，必要时也可按其他适宜比例尺展绘。

（4）在图 9-11b 的高程轴线上，按选定的高程比例尺及 $AB$ 线上等高线的高程范围，标出 66～72m 高程点。

（5）在图 9-11b 上，横坐标上 $A$，1，2，…，10，$B$ 各点的高程，在纵坐标上按高程比例尺取点，即得断面上的点，其中第 5 点为鞍部中实测的碎部点，其高程为 71.26m。

（6）将所得断面上相邻各点以圆滑曲线相连，即得 $AB$ 方向的断面图。

### 9.5.2 按规定坡度在地形图上选定最短路线

进行铁路、公路、管道等设计时，均有一定的限制坡度，为了线路的经济合理，可以在地形图上按规定坡度选择最短路线。方法如下：如图 9-12 所示，设自 $A$ 点（高程 38.0m）向山头 $B$ 点（高程 45.56m）修一条路，其允许之最大坡度 $i$ 为 8%，地形图比例尺为 1:1000，等高距 $h$ 为 1m，则路线跨过两条等高线所需的最短距离 $D$ 可用坡度公式 $i = \dfrac{h}{D}$ 导出，$D = \dfrac{h}{i} = \dfrac{1}{0.08} = 12.5\text{m}$，化为图上长 $d = \dfrac{12.5\text{m}}{1000} = 12.5\text{mm}$。以 $A$ 为圆心，$d$ 为半径画弧交 39m 等高线于 1 点；再以 1 点为圆心，$d$ 为半径画弧交 40m 等高线于 2 点；以此类推得 3，4，5，6，7 点。另外以同样方法可得到 $1'$，$2'$，…，$7'$ 点。至此两条路线均尚未到达 $B$ 点。

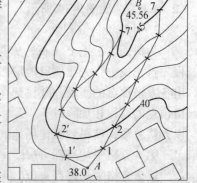

图 9-12 在地形图上选线

但是，由于 $B$ 点高程为 45.56m，与 7 或 $7'$ 点所在等高线高程之差为 0.56m，按 8% 坡度所需的最短实地距离是 $\dfrac{0.56\text{m}}{0.08} = 7\text{m}$，相应图上距离为 7mm，而图上 $7'B$ 与 $7B$ 量得距离都大于最短距离 7mm，因此，这两条路均符合要求。

按上述方法选择路线，仅从坡度不超过 8% 来考虑，实际选线时，尚需考虑其他因素，如对地质条件、工程量大小、农田占用等问题作综合分析，才能最后确定路线。

### 9.5.3 在地形图上确定汇水面积

在公路、铁路的勘测设计中，遇有跨越河流、山谷或深沟时，需要修建桥梁和涵洞。桥梁的跨度、涵洞的孔径与水流量有关；水库设计中，水坝位置、坝的高度与水库蓄水量有关。水量的大小又与该区域内汇集雨水和雪水的地面面积的大小有关。某处能汇集到雨（雪）水的范围，该范围的面积称为汇水面积，其大小与该地区的降雨（雪）量，就可为工程设计提供有关水量的依据。

为了确定汇水面积的范围，需在地形图上画出汇水面积的边界，这个边界实际上是一系列分水线即山脊线的连线。汇水面积边界线的特点是：边界线是通过一系列山脊线联系各山头及鞍部的曲线，并与河道的指定断面形成闭合环线。如图 9-13 所示，$A$ 处为公路跨越山谷的一座桥，桥的设计应考虑通过 $A$ 处的流量，该处的汇水面积界线为从桥的西端起，经 $B$、$C$、$D$、$E$、$F$、$G$、$H$ 回到桥的东端，形成汇水面积界线。

## 9.6 地形图在平整土地中的应用

图 9-13　在地形图上确定汇水面积

工程建设中，通常要对拟建地区的自然地貌作必要的改造，以满足各类建筑物的平面布置、地表水的排放、地下管线敷设和公路铁路施工等需要。在平整土地工作中，一项重要的工作是估算土（石）方的工程量，即利用地形图进行填挖土（石）方量的概算。其方法有多种，其中方格网法是其中应用最广泛的一种。

### 9.6.1 方格网法

如图 9-14 所示，拟在地形图上将原地貌按填、挖土（石）方量平衡的原则，改造成某一设计高程的水平场地，然后估算填挖土（石）方量。其具体步骤如下：

1. 在地形图上绘制方格网

方格网的网格大小取决于地形图的比例尺大小、地形的复杂程度以及土（石）方量估算的精度。方格的边长一般取为 10m 或 20m。本例方格的边长为 10m。对方格进行编号，纵向（南北方向）用 $A$、$B$、$C$，……进行编号，横向（东西方向）用 1、2、3、4，……进行编号，因此，各方格顶点编号由纵横编号组成，例如图 9-14 北边 3 个方格点的编号为 $A1$、$A2$、$A3$、$A4$，最南边两个方格点的编号为 $C1$、$C2$、$C3$ 等，如图 9-14 所示。

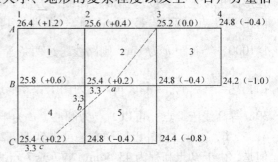

图 9-14　方格网法平整土地

2. 计算设计高程

为保证填、挖土（石）方量平衡，设计平面的高程应等于拟建场地内原地形的平均高程。首先找一张大比例尺地形图，在拟建场地范围内打方格，根据地形图上的等高线内插求出各方格顶点的高程，并注记在相应方格顶点的左上方，如图 9-14 所示。然后，将每一方格顶点的高程相加除以 4，从而得到每一方格的平均高程，再把每个方格的平均高程相加除以方格总数，就得到拟建场地的设计平面高程 $H_0$。

第 1 方格平均高程 $= (H_{A1} + H_{A2} + H_{B1} + H_{B2})/4$；

第 2 方格平均高程 $= (H_{A2} + H_{A3} + H_{B2} + H_{B3})/4$；

⋮

第 5 方格平均高程 $= (H_{B2} + H_{B3} + H_{C2} + H_{C3})/4$。

所以平整土地总的平均高程 $H_0$ 为 5 个方格平均高程再取平均，即

$$H_0 = \frac{1}{4n}\left[(H_{A1} + H_{A4} + H_{B4} + H_{C3} + H_{C1}) + 2(H_{A2} + H_{A3} + H_{C2} + H_{B1}) + 3H_{B3} + 4H_{B2}\right]$$

分析设计高程 $H_0$ 的公式可以看出：方格网的 $A1$，$A4$，$C1$，$C3$，$B4$ 的高程只用了一次，称为角点；$A2$，$A3$，$B1$，$C2$ 的高程用了两次，称为边点；$B3$ 的高程用了 3 次，称为拐点；而中间点 $B2$ 的高程用了 4 次，称为中点。因此，计算设计高程的一般公式为：

$$H_0 = \frac{1}{4n}\left(\sum H_角 + 2\sum H_边 + 3\sum H_拐 + 4\sum H_中\right) \qquad (9\text{-}6)$$

式中 $H_角$，$H_边$，$H_拐$，$H_中$ 分别表示角点、边点、拐点、中点的高程；$n$ 为方格总数。将图 9-13 中方格网顶点的高程代入式（9-6），可计算出设计高程是 25.2m。

3. 计算填、挖高度（施工量）

根据设计高程和方格顶点的高程，可以计算出每一方格顶点的挖、填高度：

$$挖、填高度 = 地面高程 - 设计高程 \qquad (9\text{-}7)$$

各方格顶点的挖、填高度写于相应方格顶点的右上方。正号为挖深，负号为填高。挖、填高度又称施工量，如图 9-14 方格顶点旁括号内数值。

4. 确定填、挖边界线

当方格边上一端为填高，另一端为挖深，中间必存在不填不挖的点，称为零点（零工作点、填挖分界点），如图 9-15 所示。零点 0 的位置由下式计算 $x$ 值来确定：

$$x = \frac{|h_1|}{|h_1| + |h_2|}l \qquad (9\text{-}8)$$

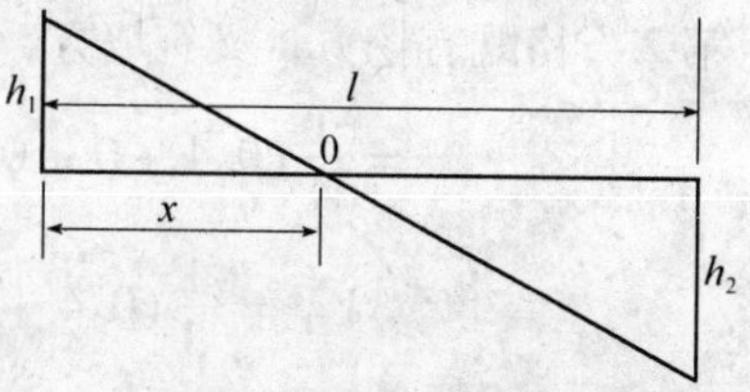

式中 　　　$l$——方格的边长；

$|h_1|$，$|h_2|$——方格边两端点挖深、填高的绝对值；

　　　$x$——填挖分界点距标有 $h_1$ 方格顶点的距离。

本例 $B2 \sim B3$，$B2 \sim C2$ 及 $C1 \sim C2$ 三个方格边两端施工量符号不同，必存在零点。按式（9-8）算得结果均为 3.3m。根据求得 $x$ 值，在图上标出，参照图形顺滑连接各零点便得填挖分界线，如图 9-14 中的虚线。施工前，在实地撒上白灰以便施工。

图 9-15　确定填挖分界点

5. 计算填、挖方量

首先列一表格，填入所有方格顶点编号、挖深及填高，然后，各点按其性质，即角点、边点、拐点和中点分别进行计算，它们的公式从图 9-16 很容看出是：

角点：$V_角 = h_角 \times \frac{1}{4}S_格$

边点：$V_边 = h_边 \times \frac{2}{4}S_格$

拐点：$V_拐 = h_拐 \times \frac{3}{4}S_格$

中点：$V_中 = h_中 \times \frac{4}{4}S_格$

$$(9\text{-}9)$$

最后，按挖方与填方分别求和，可求得总挖方量与总填方量。计算过程列于表 9-3。

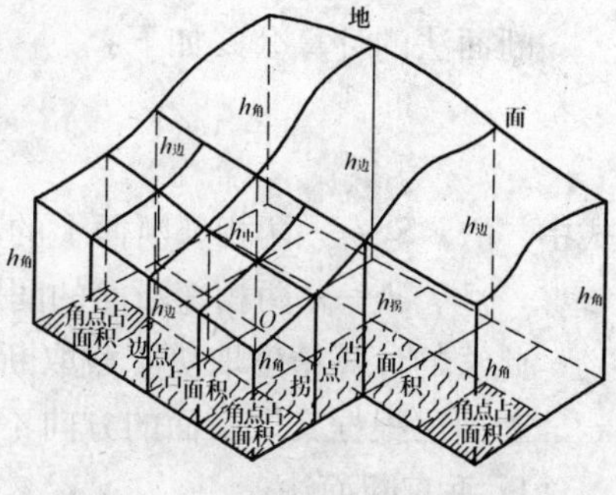

图 9-16　土方计算地面模型

表 9-3　挖方与填方土方计算表

| 点号 | 挖深（m） | 填高（m） | 点的性质 | 所代表面积（m²） | 挖方量（m³） | 填方量（m³） |
|------|-----------|-----------|----------|------------------|--------------|--------------|
| A1 | +1.2 | | 角 | 25 | 30 | |
| A2 | +0.4 | | 边 | 50 | 20 | |
| A3 | 0.0 | | 边 | 50 | 0 | |
| A4 | | -0.4 | 角 | 25 | | 10 |
| B1 | +0.6 | | 边 | 50 | 30 | |
| B2 | +0.2 | | 中 | 100 | 20 | |
| B3 | | -0.4 | 拐 | 75 | | 30 |
| B4 | | -1.0 | 角 | 25 | | 25 |
| C1 | +0.2 | | 角 | 25 | | |
| C2 | | -0.4 | 边 | 50 | 5 | 20 |
| C3 | | -0.8 | 角 | 25 | | 20 |
| | | | | Σ | 105 | 105 |

这种方法计算挖填方量简单，但精度较低。下面介绍另一种方法，精度较高。

该法特点是逐格计算挖方与填方量，遇到某方格内存在填挖分界线时，则说明该方格既有挖方，又有填方，此时要求分别计算，最后再计算总挖方量与总填方量。本例第 1 方格全为挖方，其数值可用下式计算：

$$V_{1W} = \frac{1}{4}(1.2 + 0.4 + 0.6 + 0.2) \times 100 = 60 \text{m}^3$$

第 2 方格既有挖方，又有填方，因此

$$V_{2W} = \frac{1}{4}(0.4 + 0 + 0 + 0.2) \times \frac{3.3 + 10}{2} \times 10 = 0.15 \times 66.5 = 9.98 \text{m}^3$$

$$V_{2T} = \frac{1}{3}(0.4 + 0 + 0) \times \frac{6.7 + 10}{2} = 0.13 \times 33.5 = 4.36 \text{m}^3$$

第 3 方格只有填方，可求得：$V_{3T} = 45 \text{m}^3$

第 4 方格既有挖方，又有填方，可求得：$V_{4W} = 15.51 \text{m}^3$，$V_{4T} = 2.92 \text{m}^3$。

第 5 方格既有挖方，又有填方，可求得：$V_{5W} = 0.38 \text{m}^3$，$V_{4T} = 30.26 \text{m}^3$。

因此，$\sum V_W = 85.87 \text{m}^3$，$\sum V_T = 82.54 \text{m}^3$。

### 9.6.2　断面法

断面法是以一组等距（或不等距）的相互平行的截面将拟整治的地形分截成若干"段"，计算这些"段"的体积，再将各段的体积累加，从而求得总的土方量。

断面法的计算公式如下：

$$V = \frac{S_1 + S_2}{2} \times L \tag{9-10}$$

式中　$S_1$，$S_2$——两相邻断面上的填土面积（或挖土面积）；

　　　　$L$——两相邻断面的间距。

此法的计算精度取决于截取断面的数量，多则精，少则粗。

断面法根据其取断面的方向不同主要分为垂直断面法和水平断面法（等高线法）两种。

1. 垂直断面法

如图 9-17a 所示之 1:1000 地形图局部，$ABCD$ 是计划在山梁上拟平整场地的边线。设计

154

要求：平整后场地的高程为67m，*AB*边线以北的山梁要削成1:1的斜坡。分别估算挖方和填方的土方量。

根据上述的情况，将场地分为两部分来讨论。

（1）*ABCD* 场地部分

根据 *ABCD* 场地边线内的地形图，每隔一定间距（本例采用的是图上10cm）画一垂直于左、右边线的断面图，图9-17b 为 *A—B*，1—1 和8—8 的断面图（其他断面省略）。断面图的起算高程定为67m，这样一来，在每个断面图上，凡是高于67m 的地面和67m 高程起算线所围成的面积即为该断面处的挖土面积，凡由低于67m 的地面和67m 高程起算线所围成的面积即为该断面处的填土面积。

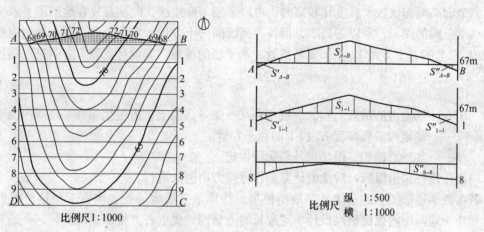

图 9-17 垂直断面法

（a）1:1000 地形图局部；（b）*A—B*，1—1，8—8 三个断面图

分别求出每一断面处的挖方面积和填方面积后，根据式（9-10）即可计算出两相邻断面间的填方量和挖方量。例如：*A—B* 断面和 1−1 断面间的填、挖方为：

$$V_填 = V'_填 + V''_填 = \frac{S'_{A-B} + S'_{1-1}}{2} \times L + \frac{S''_{A-B} + S''_{1-1}}{2} \times L \tag{9-11}$$

$$V_挖 = \frac{S_{A-B} + S_{1-1}}{2} \times L \tag{9-12}$$

式中　$S'$，$S''$——断面处的填方面积；

　　　$S$——断面处的挖方面积；

　　　$L$——*A—B* 断面和 1—1 断面间的间距。

同法可计算出其他相邻断面间的土方量。最后求出 *ABCD* 场地部分的总填方量和总挖方量。

（2）*AB* 线以北的山梁部分

首先按与地形图基本等高距相同的高差和设计坡度，算出所设计斜坡的等高线间的水平距离。在本例中，基本等高距为1m，所设计斜坡的坡度为1:1，所以设计等高线间的水平距离为1m，按照地形图的比例尺，在边线 *AB* 以北画出这些彼此平行且等高距为1m 的设计等高线，如图9-17a 中 *AB* 边线以北的虚线所示。每一条斜坡设计等高线与同高的地面等高线相交的点，即为零点。把这些零点用光滑的曲线连接起来，即为不填不挖的零线。在零线范围内，就是需要挖土的地方。

为了计算土方，需画出每一条设计等高线处的断面图，如图9-18所示，画出了 68 – 68 和 69 – 69 两条设计等高线处的断面图（其他断面省略）。在画设计等高线处的断面图时，其起算高程要等于该设计等高线的高程。有了每一设计等高线处的断面图后，即可根据式（9-10）计算出相邻两断面的挖方。

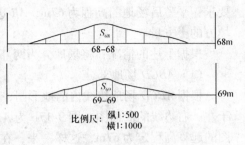

比例尺：纵1:500
　　　　横1:1000

图9-18　68 – 68 和 69 – 69 两条设计
等高线处的断面图

最后，第一部分和第二部分的挖方总和即为总的挖方。

## 2. 等高线法（水平断面法）

当地面高低起伏较大且变化较多时，可以采用等高线法。此法是先在地形图上求出各条等高线所包围的面积，乘以等高距，得各等高线间的土方量，再求总和，即为场地内最低等高线 $H_0$ 以上的总土方量 $V_总$。如要平整为一水平面的场地，其设计高程 $H_设$ 可按下式计算：

$$H_设 = H_0 + \frac{V_总}{S} \tag{9-13}$$

式中　$H_0$——场地内的最低高程，一般不在某一条等高线上，需根据相邻等高线内插求出；

　　　$V_总$——场地内最低高程 $H_0$ 以上的总土方量；

　　　$S$——场地总面积，由场地外轮廓线决定。

当设计高程求出以后，后续的计算工作可按方格网法进行。

若在数字地形图上，利用数字地面模型，计算平整场地的挖、填方工程量，则更为方便。先在场地范围内按比例尺设计一定边长的方格网，提取各方格顶点的坐标，并插算各点相应的高程，同时，给出或算出设计高程，求算各点的挖、填高度，按照挖、填范围分别求出挖、填土（石）方量，这种方法比在地形图上手工画图计算更为快捷。

## 9.7　地形图的野外应用

地形图是野外调查的工作底图和基本资料，任何一种野外调查工作都必须利用地形图。所以野外用图也是地形图应用的重要内容，识读地形图是用图者必备的技能。在野外使用地形图需按准备、定向、定站、对照、填图的顺序进行。

### 9.7.1　准备工作

1. 器材准备

调查工作所需的仪器、工具和材料，如罗盘仪、卷尺、标杆、直尺、三角板、三棱尺、量角器等。

2. 资料准备

根据调查地区的位置范围与调查的目的和任务，确定所需地形图的比例尺和图号，准备近期地形图以及与之匹配的最新航片。

3. 技术准备

对收集的各种资料进行系统的整理分析，供调查使用。在室内阅读地形图和有关资料，了解调查区域概况，明确野外调查的重点地区和内容，确定野外工作的技术路线、主要站点和调研对象。

### 9.7.2　地形图的定向

在野外使用地形图，首先要进行地形图定向。地形图定向就是使地形图上的东南西北与实地的方向一致，就是使图上线段与地面上的相应线段平行或重合。常用方法如下：

### 1. 用罗盘仪定向

借助罗盘仪定向，可依磁子午线或图廓南北方向线标定，方法如下：

先将罗盘仪的度盘零分划线朝向北图廓（图9-19a），并使罗盘仪的直边与磁子午线重合，转动地形图使磁针北端对准零分划线，这时地形图的方向便与实地的方向一致了。

也可将罗盘仪的度盘零分划线朝北，使罗盘仪的直边与图廓南北线重合（图9-19b），然后转动地形图使磁针北端对准磁偏角值，则地形图的方向即与实地的方向一致了。因为磁偏角有东偏和西偏之别，所以在转动地形图时要注意转动的方向，其规则是：东偏向西（左）转，西偏向东（右）转。

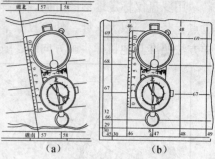

图 9-19　用罗盘仪定向

### 2. 用直长线状地物定向

先在图上找出一条直长的线状地物，如道路、渠道、土堤等，观测者立于线状地物上，如图9-20所示，用一直尺贴放在图上对应线状地物上，然后转动地形图，沿直尺边瞄准，当直尺与地面相应线状地物方向一致时，则地形图方向已标定。

### 3. 按方位物定向

如图9-21所示，首先，确定站立点在图上的位置（如图中桥的一头），然后，根据方位物（三角点、独立树、水塔、烟囱、道路交点、桥涵等）进行地形图定向。做法是先将直尺贴放在图上的站点和某一方位物的连线上，然后转动地形图，当直尺照准线通过地面的相应方位物（图中三角点）时，则地形图已定向好。

图 9-20　用线状地物定向

图 9-21　按方位物定向

### 9.7.3 确定站立点在图上的位置

利用地形图进行野外调查时，经常需要找到调查者在地形图上的位置。主要方法有：

#### 1. 根据景物判定法

如图9-22所示，用现地对照的方法，比较站点四周明显地形特征点在图上的位置，再依它们与站立点的关系来确定站点在图上的位置。

#### 2. 侧方交会法

若站点位于线状地物（如道路、堤坝、渠道、陡坎等）上或在过两明显特征点的直线上，这时

图 9-22　根据景物确定站立点位置

先按线状地物标定地形图方向。然后，在该线状地物侧翼找一个图上和实地都能辨认的明显地物，如图 9-23 所示，在图上该地物点中心插一大头针，将直尺紧靠大头针并瞄准该地物点，沿直尺边缘用铅笔画直线，它与线状符号的交点即为站点在图上的位置。

### 3. 后方交会法

用罗盘仪标定地形图方向，选择图上和实地都有的两个或三个同名目标，在图上目标定位点上竖插一根大头针，使直尺紧靠大头针转动，照准实地同名目标，向后绘方向线，用同样方法照准其他目标，画方向线，其交点就是站点的图上位置，如图 9-24 所示。

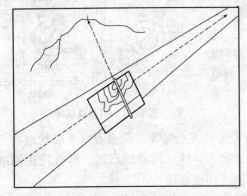 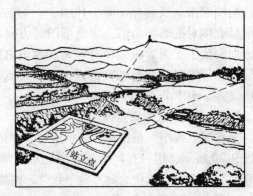

图 9-23　侧方交会确定站立点　　　　图 9-24　后方交会确定站立点

还有一种后方交会法，即用透明纸后方交会法，首先在站点上置平图板，在图板上放一张透明纸，在透明纸上，由站点向三个地面目标描绘方向线。然后，将透明纸蒙在图纸上，转动透明纸，使三条方向均通过图上的对应目标点，此时将透明纸上的站点用针刺到图上，此点就是所求站立点在图上的位置。

### 9.7.4　实地对图、填图和图上设计的标定

#### 1. 实地对图

确定了地形图的方向和站点的图上位置后，再将地形图与实地地物、地貌进行对照读图，即依照图上站点周围的地理要素，在实地上找到相应的地物与地貌。图与实地对照的方法是：由左向右，由近及远，由点到线，由线到面。先对照主要明显的地物地貌，再以它为基础依相关位置对照其他一般的地物地貌。再按这些地物的分布情况和相关位置逐点逐片的对照其他物。

地貌对照时，可根据地貌形态，山脊走向，先对照明显的山顶、鞍部，然后从山顶顺岭脊向山麓、山谷方向进行对照。若因地形复杂某些要素不能确定时，可用直尺切于图上站点和所要查找目标的符号定位点上，按视线方向及距站点的距离来判定目标物。

目标地物到站点的实地距离可用简易测量方法，如步测、目测或手持 GPS 测距的方法测定。

#### 2. 填图

在对站点周围地理要素认识的基础上可以进行实地填图，就是将调查对象用规定的符号和注记填绘在地形图上。例如，实地的区划线、地类线等如何在地形图上标绘，这些都是野外调查与规划设计人员必须掌握的技术。

森林资源清查中的区划线，土地利用调查中的地类线，造林规划设计中的林班线等，在图上一般未绘出，要持图到实地进行勾绘，这种填图工作一般精度要求不是很高，但是，如

158

果用图者方法不当，不够认真，极易搞错。

（1）利用现有地物地貌目估勾绘

如果区划线是利用地性线划分，如山脊线、山谷线、河岸线等，一般目估勾绘可以保证勾绘准确。但是，勾绘地类线，当它不与地性线重合时，除目估外，还需采取一些辅助措施。在图上多找几个已知点，根据已知点的相互关系，分析判断待定点的方位，再加上目估或步量的方法，最后确定待定点的位置。如图9-25所示，欲在图上勾绘村东水稻田的地类线（虚线部分），可以从小路与河岸线交点处步量到 $A$ 点的距离可标定 $A$ 点；从村东一房屋南缘的延长线步量到 $B$ 点的距离可标定 $B$ 点；再从小路转弯点顺小路步量到 $C$ 点的距离可标定 $C$ 点；最后连 $A$，$B$，$C$ 三点在图上的位置，便得到地类线。

（2）用罗盘仪设站观测勾绘

当地形特征点不明显或很稀少时，可用罗盘仪后方交会法设站，如图9-26a 所示，在待定点 $P$ 安置罗盘仪，观测在图上可辨认的地面上三个目标的磁方位角，然后换算为反方位角，用量角器与直尺，在地形图上作图，由方向线 $ap$，$bp$，$cp$ 相交得 $p$ 点（图9-26b），即为所求测站点。在测站点 $p$ 用罗盘仪测量地类界的转折点的方位角及视距，最后，用量角器与直尺在地形图上作图勾绘出地类界。

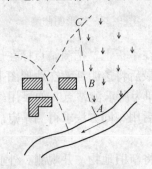

图9-25 利用地物地貌目估勾绘

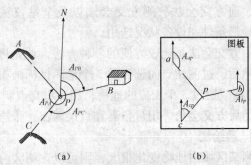

图9-26 罗盘仪后方交会法设站

3. 把图上设计标定到实地

（1）引点法

从一个已知点（图与实地均能找到的地形点）出发，如图9-27中桥头 $Q$ 点，用极坐标法，即用罗盘仪测设磁方位角（内业图解的），视距法测设距离（内业图解的），在实地标定未知点 $A$。在森林资源清查中，经常要在地形图公里格网的交点处（如图中 $A$ 点）设样地点，首先在图中量 $AQ$ 的磁方位角，然后换算为反磁方位角。在实地找到桥梁，在桥头 $Q$ 点安置罗盘仪测设 $QA$ 磁方位角，在视线方向量得 $QA$ 距离便得 $A$ 点。

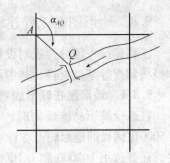

图9-27 引点法确定未知点 $A$

（2）罗盘仪交会法

欲求的 $A$ 点若与现有地物距离较远，可用交会法定 $A$ 点，通常应选 3 个地物点进行交会。

### 9.7.5 地形图修测

地形图更新周期长，为了满足调查与规划的需要，必须对原有地形图进行补测漆上新增的地物，这个过程称修测。修测的方法主要有：

### 1. 距离交会法

为了测定新地物点，利用附近 $2 \sim 3$ 个旧地物点，量新旧地物距离，然后在图上用圆规进行距离交会，如图 9-27 所示。交会角最好在 $30° \sim 120°$ 之间，所利用的旧地物点必须具有明显的外轮廓的并经校核位置准确的地物点，在图上标绘后，再实量新地物长或宽，以资检核，如图中丈量 $ab$ 距离以资检核。

### 2. 支距法

当新旧地物距离较近时，可以利用支距法，如图 9-28 中新地物栅栏距公路较近，可由栅栏拐点向公路作垂线，量 $y_1$，再由垂足往东量至路交叉点 $O$ 得距离 $x_1$，根据 $x_1$、$y_1$ 在地形图作图绘栅栏拐点，同法便测绘出栅栏另一点。

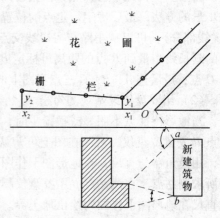

图 9-28　地形图修测

### 3. 设站法

当直接利用旧地物测设新地物有困难时，需用各种方法增设测站点，设站的方法有：利用旧地物点距离交会法，平板仪后方交会法，经纬仪后方交会法、前方交会法、侧方交会法以及全站仪法等。根据地形条件和设备状况选用。

后方交会法是比较方便的一种方法，首先将透明纸固定在平板上，把测站点标在透明纸上，然后，过测站点向选择的 3 个地面目标画 3 条方向线，最后将透明纸蒙在地形图上，使 3 个方向线通过 3 个相应的地物，用针将交点刺入地形图，即为所求测站点。如果用经纬仪观测的后方交会角，用量角器和直尺画在一张透明纸上，然后用相同方法求得测站点。

### 4. 透绘法

当某区域内地物变化很大，则可以在测区内选一测站，将新旧地物一并观测。外业结束后，将观测结果绘在一张透明纸上，将透明纸蒙在原图上，使旧地物完全重合，然后将新地物透绘到原图上。

## 9.8　地形图在工程建设中的应用

工程建设一般分为规划设计、施工、运营三个阶段。在规划设计时，必须有地形、地质和经济调查等基础资料，其中地形资料主要是地形图。

### 9.8.1　地形图在城市规划中的应用

在进行城市总体规划时，根据城市用地范围大小，一般要选用 $1:2.5$ 万或 $1:1$ 万或 $1:5000$ 比例尺的地形图。在详细规划阶段，为了满足房屋建筑和各项工程编制初步设计的需要，还要选用 $1:2000$ 和 $1:1000$ 比例尺的地形图。

在平原地区进行规划设计时，按规划原理和方法，可以比较灵活布置建筑群体。但在山地和丘陵地，建筑用地要随着地形特点，例如沿河谷、沟谷一侧或两侧布置建筑群成带状，山坡上大约沿等高线布置，随地形陡缓而变化。要使绝大部分建筑有良好的朝向，有较好的日照与通风，应避免大挖大填，过量地改变原有地貌，将导致自然环境的破坏，致使地下水、土层结构、植物生态及地区景观剧烈变化，不利于生态平衡。

通风与日照是布置建筑物应考虑的重要问题，利用地形达到自然通风是最佳选择。在设计时要结合地形，参照当地气象资料加以研究。在迎风坡，应将建筑物布置成平行等高线或与等高线斜交；在背风坡，可布置一些通风要求不高或不需通风的建筑。日照效果，在平地是和地理位置、建筑物朝向和高度有关；而在山区，日照效果除和上述因素有关外，还和周围地形、建筑物处于向阳坡或背阳坡、地面坡度大小等因素有关，因此，应结合地形具体分析研究。

另外，建筑物的占地问题，建筑物的集中和分散布置问题等，都要取得省地、省工、通风和日照的好效果。一些不宜建筑的地区，如陡坡、冲沟、空隙地、边缘山坡以及由人为采石、取土形成的洼地等，都要分别情况，因地制宜地加以利用。

对地形图上地形进行分析，根据地面坡度与水流方向进行排水设计。例如在0.5% ~1%地面坡度的地段，排除雨水是方便的。在地面坡度较大的地区内，可根据地形分区排水。由于雨水及污水的排除是靠重力在沟管内自流的，因此，排水沟管应有适当的坡度，同时要利用自然地形，将排水沟管设置在地形低处或顺山谷线处，这样，既能使雨水和污水畅通自流，又能使施工的土方量最小。

自来水厂的厂址选择要依据地形图确定位置，如在河流附近时，要考虑在洪水期内厂址不会被淹没，在枯水期又有足够的水量；水源离供水区不应太远，供水区的高差也不应太大。

进行防洪、排涝、涵洞、涵管等的工程设计时，经常需要在地形图上确定汇水面积作为设计的依据。

### 9.8.2　地形图在水库设计中的应用

水库设计一般要用1:1万 ~1:5万比例尺的地形图，以解决下述重要问题：确定水库的淹没范围和面积，计算总库容，设计库岸的防护工程，确定沿库岸落入临时淹没和永久浸没地区的城镇、工厂和耕地，拟定相应工程防护措施，设计航道和码头位置，制定库底清理、居民迁移及交通改建等规划。

在初步设计阶段，还要使用1:1万或1:2.5万的地形图，准确选择坝轴线的位置。坝轴线选定以后，还要利用1:2000或1:5000地形图研究与水利枢纽相配套的永久性建筑物、交通运输线路等。施工设计阶段，还要利用1:500或1:1000地形图，详细设计工程各部分位置与尺寸。

### 9.8.3　地形图在公路铁路建设中的应用

在公路铁路建设中，首先要在中、小比例尺地形图上进行选线，提出可能的几种方案，然后再到实地踏勘。对于大的桥梁和隧道，首先应在1:2.5万或1:5万比例尺地形图上研究，然后再到实地进行踏勘，了解地形、地质和水文情况，提出比较方案。之后，还要有1:500 ~1:5000桥址地形图，如果没有还要着手自行测绘，以便进行主体工程和附属工程的设计。

## 本　章　补　充

[补1] 关于图幅编号查算的公式

对于1:100万图幅新旧编号均由行号（字符码）与列号（数字码）组成。1:100万图幅大小，纬差为4°，经差为6°。因列号是从西经180°向西计算，至第1带（0° ~6°），其列号已是31，因此，行号与列号的公式如下：

$$\left.\begin{array}{l} 行号 = \left[\dfrac{\varphi}{4°}\right] + 1 \\[3mm] 列号 = \left[\dfrac{\lambda}{6°}\right] + 31 \end{array}\right\} \tag{9-14}$$

式中$\varphi$，$\lambda$表示某地的纬度、经度，[ ]表示取商的整数。把某地经纬度值（纬度$\varphi = 39°23'$，经度$\lambda = $

114°34′)代入公式算得，行号为 10，其相应的英文字母为 J。1∶100 万图幅旧编号是"行号-列号"，本例为 J-50，新编号也是行号与列号，但其间无"-"号，即 J50。

其他几种比例尺图幅新编号，是在 1∶100 万图幅新编号后加比例尺代码，再加上图幅行号与列号，详见表 9-2 的规定。1∶50 万～1∶1 万图幅行号与列号公式为

$$\left.\begin{array}{l}图幅行号 = \left[\dfrac{\varphi_{左上} - \varphi}{\Delta\varphi}\right] + 1 \\[4mm] 图幅列号 = \left[\dfrac{\lambda - \lambda_{左上}}{\Delta\lambda}\right] + 1\end{array}\right\} \tag{9-15}$$

上式中 $\varphi_{左上}$ 和 $\lambda_{左上}$ 为某地所在 1∶100 万图幅左上角的纬度、经度。根据某地纬度与经度画所在 1∶100 万图幅的草图，如图 9-29 所示。从图中很容易看出 $\varphi_{左上} = 40°$，$\lambda_{左上} = 114°$。上式中 $\Delta\varphi$ 和 $\Delta\lambda$ 为待求图幅的纬差、经差，若求 1∶10 万图幅编号，则 $\Delta\varphi = 20′$，$\Delta\lambda = 30′$，代入公式（9-15）得

图幅行号 = 2    图幅列号 = 2

因此，某地所在的 1∶10 万图幅新编号为 J50D002002。

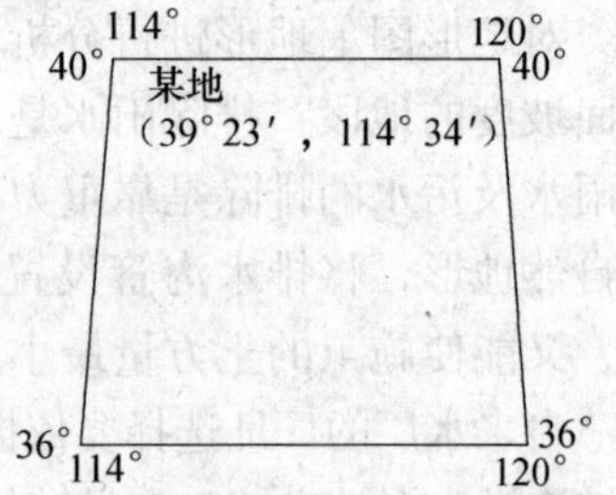

查算某地所在的 1∶10 万图幅旧编号的公式是

$$x = \left[\dfrac{\varphi_{左上} - \varphi}{20′}\right] \times 12 + \left[\dfrac{\lambda - \lambda_{左上}}{30′}\right] + 1 \tag{9-16}$$

图 9-29　某地 1∶100 万图幅的四角

上式中 $x$ 表示某地所在 1∶10 万图幅旧编号的一个序号（1，2，3，4，……144 中的一个数）。把某地经纬度代入上式算得：$x = 1 \times 12 + 1 + 1 = 14$，所以旧编号为 J-50-14。

## 练　习　题

1. 地形图的应用包括哪些基本内容？

2. 图 9-30 为 1∶2000 比例尺地形图，试确定：

（1）$A$，$B$，$C$ 三点的高程 $H_A$，$H_B$，$H_C$；

（2）$A$，$P$，$B$，$C$，$M$ 五点的坐标；

（3）用解析法和图解法分别求出距离 $AB$，$BC$，$CA$，并进行比较；

（4）用解析法和图解法分别求出方位角 $a_{AB}$，$a_{BC}$，$a_{CA}$，并进行比较；

（5）求 $AC$，$CB$ 连线的坡度 $i_{AC}$ 和 $i_{CB}$。

3. 怎样在图上设计一定坡度的线路最短的路线？图 9-30 为 1∶2000 的地形图，试在图上绘出从西庄附近的 $M$ 出发至鞍部（垭口）$N$ 的坡度不大于 8% 的路线。

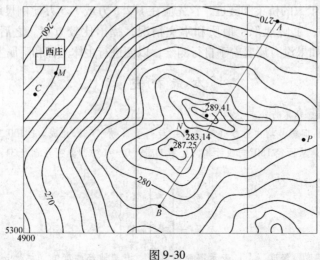

图 9-30

162

4. 怎样按地形图绘制已知方向线的纵断面图？图9-30为1:2000的地形图，试沿 *AB* 方向绘制纵断面图（水平距离比例尺为1:2000，高程比例尺为1:200）。

5. 图9-31表示某一缓坡地，按填挖基本平衡的原则平整为水平场地。首先，在该图上用铅笔打方格，方格边长为10m。其次，由等高线内插求出各方格顶点的高程。以上两项工作已完成，现要求完成以下内容：

（1）求出平整场地的设计高程（计算至0.1m）；

（2）计算各方格顶点的填高或挖深量（计算至0.1m）；

（3）计算填挖分界线的位置，并在图上画出填挖分界线且注明零点距方格顶点的距离；

（4）分别计算各方格的填挖方以及总挖方和总填方量（计算取位至0.1m³）。

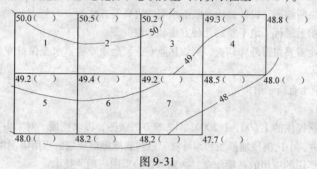

图 9-31

6. 什么是汇水面积？图9-32为1:5000的地形图，欲在 *AB* 处建水坝，试勾绘汇水面积的界线。

图 9-32

7. 某规划区位于东经 114°30′~116°00′，北纬 39°20′~39°40′，求该区域内包含 1:10 万、1:5 万、1:2.5万图幅各多少张？并写出它们的新旧图幅编号。

8. 电子地图优点有哪些？

# 学 习 辅 导

1. 本章学习目的与要求

目的：对各种比例尺地形图的认识与应用是极其重要的问题，当然不同专业有不同的要求，一般建筑

163

类专业学生能识读大比例尺的地形图就可以了，但对于规划类专业或承担较大工程技术人员来说，不能只限于识读大比例尺地形图，而且还要能识读中、小比例尺的地形图，本章9.3节专讲中、小比例尺地形图的识读。学习本章的目的就是要会识图和用图。

要求：

（1）认识大比例尺（1:500～1:5000）地形图，认识地物符号，熟悉各种典型地貌的等高线表示法。

（2）认识中、小比例尺（1:1万～1:100万）地形图，这类地形图图框式样较为复杂，有外图廓、内图廓，经纬度分度带，四周标注相邻图幅编号，坐标格网线（公里网）等。还有新旧图幅的编号对照关系等。

（3）掌握地形图应用的一般问题，例如求点的坐标、高程、某方向坡度、方位角等。

（4）掌握地形图绘断面图、设计路线及画汇水面的边界等方法。

（5）掌握在地形图上进行土地平整的几种方法和步骤。

（6）对于某些专业需要在野外作调查，例如林业专业、地质专业、水土保持专业、土壤专业等还应掌握地形图的野外应用。

（7）9.8节要求学生有所了解即可。

2. 学习要领

（1）认真阅读教材提供的1:500，1:2000，1:2.5万三张图，以求读懂。对书中1:2.5万图仅要求认识图框信息。通过识读中、小比例尺地形图和编号法，以达到能提出规划区内所需图幅编号与数量的目的。

（2）认真完成地形图的应用的各项作业，达到掌握地形图应用的技术。

（3）通过认真研读图9-3，理解新编号的特点和编号法。

（4）掌握利用地形图上进行土地平整的方法，重点放在方格法，这是平整土地的常用方法。

# 第10章 面积测定

## 10.1 面积测定概述

在国民经济建设和工程设计中，不但经常需要测定诸如汇水面积、土地面积、厂区面积、林区面积、水域面积等各类型面积，而且面积测定还是体积测定的基础。

面积测定的方法很多，不同的方法适用于不同的条件和精度要求。通常要根据底图的精度、待量图的形状和大小、测定精度要求以及可能配备的量算工具等，来确定使用何种方法进行面积量算。常用的面积测定方法有图解法与解析法、网格法、纵距和法、机械求积仪法、控制法以及电子求积仪法。

## 10.2 图解法与解析法

### 10.2.1 图解法

具有几何图形的面积，可用图解几何图形法来测定，即：将其划分成若干个简单的几何图形，从图上量取图形各几何要素，按几何公式来计算各简单图形的面积，并求其和，即得待测图形的面积。图解几何图形法测定面积的常用方法有：三角形底高法、三角形三边法、梯形底高法及梯形中线与高法。

（1）三角形底高法就是量取三角形的底边长 $a$ 和高 $h$，按 $S = \frac{1}{2} a \cdot h$ 来计算其面积。

（2）三角形三边法就是量取三角形的三边之长 $a$，$b$，$c$，然后，按海伦（Heran）公式 $S = \sqrt{L(L-a)(L-b)(L-c)}$ ［其中 $L = (a+b+c)/2$］计算其面积。

（3）梯形底高法就是量取梯形上底边长 $a$ 和下底边长 $b$ 及高 $h$，按 $S = \frac{1}{2}(a+b) \cdot h$ 计算其面积。

（4）梯形中线与高法，就是量取梯形的中线长 $c$ 及高 $h$，按 $S = c \cdot h$ 来计算其面积。

当用图解几何图形法量取面积元素时，最好使用复比例尺。若使用一般的刻度尺，应对其刻度进行检验，不符合精度要求的尺子，不能使用。

### 10.2.2 解析法

对于折线多边形的图形，可用坐标格网内插出多边形各顶点之平面直角坐标，然后再按这些坐标值来计算图形的面积，称为解析法。

有如图 10-1 所示的 $n$ 边形，其角点按顺时针编号为 1，2，…，$n$，设各角点的坐标值均为正值（这个假设并不会使其在应用上失去一般性，但却使公式的推导变得简单），其坐标值依次为 $x_1$，$y_1$，$x_2$，$y_2$，…，$x_n$，$y_n$。由图10-1可以看出，若从各角点向 $y$ 轴作垂线，则将构成一系列的梯形（如 $1A_1A_22$，$2A_2A_33$，……）其上底和下底分别为过相邻两角点的两条垂线（其长度为 $x_i$ 和 $x_{i+1}$），其高为前一点（$i+1$ 号点）与后一点（$i$ 号点）的 $y$ 坐标之差，即 $y_{i+1} - y_i$，于是可知，第 $i$ 个梯形的面积 $S_i$ 为

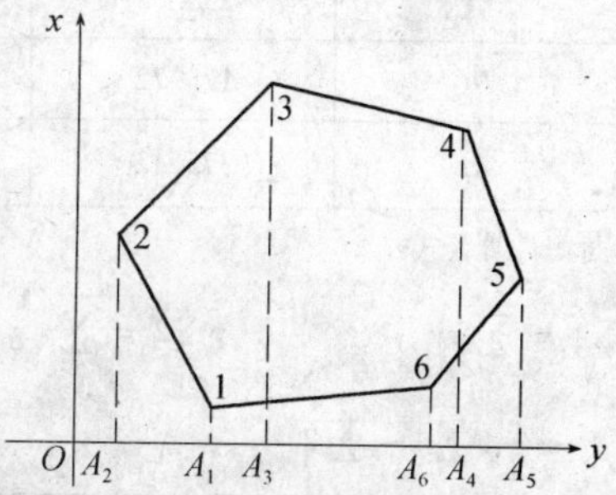

图 10-1　解析法计算面积

165

$$S_i = \frac{1}{2}(x_{i+1} + x_i)(y_{i+1} - y_i)$$

由图 10-1 可看出，该六边形的面积是 2 点，3 点，4 点的 3 个梯形面积减去 5 点，6 点，1 点的 3 个梯形面积。从上式还可看出，当 $i+1$ 号点位于 $i$ 号点之右方时，$y_{i+1} - y_i$ 为正，相应的面积为正；反之，$i+1$ 号点位于 $i$ 号点之左方时，$y_{i+1} - y_i$ 为负，相应的面积为负。因此只要将上式计算的各梯形面积相加就可得多边形面积，即 $n$ 边形的面积 $S$ 可按下式计算：

$$2S = (x_2 + x_1)(y_2 - y_1) + (x_3 + x_2)(y_3 - y_2) + (x_4 + x_3)(y_4 - y_3) + \cdots +$$
$$(x_n + x_{n-1})(y_n - y_{n-1}) + (x_1 + x_n)(y_1 - y_n)$$
$$= x_1y_2 - x_2y_1 + x_2y_3 - x_3y_2 + \cdots + x_{n-1}y_n - x_ny_{n-1} + x_ny_1 - x_1y_n$$

即

$$S = \frac{1}{2}\left(\sum_{i=1}^{n} x_i y_{i+1} - \sum_{i=1}^{n} y_i x_{i+1}\right) \tag{10-1}$$

因为是闭合多边形，所以上式中，当 $i = n$ 时，$y_{n+1}$ 即为 $y_1$，$x_{n+1}$ 即为 $x_1$。为了便于记忆式 (10-1)，将多边形各点坐标按下列的顺序排列，注意第 1 点坐标重复列在最后，见下面的示意图：

图 10-2　公式记忆方法示意图

把示意图（图 10-2）与式（10-1）对照可看出：

2 倍多边形面积 = 实线两端坐标相乘之和 − 虚线两端坐标相乘之和

上列公式是在角点按顺时针编号的约定下推导出来的。若角点按逆时针编号，按上式计算的面积将是负值，即与角点按顺时针编号时计算的面积值等值反号。式（10-1）计算极富规律性，特别适合编程计算。下面举一例用计算器计算。为了计算检核，可从第 2 点开始再按表 10-1 计算一遍。

表 10-1　解析法面积计算表[补1]

| 点　名 | 纵坐标 $x$ | 横坐标 $y$ | 面积计算项目 | |
|---|---|---|---|---|
| | | | $x_i \times y_{i+1}$ | $y_i \times x_{i+1}$ |
| $A$ | 375.12 | 120.51 | 103326.8040 | 57920.7213 |
| $B$ | 480.63 | 275.45 | 204709.9296 | 69077.3510 |
| $C$ | 250.78 | 425.92 | 52871.9474 | 74842.6624 |
| $D$ | 175.72 | 210.83 | 21176.0172 | 79086.5496 |
| $A$ | 375.12 | 120.51 | | |

面积计算公式：

$$\sum 1 = \sum_{i=1}^{n} x_i y_{i+1} \qquad \sum 2 = \sum_{i=1}^{n} y_i x_{i+1}$$

$$S = \frac{1}{2}\left(\sum 1 - \sum 2\right)$$

| | |
|---|---|
| 本列总和 $\sum 1 =$ 382084.6982 | 本列总和 $\sum 2 =$ 280927.2843 |
| $2S = \sum 1 - \sum 2$ | 101157.4130m² |
| 面积 $S$　　5.057871 公顷 | 75.87 亩 |

注意算法的规律性：实线两端箭头的两个数相乘写入 $(x_i \times y_{i+1})$ 栏，虚线两端箭头的两个数相乘写入 $(y_i \times x_{i+1})$ 栏。

**【例 10-1】** 如图 10-3 所示四边形 $ABCD$，各点坐标为

$A$ 点：$x_A = 375.12\text{m}$，$y_A = 120.51\text{m}$；

$B$ 点：$x_B = 480.63\text{m}$，$y_B = 275.45\text{m}$；

$C$ 点：$x_C = 250.78\text{m}$，$y_C = 425.92\text{m}$；

$D$ 点：$x_D = 175.72\text{m}$，$y_D = 210.83\text{m}$。

试用解析法求四边形 $ABCD$ 的面积为多少？

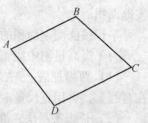

图 10-3　计算四边形面积

## 10.3　网格法

网格法是测定不规则图形面积的一种手工方法。它是利用绘有毫米方格的透明方格纸（文具店可买到），或其他类型的网格的透明纸（或透明模片）来测定图斑面积的。

网格法测定面积时，可将绘有正方形网格的透明纸（或透明膜片）蒙在欲测定的图斑上，固定不动，然后把图形边界仔细描在透明纸上。认真数图形边界内的方格数，如图 10-4 所示，先数 $1\text{cm}^2$ 的方格数（本例有 4 个），再数 $0.25\text{cm}^2$ 的方格数（本例有 13 个），接着再数 $1\text{mm}^2$ 的方格数（本例有 244 个），最后数边界线通过 $1\text{mm}^2$ 的方格数（本例有 76 个），边界线上毫米方格折半计算，因此，总面积 $S$ 为

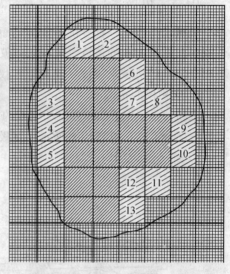

$$S = 4 \times 1\text{cm}^2 + 13 \times 0.25\text{cm}^2 + 244 \times$$

$$0.01\text{cm}^2 + \frac{76 \times 0.01\text{cm}^2}{2}$$

$$= 484\text{cm}^2$$

如果此图比例尺为 $1:5000$，则实地面积 $S$ 为：

$$S = 484\text{cm}^2 \times 5000^2 = 12100\text{m}^2$$

图 10-4　网格法（用透明方格纸）

网格法测定面积具有操作简便、易于掌握，能保证一定的精度，在当前土地调查中被广泛应用，但该法的缺点是效率低。

## 10.4　平行线法

平行线法是利用绘有平行线组（间距为 2mm 或 5mm）的透明膜片，将图形分割成若干梯形而求其面积的。

如图 10-5 所示，将透明膜片蒙在待测面积的图形上，转动膜片使图形的上下边界（如 $a$，$b$ 在两点）处于平行线间的中央位置后，固定膜片。此时，整个图形被平行线切割成一系列的梯形，梯形的高为平行线的间距 $h$，梯形中线为平行线在图形内的部分 $d_1$，$d_2$，$\cdots$，$d_n$。查看图中 1 个梯形面积，例如画斜线的梯形面积为 $d_2 \cdot h$，显然，总的面积 $S$ 是

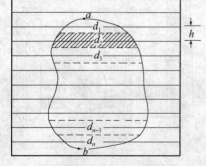

$$S = d_1 \cdot h + d_2 \cdot h + \cdots + d_{n-1} \cdot h + d_n \cdot h$$
$$= h(d_1 + d_2 + \cdots + d_{n-1} + d_n)$$

从上式看出：图形总面积为各中线长相加后乘以平行线间隔 $h$，最后，再根据地形图比例尺，将其换算为

图 10-5　平行线法

实地面积。

平行线法测定面积的关键是量各中线长并求其和，故又称为积距法或纵距和法。

为了提高量测中线长的速度，量中线长有两种方法：

（1）两脚规法：先在一张纸上画一直线，然后用两脚规截取各中线长，将其图解累加在直线上，再用直尺量取总长。

（2）长纸条量法：准备一张宽 $1 \sim 2cm$ 长纸条，长度根据量测图形大小而定。用长条纸去比量第 1 中线长，并在长条纸上画两个短线记号，移动纸条使第 1 中线右短线记号与第 2 中线起点重合，然后在长条纸上画第 2 中线终点记号，照此一直量到最后一段中线长。最后，用直尺量起点短线记号至终点短线记号间的长度，即得各中线长之和。

## 10.5 机械求积仪法

机械求积仪是一种专供图上测定面积的仪器，其优点是速度快、操作简便，适用于各种不同形状图形面积的量算。机械求积仪价格低廉，是当前面积测定中普遍使用的工具之一。下面介绍一般机械求积仪（简称求积仪）的构造和使用。

1. 求积仪的构造

求积仪是根据近似积分原理制成的面积测定仪器，主要由极臂、航臂（描迹臂）和计数机件三部分组成，如图 10-6 所示。在极臂的一端有一个重锤，重锤下面有一个短针。使用时

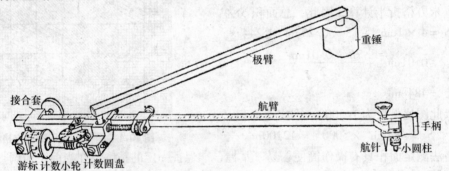

图 10-6　机械求积仪

短针借重锤的重量刺入图纸而固定不动，形成求积仪的极点。极臂的另一端有圆头的短柄，短柄可以插在接合套的圆洞内。接合套又套在航臂上，把极臂和航臂连接起来。在航臂一端有一航针，航针旁有一个支撑航针的小圆柱和一手柄。用制动螺旋和微动螺旋把接合套和航臂连接在一起。航臂长是航针尖端至短柄旋转轴间的距离。极臂长是极点至短柄旋转轴间的距离。

求积仪最重要的部件是计数机件（图 10-7）。它包括计数小轮、游标和计数圆盘。当航臂移动时，计数小轮随着转动。当计数小轮转动一周时，计数圆盘转动一格。计数圆盘共分十格，注有数字 0～9。计数小轮分为 10 等份，每一等份又分成 10 个小格。在计数小轮旁附有游标，可直接读出计数小轮上一小格的十分

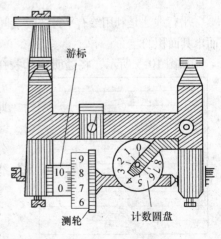

图 10-7　求积仪的记数机件

之一。因此，根据这个计数器可读出求积仪记数机件四位数字。首先从计数圆盘上读得千位数，在计数小轮上读得百位数和十位数，最后按游标与测轮分划线位置读取个位数，如图中所示的读数为 3687[补2]。

2. 求积仪的使用

操作时，将极臂与航臂连接，在图形之外选一个极点，最佳位置是当描针位于图形中心时，航臂与极臂的夹角约为八九十度，也可安置极点后大致绕行图形一周，两臂夹角介于 30°～150°之间。开始量时，在图形轮廓线上选一个起始点并使航臂与极臂的夹角接近于直角，起始点作记号，读出计数机件的起始读数 $n_1$。然后手扶把手使航针尖端顺时针方向平稳而准确地沿图形轮廓线绕行，待回到起始点时，读取读数 $n_2$。根据两次读数，即可按下式计算出待测图形的实地面积 $S$，即

$$S = C \cdot (n_2 - n_1) \tag{10-2}$$

式中 $C$ 为求积仪的分划值（即与一个读数单位对应的面积）。

每一个求积仪的盒内均附有一个小表，其上载有与不同长度的航臂长和常用的比例尺相应的 $C$ 值和 $q$ 值。当极点位于图形之内时，要顾及求积仪加常数 $q$，此法不常用。

使用求积仪时必须注意：

（1）测轮转动计数时，应记住读数盘零点越过指标的次数，如果越过一次或数次，则应在读数中加上一个或数个 10000；如果反时针方向转动，则在读数中减去一个或数个 10000。

（2）在量测面积时，最好使读数机件分别位于极点与航臂连线的右边和左边这两个位置进行量测，而取平均数。

（3）对同一个图形面积必须独立地量测两次，两次所得的分划数之较差，当面积小于 200 个分划时，应不大于 2 个分划；当面积在 200～2000 个分划时，应不大于 3 个分划；当面积大于 2000 个分划时，应不大于 4 个分划。

（4）对于面积 2～3cm² 的小图形，使用求积仪测定面积时应多绕行几圈，再将每圈的平均值代入式（10-2）求取面积。但对于面积为 1～2cm² 的小图形，不宜使用求积仪进行测定。

（5）当面积过大时，应分块进行测定，并把极点放在图形之外。

（6）使用求积仪测定面积所使用的图板应平整，图纸不能有皱纹或裂痕。

3. 求积仪分划值 $C$ 的测定

求积仪的分划值 $C$ 是指求积仪单位读数所代表的面积，也即游标上读得的一个分划所代表的面积。$C$ 值所代表的图上面积，称 $C$ 的绝对值，可写为 $C_{绝对}$，$C$ 值所代表的实地面积，称 $C$ 的相对值，可写为 $C_{相对}$。根据求积仪的原理可知，$C$ 的绝对值等于测轮周长千分之一乘航臂长。$C$ 的绝对值与 $C$ 的相对值在求积仪盒内卡片上标明，两者的关系是

$$C_{相对} = C_{绝对} \times M^2 \tag{10-3}$$

为了测定分划值 $C$，可在图纸上画出任意正规的图形（如圆、正方形、矩形），把航臂安置在一定的长度。在极点位于图形之外的情况下，沿图形轮廓线绕行一周，得到开始和结束的读数 $n_1$，$n_2$。根据此读数和图形的已知面积 $S_0$，利用式（10-2），并顾及到 $q = 0$，可得相应的分划值 $C$，即：

$$c = \frac{S_0}{n_2 - n_1} \tag{10-4}$$

为提高求积仪分划值的测定速度和精度，在求积仪的仪器盒中，备有特制的金属检验尺，如图 10-8 所示，它一端有小针，可固定于图板上，尾上有一小孔可插入航针，小针与小孔的距离 $r$ 由厂家精确测定，因此，以小针为圆心，航针插入小孔转动一周的圆面积是已知的，其值预先刻在尺上或载于附表中。将此面积作为已知面积，可较准确地求出求积仪的分划值[补3]。

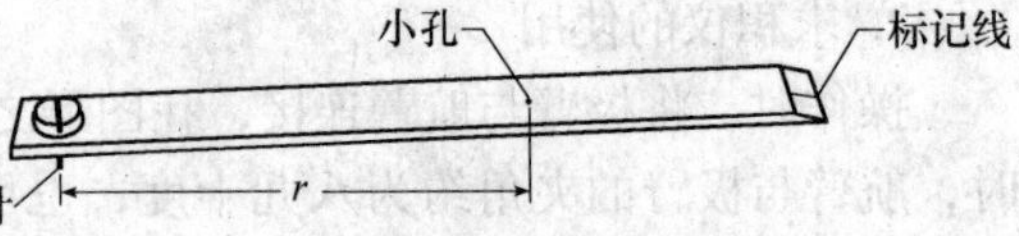

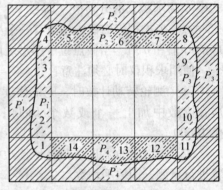

图 10-8　求积仪附件检验尺

## 10.6　控制法

控制法是将方格法和求积仪法相结合的面积测定方法。当图形面积超过 $400cm^2$ 时，若欲获得较高的精度，宜采用控制法进行测定。

控制法是利用公里网格，将待量测面积的图形划分为整方格和非整方格的破格两部分。整格部分面积可由公里网格的理论面积乘以格数而求得；为量测破格的面积，可将几个公里网格分为一组，用求积仪分别测定其图形内的破格部分面积和图形外部分的面积。用公里网格的理论面积，作为控制对图形内的破格面积进行平差。平差后的破格面积与整格面积之和，即为待测图形的面积。

例如，在图 10-9 中，图形内有 6 个整公里网格（每个网格的理论面积为 $p$）和 14 个破格。将 14 个破格分为四组。用求积仪分别对每组的破格部分和图形外部分进行量测。具体操作计算如下：

图 10-9　控制法量算面积

（1）求积仪量测 1，2，3，4 图形读数差为 $a_1$，量测图形外部分读数差为 $b_1$，已知第 1 组理论面积为 $4km^2$，则求积仪分划值

$$C_1 = \frac{4km^2}{a_1 + b_1}$$

因此，第 1 组图内面积 $P_1$ 为 $P_1 = C_1 \times a_1$，图外面积 $P'_1$ 为 $P'_1 = C_1 \times b_1$，此时 $P_1$ 与 $P'_1$ 之和必等于理论面积 $4km^2$，因为：

$$P_1 + P'_1 = C_1 \times a_1 + C_1 \times b_1 = C_1(a_1 + b_1) = 4km^2$$

（2）求积仪量测 5，6，7 图形读数差为 $a_2$，量测图形外部分读数差为 $b_2$，已知第 2 组理论面积为 $3km^2$，则求积仪分划值

$$C_2 = \frac{3km^2}{a_2 + b_2}$$

因此，第 2 组图内面积 $P_2$ 为 $P_2 = C_2 \times a_2$，图外面积 $P'_2$ 为 $P'_2 = C_2 \times b_2$，此时 $P_2$ 与 $P'_2$ 之和必等于理论面积 $3km^2$。

（3）求积仪量测 8，9，10，11 图形读数差为 $a_3$，量测图形外部分读数差为 $b_3$，已知第 3 组理论面积为 $4km^2$，则求积仪分划值

$$C_3 = \frac{4km^2}{a_3 + b_3}$$

因此，第 3 组图内面积 $P_3$ 为 $P_3 = C_3 \times a_3$，图外面积 $P'_3$ 为 $P'_3 = C_3 \times b_3$，此时 $P_3$ 与 $P'_3$ 之和必等于理论面积 $4km^2$。

（4）求积仪量测 12、13、14 图形读数差为 $a_4$，量测图形外部分读数差为 $b_4$，已知第 4 组理论面积为 $3km^2$，则求积仪分划值

$$C_4 = \frac{3km^2}{a_4 + b_4}$$

因此，第 4 组图内面积 $P_4$ 为 $P_4 = C_4 \times a_4$，图外面积 $P'_4$ 为 $P'_4 = C_4 \times b_4$，此时 $P_4$ 与 $P'_4$ 之和必等于理论面积 $4km^2$。

最后求得此图形的总面积 $S$ 为：

$$S = 6p + P_1 + P_2 + P_3 + P_4$$

## 10.7  电子求积法

电子求积法是近二十年来发展起来的新技术，现介绍两种电子求积法：数字化求积法和动极式电子求积仪法。

### 10.7.1  数字化求积法

数字化求积法是利用数字化仪将图形轮廓线转换为线上各点的坐标 $(x_i, y_i)$ 串，记录于存贮器中，借助于电子计算机利用坐标法求面积的公式而求取图形的面积。

使用手扶跟踪数字化仪对图形轮廓线数字化时，应先在轮廓线上找一点作为起始点，将跟迹器的十字丝交点对准该点，打开开关记下起点坐标。然后顺时针沿轮廓线绕行一周后再回到起点。在绕行跟踪过程中，每隔一定时间（例如每隔 $0.5 \sim 1.0s$）或一定的间隔（例如每隔 $0.7 \sim 0.8mm$）取一点的坐标值，记录在存贮器内，然后送入计算机计算其面积。

### 10.7.2  动极式电子求积仪

如图 10-10 所示为 KP-90N 型动极式电子求积仪（日本索佳公司产品），它在机械装置［测轮、动极轴、跟踪臂（即描迹臂）等］的基础上，增加了电子脉冲计数设备和微处理器，测量的面积能自动显示，并有面积分块测定后相加、多次测定取平均值和面积单位换算等功能。因此，其性能较机械求积仪优越，具有测量范围大、精度高和使用方便等优点。

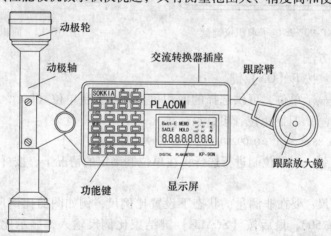

图 10-10  KP-90N 型电子求积仪

1. 动极式求积仪的构造

动极式求积仪构造如图 10-10 所示，包括微处理器、键盘、显示屏、跟踪臂、跟踪放大镜，与微处理器相连的动极轴，在动极轴两端，有两个动极轮，动极轮只能向动极轴的垂直

171

方向滚动，而不能向动极轴方向滑动。

KP-90N 型电子求积仪的反面装有积分车，相当于机械求积仪的测轮，转动数值由电子脉冲设备计数，装有专用程序的微处理器，8 位液晶显示所测的面积，使用功能键可对单位、比例尺进行设定和面积换算。对测定的图形可以分块测定相加、相减和多次量测自动显示平均值。测量范围上下最大幅度达 325mm，左右在滚轮移动方向不受限制。量测面积精度为 ±0.2% 脉冲，即相对误差为 $\frac{1}{500}$。

电源：仪器内藏镍镉可充电池，充电后可连续使用 30 小时。仪器停止使用 5 分钟，将自动关机。电池将耗尽时，显示窗显示"Batt-E"，仪器配专用电器，输出电压为 5V、电流 1.6A。

仪器的分辨力（相当于机械求积仪的图上分划值）为 $10mm^2$（$0.1cm^2$）。

仪器面板说明（图 10-11）：设有 22 个功能键，一个显示窗，上部显示状态区，用来显示电池、存贮器、比例尺、暂存以及面积单位，下部为数据区，用来显示量算结果和数入值。下面在面积量测方法中进一步说明。

2. 面积测定时的准备工作

将图纸固定在平整的图板上。安置求积仪时，使垂直于动极轴的中线通过图形中心，如图 10-12 所示。然后，用描迹点沿图形的轮廓线转一周，以检查动极轮和测轮是否能平滑移动，必要时重新安放动极轴位置。

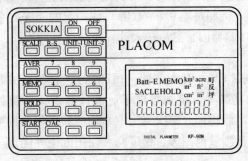

图 10-11　KP-90N 型电子求积仪键盘

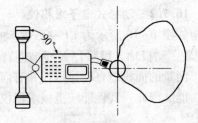

图 10-12　面积测量方法

3. 面积测量的方法

（1）打开电源：按下【ON】键。

（2）选择面积显示单位，可供选择的面积单位有：公制单位（$km^2$，$m^2$，$cm^2$），英制单位（acre，$ft^2$，$in^2$），日制单位（町，反，坪）。

（注：1acre = 4046.86$m^2$，1$ft^2$ = 0.092903$m^2$，1 町 = 9917.4$m^2$）

按【UNIT-1】键，对单位制进行选择；在单位制确定的情况下，按【UNIT-2】键，选定实际的面积单位。

（3）设定比例尺：要在非测量的状态下设置比例尺，例如图的比例尺为 1：500，先按【SCALE】键，再按 500，最后按【SCALE】键结束比例尺输入，显示比例尺分母的平方（250000），确认图的比例尺已设置好。

在量测断面图时，纵、横向比例尺不相同，仪器操作法是：按【SCALE】键后，状态区显示"SCALE"，数据区左边显示字符"A"，右边显示当前纵向比例尺的分母值，用户重新输入，若纵向比例尺为 1：100，则输入 100。然后再按【SCALE】键，数据区左边显示字符"b"，右边显示当前横向比例尺的分母值，用户重新输入，若横向比例尺为 1：1000，则

172

输入 1000，最后按【SCALE】键结束比例尺输入。如果比例尺输入有误，可以立即按【C/AC】键清除。

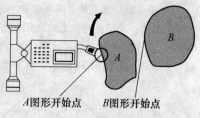

图 10-13　图形累加测法

（4）单个图一次测量法：在图形轮廓线上选取一点作为量测起点，按【START】键，蜂鸣器发出音响，数据区左边显示数字"1"，表示测量次数，右边显示数字"0"。表示可以开始面积测量，使描迹点准确沿轮廓线按顺时针方向移动，直至回到起点。此时，显示屏显示的数值为脉冲数（相当于测轮读数）。按【AVER】键，则显示图形面积值。

（5）同一图形多次测量法：如果对同一图形测量 $n$ 次，每绕图形一周，不按【AVER】键而按【MEMO】键（记忆测量值键），这样重复 $n$ 次（使用记忆键累加不得超过 10 次），结束时，按【AVER】键，则显示 $n$ 次测量的面积平均值。

（6）图形累加和累减测量法图 10-13：设对图形 A 和 B 进行面积测量，最后要相加，则先对图形 A 选开始点，描迹点按顺时针绕图形一周操作，但最后一步不按【AVER】键而按

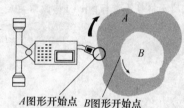

A图形开始点　B图形开始点

图 10-14　图形累减测法

【HOLD】键（保持测量值键，"HOLD"字样显示）。然后，描迹点移至图形 B 的选开始点，再按【HOLD】键（"HOLD"字样消失），显示器显示 0，顺时针绕图形 B 一周后（注意不能逆时针绕图形转），最后按【AVER】键，显示 A 和 B 面积的总和。欲量测图 10-14 的圆环，先测 A 图形面积，后测 B 图形面积，两图形面积机器自动相减便得圆环面积。量 A 图形面积与上法相同，量 B 图形面积时，注意描迹点必须逆时针绕图形 B 转，最后按【AVER】键，显示 A 和 B 面积的之差。

（7）单位换算；面积测量结束，按【AVER】键显示测得面积（按事前指定的面积单位）。此时，如果需要改变面积单位，可以按【UNIT-1】键和【UNIT-2】键，使显示所需要的面积单位。再按【AVER】键，则显示重新指定单位的面积值。

## 本 章 补 充

［补1］关于坐标解析法求面积的精度。

从式（10-1）得知：

$$2S = \sum_{i=1}^{n} x_i y_{i+1} - \sum_{i=1}^{n} y_i x_{i+1}$$

即 $2S = x_1 y_2 - x_2 y_1 + x_2 y_3 - x_3 y_2 + \cdots + x_n y_1 - x_1 y_n$

对上式两边取微分，并将 $dx_i$，$dy_i$ 用中误差

$m_{x_i}$，$m_{y_i}$ 代替得：

$$4m_s^2 = \sum_{i=1}^{n} (y_{i+1} - y_{i-1})^2 m_{x_i}^2 + \sum_{i=1}^{n} (x_{i+1} - x_{i-1})^2 m_{y_i}^2 \tag{10-5}$$

设 $D_{i+1, i-1}$ 为第 $i$ 点左右相邻两点的连线（即间隔点连线）的长度，如图 10-15 所示，则

$$D_{i+1, i-1}^2 = (x_{i+1} - x_{i-1})^2 + (y_{i+1} - y_{i-1})^2 \tag{10-6}$$

可以认为各点坐标中误差都相等，即

$$m_{x_i} = m_{y_i} = m \tag{10-7}$$

将式（10-6）、式（10-7）代入式（10-5），整理后得坐标解析法量测面积中误差公式为

$$m_s = \frac{m}{2} \sqrt{\sum_{i=1}^{n} D_{i+1, i-1}^2} \tag{10-8}$$

[补2] 游标使用法及其原理。

使用法：求积仪测轮上的注记6、7表示600、700等，测轮1小格为10。从游标的0为指标读得数为680多，其个位数从游标上读取，其方法是找出游标刻划线与右边测轮重合线，此图游标7与测轮某条刻划重合最好，如图10-16所示，故读得7，即687，由于图10-7中计数圆盘千位数为3，因此最后数为3687。

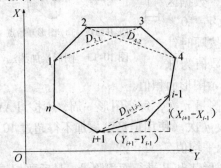

图10-15　n边形间隔点连线

图10-16　游标使用法及其原理

游标原理：为使游标能读到主尺（测轮）最小刻划的1/10，要求主尺 $n$ 格等于游标的 $n+1$ 格，即主尺9格等于游标10格。设游标格值为 $v$，主尺的格值为 $l$，则

$$(n+1)v = nl$$

$$v = \frac{n}{n+1}l$$

设主尺的格值为 $l$ 与游标格值为 $v$ 之差为 $t$，$t$ 称为游标最小读数，即

$$t = l - v$$

$$t = l - \frac{nl}{n+1} = \frac{l}{n+1} = 0.1l$$

本例主尺 $l=10$，游标最小读数 $t$ 可读得1。如果游标的1与690重合，则游标的0与680差为 $1t$，即读得681；如果游标的2与700重合，则游标的0与680差为 $2t$，即读得682，……如果游标上的7与主尺某线重合，则游标的0与680差为 $7t$，即读得687。

[补3] 关于求积仪量测面积精度。

用求积仪量测图形面积的误差，除了与求积仪仪器误差与操作误差有关外，还与测图比例尺与成图精度有关。对于成图精度，由于情况难以具体分析。对于测图比例尺，比例尺越大，图解精度越高。讨论求积仪量测图形面积的误差，先不考虑成果精度与测图比例尺，仅考虑求积仪量测图形本身的误差，其中包括求积仪最小读数误差（机械求积仪的许分划值，电子求积仪的一个脉冲计数）和操作时沿图形轮廓的描迹误差。图上面积误差的计量单位一般采用 $cm^2$，求算实地面积误差还应乘以测图比例尺分母的平方。

求积仪的最小读数误差引起面积误差约为 $\pm 0.1cm^2$，而描迹误差与图形面积 $S$ 的平方根大致成正比。因此求积仪量测面积误差经验公式为：

$$m_s = 0.1 + 0.015\sqrt{S} \tag{10-9}$$

## 练 习 题

1. 面积的测量和计算有哪几种方法？各适用于什么场合？

2. 动极式电子求积仪和机械求积仪有哪些相同之处，又有哪些不同之处？

3. 现有一多边形地块，在地形图上求得各边界特征点的坐标分别为 $A(500.00, 500.00)$，$B(375.57, 593.32)$，$C(363.02, 615.82)$，$D(472.12, 674.05)$，$E(514.37, 610.18)$，试计算该地块的占地面积。

4. 对一台航臂可调式求积仪的 $C$ 值检定时，航臂长为297.4，求算出 $C_{绝对}=9.84mm^2$。问如何使 $C_{绝对}=10mm^2$？若用此台求积仪量测1:5000地形图上一块面积，得读数值 $n_1=4528$，$n_2=5643$，求此块实地面积为多少公顷？折合多少亩？

174

5. 如图 10-17 所示 ABCD 为地形图上 4 个公里方格网，其面积 S 为 4km²，其中 I 为草地，II 为稻田，III 为果园。现用求积仪分别量测这 3 块地的面积得分划数：$\gamma_1 = 2995$，$\gamma_2 = 6123$，$\gamma_3 = 3121$，量测 ABCD 总的分划数 $\gamma = 12251$。试问量测达到精度要求否？用控制法求这 3 个地类面积各为多少公顷？

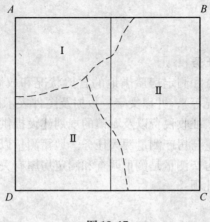

图 10-17

## 学 习 辅 导

1. 本章学习目的与要求

目的：面积量测在农、林、水等工作中占有重要地位，例如量测土地面积、森林面积、房产面积、水库面积等其重要性是众所周知的。掌握解析法，因该法精度最高，适用于土地面积、房产面积的量测。其他几种方法均属于图上面积量算，精度不如解析法，但效率高，适用于不同场合，同样要求掌握其使用法。

要求：

（1）掌握解析法计算面积的公式及计算步骤。

（2）掌握网格法、纵距和法、机械求积仪法及控制法。

（3）掌握电子求积仪法。

2. 学习要领

（1）解析法的公式有规律性，用计算器计算按教材提供表格计算很方便。该公式编写程序计算效率大为提高。

（2）网格法，使用透明方格纸按教材介绍的步骤操作也可达到较高的精度，优于求积仪法，但效率低。纵距和法在公路设计计算断面面积中广泛采用。

（3）使用求积仪法量测面积应注意：图纸要平整；量测小图形要用短航臂；应采用轮左轮右量测；量测时极点位置不得产生位移，多次量测应换极点位置，以免极点孔眼太大而发生位移；描迹时应保持匀速，避免跑线。

（4）理解求积仪单位分划值的概念，掌握测定方法。

# 第11章 房地产图的测绘

## 11.1 概述

### 11.1.1 房地产测绘的任务

房地产测量的任务是调查和测定房屋土地的自然状况和权属状况（如位置、权属、界线、质量、数量以及利用状况等），并以文字、数据及图件表示出来，为房地产的产权和产籍管理、房地产的开发利用、征收税费以及城镇的规划建设提供基础依据。

房地产测量又分地籍测量与房产测量两大任务。地籍测量以调查和测定土地有关信息为主，主要为土地管理服务；房产测量是侧重调查和测定房屋有关信息，为房屋管理服务。房地产测量具体任务包括以下几项：

1. 房地产调查

房地产调查可分为房屋调查和用地调查两个方面。

房屋调查指的是对房屋的坐落、产权人、产权性质、产别、层数、所在层次、建筑结构、建成年份、用途、面积和权属界线等基本情况进行调查，并绘制房屋权属界线示意图。

房地产调查时，应先对测区的行政境界和地理名称进行调查，然后，以丘为单位对房屋及其用地进行调查。"丘"是地表上一块有界空间的地块，一个地块只属于一个产权单位的称为独立丘，一个地块属于几个产权单位的称为组合丘。一般以一个单位、一个门牌号或一处院落划分为独立丘，当用地单元混杂或用地单元面积过小时，几个权属单元用地可合并为一个组合丘。对组合丘调查时，应以权属单元为调查单位。

2. 房地产平面控制测量

房地产测量一般不测高程，因此通常只布平面控制点。一般来说国家和城市布设的控制网的精度都可以满足房地产测量要求，但控制点的密度往往不够。《房产测量规范》规定要求，建筑物密集区控制点平均间距应在100m左右，建筑物稀疏区控制点平均间距应在200m左右。

平面控制测量方法可选用三角测量、三边测量、导线测量、GPS定位测量等方法。规范规定：末级相邻控制点的相对点位中误差不超过±0.0025m。

3. 房产要素测量

房产要素测量主要包括界址点、线及界标地物测量，境界测量，房屋及其附属设施测量，交通、水域测量等。

4. 房地产图测绘

按一定比例和精度测绘出房屋及其用地的平面图，然后把调查得到的有关资料和数据绘制或标注在图上，便成为房地产图。

房地产图有分幅图、分丘图和分户图三种。其中分幅图是全面反映房屋及其用地的位置和权属等状况的基本图，它是分丘图和分户图的基础，是全面掌握一个城镇的房屋建筑、土地现状及变化情况的总图。分丘图是分幅图的局部，内容更为详细，用作房产证的附图；当分丘图还无法表示清楚时，则测绘分户图，更详细地表示房屋状况。

### 11.1.2 房地产测绘的作用

由于房地产测量所获得的各种图表和数据等，都具有法律效力，载入权属证书，所以它是房地产产权发证和土地税收的重要依据，拥有权属（法律上），财政（税收上）和城建规划三大基本功能。它的主要作用可以归纳为如下几方面。

### 1. 管理方面

为了有效地进行城镇房地产管理和住宅建设，城镇房地产管理部门和规划建设部门都必须全面了解和掌握房地产的权属、位置、质量、数量和现状等基本情况。

### 2. 经济方面

房地产测量提供了大量准确的图纸资料，为正确掌握城镇房屋数量、质量和利用现状，进行房地产评估、征收税费、房地产开发、交易、抵押以及保险服务等方面提供数据。

### 3. 法制方面

房地产图所表示的每户所有的房屋及使用土地的权属范围，是经过逐幢房屋清理产权，逐块土地清理使用权，并经过各户申请登记，经主管部门逐户审核确认的。房地产图作为核发房屋所有权与土地使用权证书中的附图，是具有法律效力的图件。

### 11.1.3　房地产测绘的特点

房地产测绘主要是为房地产管理部门提供所需的基本信息，因此有其特殊性，其主要表现在：

（1）房地产图是平面图

房地产图只测绘点的平面位置，不表示高程，不绘等高线。

（2）测图比例尺较大，内容丰富

房地产图的比例尺都比较大，分幅图一般为 1：500 或 1：1000。分丘图的比例尺可根据丘的面积大小与需要在 1：100 到 1：1000 之间选用。分户图由于表示的内容更详细，往往采用更大的比例尺，如 1：100 或 1：200，比例尺的大小主要根据测区内房屋的稠密程度而定。

主要内容应包括：测量控制点、界址点、房屋产权界线、用地界线、附属设施、围护物、产别、结构、用途、用地分类、建筑面积、用地面积、房产编号以及各种名称和数字注记等。和普通地形图不一样，房地产图除表示房屋及其用地等地物的平面位置关系外，还要详细地表示其权属、质量、数量及用途等状况，这些内容必须经过深入调查核实才能了解和确认。

（3）精度要求高

房地产图对房屋及房屋的权界线和用地界线等要求特别认真，精度要求比较高，图上主要地物点的点位中误差不超过图上 ±0.5mm，次要地物点的点位中误差不超过图上 ±0.6mm。对重要的房地产要素，如界址点坐标，还要用更高的精度实地测量，以满足面积测算和产权管理等方面的要求。

（4）变更测量频繁

房地产图的变更较快，除了城镇新建筑在不断发展和扩大外，其建成区的房屋及土地使用情况也在不断变化，都要及时修改补测，以完善其使用价值。

（5）成果多样化

房地产测绘的成果除分幅房地产图外，还有分丘图和分户图等。除图件外，还有产权产籍方面的调查表、界址点成果表和面积测算表等。

（6）具有法律效力

房地产测绘成果一经房地产主管机关确认以后，即具有法律效力，是进行产权管理、产权变更和产权纠纷处理的依据。

## 11.2 界址点测量

界址点又称地界点，就是指房屋用地权属界线的转折点处设置的界址点桩。在房地产测量和管理中，用它来确定房屋用地权界的位置与走向。界址点的连线构成房屋用地范围的地界线。

界址点测量，就是根据测区内已布设的控制点，采用图根测量的方法，依不同等级界址点的精度要求，测定各个界址点的平面坐标值，并编制出坐标成果表。其坐标成果可用于解析法测算用地面积。

### 11.2.1 界址点的标定、埋设及编号

**1. 界址点的标定**

界址点的标定是指在实地确定界址点的位置。界址点的标定必须由相邻双方合法的指界人到现场指界。单位使用的土地，要由单位法人代表出席指界组合丘用地，要由该丘各户共同委派的代表指界房屋用地人或法人代表不能亲自出席指界时，应由委托的代理人指界，并且均需出具身份证明或委托书。经双方认定的界址，必须由双方指界人在房屋用地调查表上签字盖章。

**2. 界址点桩的形式与埋设**

所有界址点在标定之后，应设立固定的标志，称为界标。界标的种类大致有混凝土界标（图11-1a），带铝帽的钢钉界标（图11-1b）、石灰桩界标，带塑料套的钢棍界址标桩及喷漆界标等形式。

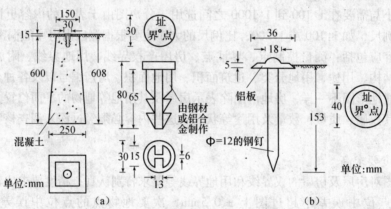

图 11-1　界址标桩

界标的选择，应视各地的具体情况而定。一般在较为空旷地区的界址点和占地面积较大的机关、团体、企业、事业单位的界址点，应埋设预制混凝土界标或现场浇筑混凝土界址标桩。在坚硬的路面或地面上的界址点，应钻孔浇筑或钉设带铝帽的钢钉界标。泥土地面也可埋设石灰桩界标。在坚固的房墙（角）或围墙（角）等永久性建筑物处的界址点，应钻孔浇筑带塑料套的钢棍界标。也可设置喷漆界址标志。埋设好后的界标应稳固、耐久、顶面水平。

**3. 界址点的编号**

界址点编号是以图幅为单位，按丘号的顺序顺时针统一编制的，点号前冠以英文字母"J"。凡界址线的转角点，均应编界址点号，同一幅图中界址点不重号。

178

图 11-2a 为一幅图中两丘的编号示例，图中第 1 丘从左上方开始按顺时针方向依次编列界址点号，第 2 丘的界址点编号接着第 1 丘的编号顺序继续编下去。相邻两丘的共用界址点用第 1 丘的编号第 2 丘不再另行编号。跨越图幅的丘，因界址点的编号是以图幅为单位，分别编制的，故虽为同一丘，但编号却不是连续的，如图 11-2b 所示。界址号除在房屋用地调查表和界址点坐标成果表中登记外，还应在房地产图中标记。

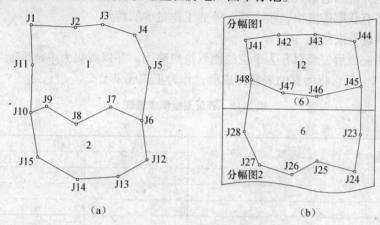

图 11-2　界址点的编号

### 11.2.2　界址点的测量精度

根据《房产测量规范》的规定，房产用地界址点的精度可分为三个等级。

一级界址点相对于邻近基本控制点的点位中误差应不超过 ±0.05m；二级界址点相对于邻近控制点的点位中误差应不超过 ±0.10m；三级界址点相对于邻近控制点的点位中误差应不超过 ±0.25m。

对大、中城市繁华地段的界址点和重要建筑物的界址点，一般要选用一级或二级，其他地区则可选用三级。例如城镇街坊的街面，中外合资企业，大型工矿企业及大型建筑物的界址点，一般选用一级或二级。而街坊内部隐蔽地区及居民区内部的界址点，则可选用三级。

### 11.2.3　界址点的测量方法

1. 一、二级界址点测量

根据《房产测量规范》的规定，为了保证一、二级界址点的点位精度，必须用实测法求得其解析坐标。实测时，一级界址点按 1:500 测图的图根控制点的方法测定，从基本控制点起，可发展两次，困难地区可发展三次。二级界址点以精度不低于 1:1000 测图的图根控制点的方法测定，从邻近控制点或一级界址点起，可发展三次。

房地产测量的特点是在城镇建筑群中进行，因此，界址点测量一般只能采用图根导线测量的方法，而且有的可能是狭长困难的街道，无法布设闭合导线或附和导线，只能布设支导线。根据规定，附合导线或闭合导线可再发展 2~3 次，而支导线点则不能再单独发展一、二级界址点。

2. 三级界址点测量

对于三级界址点，规范规定可用野外实测，也可用航测内业加密的方法求取坐标，还可以从 1:500 的底图上量取坐标。

人的眼睛能分辨的图上距离通常为 0.1mm，加上图上主要地物点本身可能有 ±0.5~0.75mm 的点位误差，故量取的总误差可能达到 ±0.5~0.76mm。在 1:500 比例尺的底图上量取坐标，则相当于实地点位可能有 ±0.25~0.38m 的误差。

规范规定三级界址点的点位中误差为 0.25m，基本上也就是 1∶500 比例尺的测图精度。故采用大平板仪视距法，经纬仪配合小平板测绘，以及小平板配合皮尺量距等均可以实测三级界址点。用视距测量法施测距离时，测站点至界址点的最大视距不能超过 40m；用皮尺量距时，测站点至界址点的最大长度不超过 50m。此外，还可用高精度摄影测量的方法加密界址点坐标，它具有获取速度快，精度高，外业工作量少的特点。

### 11.2.4 界址点成果表

界址点测量完成后，要以丘为单位绘制界址点略图，并以图幅为单位编制界址点坐标成果表，见表 11-1。最后将所有的表装订成册，作为正式成果上交。

表 11-1 界址点坐标成果表

图幅号：

| 丘 号 | 界址点编号 | 标志类型 | 等 级 | 坐 标（m） | | 点位说明 |
| --- | --- | --- | --- | --- | --- | --- |
| | | | | x | y | |
| | | | | | | |
| | | | | | | |
| | | | | | | |

检查者：　　　　　　填表者：　　　　　　　　　　　年　　　月　　　日

### 11.2.5 界址点的变更测量

界址点变更测量包括两方面的内容，其一，由于自然因素和人为因素的破坏，使原有的界址点被遗失或淹没，需要进行恢复；其二，由于产权权属关系的变更，如分裂、合并，改变用途，买卖，赠予等，需要补充测定变更的界址点。界址点的恢复与变更，是根据原有尚存的界址点、控制点及明显的固定地物点来进行的。因此在进行恢复和变更测量之前，要调查了解和核实原有的资料和点位，在确认无误后，再根据它们的相互关系进行恢复或变更测量。测量和埋设新点后，应提交新的房屋用地调查表归档，旧有资料则作为历史档案另行保管。

## 11.3 房产分幅平面图的测绘

### 11.3.1 房产分幅图的一般规定

1. 房地产分幅平面图是全面反映房屋、土地的位置、形状、面积和权属等状况的基本图，简称分幅图。它是绘制分丘图和分户图的基础资料。分幅图因覆盖的范围广、内容多、要求高，是房地产测绘的难点和重点。

2. 分幅图的测绘范围包括城市、县城、建制镇的建成区，以及建成区以外的工矿企事业等单位及其相毗连的居民点。应与开展城镇房屋所有权登记的范围一致，以便为产权登记提供必要的工作底图。

3. 城镇建成区的房屋密度比较大，分幅图一般可采用 1∶500 的比例尺，远离城镇建成区的工矿企事业等单位及其相毗连的居民点可采用 1∶1000 的比例尺。

分幅图的图幅一般采用 40cm×50cm 的矩形分幅，或 50cm×50cm 的正方形分幅。

4. 房产分幅图的平面坐标系一般沿用原有的城市平面坐标系统，既可节省资源，又便于各项建设与管理的统一。分幅图一般不表示高程，若要进行高程测量，则应采用国家高程基准。如果测区内没有城市平面坐标系统，应根据测区的地理位置和平均高程建立。

5. 分幅图的精度要求比较高，图上主要地物点相对于邻近控制点的点位中误差不超过图上 ±0.5mm，比地形图的要求高；次要地物点相对于邻近控制点的点位中误差不超过图上 ±0.6mm，和地形图相当。采用编绘法成图时，主要地物点相对于邻近控制点的点位中误差不超过图上 ±0.6mm，次要地物点相对于邻近控制点的点位中误差不超过图上 ±0.7mm。

### 11.3.2 分幅图的基本内容

分幅图应包括下列测绘内容：

1. 测量控制点

测量控制点是测图的依据，也是以后进行变更测量以及城市建设与管理的依据。因此，应该精确地展绘在图上，并注明其点名或点号。

2. 界线

（1）行政境界

在分幅图上行政境界一般只表示区、县、镇的境界线。街道或乡的境界线可根据需要而取舍。两级境界线重合时，用高一级境界线表示；境界线与丘界线重合时，用境界线表示，其符号如图11-3所示。境界线跨越图幅时，应在图廓间的界端注出两侧的行政区划名称。如图11-4所示。

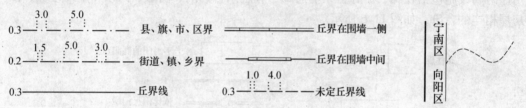

图11-3　行政境界与丘界的表示　　　　　图11-4　境界线跨越图幅的表示

（2）丘界线

丘界线是指各丘房屋及用地范围的权属界线，是分幅图上重要的内容。丘界线应由产权人（用地人）指界与邻户认证来确定，明确而又无争议的丘界线用粗实线表示，在图上较为醒目便于分辨。有争议而未定的丘界线用未定丘界线表示，线粗均为0.3mm，如图11-3所示。为确定丘界线的位置，应实测作为丘界线的围墙、栅栏、铁丝网等围护物的平面位置（单位内部的围护物可不表示）。丘界线是一条闭合曲线或折线，不在本幅图闭合，也应在另一幅图闭合。丘界线与房屋轮廓线重合时，用丘界线表示。丘界线的转折点即为界址点。

3. 房屋

房屋是指有承重支柱、顶盖和四周有围护墙体的建筑，包括一般房屋、架空房屋和窑洞等。房屋应分幢测绘，以外墙勒脚以上外围轮廓为准。墙体凹凸在图上小于0.2mm，以及装饰性的柱、垛和加固墙等均不表示；临时性的过渡房屋和活动房屋不表示；同幢房屋层数不同的，应测绘出分层线，分层线用虚线表示。

（1）一般房屋

一般房屋不分种类和特性，均用实线绘出，轮廓线内需注明产别（如图中"2"）、建筑结构（如图中"4"）、层数（如图中"07"、"08"）和幢号（如图中"（8）"），如图11-5所示。

（2）架空房屋

架空房屋是指底层架空，以支撑物作承重的房屋。其架空部分一般为廊房、骑楼、过街楼、水榭等。架空房屋以房屋外围轮廓投影为准，用虚线表示，虚线内四角加绘小圆表示支柱。轮廓线内也应和一般房屋一样注记相同的内容。如图11-6所示。

（3）窑洞

窑洞是指在坡壁上挖成洞供人使用的场所。窑洞只测绘住人的，符号绘在洞口处。如图11-7所示。

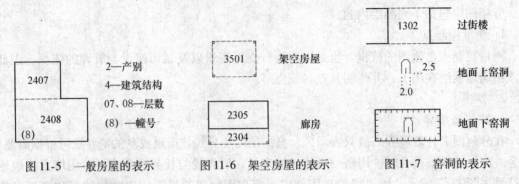

| 图11-5 一般房屋的表示 | 图11-6 架空房屋的表示 | 图11-7 窑洞的表示 |

4. 房屋附属设施

房屋附属设施包括柱廊、檐廊，架空通廊、底层阳台、门、门墩、门顶和室外楼梯，以及和房屋相连的台阶，如图11-6所示。

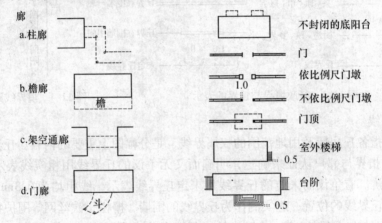

图11-8 房屋附属设施

（1）柱廊

柱廊是指有顶盖和支柱、供人通行的建筑物，如长廊、回廊等。柱廊以柱的外围为准，图上只表示四角和转折处的支柱，支柱位置应实测，柱廊一边有墙壁的，则墙壁一边用实线表示。

（2）檐廊

檐廊是指房屋檐下有顶盖，无支柱和建筑物相连的作为通道的伸出部位。按外轮廓投影测绘，内加简注，两端无支撑的一般不表示。

（3）架空通廊

架空通廊是两幢房屋间上层贯通的架空建筑。建筑物间的架空通道用虚线表示。

（4）底层阳台

阳台是指突出于外墙面或凹在墙内的阳台，挑出的称挑阳台，凹进的称凹阳台，还有半挑半凹的阳台。底层阳台均称为凸阳台。封闭的底层阳台按房屋表示。不封闭的底层阳台用

182

虚线表示。

（5）门廊

门廊是指建筑物门前突出有顶盖和支柱的通道，如门斗、雨罩等。按柱外围或围护物外围测绘，独立柱的门廊按顶盖投影测绘，内加简注。转角处的柱位和独立柱位应实测。

（6）门顶

门顶是指大门的顶盖，按顶盖投影测绘，柱的位置应实测。

（7）门、门墩

门、门墩是指机关单位和大的居民点院落的各种门和墩柱，门墩以墩外围为准，大于图上1.0mm时，按比例测绘，小于图上1.0mm时，按1.0mm表示。

（8）室外楼梯

楼梯是建筑内上、下层间的交通疏散设施。室外楼梯按楼梯投影测绘，符号缺口表示上楼梯的方向，楼梯宽度小于图上1.0mm的不表示。

（9）台阶

台阶是联系室内外地面的一段踏步。台阶只表示与房屋连接的，按投影测绘，实地不足五步的台阶一般不表示。

5. 房屋围护物

房屋围护物包括围墙、栅栏、栏杆、篱笆和铁丝网等。它们均应实测，其符号的中心线是围护物的中心位置，如图11-9所示。其他的围护物根据需要表示；临时性或残缺不全的、以及单位内部的围护物可不表示。

（1）围墙

围墙不分结构、性质，均以双实线表示。围墙宽度小于图上0.5mm的按0.5mm表示；大于图上0.5mm的，则依比例实测表示。

（2）栅栏、栏杆

栅栏、栏杆均以实测表示，符号上的短线一般朝向内侧。

（3）篱笆

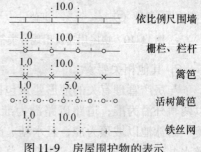

图11-9　房屋围护物的表示

用竹、木等材料编织成的各种永久性篱笆以实测表示，临时性的不表示。

（4）铁丝网

各种永久性的铁丝网均以实测表示，临时性的不表示。

6. 房产要素和房产编号

分幅图上应表示的房产编号和房产要素包括：丘号、丘支号、幢号、房产权号、门牌号、房屋产别、建筑结构、层数、建成年份、房屋用途和用地分类等。

房产编号和房产要素的成果应以相应的数字、文字和符号在分幅图上表示。当注记过密，图面容纳不下时，除丘号、丘支号、幢号和房产权号必须注记，门牌号可在首末两端注记、中间跳号注记外，其他注记按上述顺序从后往前省略。

具体注记的表示方法为：

（1）丘号、丘支号、幢号、房产权号、门牌号以及房屋层数，直接注记在相应的位置；

（2）房屋产别按其分类标准的编号注记，即：

1——直管公产　　　　　　　　2——单位自管公产

| 3——私产 | 4——其他产 |

(3) 房屋结构按其分类标准的编号注记，即：

| 1——钢结构 | 2——钢、钢筋混凝土结构 |
| 3——钢筋混凝土结构 | 4——混合结构 |
| 5——砖木结构 | 6——其他结构 |

(4) 房屋用途和用地分类按其分类标准进行分类，用图 11-10 所示符号表示。

房产要素和房产编号的综合示例如图 11-11 所示。图中 0.3mm 的粗线为丘界线，33，34，……为丘号，其中 34 丘为组合丘，有丘支号 34-1，34-2，……；丘号加括弧如（32）表示 32 丘的房屋门牌号在邻幅图内，应归入邻幅图内进行统计。每幢房屋中央注记四位数字代码，如图中第 33 丘中的一幢房屋的编号为"2404"，第一位数"2"代表房屋产别，即"单位自管公产"；第二位数"4"代表房屋建筑结构，即"混合结构"，第三和第四位数"04"代表房屋层数，即四层；房屋左下角带括号的数字"（2）"为幢号，即该房屋为该丘内编号为第 2 幢；"33"为丘号；丘号旁边的符号"◎"代表房屋用途和用地分类，即为教育医疗科研单位。大门处的号码"24"为门牌号。

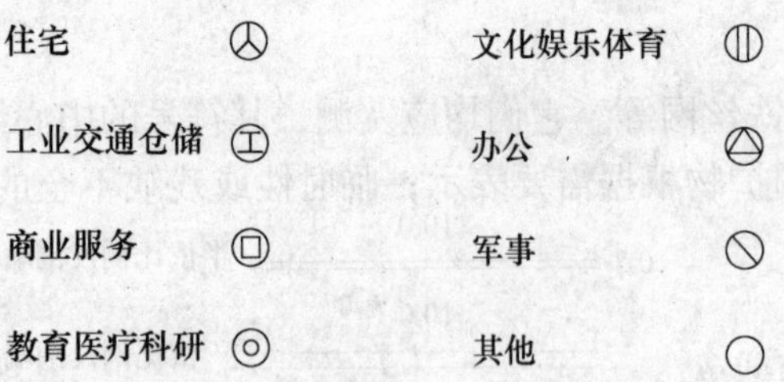

| 住宅 | Ⓐ | 文化娱乐体育 | Ⓒ |
| 工业交通仓储 | Ⓔ | 办公 | Ⓕ |
| 商业服务 | Ⓖ | 军事 | Ⓗ |
| 教育医疗科研 | ◎ | 其他 | Ⓘ |

图 11-10　房屋用途及用地分类符号

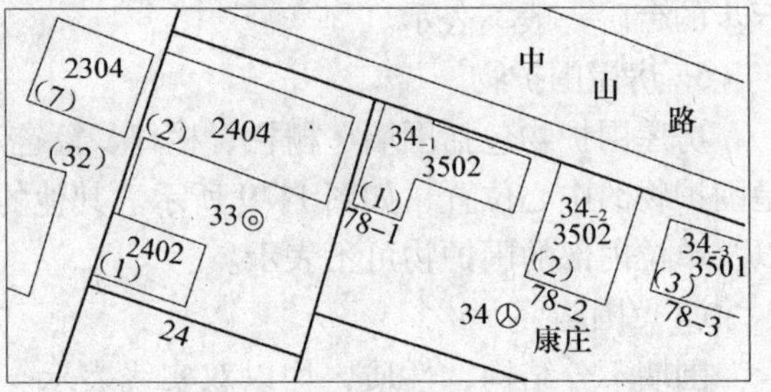

图 11-11　房产分幅图局部

**7. 其他相关要素**

与房产管理有关的地形要素包括铁路、道路、桥梁、水系和城墙等地物均应测绘。铁路以两轨外沿为准；道路以路沿为准；桥梁以外围为准；城墙以基部为准；沟渠、水塘、河流、游泳池以坡顶为准，且水塘、游泳池等应在其用地范围内加简注。亭、塔、烟囱、罐以及水井、停车场、球场、花圃、草地等根据需要表示。亭以以外围轮廓为准；塔、烟囱和罐以底部外围轮廓为准；水井以中心为准；停车场、球场、花圃、草地等用地类界表示其范围，并加绘相应符号或加简注。地理名称按房产调查中的规定注记。

### 11.3.3　房产分幅图的测绘方法

房产分幅图的测绘方法与其他大比例尺地形图的测绘方法并无本质的区别，可依据原有的测绘资料，现有的技术条件以及测区范围的大小，依照《房产测量规范》的有关技术规定进行。当测区已有现势性较强的城市大比例尺地形图或地籍图时，可采用编绘法，否则应采用实测法。

**1. 实测法**

如果测区内没有现势性较强的地形图，为建立房地产档案，必须进行房产分幅图的现场实地测绘。

测图的步骤与大比例尺地形图测绘基本相同，在房产调查和房地产平面控制测量的基础上，实测房屋等地物的平面位置。测绘的方法有：平板仪测绘法、小平板与经纬仪测绘法、经纬仪与光电测距仪测记法、全站型电子速测仪采集数据法等。这些测图方法与地形图测绘

184

并无本质上的不同，只是测绘的重点在于土地和房产的权属界线和房屋细部，并根据房产调查注记房产要素，整饰成房产分幅图。采用实测法测绘的房产分幅图质量较高，且可读性强。

2. 编绘法

编绘法是指利用已有大比例尺地形图或地籍图，在房地产调查的基础上，进行一些必要的修测和补测，然后依《房产测量规范》进行综合取舍，即省略无关的要素（如表示地面高低的等高线、高程注记等），增加房地产方面的要素（如权属界线、用地分类等），编制成符合要求的分幅房地产图。这种方法不需要大规模重新测图，节省了很多工作量，因此在已有符合要求的大比例尺地形图或地籍图的地方，一般采用这种方法。

（1）准备图纸资料

用于分幅图编绘的已有图纸资料，其精度必须符合《房产测量规范》上对实测图的精度要求，即主要地物点点位中误差不超过图上 ±0.5mm，次要地物点点位中误差不超过图上 ±0.6mm，比例尺应等于或大于编绘图的比例尺。编绘工作必须利用已有图纸的原图或用原图复制的等精度图（简称二底图）进行。所谓"原图"，是指上墨清绘整饰好的野外实测图纸。

二底图可通过制版印刷法或其他高精度图纸复制法得到，复制时应使用聚酯薄膜图纸。如果原图比例尺大于编绘图比例尺，复制时应同时进行缩小，此时一般使用复照仪法。二底图的图廓边长、方格网尺寸与理论尺寸的精度要求与实测法测图时的精度要求相同。

（2）外业查核和补测

原有图纸的内容一般不能完全满足房产图的要求，而且还可能是较旧的图纸。因此应对照实地进行检查和核对，对漏缺或已经变化的房产要素和有关地形要素进行补测，使之与现状相符。补测应在二底图上进行，补测的地物点应符合精度要求。

补测的范围较小时，可用皮尺丈量补测地物的特征点与原有地物点的距离，然后用几何作图法在二底图上进行定点，最后绘出地物的图形。在利用原有地物点时，要注意检核其位置是否正确，以免用错点或用误差大的点。检核的方法是丈量该地物点与周围明显地物点的距离，再从图上量算出其相应的距离，两者之差不应超过点位中误差的两倍。

补测的范围较大时，可用前面所述的平板仪测绘法进行补测。测站点应尽量选用原有的控制点，如原有控制点已破坏，可根据周围明显地物点设定测站点，此时也要注意检核这些明显地物点精度是否达到要求。如周围无合适的地物点可供参照，则从最近的控制点引测。补测的范围更大时，可先作图根控制测量，然后测图，此时方法和要求与测绘新图相同。

一般根据地形图编绘房产分幅图时，应以门牌、院落、地块为单位，补测用地界线，构成完整封闭的用地单元——丘，同时，对丘界线的转折点（界址点）进行补测，并实量界址边长，逐幢房屋实量外墙边长和附属设施的长宽；根据地籍图编绘房产图时，界址点一般只需进行复核而不需重新测定，但对于图上的房屋，则需根据房产分幅图的要求，增测房屋的细部和附属物。无论是地形图还是地籍图，都应根据房产调查的资料增补房产要素——产别、建筑结构、幢号、层数、建成年份、建筑面积等。

（3）编绘

查核和补测工作结束后，将房地产调查成果准确转绘到二底图上，对房产图所需的内容经过清绘整饰，加注房产要素的编号和注记后，即可编制成房地产分幅图。这份由编绘法获得的图纸称为编绘原图，也称底图。

## 11.4  房产分丘图和分层分户图测绘

### 11.4.1  房产分丘图的测绘

房产分丘图是以一个丘的房屋及其用地为单位所测绘的图件，是绘制房产权证附图的基本图，每丘单独一张。分丘图实质上是房产分幅图的局部明细图，用来更详细地表示各丘的房屋及其用地的房地产要素，满足房地产管理的需要。作为权属依据的产权图，即产权证上的附图，房产分丘图具有法律效力，是保护房地产产权人合法权益的凭证。

1. 分丘图的规格和精度要求

房产分丘图图幅的大小，可依所测丘面积的大小，选择 32 开、16 开、8 开、4 开四种尺寸中的一种。比例尺可在 1∶100～1∶1000 之间选用，一般情况下，应尽量与分幅图的比例尺保持一致，以简化分丘图的编制工作。由于分丘图是分幅图的局部图，因此，分丘图的坐标系统与分幅图的坐标系统应该相同。

分丘图上地物点的精度要求与分幅图上主要地物点的精度要求相同，均为相对于邻近控制点的点位中误差不超过分幅图上 0.5mm。

2. 分丘图的内容和表示方法

房产分丘图的内容除了要表示出分幅图已有的内容以外，还应表示出界址点、房屋权界线及墙体归属、窑洞使用范围、用地面积、房屋建筑的细节（挑廊、阳台等）、房屋边长、建筑面积、建成年份和四至关系等各项房产要求。

（1）权属要素

①界址点

界址点的编号以图幅为单位，按丘号的顺序，顺时针统一编制。界址点按精度可分为三个等级，在图上分别用不同的符号表示，并注记点号，点号前冠以英文字母"J"，如图11-12所示。

②房屋权界线及墙体归属

房屋权界线是组合丘内，毗连一起的不同产权人房屋之间的权属界线。如图 11-13 所示，毗连房屋的墙体属于一户所有时，在房屋权界线的一侧，绘制短线，短线朝向哪一侧，就表示墙体归属哪一方；毗连房屋的墙体属于双方共有时，短线分别朝向毗连的双方，表示共有墙；当房屋权界线有争议或权属界线不明时，用未定房屋权界线表示。

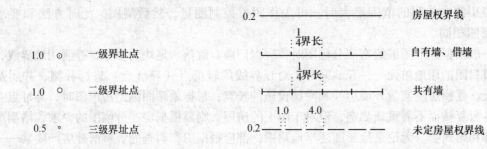

图 11-12  界址点的表示方法    图 11-13  房屋权属界线及墙体归属的表示

（2）房屋位置和形状

①阳台

在分幅图中只表示不封闭的底阳台，在分丘图中除这种阳台要表示外，还应表示二层以上封闭的或不封闭的凸阳台，如图 11-14 所示。

186

②挑廊

挑廊是指挑出房屋墙体外，有围护物，无支柱的架空通道。按外围投影测绘，用虚线表示，内加简注"挑"，如图 11-15 所示。

③窑洞使用范围

窑洞除表示洞口及平底坑的位置和形状外，还应表示窑洞的使用范围，窑洞的使用范围量至洞壁内侧，如图 11-16 所示。

图 11-14　阳台　　　　　图 11-15　挑廊　　　　　图 11-16　窑洞

（3）房屋用地的面积与边长

房屋边长、用地边长、房屋建筑面积以及用地面积是房地产要素中的重要数据，其表示方式如下：

①房屋用地面积

房屋用地面积注在丘号下方正中，下加两道横线，单位为 m²。如图 11-17 表示某市轻工业局房产图，丘号为 33，丘号下为 1873.49，用地面积为 1873.49m²。

②房屋建筑面积

建筑面积以幢为单位注记在房屋产别、建筑结构、层数和建成年份数码的下方正中，下加一道横线，单位为 m²。如图 11-17 中，某房屋代码下写 2463.01，表示建筑面积为 2463.01m²。

③房屋边长

房屋边长注记在房屋边线的中部外侧，单位为 m，标注精确到 0.01m，如图 11-17 所示。矩形房屋可只注记对称边中的一条边，但测量边长时，每条边均应实测。

④用地边长

用地边长指相邻两个界址点之间的水平距离，标注在丘界线的中部外侧，单位为 m，标注精确到 0.01m。用地界线与房屋界线重合且用地边长与房屋边长完全相同时，可不再注记，以房屋边长代替即可，如图 11-17 所示。

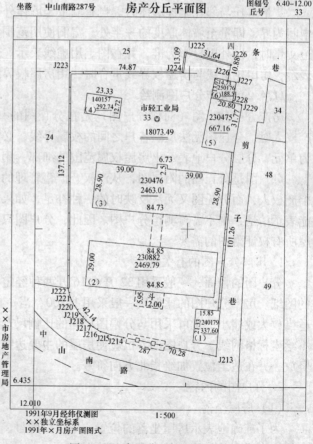

图 11-17　房屋分丘图（独立丘）

187

（4）建成年份

房屋建成年份是指房屋实际竣工年份。拆除翻建者，应以翻建竣工年份为准。房屋建成年份取其后两位数表示，例如 1976 年用"76"表示。在图上将这二位数字注记在房屋层数的右侧。例如，图 11-17 中第 3 幢房屋，用（3）注在房屋的左下角，房屋中的数字"230476"，"2"表示房屋产别为"单位自管公产"，"3"表示房屋建筑结构为"钢筋混凝土结构"，"04"表示房屋层数为四层，最后两位数字"76"便表示建成年份为 1976 年。

（5）四至关系

为了更清楚地表示本丘的相对位置及与周围权属单元的关系，在测绘本丘的房屋和用地时，应适当测绘出四周一定范围内的主要地物，并将其主要房产要素如单位名称、丘号等标注出来。

3. 分丘图的测绘方法

房产分丘图的测绘方法是利用分幅图结合房地产调查资料，按本丘的范围，展绘界址点，描绘房屋等地物，实地丈量界址边、房屋边等长度，修测、补测成图。

丈量界址边长和房屋边长时，用卷尺量取至 0.01m。不能直接丈量的界址边，也可由界址点坐标反算边长。对圆弧形的边，可按折线分段丈量。边长应丈量两次取中数，两次丈量较差不超过下式规定：

$$\Delta D = \pm 0.02 \pm 0.0003D(\text{m}) \tag{11-1}$$

式中，$\Delta D$ 为两次丈量边长的较差，$D$ 为边长，均以米为单位。

丈量本丘与邻丘毗连墙体时，自有墙量至墙体外侧；借墙量至墙体内侧；共有墙以墙体中间为界，即量至墙体厚度的一半处。窑洞使用范围量至洞壁内侧。挑廊、挑阳台，架空通道丈量时，以外围投影为准，并在图上用虚线表示。房屋权界线与丘界线重合时，用丘界线表示，房屋轮廓线与房屋权界线重合时，用房屋权界线表示。

### 11.4.2 房产分户图测绘

房产分层分户图（简称分户图）是在分丘图的基础上绘制的局部图，当一丘内有多个产权人时，分丘图无法反映各户之间的权属界线，必须测绘更详细的分户图，以一户产权人为单元，分层分户地表示出房屋权属范围的细部，用以作为房屋产权证的附图。

分户图是分丘图的附属图，从产权、产籍管理的角度来讲，完全是为了解决一丘内有多个产权人，而分丘图又无法反映时的一种补足，如果整幢房屋为一户产权人所有时，分丘图能表示清楚，则不需再测绘分户图。因此，分户图只有在特定情况下才测制，以适应核发房屋所有权证附图的需要。

1. 房产分户图的有关规定

分户图的幅面，一般采用 32 开或 16 开两种经定型处理的聚酯薄膜图纸，也可选用其他的图纸。房产分户图的比例尺一般采用 1:200，当一户房屋的面积过小或过大时，比例尺可适当放大或缩小，也可采用与分幅图相同的比例尺。分户图不必与分幅图的坐标统一，可以不绘坐标格网线。分户图的方位应使房屋的主要边线与图廓边线平行，按房屋的朝向横放或竖放，并在适当位置加绘指北方向符号。

2. 分户图的内容

（1）房屋坐落

为了准确地表示房屋坐落的位置，应将门牌号、幢号、所在层次、室号或户号等，按规定标注在适当的位置。其中本户所在的幢号、层次、户（室）号标注在房屋图形上方，门牌号标注在实际立牌处。此外，还应在图廓外的右上角标注该产房屋所在的分幅图编号和丘号。

（2）房屋权属要素

分户图的房屋权属要素包括房屋权界线、四面墙体归属、楼梯和走道等共有共用部位。其中，房屋权界线和四面墙体归属的表示方法与分丘图相同，在图上也是用 0.2mm 粗的实线表示。楼梯、走道等共有共用部位则以细实线表示，并在适当位置加注名称如"梯"、"廊"等。房屋边长的描绘误差不应超过图上 0.2mm。

（3）房屋建筑面积

房屋建筑面积包括自有面积、分摊共有面积以及总面积。在分户图上，这三种面积均应表示出来，不能只注一个总面积。自有建筑面积注在房屋图形内；共有共用部位本户分摊面积注在图的左下角；总面积注在房屋幢号、所在层次等号码的下方。所有的建筑面积下均应加一条横线。图 11-18 是房产分层分户平面图示例。

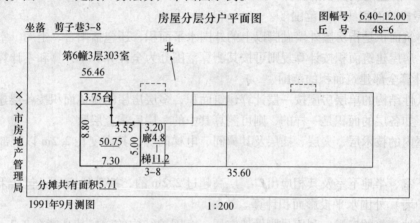

图 11-18　房产分层分户图

3. 分户图的成图方法

分户图的成图可以直接利用已测绘的分幅图，将属于本户范围的部分，进行实地调查核实修测后，绘制成分户图。具体方法是在分幅图测绘完成以后，根据户主在登记申请书指明的使用范围，将该户房屋和土地范围蒙绘到房地分户调查测量表上，然后携带调查测量表，按分户图的要求，到实地调查核实该户的房产占有使用情况，更正有关房产内容的各项指标，使调查测量表成为制作正式房产分户平面图的底图，再用透明纸描绘房产分户平面图作为复晒的底图。如没有房产分幅图可以提供，而房产登记和发证工作又亟待开展，可以按房产调查的范围在实地直接测绘分户图，然后再按房产分户图的要求标注相应的内容。

## 11.5　房屋建筑面积和用地面积的量算

### 11.5.1　房地产面积测算的规定

面积测算是指水平面积测算。其主要内容包括房屋建筑面积和用地面积测算，以及共有共用的房屋建筑面积，异产毗连房屋占地面积和共用院落面积的分摊测算等。各类面积测算应统一使用"房地产面积测算表"，见表 11-2，独立测算两次（以 $m^2$ 为单位，取位至 $0.01m^2$），其较差应在规定的限差以内，取中数作为最后结果。

表 11-2 房地产面积测算表

图幅号：　　　　　　　　　丘号：　　　　　　　　序号：

| 坐落 | 区（县） | | 街道（镇） | | 胡同（巷） | | 号 | | |
|------|------|------|------|------|------|------|------|------|------|
| 房屋产权人 | | | | | 用地单位（人） | | | | |
| 面积分类 | 幢　号 | 层　号 | 部位（室号） | 图形编号 | 面积计算公式 | 面积计算值（m²） | 较差（m²） | 平差后面积值（m²） | 备　注 |
| | | | | | 1 | | | | |
| | | | | | 2 | | | | |
| | | | | | 1 | | | | |
| | | | | | 2 | | | | |
| | | | | | 1 | | | | |
| | | | | | 2 | | | | |

检查者：　　　　测算者：　　　　　　　　　　　　　　　年　　　月　　　日

### 11.5.2　房屋建筑面积的测算

**1. 房屋建筑面积的测算范围**

房屋建筑面积是指房屋外墙勒脚以上的外围水平面积，还包括阳台、走廊、室外楼梯等建筑面积。房屋建筑面积按计算规则可按其测算范围分为全计算、半计算和不计算三种。

（1）计算全部建筑面积的范围

①永久性结构的单层房屋按一层计算建筑面积，多层房屋的建筑面积按各层建筑面积的总和计算；如各层的面积是一样的，则可测算其中的一层后乘上层数。

②房屋内的技术层、夹层、插层及其梯间、电梯间等，其高度在 2.2m 以上部位计算建筑面积。

③地下室、半地下室及其相应出口，层高超过 2.2m 的，按其外墙（不包括采光井、防潮层及保护墙）外围水平投影面积计算。

④依坡地建筑的房屋，利用吊脚做架空层，有围护结构的，按其高度在 2.2m 以上部位的外围水平面积计算。

⑤穿过房屋的通道、房屋内的门厅、大厅，不分层高均按一层计算面积，门厅、大厅内的回廊部分，按其投影计算面积。

⑥与房屋相连的有柱走廊，两房屋间有上盖和柱的走廊，均按其柱外围水平面积计算。

⑦挑楼、全封闭阳台，按其外围水平投影面积计算。

⑧楼梯间、电梯井、提物井、垃圾道、管道井等均按房屋层计算面积。

⑨房屋天面（又称天台，四周有围护结构的屋顶平台）上的永久性建筑物，层高在 2.2m 以上的楼梯间、水箱间、电梯机房及斜面结构屋顶高度在 2.2m 以上的部位，按其外围水平面积计算。

⑩属永久性结构有上盖的室外楼梯，按各层水平投影面积计算。

⑪房屋间永久性的封闭的架空通廊，按外围水平投影面积计算。

⑫有柱或有围护结构的门廊、门斗按其柱或围护结构的外围水平投影面积计算。

⑬玻璃幕墙等作为房屋外墙的，按其外围水平投影面积计算。

⑭属永久性建筑有柱的车棚、货棚等按柱的外围水平投影面积计算。

⑮有伸缩缝的房屋，若其与室内相通的，伸缩缝计算建筑面积。

（2）计算一半建筑面积的范围

①与房屋相连有上盖无柱的走廊、檐廊，按其围护结构外围水平投影面积的一半计算。

190

②独立柱、单排柱的门廊、车棚、货棚等属永久性建筑的，按其上盖水平投影面积的一半计算。

③未封闭的阳台、挑廊，按其围护结构外围水平投影面积的一半计算。

④无顶盖的室外楼梯按各层水平投影面积的一半计算。

⑤有顶盖不封闭的永久性的架空通廊，按外围水平投影面积的一半计算。

（3）下列情况不计算建筑面积

①层高在 2.2m 以下的技术层、夹层、插层、地下室和半地下室。

②突出房屋墙面的构件、配件、装饰柱、装饰性的玻璃幕墙、垛、勒脚、台阶、无柱雨篷等。

③房屋之间无上盖的架空通廊。

④房屋的天面、挑台、天面上的花园、泳池。

⑤建筑物内的操作平台、上料平台及利用建筑物的空间安置箱、罐的平台。

⑥骑楼、过街楼的底层用作道路和街巷通行的部分。

⑦利用引桥、高架路、高架桥等路面作为顶盖建造的房屋。

⑧活动房屋、临时房屋和简易房屋。

⑨独立烟囱、亭、塔、罐、池、地下人防干、支线。

⑩与房屋室内不相通的房屋间伸缩缝。

2. 房屋建筑面积的测算方法和精度要求

房屋建筑面积的测算方法有坐标解析法、实测量距法和图解法三种：

（1）坐标解析法

坐标解析法就是利用几何图形各顶点（即界址点）的坐标计算面积，具体计算公式详见第 10 章公式（10-1）。此法精度最高，最适用于已知界址点坐标的情况下，计算丘土地面积。一般房屋各角点的坐标不测算，宜用以下的方法。

（2）实地量距法

实地量距法是一种通过实地量测图形边长、角度等要素，应用几何图形面积公式来计算面积的方法。因此不受图纸伸缩的影响，是比较精确的一种方法，其精度直接与各测量要素精度有关。按《房产测量规范》规定房产面积精度分三级，各级面积限差与中误差规定见表 11-3。

表 11-3　房产面积精度要求

| 房产面积精度等级 | 限　差 | 中误差 |
| --- | --- | --- |
| 一 | $0.02\sqrt{S}+0.006S$ | $0.01\sqrt{S}+0.003S$ |
| 二 | $0.04\sqrt{S}+0.002S$ | $0.02\sqrt{S}+0.001S$ |
| 三 | $0.08\sqrt{S}+0.006S$ | $0.04\sqrt{S}+0.003S$ |

（3）图解法

图解法包括求积仪求积法、几何图形法等，由于这些方法精度低，不能满足房产量测面积的精度要求，因此房产测量中都不采用了。

3. 共有共用建筑面积的分摊测算

（1）共有共用建筑面积的内容

共有建筑面积包括电梯井、管道井、楼梯间、垃圾道、变电室、设备间、公共门厅、过道、值班警卫室以及为整幢服务的公共用房和管理用房的建筑面积，以水平投影面积计算共有建筑面积；共有建筑面积还包括各产权人本套房屋与公共建筑之间的分隔墙，以及外墙（包括山墙），以水平投影一半计算共有建筑面积。独立使用的地下室、车棚、车库、为多幢服务的警卫室和管理用房、作为人防工程的地下室都不计入共有建筑面积。

（2）共有共用建筑面积计算方法

整幢建筑物的建筑面积扣除整幢建筑物内各套间的套内面积、并扣除独立使用的地下室、车棚、车库、为多幢服务的警卫室和管理用房、作为人防工程的地下室等的建筑面积，即得整幢建筑物的共有共用建筑面积。

（3）共有共用建筑面积分摊方法

共有共用建筑面积在计算各户建筑面积时，要进行分摊计算。各户分摊多少，首先应根据其权属分割文件或协议的规定测算，如无权属分割文件或协议的，可按当地有关规定计算，如都没有，则按各户占有房屋建筑面积的多少，按比例分摊，其计算公式为：

$$某户应摊的建筑面积 = \frac{共有共用房屋建筑面积总和}{各户房屋建筑面积之和} \times 该户房屋建筑面积$$

4. 商品住宅建筑面积计算方法

随着住房制度改革的进展，住宅作为商品出售变得越来越普遍，商品住宅以每平方米建筑面积为单价，按所购的建筑面积计算房价。一幢楼房一般出售给许多购房人，有些建筑面积可以分割，而有些则难以分割。为了使购房人较为合理地负担房价，每套住宅的建筑面积可按下列公式计算：

$$某户的总建筑面积 = 该户的套内建筑面积 + 该户应分摊的共有共用建筑面积$$

**11.5.3 用地面积的测算**

1. 用地面积的量算原则

用地面积以丘为单位进行测算，包括房屋占地面积、院落面积、分摊共用院落面积、室外楼梯占地面积，以及各项地类面积的测算等。其中，房屋占地面积是指房屋底层外墙（柱）外围水平面积，一般与底层房屋建筑面积相同。

用地面积的量算要注意以下原则：

（1）凡属独立丘号的地块，均应以丘号为单位计算用地使用范围面积，一个丘号计算一个用地使用面积。

（2）凡未编丘号的道路、河流等公共用地等不计算用地使用面积。

（3）一丘为一个房屋所有权人使用的，其使用用地范围包括房屋占地、天井、院落用地以及其他用地。

（4）一丘为多户房屋所有权使用的，各户使用用地范围包括房屋占地、独用地、分摊的共用院落等部分。各户使用用地面积之和应该等于该丘内用地的总面积。如分户面积计算误差，在允许范围内，可按各户使用用地面积平差。

（5）每一丘范围内的用地，按照不同使用的性质，分类计算各项面积，各个分类面积之和应该等于该丘内用地的总面积。如分类面积计算误差在允许范围内，可按比例平差。

2. 用地面积测算法的精度

（1）坐标解析法

坐标解析计算法是根据界址点坐标成果表上的数据或实地测量的各界址点坐标，按坐标解析法面积计算公式计算用地面积。当有界址点的实测坐标时，此法面积的精度很高，应优

192

先考虑。坐标解析法面积中误差按第 10 章公式 (10-8) 可知：

$$m_S = \frac{m_j}{2} \sqrt{\sum_1^n \left[ (x_{i+1} - x_{i-1})^2 + (y_{i+1} - y_{i-1})^2 \right]} \tag{11-2}$$

式中　$m_s$——面积中误差；

　　　$m_j$——界址点点位中误差；

　$x_i$，$y_i$——界址点 $i$ 纵、横坐标。

（2）实地量距计算法

实地量距计算法是在实地测量用地界线和边长，按简单的几何图形计算面积，和房屋建筑面积的计算方法相同，当图形为多边形时，可将其分解成几个简单的几何图形，分别测量和计算面积，然后相加即得总面积。

实地量距计算法面积中误差不得超过表 11-3 的要求。

3. 共有共用用地面积的分摊

共有共用用地面积可分为两部分考虑，即共有共用房屋占地面积和共有共用院落占地面积。

（1）共有共用房屋占地面积

当一幢房屋为一个产权人所有时，房屋占地面积等于房屋屋底的建筑面积；当一幢房屋有数个不同的产权人时，房屋占地面积由各产权人共有，称为共有共用房屋占地面积。共有共用房屋占地面积应进行分摊。

共有共用房屋占地面积分摊的一般原则是，当有共有共用的用地文件或协议时，按文件或协议的规定办；如无文件或协议，可按当地有关规定办，若当地也无规定的，则可按各户房屋建筑面积占总面积的比例计算，其计算公式为：

$$某户应摊的用地面积 = \frac{共有共用房屋占地面积}{各户房屋建筑面积之和} \times 该户房屋建筑面积$$

（2）共有共用院落占地面积

院落面积指用地内除房屋占地以外各类用地面积的总和。测算时，可根据实地情况，采用上述的边长丈量计算法、坐标解析计算法，对其面积进行测算。除了院落的总面积之外，院落内各种地类的面积也要分别测算出来。丘内由几个单位和个人共同使用的院落面积，称为共用院落面积，如果有权属分割文件或协议，应按文件或协议规定进行分摊；当无权属分割文件或协议时，则按各户建筑面积大小按比例进行分摊。分摊计算方法与房屋占地面积分摊相同。

## 练 习 题

1. 房地产测绘具有什么特点？
2. 为什么要测绘房产图？房产图可分为几种？
3. 房产分幅图应测绘哪些内容？可采用哪些测绘方法？
4. 什么是界址点？界址点按精度分为哪几类？各用于什么场合？
5. 测定界址点有哪几种方法？它们各有何特点以及各适用于何种场合？
6. 什么是分丘图？分丘图的规格与精度要求是什么？
7. 分丘图与分幅图相比，多测绘哪些要素？
8. 什么是分户图？分户图规格是什么？
9. 分户图的主要内容有哪些？

10. 房屋建筑面积测算的范围有哪些?

11. 房屋建筑面积测算和房屋用地面积测算各采用什么方法?

12. 共有共用建筑和用地面积分摊的原则是什么?

# 学 习 辅 导

1. 学习本章目的与要求

目的：理解房地产测量中主要任务、特点；理解界址点测量精度、编号及测量方法；理解房产图的种类、测绘内容、方法。

要求：

(1) 了解界址点意义、精度、编号以及测量的方法；

(2) 搞清房地产分幅图测量和基本地形图测绘的区别；

(3) 理解房产分幅图、分丘图、分户图三种图的区别；

(4) 学会计算房屋建筑面积和用地面积。

2. 学习本章要领

(1) 学习本章首先搞清概念，何谓界址点，即地界点。界址点的连线构成房屋用地范围的地界线，它是房屋权属界线。界址点处要埋标志，由于所在位置重要性不同，分为三个等级，如何指界、标定及测量。

(2) 丘是什么概念，丘是用地界线封闭的地块，一个用地单位的地块称独立丘，几个用地单位组成的地块称组合丘。一般一个单位、一个门牌号或一处院落为独立丘，几个单位混杂的地块称组合丘。

(3) 分户图比较好理解，而分幅图与分丘图内容有什么不同，各包含多大范围。分幅图的测绘范围包括城市、县城、建制镇的建成区，以及建成区以外的工矿企事业等单位及其相毗连的居民点。分丘图实质上是房产分幅图的局部明细图，用来更详细地表示各丘的房屋及其用地的房地产要素，满足房地产管理的需要。分丘图的内容除了要表示出分幅图已有的内容以外，还应表示出界址点、房屋权界线及墙体归属等。

(4) 一定要弄清房地产测绘和普通地形图测绘的相同点和不同点。

(5) 房产面积量算是严肃的法律问题，应该采用直接量距计算或用坐标解析法，图解法精度太低，已不再使用。

# 第 12 章　工业与民用建筑中施工测量

## 12.1　施工测量概述

各种工程建设，都要经过规划设计、建筑施工、经营管理等几个阶段，每一阶段都要进行有关的测量工作，在施工阶段所进行的施工测量工作，其目的就是把设计好的建筑物、构筑物的平面位置和高程，按设计要求以一定的精度测设到地面上，作为施工的依据。

### 12.1.1　施工测量的主要任务

施工测量贯穿于整个施工过程中，它的主要任务包括：

1. 施工场地平整测量

各项工程建设开工时，首先要进行场地平整。平整时可以利用勘测阶段所测绘的地形图来求场地的设计高程并估算土石方量。如果没有可供利用的地形图或计算精度要求较高，也可采用方格水准测量的方法来计算土石方量。

2. 建立施工控制网

施工测量也按照"从整体到局部"、"先控制后碎部"的原则进行。为了把规划设计的建（构）筑物能准确地在实地标定出来，以及便于各项工作的平行施工，施工测量时要在施工场地建立平面控制网和高程控制网，作为建（构）筑物定位及细部测设的依据。

3. 建（构）筑物定位和细部放样测量

建筑物定位，就是把建（构）筑物外轮廓各轴线的交点，其平面位置和高程在实地标定出来，然后根据这些角点进行其他轴线和细部放样。

4. 竣工测量

每道工序完成后，都要通过实地测量检查施工质量并进行验收，同时根据检测验收的记录整理竣工资料和编绘竣工图，为鉴定工程质量和日后维修与扩（改）建提供依据。

5. 建（构）筑物的变形观测

对于高层建筑、大型厂房或其他重要建（构）筑物，在施工过程中及竣工后一段时间内，应进行变形观测，测定其在荷载作用下产生的平面位移和沉降量，以保证建筑物的安全使用，同时也为鉴定工程质量、验证设计和施工的合理性提供依据。

### 12.1.2　施工测量的特点

1. 施工测量是直接为工程施工服务的，它必须与施工组织计划相协调。测量人员应与设计、施工部门密切联系，了解设计内容、性质及对测量的精度要求，熟悉图纸上的尺寸和高程数据，了解施工的全过程，随时掌握工程进度及现场的变动，使测设精度与速度满足施工的需要。

2. 测设的精度主要取决于建筑物或构筑物的大小、性质、用途、建材和施工方法等因素。一般高层建筑物的测设精度应高于低层建筑物；自动化和连续性厂房的测设精度应高于一般厂房；钢结构建筑物的测设精度应高于钢筋混凝土结构、砖石结构的建筑物；装配式建筑物的测设精度应高于非装配式建筑。

3. 施工现场各工序交叉作业，运输频繁，地面情况变动大，受各种施工机械震动影响，因此，测量标志从形式、选点到埋设均应考虑便于使用、保管和检查，如标志在施工中被破坏，应及时恢复。

现代建筑工程规模大，施工进度快，精度要求高，所以施工测量前应做好一系列准备工作，认真核算图纸上的尺寸，数据；检校好仪器、工具；编制详尽的施工测量计划和测设数据表。放样过程中，应采用不同方法加强外业、内业的校核工作，以确保施工测量质量。

## 12.2 施工控制网测量

### 12.2.1 施工控制网概述

建筑工程施工测量的基本任务是按设计要求把设计图纸上设计的建（构）筑物的平面位置和高程在实地测设出来。施工测量也必须遵循"从整体到局部"、"先控制后细部"的原则，因此，施工以前在建筑场地要建立统一的施工控制网。

在勘测阶段所建立的测图控制网，由于它是为测图而建立的，未考虑施工的要求，控制点的分布、密度和精度都难以满足施工测量要求。此外，在施工现场由于平整场地，大量的土方填挖，原来布置的控制点往往被破坏。因此在施工以前，在建筑场地还必须重新建立施工控制网。施工控制网分为平面控制网和高程控制网。

平面控制网的布设形式，应根据建筑总平面图、建筑场地的大小和地形、施工方案等因素来确定。对于地形起伏较大的山区或丘陵地区，常用三角网或测边网；对于地形平坦而通视比较困难的地区或建筑物布置不很规则时，可采用导线网。

对于地势平坦、建筑物众多且布置比较规则和密集的工业场地，一般采用建筑方格网。建筑方格网各边组成正方形或矩形，并且与拟建的建筑物轴线平行，以便于施工。对于地面平坦的小型施工场地，常布置一条或几条建筑基线，组成简单的图形。总之，施工控制网的布网形式应与设计总平面图的布局一致。

建筑场地高程控制网应布设成闭合环线、附合路线或结点网，其高程用水准测量方法测定。

### 12.2.2 建筑场地的平面控制测量

如果直接利用测量控制点进行建筑物定位存在两个缺点，一是点位较少，不便进行也难以保证定位精度，二是利用测量控制点进行定位需作大量计算工作。因此，在面积不大，且不十分复杂的建筑场地，布设建筑基线。面积大、较复杂的建筑场地，布设建筑方格网。下面就有关问题作详细介绍。

1. 施工坐标系与测量坐标系

（1）施工坐标系

在实际工作中，为了设计与施工测量方便，设计者按主要建筑物方向另行建立的独立坐标系，其坐标轴与建筑物轴线平行或垂直，这种坐标称建筑坐标系，或称施工坐标系，如图 12-1 所示。纵轴用 $A$ 表示，横轴用 $B$ 表示。施工坐标系的原点设置于总平面图的西南角，以便使所有建（构）筑物的设计坐标均为正值。由于纵轴记为 $A$ 轴，横轴记为 $B$ 轴，施工坐标也称 $A$，$B$ 坐标。例如，某厂房角点 $A$ 的施工坐标为 $\dfrac{2A+20.00}{3B+24.00}$，即 $A$ 点的纵坐标为 220.00m，横坐标为 324.00m。设计人员在设计总平面图上给出的建筑物的设计坐标，均为施工坐标。

当施工坐标系与测量坐标系不一致时，如图 12-1 所示，两者之间的关系可由施工坐标系原点 $O'$ 的测量坐标 $x'_o$，$y'_o$ 及 $O'A$ 轴的坐标方位角 $\alpha$ 来确定。在进行施工测量时，上述数据由勘测设计单位给出。

196

（2）施工坐标系与测量坐标系的换算

在建筑方格网测设时，需要将主轴点的施工坐标换算成测量坐标，以便求算在测量控制点上测设主轴点的测设数据（角度、距离）；在进行施工时，为了便于施工测量，对方格网点的测量坐标则要换成施工坐标，以便于测设建筑物。

如图 12-1 所示，在测量坐标系 $xOy$ 中，$P$ 点的坐标为 $x_p$，$y_p$；在施工坐标系中，$P$ 点的坐标为 $A_P$，$B_P$；$x'_O$，$y'_O$ 为施工坐标系原点 $O'$ 在测量坐标系内的坐标，$\alpha$ 为施工坐标系 $O'A$ 轴与测量坐标系 $Ox$ 轴之间的夹角（即 $O'A$ 轴在测量坐标系的坐标方位角）。

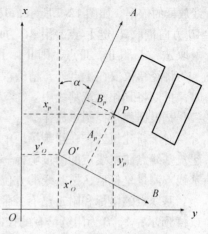

图 12-1　施工坐标系与测量坐标系

将施工坐标换算为测量坐标的计算公式为：

$$x = x_{O'} + A\cos\alpha - B\sin\alpha$$
$$y = y_{O'} + A\sin\alpha + B\cos\alpha \tag{12-1}$$

在同一施工坐标系中，$x_{O'}$，$y_{O'}$ 和 $\alpha$ 的数值均为常数。若将测量坐标换算为施工坐标时，计算公式为：

$$A = (x - x_{O'})\cos\alpha + (y - y_{O'})\sin\alpha$$
$$B = (y - y_{O'})\cos\alpha + (x - x_{O'})\sin\alpha \tag{12-2}$$

2. 建筑基线

（1）布设形式

当建筑场地不大时，根据建筑物的分布、场地的地形等因素，布设一条或几条轴线，作为施工测量的基准线，简称为建筑基线。常用的形式有"一"字形、"L"形、"T"形和"＋"形（图 12-2）。

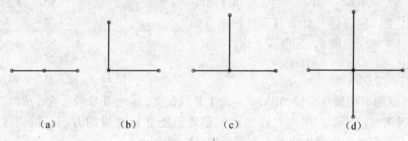

（a）　　　　　（b）　　　　　（c）　　　　　（d）

图 12-2　建筑基线

（2）建筑基线的布置要求

①建筑基线应与主要建筑物轴线平行或垂直，并尽可能靠近主要建筑物，以便于用直角坐标法进行测设。

②基线点位应选在通视良好和不易被破坏的地方。为了能长期保存，要埋设永久性的混凝土桩。

③基线点应不少于三个，以便检测基线点位有无变动。

（3）建筑基线的放样方法

①根据建筑红线放样

在老建筑区，建筑用地的边界线（建筑红线）是由城市测绘部门测设的，可作为建筑基线放样的依据。如图 12-3 所示，$AB$，$AC$ 是建筑红线，Ⅰ，Ⅱ，Ⅲ是建筑基线点，从 $A$ 点沿 $AB$ 方向量取 $d_2$ 定Ⅰ′点，沿 $AC$ 方向量取 $d_1$，定Ⅰ″点。通过 $B$，$C$ 作红线的垂线，并沿垂线量取 $d_1$，$d_2$ 得Ⅱ，Ⅲ点，则Ⅱ，Ⅰ″与Ⅲ，Ⅰ′相交于Ⅰ点。Ⅰ，Ⅱ，Ⅲ点即为建筑基线点。

将经纬仪安在Ⅰ点处，精确观测∠ⅡⅠⅢ，如果建筑红线完全符合作为建筑基线的条件时，可以将其作建筑基线用。

②根据测量控制点放样

对于新建筑区，在建筑场地中没有建筑红线作为依据时，要利用附近已有控制点来测设建筑基线点。基线点的测量坐标一般由设计单位给出，也可由总平面图上用图解法求得某一基线点测量坐标后，按基线的方位角与距离推算出其他基线点的测量坐标值。

基线点的坐标和附近已有控制点的关系用极坐标法计算出放样数据，然后放样。如图 12-4 所示，$A$，$B$ 为附近已有的控制点，Ⅰ，Ⅱ，Ⅲ为选定的建筑基线点。首先根据已知控制点和待测设点的坐标关系反算出测设数据 $\beta_1$、$d_1$，$\beta_2$、$d_2$，$\beta_3$、$d_3$，然后用经纬仪和钢尺按极坐标法，测设Ⅰ，Ⅱ，Ⅲ点。由于存在测量误差，测设的基线点往往不在同一直线上，精确检验∠ⅠⅢⅢ的角值 $\beta$，若此角值 $\beta$ 与 180°之差超过限差 ±5″，则应对点位进行调整。

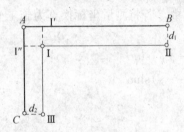

图 12-3　根据建筑红线放样

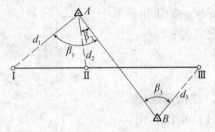

图 12-4　根据测量控制点放样

（4）建筑基线的调直方法

调直的方法如图 12-5 所示，当Ⅰ′，Ⅱ′，Ⅲ′不在一条直线上，应将该三点沿与基线相垂直的方向各移动相等的调整量 $\delta$，其值按下式计算：

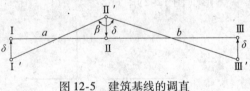

图 12-5　建筑基线的调直

$$\delta = \frac{ab}{2(a+b)} \times \frac{180° - \beta}{\rho''} \quad (12\text{-}3)$$

式中，$\delta$ 为各点的调整量（单位为 m），$a$ 为ⅠⅡ的长度，$b$ 为ⅡⅢ的长度，$\rho''$ 为 206265″。

计算得到调整量 $\delta$ 后，用钢尺在实地丈量 $\delta$ 值要注意丈量的方向。得到改正后的Ⅰ，Ⅱ，Ⅲ三个点，用经纬仪再作检查，直至达到精度要求。

例如，如图 12-5 所示，设 $a = 400$m，$b = 600$m，$\beta = 179°59'36''$，则

$$\delta = \frac{400 \times 600}{2(400 + 600)} \times \frac{180° - 179°59'36''}{206265''} = 1.4\text{cm}$$

3. 建筑方格网

（1）建筑方格网的布设

由正方形或矩形格网组成的施工控制网称为建筑方格网，或称矩形网。它是建筑场地常用的控制网形式之一，适用于按正方形或矩形布置的建筑群或大型、高层建筑的场地。建筑方格网轴线与建筑物轴线平行或垂直，因此可用直角坐标法进行建筑物的定位，放样较为方便，且精度较高。布设方格网时，应根据建（构）筑物、道路、管线的分布，结合场地的地形情况，先选定方格网的主轴线（图 12-6 中 $A$，$O$，$B$，$C$，$D$ 为主轴线点）。主轴线的定

位点称主点，一条主轴线的主点不少于 3 个，其中一个为纵横主轴线的交点 $O$。以主轴为基础再全面布设方格网。布设要求与建筑基线基本相同，另需考虑下列几点：

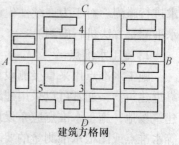
建筑方格网

① 方格网的主轴线应选在建筑区的中部，并与总平面图上所设计的主要建筑物轴线平行。

② 纵横主轴线应严格正交成 90°，误差应在 90° ± 5″。

③ 主轴线长度以能控制整个长度为宜，一般为 300 ~ 500m，以保证定向精度。

图 12-6  建筑方格网的布设

④ 方格网的边长一般为 100 ~ 300m，边长的相对精度视工程要求而定，一般为 1/1 万 ~ 1/3 万。相邻方格网点之间应保证通视；便于量距和测角，点位应选在不受施工影响并能长期保存的地方。

在设计方格网时，可将方格网绘在透明纸上，再覆盖到总平面图上移动，以求得一个合适的布网方案，最后再转绘到总平面图上。

（2）主轴线的测设

首先根据原有控制点坐标与主轴线点坐标计算出测设数据，然后测设主轴线点。如图 12-7 所示，先测设长主轴线 $AOB$，其方法与建筑基线测设相同。再测设与长主轴线相垂直的另一主轴线 $COD$，此时安置经纬仪于 $O$ 点，瞄准 $A$ 点，依次旋转 90° 和 270°，以精密量距初步定出 $C'$，$D'$ 点，然后，精确测定 ∠$AOC'$，∠$AOD'$，如果角值与 90° 之差 $\varepsilon_1$ 和 $\varepsilon_2$，再按下式计算 $C'$ 点与 $D'$ 点的改正数 $l_1$ 和 $l_2$。

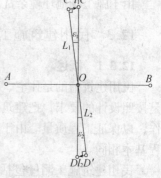
图 12-7  测设另一主轴线

$$l_i = L_i \frac{\varepsilon_i}{\rho''} \tag{12-4}$$

式中，$L_i$ 表示 $OC'$ 的距离 $L_1$，$OD'$ 的距离 $L_2$。

由 $C'$ 和 $D'$ 分别沿 $OC'$ 和 $OD'$ 的垂直方向改正 $l_1$ 和 $l_2$ 得调整后的主点 $C$ 和 $D$。精密丈量 $OC$，$OD$ 的距离，精度应达 1/1 万。各轴线点应埋设混凝土桩，桩顶设置一块 10cm × 10cm 的铁板，供调整点位用。

（3）建筑方格网点测设

测设出主轴线后，如图 12-6 所示，从 $O$ 点沿主轴线方向进行精密丈量，定出 1，2，3，4 等点，定 5 点的方法是：经纬仪分别安置在 1，3 两点，以 $O$ 点为起始方向精密测设 90°，用角度交会法定出 5 点。同法测设其余网点位置。所有方格网点均应埋设永久性标志。

**12.2.3  建筑场地的高程控制测量**

建筑场地高程控制点的密度，应尽可能满足在施工放样时安置一次仪器即可测设出所需的高程点，而且在施工期间，高程控制点的位置应稳固不变。对于小型施工场地，高程控制网可一次性布设，当场地面积较大时，高程控制网可分为首级网和加密网两级布设，相应的水准点称为基本水准点和施工水准点。

1. 基本水准点

基本水准点是施工场地高程首级控制点，用来检核其他水准点高程是否有变动，其位置应设在不受施工影响、无震动、便于施测和能永久保存的地方，并埋设永久性标志。在一般建筑场地上，通常埋设三个基本水准点，布设成闭合水准路线，并按城市四等水准测量的要求进行施测。对于为连续性生产车间，地下管道放样所设立的基本水准点，则需要采用三等水准测量方法进行施测。

## 2. 施工水准点

施工水准点用来直接测设建（构）筑物的高程。为了测设方便和减少误差，水准点应靠近建筑物，通常可以采用建筑方格网点的标桩加设圆头钉作为施工水准点。对于中、小型建筑场地，施工水准点应布设成闭合水准路线或附合水准路线，并根据基本水准点按城市四等水准点或图根水准测量的要求进行施测，水准点距离建筑物、构筑物不宜小于25m，距离回填土边线不宜小于15m。

为了施工放样的方便，在每栋较大的建筑物附近，还要测设±0.000水准点，其位置多选在较稳定的建筑物墙、柱的侧面，用红漆绘成上顶为水平线的"▽"形。

由于施工场地环境杂乱，情况变化大，因此必须经常检查施工水准点的高程有无变动。

## 12.3 民用建筑施工测量

### 12.3.1 概述

民用建筑指的是住宅、办公楼、商场、俱乐部、医院、学校等建筑物。施工测量的任务是按照设计的要求，把建筑物的位置测设到地面上，并配合施工的进程进行一系列的测量工作，以保证工程质量。由于建筑物类型不同，其放样方法和精度要求也有所不同，但放样过程基本相同。

民用建筑施工测量包括建筑物定位、细部放样、基础工程施工测量、墙体工程施工测量等。

施工测量前应做好以下各项工作：

## 1. 熟悉设计图纸

设计图纸是施工测量的依据，施工以前应认真阅读设计图纸及其有关说明，了解施工的建筑物与相邻地物之间的关系，以及建筑物的尺寸和施工要求等。测设时必须具备下列图纸资料：

（1）总平面图，是施工测量的总体依据，建筑物就是根据总平面图上所给的尺寸关系进行定位的。

（2）建筑平面图，给出建筑物各定位轴线间的尺寸关系及室内地坪标高等。

（3）基础平面图，给出基础轴线间的尺寸关系和编号。

（4）基础详图（即基础大样图），给出基础设计宽度、形式、设计标高及基础边线与轴线的尺寸关系，是基础施工的依据。

（5）立面图和剖面图，给出基础、地坪、门窗、楼板、屋架和屋面等设计高程，是高程测设的主要依据。

在熟悉上述主要图纸的基础上，要认真核对各种图纸总尺寸与各部分尺寸之间的关系是否相符，以防止测设时出现差错。

## 2. 现场踏勘

目的是为了解施工现场周围地物以及测量控制点的分布情况，并对测量控制点的点位进行检核，以取得正确的起始数据。

## 3. 拟定放样方案，绘制放样略图

根据总平面图给定的建筑物位置以及现场控制点情况，拟定放样方案、绘制放样略图。

在略图上标出建筑物轴线间的主要尺寸以及有关的放样数据，供现场放样时使用。

此外，应准备好放样所需的仪器、工具，对主要的仪器应进行认真的检验校正。平整和清理施工现场，以便进行测设工作。

### 12.3.2 民用建筑定位测量及建筑物放线

建筑物的定位测量是根据设计图纸，将建筑物外墙的轴线交点（也称角点）测设到实地，作为建筑物基础放样和细部放线的依据。由于设计方案常根据施工场地条件来选定，不同的设计方案，其建筑物的定位方法也不一样，主要有以下两种情况：

1. 民用建筑物定位

（1）根据与原有建筑物的关系定位

在建筑区内新建或扩建建筑物时，一般设计图上都给出新建筑物与已建建筑物或道路中心线的相互位置关系，如图 12-8 所示的几种情况。

如图 12-8a 所示，拟建建筑物轴线 $AB$ 在已建建筑物轴线 $MN$ 的延长线上，可用延长直线法定位。具体步骤如下：第一步，作 $MN$ 的平行线 $M'N'$，即沿已建建筑物 $PM$ 与 $QN$ 墙面向外拉细线，量出 $MM' = NN' = a$，由此在地面上定出 $M'$ 和 $N'$ 两点；第二步，在 $M'$ 点安置经纬仪照准 $N'$ 点，在其视线方向按照图纸所给定的 $NA$ 和 $AB$ 距离值，从 $N'$ 点用钢尺量距依次定出 $A'$，$B'$ 两点；第三步，分别在 $A'$ 和 $B'$ 点上安置经纬仪，测设 $90°$，于相应的垂线上测设给定距离值 $a$，$AC$ 和 $a$，$BD$，从而定出 $A$，$C$ 点和 $B$，$D$ 点。

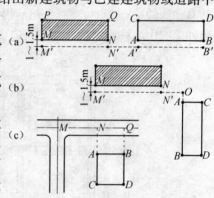

图 12-8　与原有建筑物的关系定位

如图 12-8b 所示，拟建建筑物轴线 $AB$ 垂直于已建建筑物轴线 $MN$，可用直角坐标法定位。按照图 12-8a 与原有建筑物的关系定位所述的第一步作出 $MN$ 的平行线 $M'N'$，然后在 $N'$ 点安置经纬仪作 $M'N'$ 的延长线，在 $M'N'$ 的延长线上用钢尺量取 $N'O$ 定出 $O$ 点；移动经纬仪于 $O$ 点，在 $O$ 点照准 $N'$ 点，也称后视 $N'$ 点，向左测设 $90°$，沿这个垂直方向用钢尺量取 $OA$ 距离值，定出 $A$ 点，量取 $AB$ 距离值，定出 $B$ 点。同法，移动经纬仪于 $A$，$B$ 两点，可分别定出 $C$ 点和 $D$ 点。

如图 12-8c 所示，拟建建筑物 $ABCD$ 与道路中心线平行，根据图示条件，主轴线的测设仍可用直角坐标法。先用拉尺分中法找出道路中心线 $MQ$，按照给定距离值定出 $N$，$Q$ 点，然后在 $N$ 点安仪器，测设直角定 $A$，$C$，在 $B$ 点安仪器，测设直角定 $B$，$D$。

（2）根据建筑方格网定位

当建筑场地上已有建筑方格网，并且拟建建筑物轴线与方格网边线平行或垂直，则可根据建筑物的角点和方格网点的坐标，用直角坐标法测设。如图 12-9 所示，建筑物的定位点为 $A$，$B$，$C$，$D$，根据各点的坐标值可计算出 $AB = a$ 和 $AD = b$，$a$，$b$ 分别为建筑物的长、宽，以及 $MA'$，$B'N$ 和 $AA'$，$BB'$ 的距离值。测设定位点的具体步骤如下：

①在方格网点 $M$ 上安置经纬仪，照准 $N$ 点，沿视线方向用钢尺量取 $MA'$ 得 $A'$ 点，量取 $A'B' = a$ 得 $B'$ 点，再由 $B'$ 点沿视线方向量取 $B'N$ 长度以作校核。

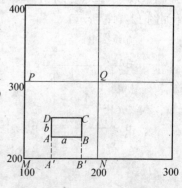

图 12-9　根据建筑方格网定位

②移动经纬仪于 $A'$ 点，照准 $N$ 点，也称后视 $N$ 点，向左测设90°，沿这个垂直方向量取 $A'A$ 得 $A$ 点，再量取建筑物的宽度 $b$ 得 $D$ 点。

③安置经纬仪于 $B'$ 点，同法定出 $B$，$C$ 点。

④为了校核，应用钢尺丈量 $AB$，$CD$ 及 $AD$，$BC$ 的长度，检查其是否等于建筑物的设计值 $a$ 和 $b$。检测距离，其值与设计长度的相对误差不应超过 $\frac{1}{2000}$。

**2. 建筑物放线**

建筑物放线就是根据已测设的角点桩（建筑物外墙主轴线交点桩）及建筑物平面图，详细测设建筑物各轴线的交点桩（或称中心桩）。如图 12-10 所示，测设方法是，在角点上设站（$M$，$N$，$P$，$Q$）用经纬仪定向，钢尺量距，依次定出②，③，④，⑤各轴线与Ⓐ轴线和Ⓓ轴线的交点（中心桩），然后再定出Ⓑ，Ⓒ轴线与①，⑥轴线的交点（中心桩）。建筑物外轮廓中心桩测定后，继续测定建筑物内各轴线的交点（中心桩）。

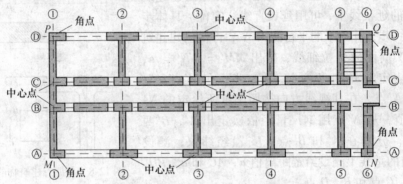

图 12-10 建筑物各轴线交点的测设

测设应注意：用经纬仪定向时，应用倒镜检查；量距时，应使钢尺零端始终对准同一点上，以减少量距误差。

**3. 测设轴线控制桩或龙门板**

由于基槽开挖后，角桩和中心桩将被挖掉，为了便于施工中恢复各轴线位置，应把各轴线延长到槽外安全地点，并作好标志。其方法有设置轴线控制桩和龙门板两种形式。

**（1）测设轴线控制桩（引桩）**

如图 12-11a 所示，将经纬仪安置在角桩上、瞄准另一角桩，沿视线方向用钢尺向基槽外侧量取 3～5m。打下木桩，桩顶钉上小钉，准确标志出轴线位置，并用混凝土包裹木桩（如图 12-11c 所示）。

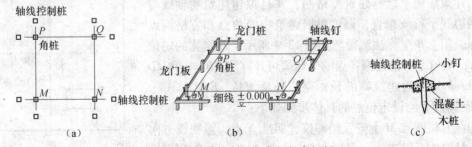

图 12-11 轴线控制桩与龙门桩龙门板

（a）轴线控制桩布设；（b）龙门桩龙门板；（c）轴线控制桩式样

对于多、高层建筑物，为了便于向上引测轴线，可将轴线控制桩设在离建筑物稍远的地方，如附近有永久性建筑物，把轴线投测到永久性建筑物的墙基上并作为标志。

（2）设置龙门板

在一般民用建筑中，常在基槽开挖线外一定距离处钉设龙门板（如图12-11b所示），其步骤和要求如下：

①在建筑物四角和中间定位轴线的基槽开挖线外约1.5～3m处（根据土质和槽深而定）设置龙门桩，桩要钉得竖直、牢固，桩外侧面应与基槽平行。

②根据场地内的水准点，用水准仪将±0的标高测设在每个龙门桩上，用红铅笔画一横线。

③沿龙门桩上测设的±0标高线钉设龙门板，使板的上边缘高程正好为±0标高，若现场条件不许可时，也可测设比±0标高或低一整数的高程。测设龙门板高程的限差为±5mm。

④如图12-11b所示，将经纬仪安置在M点，瞄准N点，沿视线方向在N点附近的龙门板上定出一点，钉小钉标志（称轴线钉）。倒转望远镜，沿视线在M点附近的龙门板上也钉一小钉。同法可将各轴线都引测到各相应的龙门板上。引测轴线点的误差应小于±5mm。如果建筑物较小，则可用锤球对准桩点，然后沿两锤球线拉紧线绳，把轴线延长并标定在龙门板上（如图12-11b所示）。

⑤用钢卷尺沿龙门板顶面检查轴线钉之间的距离，其精度应达到1:2000～1:5000。经检核合格后，以轴线钉为准，将墙边线、基础边线、基槽开挖边线等标定在龙门板上。标定基槽上口开挖宽度时，应按有关规定考虑放坡的尺寸。

机械化施工时，一般仅测设轴线控制桩而不设龙门板和龙门桩。

### 12.3.3　民用建筑基础施工测量

1. 基槽开挖边线放线与水平桩的测设

（1）基槽开挖边线放线

在基础开挖之前应按照基础详图上的基槽宽度再加上口放坡的尺寸，由中心桩向两边各量出相应尺寸，并作出标记；然后在基槽两端的标记之间拉一细线，沿着细线在地面用白灰撒出基槽边线，施工时就按此灰线进行开挖。

（2）测设水平桩

为了控制基槽开挖深度，在即将挖到槽底设计标高时，用水准仪在槽壁上测设一些水平的小木桩（图12-12），使木桩的上表面离槽底设计标高为一固定值（如0.500m），用以控制挖槽深度。为了施工时使用方便，一般在槽壁各拐角处和槽壁每隔3～4m处均测设一水平桩，水平桩可作为挖槽深度、修平槽底和打基础垫层的依据。水平桩高程测设允许误差为±10mm。如图12-12所示，假设槽底设计标高为 −1.700m，按图中所列数据，测站上应有的前视读数为 $a + 1.200$（$a$ 为后视读数），此时打水平桩，则水平桩的标高即为 −1.200m。施工时，自水平桩面向下量取0.500m即为槽底的设计位置。

2. 基础施工测量

（1）垫层中线的测设

基础垫层浇注后，根据龙门板上的轴线钉或轴线控制桩，用经纬仪或用拉绳挂锤球的方法（图12-13），把轴线投测到垫层面上，并用墨线弹出墙中心线和基础边线，作为砌筑基

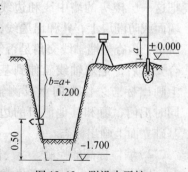

图12-12　测设水平桩

础的依据。由于整个墙身砌筑均以此线为准，所以要进行严格校核。

（2）基础墙标高的控制

墙中心线投在垫层上，用水准仪检测各墙角垫层面标高后，即可开始基础墙（±0.00以下的墙）的砌筑。基础墙的高度是用基础"皮数杆"控制的。

皮数杆用一根木杆制成，在杆上按照设计尺寸将砖和灰缝的厚度，分皮一一画出，每五皮砖注上皮数（基础皮数杆的层数从±0.000向下注记）并标明±0.000、防潮层和需要预留洞口的标高位置等，如图12-14所示。立皮数杆时，可先在立杆处打一木桩，用水准仪在木桩侧面定出一条高于垫层标高某一数值（如10cm）的水平线；然后将皮数杆上标高相同的一条线与木桩上的水平线对齐，并用大铁钉把皮数杆与木桩钉在一起，作为基础墙砌筑的标高依据。

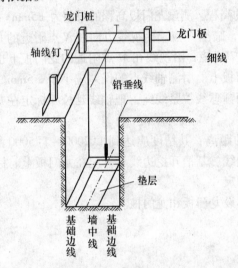

图 12-13　基础垫层中线的测设

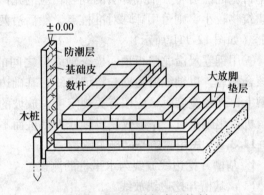

图 12-14　基础墙标高的控制

当基础墙砌到±0标高下一皮砖时，要测设防潮层标高，容许误差为≤±5mm。有的防潮层是在基础墙上抹一层防水砂浆，也作为墙身砌筑前的抹平层。

基础施工结束后，应检查基础面的标高是否符合设计要求。可用水准仪测出基础面四角和其他轴线交点是否水平，其高程与设计高程相比较，允许误差为±10mm。

### 12.3.4　民用建筑墙体施工的测量

1. 墙体定位

基础墙砌筑到防潮层以后，可根据轴线控制桩或龙门板上中线钉，用经纬仪或拉细线，把这一层楼房的墙中线和边线投测到基础墙面或防潮层上，并弹出墨线，如图12-15所示，检查外墙轴线交角是否等于90°；符合要求后，把墙轴线延伸到基础墙的侧面上画出标志，作为向上投测轴线的依据。同时把门、窗和其他洞口的边线也在外墙基础立面上画出标志。

2. 墙体标高的控制

墙体砌筑时，其标高也常用皮数杆控

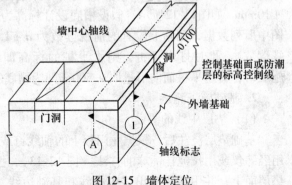

图 12-15　墙体定位

制。在墙身皮数杆上根据设计尺寸，按砖和灰缝的厚度画线，并标明门、窗、过梁、楼板等的标高位置。杆上注记从±0.000向上增加（图12-16）。立墙身皮数杆时，同立基础皮数杆一样，先在立杆处打入木桩，用水准仪在木桩上测设出±0标高位置，测量允许误差为±3mm。然后，把皮数杆上的±0线与木桩上±0线对齐，并用钉钉牢。为了保证皮数杆稳定，可在皮数杆上加钉两根斜撑。

在墙身砌起一定高度以后，在室内墙面上定出+0.500m的标高线，以此作为该层地面施工和室内装修施工的依据。

3. 二层以上楼层轴线和标高的测设

（1）轴线投测

为了保证建筑物轴线位置正确，在纵、横向各确定1~2条轴线作为控制轴线，从底层一直到顶层，作为各层平面丈量尺寸的依据。如果不设控制轴线，而以下层墙体为依据，容易造成轴线偏移。从底层向上传递轴线有两种方法：

①经纬仪投测法

墙体砌筑到二层以上时，为了保证建筑物轴线位置正确，通常把经纬仪安置在轴线控制桩上，如图12-17所示，经纬仪安置在 A 轴与 B 轴的控制桩上，瞄准底层轴线标志 $a$、$a'$，$b$、$b'$，用盘左盘右取平均的方法，将轴线投测到上一层楼板边缘，并取中点作为该层中心轴线点，$a_1$、$a'_1$ 和 $b_1$、$b'_1$ 两线的交点 $o'$ 即为该层的中心点。此时轴线 $a_1 o' a'_1$ 与 $b_1 o' b'_1$ 便是该层细部放样的依据。将所有端点投测到楼板上，用钢尺检核其间距，相对误差不得大于1/2000。随着建筑物不断升高，同法逐层向上投测。

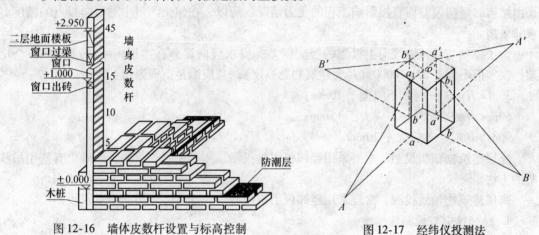

图 12-16　墙体皮数杆设置与标高控制　　　　图 12-17　经纬仪投测法

②吊垂球引测法

用较重的垂球悬吊在楼板或柱顶边缘，当垂球尖对准基础面上的轴线标志时，垂球线在楼板或柱边缘的位置即为楼层轴线位置。画出标志线，同样地可投测出其余各轴线。经检测，各轴线间距符合要求即可继续施工。但当测量时风力较大或楼层建筑物较高时，投测误差较大，此时应采用经纬仪投测法。

（2）楼层面标高的传递

①利用皮数杆传递

一层楼房砌好后，把皮数杆移到二层楼继续使用，为了使皮数杆立在同一水平面上，用水准仪测定楼板面四角的标高，取平均值作为二楼的地坪标高，并竖立二层的皮数杆，以后一层一层往上传递。

②利用钢尺丈量

在标高精度要求较高时，可用钢尺从墙脚 ±0 标高线沿墙面向上直接丈量，把高程传递上去。然后钉立皮数杆，作为该层墙身砌筑和安装门窗、过梁及室内装修，地坪抹灰时控制标高的依据。

③悬吊钢尺法

在外墙或楼梯间悬吊钢尺，钢尺下端挂一重锤，然后使用水准仪把高程传递上去。一般需 3 个底层标高点向上传递，最后用水准仪检查传递的高程点是否在同一水平面上，误差不超过 ±3mm。

此外，也可使用水准仪和水准尺按水准测量方法沿楼梯将高程传递到各层楼面。

框架结构的民用建筑，墙体砌筑是在框架施工后进行的，故可在柱面上画线，代替皮数杆。

## 12.4 高层建筑施工测量

### 12.4.1 高层建筑轴线引测

高层建筑的施工测量主要包括基础定位及建立控制网、轴线点投测和高程传递等工作。关于基础定位及控制网的放样工作，前已论述。因此，高层建筑施工放样的主要问题是各轴线如何精确地向上引测的问题，也就是将建筑物的基础轴线准确的向高层引测，并保证各层相应的轴线位于同一竖直面内。由于高层建筑的特点，即层数多，高度高，结构复杂，特别是由结构的竖向偏差而直接影响工程的受力情况，所以，在施工测量中对竖向投点的精度要求非常高。

为了控制与检核轴线向上投测的竖向偏差，要求竖向误差在本层内不超过 5mm，全楼累计误差值不大于 $2H/10000$ （$H$ 为建筑物总高度），且应满足下面限值：

30m $< H \leqslant$ 60m 时，不应大于 10mm；

60m $< H \leqslant$ 90m 时，不应大于 15mm；

90m $> H$ 时，不应大于 20mm。

高层建筑物轴线投测，主要采用经纬仪引桩投测或激光铅垂仪投测，此外也有使用吊线坠的方法。

高层建筑物轴线投测，常规采用经纬仪引桩投测法，现代多用激光铅垂仪投测法。

1. 经纬仪引桩投测法

如 10 层以上时，经纬仪向上投测的仰角增大，投测精度随着仰角增大而降低，且操作不方便。因此，必须将主轴控制桩引测到远处稳固地点或附近大楼屋面上，以减小仰角。如图 12-18 所示。

引测的方法是：将经纬仪在已投上去的轴线上，如 $a_{10}o_{10}a'_{10}$ 上，瞄准地面上原有两条轴线的控制桩 $A$，$A'$，应注意分别用正倒镜延长轴线，在远处定出 $A_1$，$A'_1$ 点，并埋设标志固定其点位，作为轴线延长线上新的控制桩。将经纬仪安置于新的控制桩 $A_1$，$A'_1$，分别用 $a_{10}$，$a'_{10}$ 定向，然后逐层向上设测轴线。

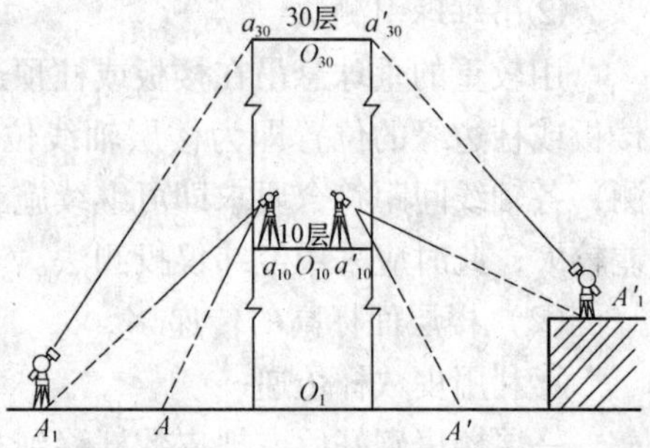

图 12-18 经纬仪引桩投线测法

投测前，应严格检校仪器，要注意照准部水准管应严格垂直于竖轴，横轴严格垂直于竖轴，投测时应仔细整平仪器。

2. 激光铅直仪投测

（1）激光铅直仪简介

激光铅直仪是一种专用的铅直定位的仪器，适用于烟囱、塔架和高层建筑的竖直定位测量。

激光铅直仪构造如图 12-19a 所示，主要由氦氖激光管、竖轴、发射望远镜、管水准器和基座等部件组成。激光器通过两组固定螺钉固定在套筒内。仪器的竖轴是一个空心轴，两端有螺扣，激光器套筒安装在下端（或上端），发射望远镜装在上端（或下端），即构成向上（或向下）发射的激光铅直仪。仪器上设置有两个互成 90° 的管水准器，分划值一般为 20″/mm，仪器配有专用激光电源。

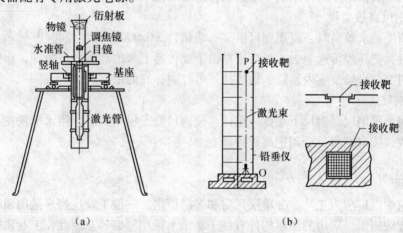

图 12-19　激光铅直仪投测法

（2）激光铅直仪投测轴线

为了把建筑物首层轴线投测到各层楼面上，使激光束能从底层直接打到顶层，各层楼板上应预留孔洞约 300mm × 300mm，有时也可利用电梯井、通风道、垃圾道向上投测。注意不能在各层轴线上预留孔洞，应在距轴线 500 ~ 800mm 处，投测一条轴线的平行线，至少有两个投测点。如图 12-19b 所示即为激光铅直仪的轴线投测方法，其操作步骤如下：

①在底层轴线控制点上安置激光铅直仪，利用激光器底端所发射的激光束进行严格对中，通过调节基座整平螺旋，使管水准器气泡严格居中。

②在上层施工楼面预留孔处，放置接受靶。

③接通激光电源，启辉激光器发射铅直激光束，作为铅直基准线。通过发射望远镜调焦，使激光束会聚成红色耀目光斑，投射到上层绘有坐标网的接收靶上。

④水平移动接收靶，使靶心与红色光斑重合，固定接收靶。此时靶心位置即为轴线控制点在该楼面上的投影点，并以此作为该层楼面上的一个控制点。

3. 吊线坠法

此种方法适用于高度在 50 ~ 100m 的高层建筑施工中。它是利用钢丝悬挂重锤球的方法，进行轴线竖向投测。锤球重量随施工楼面高度而异，约 15 ~ 25kg，钢丝直径约为 1mm。投测方法如下：

如图 12-20 所示，在预留孔上面安置十字架，挂上锤球，对准首层预埋标志。当锤球线静止时，固定十字架，并在预留孔四周作出标记，作为以后恢复轴线及放样的依据。此时，中心即为轴线控制点在该楼面上的投测点。

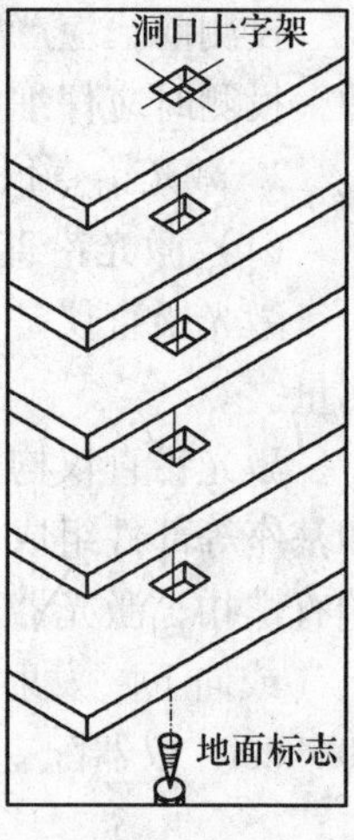

用吊线坠法施测时，要采取一定的措施，一般是将重锤浸在废机油中并采取挡风措施，以减少摆动。

### 12.4.2 高程传递

高层建筑物施工中，传递高程的方法有以下几种。

**1. 利用皮数杆传递高程**

在皮数杆上自 ±0.000m 标高线起，门窗口、过梁、楼板等构件的标高都已注明。一层楼砌好后，则从一层皮数杆起逐层往上接。

**2. 利用钢尺直接丈量**

在标高精度要求较高时，可用钢尺沿某一墙角自 ±0.000m 标高处起向上直接丈量，把高程传递上去。然后根据由下面传递上来的高程立皮数杆，作为该层墙身砌筑和安装门窗、过梁及室内装修、地坪抹灰等控制标高的依据。

**3. 悬吊钢尺法**

在楼梯间悬吊钢尺，钢尺下端挂一重锤，使钢尺处于铅垂状态，用水准仪在下面与上面楼层分别读数，按水准测量原理把高程传递上去。

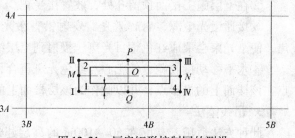

图 12-20 吊线坠法

## 12.5 工业厂房施工测量

工业建筑中以厂房为主体，分单层厂房和多层厂房。一般工业厂房多采用预制构件，在现场装配的方法施工。厂房的预制构件有柱子、吊车梁和屋架等。因此，工业建筑施工测量的工作主要是保证这些预制构件安装到位。其施工中的测量工作包括：厂房矩形控制网测设；厂房柱列轴线放样；杯形基础施工测量；厂房构件与设备的安装测量等。

### 12.5.1 厂房矩形控制网测设

**1. 厂房控制网的设计**

为了满足厂房施工的需要，要以建筑场地施工控制网为依据，建立适应厂房规模大小和外形轮廓以及满足厂房精度要求的独立矩形控制网，作为厂房施工测量的基本控制。

建立厂房矩形控制网时，首先要进行矩形控制网的设计，如图 12-21 所示。1，2，3，4 为厂房的四个角点，其设计坐标在设计图纸上已经给出；选定与厂房柱列轴线或设备基础轴线重合或平行的两条纵、横轴线作为主轴线，见图中的 $M$，$N$，$P$，$Q$；然后在基础开挖线以外，距离为 $l$（一般约4m）处，测设一个与厂房轴线平行的矩形控制网，如图中 Ⅰ，Ⅱ，Ⅲ，Ⅳ 所示。由于厂房角点 1，2，3，4 坐标为已知，即可确定出主轴线点 $M$，$N$，$P$，$Q$ 的坐标。

**2. 现场测设矩形控制网**

测设时，首先根据现场的施工控制点，将长轴线 $MON$ 测设于地面，再根据长轴线测设出短轴线 $POQ$，并进行方向改

图 12-21 厂房矩形控制网的测设

1—建筑方格网；2—厂房矩形控制网；
3—距离指标桩；4—厂房轴线

正。纵横主轴之间的交角误差应不大于±5″。主轴线方向经调整后，以 O 为起点，通过精密量距，定出纵、横主轴线端点 M，N 的位置。主轴线长度相对误差应不超过 1/2 万 ~ 1/3 万，并埋设固定标石。

主轴线确定后，就可根据主轴线测设矩形控制网。测设时，首先在纵横主轴线端点 M，N，P，Q 分别安置经纬仪，瞄准 O 点作为起始方向，分别测设 90°，交会出 Ⅰ，Ⅱ，Ⅲ，Ⅳ 四个角点；然后再精密丈量 M Ⅰ，M Ⅱ，N Ⅲ，N Ⅳ，P Ⅱ，P Ⅲ 和 Q Ⅰ，Q Ⅳ 的距离，其精度要求与主轴线测设精度要求相同，并根据所量距离与设计长度之差，对点位作适当的调整。

为了便于以后进行厂房细部施工放线，在测设矩形控制网的同时，应按一定间距设置一些控制桩，称为距离指标桩，如图 12-22 所示。距离指标桩的间距以不大于一整尺长，且为柱间跨距的整数倍为宜。

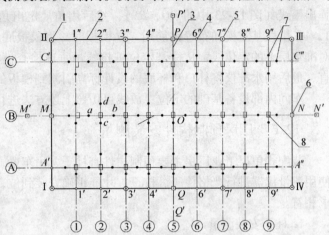

图 12-22　柱列轴线与柱基测设
1—矩形控制网角柱；2—矩形控制网四边；3—主轴线；
4—柱列轴线控制桩；5—距离指标桩；6—主轴线桩；
7—柱基中心线桩；8—柱基

测设小型厂房矩形控制网时，可先测设出矩形控制网的一条长边，然后以这条边为基础，测设出其他三条边。此种控制网的角度误差应不大于 ±10″，边长丈量相对误差不超过 1/1 万 ~ 1/2.5 万。

### 12.5.2　厂房柱列轴线与柱基施工测量

单层工业厂房主要是由柱子、吊车梁、吊车轨道、屋架等安装而成。从安装施工过程来看，柱子的安装最为关键，它的平面、标高、垂直度的准确性，将影响其他构件的安装精度。

1. 厂房柱列轴线测设

根据厂房平面图上所注的柱间距和跨距尺寸，用钢尺沿矩形控制网各边量出各柱列轴线控制桩的位置，如图 12-22 中的 1′，2′，…，并打入大木桩，桩顶用小钉标出点位，作为柱基测设和施工安装的依据。丈量时应以相邻的两个距离指标桩为起点分别进行，以便检核。柱基定位和放线步骤如下：

（1）安置两台经纬仪，在两条互相垂直的柱列轴线控制桩上，沿轴线方向交会出各柱基的位置（即柱列轴线的交点），此项工作称为柱基定位。

（2）在柱基的四周轴线上，打入四个定位小木桩 a，b，c，d（图 12-22），其桩位应在基础开挖边线以外，比基础深度大 1.5 倍的地方，作为修坑和立模的依据。

（3）按照基础详图所注尺寸和基坑放坡宽度，用特制角尺，放出基坑开挖边界线，并撒出白灰线以便开挖，此项工作称为基础放线。

（4）在进行柱基测设时，应注意柱列轴线不一定都是柱基的中心线，而一般立模、吊装等习惯用中心线，此时，应将柱列轴线平移，定出柱基中心线。

2. 柱基施工测量

（1）控制基坑开挖深度

当基坑快要挖到设计标高时，应在坑壁四周离坑底设计标高 0.5m 处设置水平桩，作为检查坑底标高与控制垫层高度的依据。

（2）杯形基础立模测量

基础垫层打好后，根据柱列轴线桩将柱子轴线投到垫层上，弹出墨线（图 12-23 中的 $PQ$，$RS$），然后用角尺定出角点 1，2，3，4，供柱基立模和布置钢筋用。立模板时，将模板底的定位线对准垫层上的定位线，从柱基定位桩拉线吊垂球检查模板是否垂直，最后用水准仪将杯口和杯底的设计标高引测到模板的内壁上。

车间内部设备基础的定位、放线可仿照上述方法进行。

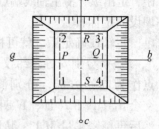

图 12-23　杯形基础平面图

## 12.6　厂房预制构件安装测量

装配式单层工业厂房主要预制构件有柱子、吊车梁、屋架等。在安装这些构件时，必须使用测量仪器进行严格检测、校正，才能正确安装到位，即它们的位置和高程必须与设计要求相符。

1. 柱子安装测量

（1）对柱子安装的精度要求。柱子中心线应与相应的柱列轴线保持一致，其允许偏差为 ±5mm。牛腿顶面及柱顶面的实际标高应与设计标高一致，其允许误差为 ±（5~8mm），柱高大于 5m 时为 ±8mm。柱身垂直允许误差：当柱高 ≤5m 时为 ±5mm；当柱高 5~10m 时，为 ±10mm；当柱高超过 10m 时，则为柱高的 1/1000，但不得大于 20mm。

（2）柱子安装前的准备工作有以下几项：

①在柱基顶面投测柱列轴线。在杯形基础拆模以后，由柱列轴线控制桩用经纬仪把柱列轴线投测在杯口顶面上（图 12-24），并弹出墨线，用红漆画上 "▶" 标志，作为吊装柱子时确定轴线方向的依据。如果柱列轴线不通过柱子的中心线，应在杯形基础顶面上加弹柱中心线。

②在杯口内壁，用水准仪测设一条标高线，并用 "▼" 表示。该标高线可设为 -0.600m （一般杯口顶面的标高为 -0.500m），如图 12-24 所示，作为杯底找平的依据。

③柱身弹线。将每根柱子按轴线位置进行编号。在每根柱子的三个侧面弹出柱中心线，并在每条线的上端和下端接近杯口处画出 "▶" 标志，如图 12-25 所示。根据牛腿面的设计标高，从牛腿面向下用钢尺量出 -0.600m 的标高线，并画出 "▼" 标志。

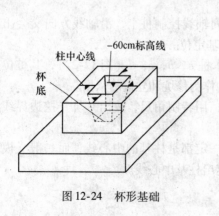

图 12-24　杯形基础

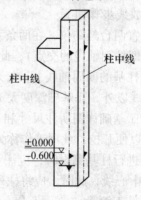

图 12-25　柱身弹线

210

④柱长检查与杯底找平。先量出柱子的 −0.600m 标高线至柱底面的长度，再在相应的柱基杯口内，量出 −0.600m 标高线至杯底的高度，并进行比较，以确定杯底找平厚度，用水泥砂浆根据找平厚度，在杯底进行找平，使牛腿面符合设计高程。

（3）柱子的安装测量。柱子吊装测量的目的是保证柱子平面和高程位置符合设计要求，柱身铅直。

①预制的钢筋混凝土柱子起吊插入杯口后，应使柱子三面的中心线与杯口中心线对齐，用木楔或钢楔临时固定。

②柱子立稳后，立即用水准仪检测柱身上的 ±0.000m 标高线，其容许误差为 ±3mm。

③如图 12-26a 所示，用两台经纬仪，分别安置在柱基纵、横轴线上，与柱子的距离不小于柱高的 1.5 倍，先用望远镜瞄准柱底中心线标志，固定照准部后，再缓慢抬高望远镜观察柱子偏离十字丝竖丝的方向，指挥用钢丝绳拉直柱子，直至从两台经纬仪中观测到的柱子中心线都与十字丝竖丝重合为止。

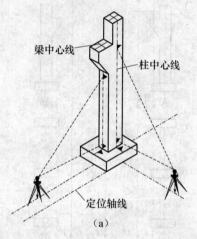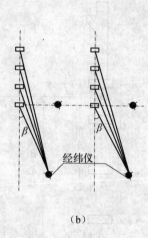

图 12-26　柱子垂直度校正

④在杯口与柱子的缝隙中浇入混凝土，以固定柱子的位置。

在实际安装时，一般是一次把许多柱子都竖起来，然后进行垂直校正。这时，可把两台经纬仪分别安置在纵横轴线的一侧，一次可校正几根柱子，如图 12-26b 所示，但仪器偏离轴线的角度，应在 15° 以内。

在柱子的安装过程中，必须要考虑垂直校正的有关事项。柱子垂直校正用的经纬仪必须进行检验和校正。操作时，应使照准部的水准管气泡严格居中。校正时，除注意柱子垂直外，还应随时检查柱子中心线是否对准杯口柱列轴线标志，以防柱子吊装就位后，产生水平位移。当安装变截面的柱子时，经纬仪必须安置在轴线上进行垂直校正，以免产生差错。在日照下校正柱子的垂直度，要考虑温度的影响。因为柱子受太阳照射后，阴面与阳面形成温度差，柱子会向阴面弯曲，使柱顶产生水平位移，一般可达 3～10mm，细长柱子可达 40mm。故垂直校正工作宜在阴天或早、晚时进行。柱长小于 10m 时，一般不考虑温差影响。

2. 吊车梁安装测量

吊车梁的安装测量主要是保证吊车梁中线位置和吊车梁的标高满足设计要求。

（1）吊车梁安装前的准备工作

①在柱面上量出吊车梁顶面标高，即根据柱子上的 ±0.000m 标高线，用钢尺沿柱面向

上量出吊车梁顶面设计标高线，作为调整吊车梁面标高的依据。

②在吊车梁上弹出梁的中心线，如图 12-27 所示，在吊车梁的顶面和两端面上，用墨线弹出梁的中心线，作为安装定位的依据。

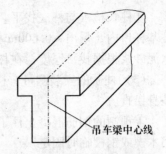

图 12-27 弹出吊车梁的中心线

③在牛腿面上弹出梁的中心线。根据厂房中心线，在牛腿面上投测出吊车梁的中心线，投测方法如下：

利用厂房中心线 $A_1A_1$，根据设计轨道间距，在地面上测设出吊车梁中心线 $A'A'$ 和 $B'B'$（也是吊车轨道中心线），如图 12-28a 所示。在吊车梁中心线的一个端点 $A'$（或 $B'$）上安置经纬仪，瞄准另一个端点 $A'$（或 $B'$），固定照准部，抬高望远镜，即可将吊车梁中心线投测到每根柱子的牛腿面上，并用墨线弹出梁的中心线。

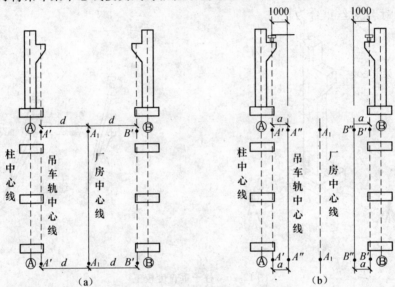

图 12-28 吊车梁的安装测量

（2）安装测量

安装时，使吊车梁两端的梁中心线与牛腿面梁中心线重合，这是吊车梁初步定位。采用平行线法，对吊车梁的中心线进行检测，校正方法如下：

①在地面上从吊车梁向厂房中心线方向量出长度 $a$（1m），得到平行线 $A''A''$ 和 $B''B''$，如图 12-28b 所示。

②在平行线一端点 $A''$（或 $B''$）上安置经纬仪，瞄准另一端点 $A''$（或 $B''$），固定照准部，抬高望远镜进行测量。此时，另外一人在梁上移动横放的木尺，当视线正对准尺上 1m 刻画线时，尺的零点应与梁面上的中心线重合。如不重合，可用撬杠移动吊车梁，使吊车梁中心线到 $A''A''$（或 $B''B''$）的间距等于 1m 为止。

吊车梁安装就位后，先按柱面上定出的吊车梁设计标高线对吊车梁面进行调整，然后将水准仪安置在吊车梁上，每隔 3m 测一点高程，并与设计高程比较，误差应在 ±3mm 以内。

3. 屋架安装测量

厂房屋架安装在柱的顶端，用以支承其上的屋面板、天窗架、天窗扇，是厂房主要承重构件之一。安装时要将屋架中心线与柱子的行中心线对齐。

212

（1）屋架安装前的准备工作

屋架吊装前，用经纬仪或其他方法在柱顶面上测设出屋架定位轴线。在屋架两端弹出屋架中心线，以便进行定位。

（2）屋架的安装测量

屋架吊装就位时，应使屋架的中心线与柱顶面上的定位轴线对准，允许误差为5mm。屋架的垂直度可用锤球或经纬仪进行检查。

用经纬仪检校方法如下：

①在屋架上安装三把卡尺，一把卡尺安装在屋架上弦中点附近，另外两把分别安装在屋架的两端。自屋架几何中心沿卡尺向外量出一定距离，一般为500mm（图12-29），作出标志。

②在地面上，距屋架中线同样距离处安置经纬仪，观测三把卡尺的标志是否在同一竖直面内，如果屋架竖向偏差较大，则用机具校正，最后将屋架固定。

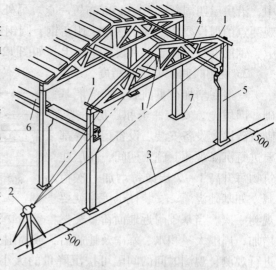

图12-29　屋架的安装测量
1—卡尺；2—经纬仪；3—定位轴线；
4—屋架；5—柱；6—吊车梁；7—柱基

垂直度允许偏差为：薄腹梁为5mm；桁架为屋架高的1/250。

## 12.7　建筑物的变形观测

高层建筑、重要厂房和大型设备基础在施工期间和使用初期，由于建筑物本身的荷重、建筑物的结构及动荷载的作用，引起基础及其四周地形变形，而建筑物本身因基础变形及外部荷载与内部应力的作用，也要发生变形。这种变形在一定限度内应视为正常的现象，但如果超过了规定的限度，则会导致建筑物结构变形或开裂，影响其正常使用，严重的还会危及建筑物的安全。为了建筑物的安全使用，研究变形的原因和规律，为建筑物的设计、施工、管理和科学研究提供可靠的资料，在建筑物的施工和使用初期，必须要对其进行变形观测。

建筑物的变形包括建筑物的沉降、倾斜、裂缝和平移。建筑物变形观测的任务是周期性地对设置在建筑物上的观测点进行重复观测，求得观测点位置的变化量。

### 12.7.1　建筑物的沉降观测

建筑物的沉降是地基、基础和上层结构共同作用的结果。沉降观测就是测量建筑物上所设观测点与水准点之间随时间的高差变化量。通过此项观测，研究解决地基沉降问题和分析相对沉降是否有差异，以监视建筑物的安全。

1. 水准点和观测点的设置

水准点是沉降观测的基准，它应埋设在沉降影响范围以外，距沉降观测点 $20 \sim 100m$，观测方便，且不受施工影响的地方。为了相互校核并防止由于某个水准点的高程变动造成差错，一般至少埋设三个水准点。

水准点之间的高差应用 $DS_1$ 级水准仪和精密水准测量方法进行测定，将水准点组成闭合水准路线，或进行往返观测，其闭合差不得超过 $\pm 0.5\sqrt{n}$ mm（$n$ 为测站数）。水准点的高程自国家或城市水准点引测，或者假定。

观测点的数目和位置应能全面正确反映建筑物沉降的情况，一般情况下，在民用建筑中，沿房屋四周每隔 10～15m 布置一点。另外，在房屋转角及沉降缝两侧也应布设观测点。观测点的埋设要求稳固，通常采用角钢、圆钢或铆钉作为观测点的标志，并分别埋设在砖墙上、钢筋混凝土柱子上和设备基础上，如图 12-30 所示。

2. 观测时间、方法及精度

一般在增加荷重前后，如浇灌基础、回填土、安装柱子和厂房屋架、砌筑砖墙、设备安装、设备运转等都要进行沉降观测。施工期间，高层建筑物每升高 1～2 层或每增加一次荷载，如基础浇灌、安装柱子等，就要观测一次。当基础附近地面荷重突然

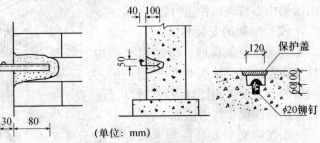

（单位：mm）

图 12-30　观测点的设置

增加，周围大量积水、暴雨及地震后，或周围大量挖方等均应观测。工程完工以后，应连续进行观测，观测时间的间隔可按沉降量的大小及速度而定。开始可隔 1～2 个月观测一次，以后，随着沉降速度的减慢，可逐渐延长观测时间，直至沉降稳定为止。

沉降观测方法主要是使用普通水准测量，观测时从水准点开始，逐点观测所设的沉降观测点，前后视最好使用同一支水准尺。每个测站上读完各沉降点读数后，要再观测后视读数，两次后视读数之差不能大于 1mm。

对重要建筑物、设备基础、高层钢筋混凝土框架结构及地基土质不均匀的建筑物的沉降观测，水准路线的闭合差不能超过 $\pm\sqrt{n}$ mm（$n$ 为测站数）。对一般建筑物的沉降观测，闭合差不能超过 $\pm2\sqrt{n}$ mm。

3. 沉降观测的成果整理

沉降观测是一项长期、连续的工作，为了保证观测成果的正确性，应尽可能做到四定，即固定观测人员，使用固定的水准仪和水准尺，使用固定的水准基点，按固定的实测路线和测站进行。

沉降观测应有专用的外业手簿，并需将建筑物、构筑物施工情况详细注明，随时整理，沉降观测成果表格可参考表 12-1 的格式。

表 12-1　沉降观测记录表

| 观测次数 | 观测时间 | 各观测点的沉降情况 | | | | | | 3… | 施工进展情况 | 荷载情况（t/m²） |
| | | 1 | | | 2 | | | | | |
| | | 高程（m） | 本次下沉（mm） | 累积下沉（mm） | 高程（m） | 本次下沉（mm） | 累积下沉（mm） | … | | |
| 1 | 1985.01.10 | 50.454 | 0 | 0 | 50.473 | 0 | 0 | … | 一层平口 | |
| 2 | 1985.02.23 | 50.448 | −6 | −6 | 50.467 | −6 | −6 | | 三层平口 | 40 |
| 3 | 1985.03.16 | 50.443 | −5 | −11 | 50.462 | −5 | −11 | | 五层平口 | 60 |
| 4 | 1985.04.14 | 50.440 | −3 | −14 | 50.459 | −3 | −14 | | 七层平口 | 70 |
| 5 | 1985.05.14 | 50.438 | −2 | −16 | 50.456 | −3 | −17 | | 九层平口 | 80 |
| 6 | 1985.06.04 | 50.434 | −4 | −20 | 50.452 | −4 | −21 | | 主体完 | 110 |
| 7 | 1985.08.30 | 50.429 | −4 | −25 | 50.447 | −5 | −26 | | 竣　工 | |
| 8 | 1985.11.06 | 50.425 | −4 | −29 | 50.445 | −2 | −28 | | 使　用 | |
| 9 | 1986.02.28 | 50.423 | −2 | −31 | 50.444 | −1 | −29 | | | |
| 10 | 1986.05.06 | 50.422 | −1 | −32 | 50.443 | −1 | −30 | | | |
| 11 | 1986.08.05 | 50.421 | −1 | −33 | 50.443 | 0 | −30 | | | |
| 12 | 1986.12.25 | 50.421 | 0 | −33 | 50.443 | 0 | −30 | | | |

注：水准点的高程　BM.1：49.538mm；BM.2：50.123mm；BM.3：49.776mm。

根据所观测、记录的数据计算沉降量及累积沉降量，计算内容和方法如下：沉降观测点的本次沉降量等于本次观测高程减去上次观测高程；累积沉降量等于本次沉降量加上上次累积沉降量。将计算出的本次沉降量、累积沉降量和观测日期、荷载情况等记入"沉降观测表"（表12-1）中。最后绘制沉降曲线，如图12-31所示。沉降曲线分为两部分，即时间与沉降量关系曲线和时间与荷载关系曲线。

绘制时间与沉降量关系曲线，即以沉降量$s$为纵轴，以时间$t$为横轴，组成直角坐标系。然后，以每次累积沉降量为纵坐标，以每次观测日期为横坐标，标出沉降观测点的位置。最后，用曲线将标出的各点连接起来，并在曲线的一端注明沉降观测点号码，这样就绘制出了时间与沉降量关系曲线，如图12-31下半部所示。

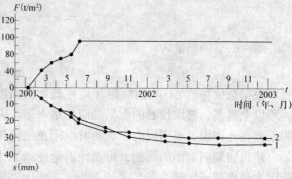

图12-31　沉降曲线图

绘制时间与荷载关系曲线，首先以荷载为纵轴，以时间为横轴，组成直角坐标系。再根据每次观测时间和相应的荷载标出各点，将各点连接起来，即可绘制出时间与荷载关系曲线，如图12-31上半部所示。

### 12.7.2　建筑物的倾斜观测

基础的不均匀沉降将使建筑物倾斜，对于高大建筑物影响更大，严重的不均匀沉降会使建筑物产生裂缝甚至倒塌。因此，必须及时观测、处理，以保证建筑物的安全。

对需要进行倾斜观测的一般建筑物，要在几个侧面观测。如图12-32所示，在距离墙面大于墙高的地方选一点$A$，安置经纬仪，分别用正、倒镜瞄准墙顶一固定点$M$，向下投影取其中点$N$，并作标志。过一段时间，再用经纬仪瞄准同一点$M$，向下投影得$N'$点。若建筑物沿侧面方向发生倾斜，$M$点已移位，则$N$与$N'$点不重合，于是量得水平偏移量$a$。同时，在另一侧面也可测得偏移量$b$，以$H$代表建筑物的高度，则建筑物的倾斜度$i$为：

$$i = \frac{\sqrt{a^2 + b^2}}{H} \tag{12-5}$$

当测定圆形建筑物，如烟囱、水塔等的倾斜度时，首先要求得顶部中心$O'$点对底部中心$O$点的偏心距，如图12-33所示中的$OO'$。其做法如下：在烟囱底部边沿平放一根标尺，在标尺的垂直平分线方向上安置经纬仪，使经纬仪距烟囱的距离不小于烟囱高度的1.5倍。用望远镜瞄准顶部边缘两点$A$，$A'$及底部边缘两点$B$，$B'$，并分别投点到标尺上，得读数为$y_1$，$y'_1$及$y_2$，$y'_2$，则横向倾斜量：

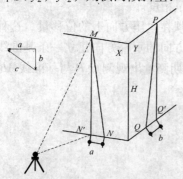

图12-32　建筑物的倾斜观测

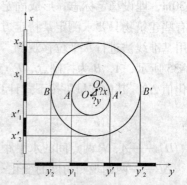

图12-33　圆形建筑物的倾斜观测

215

$$\Delta y = \frac{y_1 + y'_1}{2} - \frac{y_2 + y'_2}{2} \qquad (12\text{-}6)$$

同法再安置经纬仪及标尺于烟囱的另一垂直方向，测得底部边缘和顶部边缘在标尺上投点读数为 $x_1$，$x'_1$ 及 $x_2$，$x'_2$，则纵向倾斜量：

$$\Delta x = \frac{x_1 + x'_1}{2} - \frac{x_2 + x'_2}{2} \qquad (12\text{-}7)$$

烟囱的总倾斜量为：

$$\Delta D = \sqrt{\Delta x^2 + \Delta y^2} \qquad (12\text{-}8)$$

根据总偏移值 $\Delta D$ 和圆形建（构）筑物的高度 $H$ 即可计算出其倾斜度 $i$。

以上观测，要求仪器的水平轴应严格水平。因此，观测前仪器应进行检验与校正，使观测误差在允许误差范围以内，观测时应用正倒镜观测两次取其平均数。

建筑物倾斜观测的周期，可视倾斜速度的大小，每隔 1～3 个月观测一次。如遇基础附近因大量堆载或卸载，场地降雨长期大量积水而导致倾斜速度加快时，应及时增加观测次数。施工期间的观测周期与沉降观测周期取得一致。倾斜观测应避开强日照和风荷载影响大的时间段。

### 12.7.3 裂缝与位移观测

1. 裂缝观测

当建筑物发生裂缝时，应进行裂缝变化的观测，并画出裂缝的分布图，根据观测裂缝的发展情况，在裂缝两侧设置观测标志；对于较大的裂缝，至少应在其最宽处及裂缝末端各布设一对观测标志。裂缝可直接量取或间接测定，分别测定其位置、走向、长度、宽度和深度的变化。

如图 12-34 所示，观测标志可用两块白铁皮制成，一片为 150mm×150mm，固定在裂缝的一侧，并使其一边和裂缝边边缘对齐；另一片为 50mm×200mm，固定在裂缝的另一侧，并使其一部分紧贴在 150mm×150mm 的白铁皮上，两块白铁皮的边缘应彼此平行。标志固定好后，在两块白铁皮露在外面的表面涂上红色油漆，并写上编号和日期。标志设置好后如果裂缝继续发展，白铁皮将逐渐拉开，露出正方形白铁皮上没有涂油漆部分，它的宽度就是裂缝加大的宽度，可以用尺子直接量出。

2. 位移观测

位移观测是根据平面控制点测定建筑物在平面上随时间而移动的大小及方向。首先，在建筑物纵横方向上设置观测点及控制点。控制点至少 3 个，且位于同一直线上，点间距离宜大于 30m，埋设稳定标志，形成固定基准线，以保证测量精度。

有些建筑物只要求测定某特定方向的位移量，如大坝在水压方向上的位移量，这种情况可采用基准线法进行水平位移观测。观测时，先在位移方向的垂直方向建立一条基准线，如图 12-35 所示，$A$，$B$ 为控制点，$P$ 点为观测点，只要定期测量出观测点 $P$ 与基准线 $AB$ 的角度变化值 $\Delta\beta$，其位移量可按下式计算：

$$\delta = D_{AP} \cdot \frac{\Delta\beta''}{\rho''} \qquad (12\text{-}9)$$

式中　　$D_{AP}$——$A$，$P$ 两点间的水平距离；

　　　　$\Delta\beta$——两期观测角度的变化；

　　　　$\rho''$——$\rho'' = 206265$。

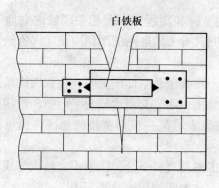
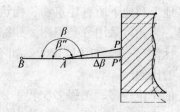

图 12-34　建筑物的裂缝观测　　　　　图 12-35　位移观测

## 12.8　竣工总平面图的编绘

竣工总平面图是设计总平面图在施工后实际情况的全面反映。由于在施工过程中可能会因设计时没有考虑到的问题而使设计有所变更，所以设计总平面图不能完全代替竣工总平面图。编绘竣工总平面图的目的，首先是把变更设计的情况通过测量全面反映到竣工总平面图上；其次是将竣工总平面图应用于对各种设施的管理、维修、扩建、事故处理等工作，特别是对地下管道等隐蔽工程的检查和维修；同时还为企业的扩建提供了原有各项建筑物、构筑物、地上和地下各种管线及交通线路的坐标、高程资料。

通常采用边竣工边编绘的方法来编绘竣工总平面图。竣工总平面图的编绘，包括室外实测和室内资料编绘两方面的内容。

### 12.8.1　竣工测量的内容

在每一个单项工程完成后，必须由施工单位进行竣工测量。提出工程的竣工测量成果，作为编绘竣工总平面图的依据。其内容包括以下各方面：

1. 工业厂房及一般建筑物

包括房角坐标、各种管线进出口的位置和高程，并附房屋编号、结构层数、面积和竣工时间等资料。

2. 铁路与公路

包括起终点、转折点、交叉点的坐标，曲线元素，桥涵、路面、人行道等构筑物的位置和高程。

3. 地下管网

窨井、转折点的坐标，井盖、井底、沟槽和管顶等的高程，并附注管道及窨井的编号、名称、管径、管材、间距、坡度和流向。

4. 架空管网

包括转折点、结点、交叉点的坐标，支架间距，基础面高程等。

5. 特种构筑物

包括沉淀池、烟囱、煤气罐等及其附属建筑物的外形和四角坐标，圆形构筑物的中心坐标，基础面标高，烟囱高度和沉淀池深度等。

竣工测量完成后，应提交完整的资料，包括工程的名称、施工依据和施工成果，作为编绘竣工总平面图的依据。

### 12.8.2　竣工总平面图的编绘

竣工总平面图上应包括建筑方格网点、水准点、建（构）筑物辅助设施、生活福利设施、架空及地下管线、铁路等建筑物或构筑物的坐标和高程，以及相关区域内空地等的地形。有关建筑物、构筑物的符号应与设计图例相同，有关地形图的图例应使用国家地形图图式符号。

建筑区地上和地下所有建筑物、构筑物绘在一张竣工总平面图上时，往往因线条过于密集而不醒目，为此可采用分类编图。如综合竣工总平面图、交通运输总平面图和管线竣工总平面图等。比例尺一般采用1:1000。如不能清楚地表示某些特别密集的地区，也可在局部采用1:500的比例尺。

当施工的单位较多，工程多次转手，造成竣工测量资料不全，图面不完整或与现场情况不符时，需要实地进行施测，这样绘出的平面图，称为实测竣工总平面图。

## 本 章 补 充

[补1] 公式 (12-3) 推导如下：

从图12-36看出：$\mu = \dfrac{\delta}{a\big/2}\rho = \dfrac{2\delta}{a}\rho$

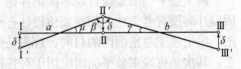

$$\gamma = \dfrac{\delta}{b\big/2}\rho = \dfrac{2\delta}{b}\rho$$

图12-36　基线调直公式推导示意图

因为　　　　　　　$180° - \beta = \mu + \gamma = \left(\dfrac{2\delta}{a} + \dfrac{2\delta}{b}\right)\rho = 2\delta\left(\dfrac{a+b}{ab}\right)\rho$

所以　　　　　　　　　　　$\delta = \dfrac{ab}{2\,(a+b)} \times \dfrac{180° - \beta}{\rho''}$

## 练 习 题

1. 施工测量的主要任务是什么？
2. 建筑场地为什么要建立施工测量控制网？
3. 建筑场地一般都有测量坐标系，为什么还要重新建立施工坐标系？
4. 简述民用建筑物施工中的主要测量工作。
5. 轴线控制桩和龙门板的作用是什么？如何设置？
6. 多层建筑物施工中，如何由下层楼板向上层传递高程？
7. 试述多层和高层建筑物施工中，如何将底层轴线投测到各层楼面上？
8. 某建筑物的 ±0.000 高程为 7.831m，建筑物的层高为 3.00m，放样建筑第六层墙上 "+50cm" 的标高线，第一层观测值为 $a_1 = 1.570$m，$b_1 = 0.200$m，第六层观测值为 $a_2 = 15.014$m，$b_2 = 1.415$m，问现在第六层地面高程为多少？观测水准尺多少厘米处即为该层 "+50cm" 的标高线位置？
9. 为什么要建立专门的厂房矩形控制网？试述厂房矩形控制网的测设方法。
10. 如何根据厂房矩形控制网进行杯形柱基的放样？试述柱基施工测量的方法。
11. 为什么要对建筑物进行变形观测？主要观测项目有哪些？
12. 何谓建筑物的沉降观测？其中，水准基点和沉降观测点的布设要求分别是什么？
13. 试述建筑物沉降观测的观测方法与精度要求。
14. 为什么要编绘竣工总平面图？竣工总平面图包括哪些内容？如何进行编绘？

## 学 习 辅 导

1. 学习本章的目的与要求

目的：了解建筑施工测量的概念、任务及特点；掌握施工控制网的布设；学会民用建筑的定位测量，各轴线放样及细部放样；了解工业厂房控制网的布设及施工放样。

要求：

（1）掌握建筑基线及建筑方格网测设的方法。

（2）熟知一般民用建筑施工放样的全过程。

（3）学会民用建筑的定位测量，各轴线放样及细部放样。

（4）了解高层民用建筑施工测量的两个问题：轴线投测及高程传递。

（5）了解工业厂房控制网的布设和柱列轴线的测设方法。

（6）了解变形观测的方法。

2. 学习本章的要领

（1）施工场地建立统一的平面和高程控制网在于保证各个建筑物、构筑物在平面和高程上都能符合设计要求，互相连成统一的整体，然后以此控制网为基础，测设出各个建筑物和构筑物主要轴线。平面控制网的布设应根据总平面图设计和建筑场地的地形条件确定。对于面积较小的居住建筑区，常布置一条或几条建筑基线；而对于建筑物多，布局比较规则和密集的工业场地，由于建筑物一般为矩形而且多沿着两个互相垂直的方向布置，因此控制网一般都采用格网形式，即建筑方格网。一般情况下，建筑方格网各点也同时作为高程控制点。

（2）民用建筑施工测量首先应进行建筑物定位测量，即把建筑物外廓的各轴线交点测设在地面上，并用木桩标志出来，然后再根据这些点进行细部放样。在一般民用建筑中，为了方便施工，还在基槽外一定距离处设龙门板或轴线控制桩。根据基础宽度，并顾及到基础挖深应放坡的尺寸，在地面上用白灰标出基础开挖线。根据施工的进程，再进行各项基础施工测量。

（3）工业厂房的施工测量应首先进行工业厂房控制网的测设，再进行厂房柱列轴线的测设和柱基施工测量及厂房结构安装测量。在各项放样过程中，要注意限差的要求。

（4）在每一项单项工程完成后，必须由施工单位进行竣工测量，提供工程的竣工测量成果等编制竣工总平面图，以全面反映工程施工后的实际情况，作为运行和管理的资料及今后工程改建和扩建的依据。

# 第13章　公路工程测量

## 13.1　公路测量概述

公路测量通常称公路勘测，业务包括勘察与测量，依据公路技术标准的高低和地形复杂的程度，公路勘测分一阶段勘测与两阶勘测。

1. 一阶段勘测

一阶段勘测主要是针对路线方案比较明确、修建任务比较急、技术等级较低的公路，在现场参照图上设计方案，在现场一次定测。

2. 两阶勘测

（1）初测

为公路的初步设计提供带状地形图和有关资料的踏勘测量，称为初测；初测阶段的任务是：在指定的范围内布设导线；测量各方案的带状地形图和纵断面图；收集沿线水文，地质等相关资料。为纸上定线、编制比较方案、初步设计提供依据。

带状地形图的比例尺一般选择为 1:2000。带状地形图的宽度视道路的等级和要求不同而异，一般为规划道路中线左右两侧各 100~200m。

在带状地形图上确定公路中线及交点位置称为"纸上定线"。

（2）定测

根据选定方案进行的中线测量、纵横断面测量等详细测量，称为定测。定测阶段的任务是：在选定设计方案的路线上进行中线测量、纵断面和横断面测量以及局部地区的大比例尺地形图的测绘等，为路线纵坡设计，工程土石方量计算等道路的技术设计提供详细的测量资料。

## 13.2　公路踏勘选线及中线测量

### 13.2.1　公路踏勘选线

公路选线应考虑地区经济发展近期的要求，也要顾及今后发展的需要，通过图上与实地踏勘选线，达到工程造价最低，线路最优。

1. 图上选线

收集中、小比例尺的地形图，在图上选定一条或几条较为合理的路线。

2. 实地踏勘选线

在图上选线的基础上，沿图上选择的路线进行实地踏查。根据公路建设目的、等级，结合线路地质地形条件，确定一条最经济、最合理的路线。

对于低等级公路，一般采用一阶段勘测，现场选定路线，在路线转折处打交点桩，编号冠以 JD，即 JD1，JD2，JD3……。高等级公路采用两阶段勘测，选线由工程师执行，路线转折处插大旗，为初测导线指明前进方向。

### 13.2.2　公路中线测量的任务

中线测量的任务是把公路的中心线（中线）标定在实地上。从平面上看，公路一般由直线和各种曲线组成。

中线测量任务包括：测设公路中线各交点（JD）、量距和钉桩、测量路线各偏角（Δ）及测设曲线（圆曲线和缓和曲线）等。如图 13-1 所示。

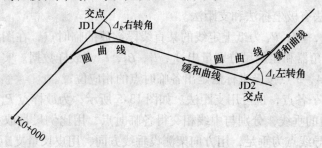

图 13-1　公路中线测量的任务

### 13.2.3　交点与转点的测设

路线的转折点称为交点，以 JD 表示。当两相邻转折点之间距离较长或通视条件较差时，则要在其连线或延长线上增设一点（或数点），以传递方向，此增设点称为转点，以 ZD 表示。直线上一般每隔 200 ~ 300m 应设一转点，在路线与其他道路交叉处，以及在路线上需设置桥、涵等构筑物处也应设置转点。

#### 1. 交点的测设

由于定位条件和现场情况不同，交点测设方法也需灵活多样，工作中应根据实际情况合理选择测设方法。

（1）根据与已有地物的关系测设交点

如图 13-2 所示，在一些有固定建筑物的地区，可根据设计交点与建筑物的位置，在地形图上事先量出交点到建筑物的距离，在现场根据相应的地物，用距离交会法或直角坐标法测设出交点的实际位置。

（2）根据导线点测设交点

按导线点的已知坐标和交点的设计坐标，事先算出有关测设数据，按极坐标法，角度交会法或距离交会法测设交点，如图 13-3 所示，根据导线点 $A_7$ 和 $A_8$ 和交点 $JD_{16}$ 的坐标，计算出 $A_8$ 到 $JD_{16}$ 之间的距离 $D$，以及导线点 $A_7$，$A_8$ 和交点 $JD_{16}$ 之间的夹角 $\beta$，然后根据以上数据用极坐标法测设交点 $D_{16}$。

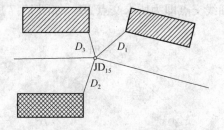

图 13-2　根据已有建筑物确定交点

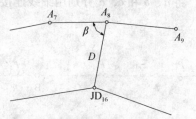

图 13-3　根据已知导线点确定交点

（3）穿线放线法测设交点

当线路主点不能直接测设出、且定测中线离初测导线不远时，常采用此方法。穿线放线法是利用图上就近的导线点或地物点与纸上定线的直线段之间的角度和距离关系，用图解法求出测设数据，通过实地的导线点或地物点，把中线的直线段独立地测设到地面上，然后将相邻直线延长相交，定出地面交点桩的位置。其程序是：放点，穿线，交点。

①放点

放点常用的方法有极坐标法和支距法。

图 13-4 中，$P_1$，$P_2$，$P_3$ 为纸上定线的某直线段欲放的临时点，在图上以附近的导线点 4，5 为依据，用量角器和比例尺分别量出 $\beta_1$，$l_1$，$\beta_2$，$l_2$ 等放样数据。实地放点时，可用经纬仪和皮尺分别在 4，5 点按极坐标法定出各临时点的相应位置。

为放 $P_4$，$P_5$，……各点，也可用支距法。如图 13-5 所示，为放样点 $P_4$，$P_5$，在图上自导线点 6，7 作导线边的垂线，分别与中线相交得各临时点，用比例尺量取相应的支距 $l_4$，$l_5$，然后在现场以相应导线点为垂足，用方向架测设垂线方向，用皮尺量支距，桩定出相应的各临时点。

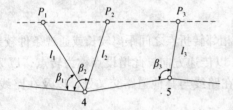

图 13-4　极坐标法放点　　　　　　图 13-5　支距法放点

一般平坦地区可用支距法，复杂地区则选用极坐标法。

②穿线

通过方向架或用经纬仪放出的临时点理论上应在一条直线上，但由于图解数据和测设工作均存在误差，实际上并不严格在一条直线上。若不在，则选择一条尽可能多地穿过或靠近临时点的直线 $AB$，最后在 $A$，$B$ 或其方向线上打下两个以上的转点桩，作为 $AB$ 的方向线，随即取消临时点，如图 13-6 中的 $P_1$，$P_2$，$P_3$；若钉的临时桩偏差不大，则只需调整其桩位使其在一直线上即可。

③交点

当两条相交的直线 $AB$，$CD$ 在地面上确定后，即可进行交点。将经纬仪置于 $B$ 点瞄准 $A$ 点，倒转望远镜，在视线方向上近交点的概略位置前后打下两桩（称骑马桩），采用正倒镜分中法在该两桩上定出 $a$，$b$ 两点，并钉以小钉，在另一直线 $CD$ 方向上同样钉出两骑马桩点 $c$，$d$。将 $a$，$b$ 和 $c$，$d$ 分别用细线连接，两细线交点即为所求交点 JD，如图 13-7 所示。

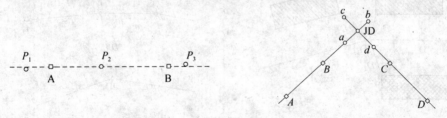

图 13-6　穿线　　　　　　　　　图 13-7　交点

在一些等级比较低的公路中，如果线路交点没有设计数据，则应由建设主管单位、设计部门和测量部门的主要技术人员一起进行现场勘察，按线路类别的专业技术要求在现场确定。

2. 转点的测设

转点与相邻的交点应在同一直线上，当两交点间距离较远但尚能通视或已有转点需要加密时，可采用经纬仪直接定线或经纬仪正、倒镜分中法测设转点。当相邻两交点互不通视时，可用下述方法测设转点。

（1）在两交点间设转点

当在交点间设立转点时，如图 13-8 所示，$JD_5$，$JD_6$ 为相邻而互不通视的两个交点，$ZD'$ 为初定转点。为检查 $ZD'$ 是否在两交点的连线上，先将经纬仪安置于目估的转点 $ZD'$ 上，以正、倒镜分中延长直线的方法在 $JD_6$ 点附近标出 $JD'_6$，丈量出 $JD_6 - JD'_6 = f$，如 $f$ 超过允许偏离范围，则须将测站 $ZD'$ 横向移动至 $ZD$ 点，移动量 $e$ 可按下式计算：

$$e = \frac{a}{a+b} f \tag{13-1}$$

上式中，$a$，$b$ 距离可直接丈量或用视距测出。测站移动至 $ZD$ 后，按上述方法逐渐趋近，直至符合要求为止。

（2）延长线上设转点

如图 13-9 所示，当在互不通视的两交点 $JD_7$、$JD_8$ 的延长线上设立转点 $ZD$ 时，可先将经纬仪安置于目估的转点 $ZD'$ 上，分别用正、倒镜照准 $JD_7$，并以相同竖盘位置俯视 $JD_8$，

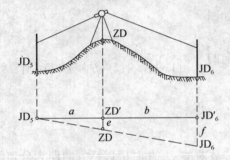

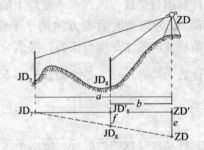

图 13-8　在两交点间设转点　　　　　图 13-9　在延长线上设转点

得两点后取其中点得 $JD'_8$。若 $JD'_8$ 与 $JD_8$ 点重合，或偏差值 $f$ 在容许范围之内，即可将 $ZD'$ 点作为转点。否则应丈量出 $JD_8 - JD'_8 = f$，将测站 $ZD'$ 横向移动至 $ZD$ 点，移动量 $e$ 可按下式计算：

$$e = \frac{a}{a-b} f \tag{13-2}$$

仪器移动至 $ZD$ 后，按上述方法逐渐趋近，直至符合要求为止。

### 13.2.4　路线转角的测量

1. 路线转角及计算

在路线的转折处，为了设置曲线通常需要测定转角。所谓转角（或称偏角），就是指路线由一个方向偏转至另一方向时，偏转后的方向与原来方向间的夹角，以 $\Delta$ 表示。如图 13-10所示，偏转后的方向位于原来方向右侧时，称为右偏角，如 $\Delta_9$；偏转后的方向位于原来方向左侧时，称为左偏角，如 $\Delta_{10}$。

为防止记错转折角方向，目前公路勘测设计规范规定，路线的转角采用测定路线前进方向的右侧角 $\beta$ 来计算与确定。在图 13-10 中，$\beta_9$，$\beta_{10}$ 即为路线的右侧角。

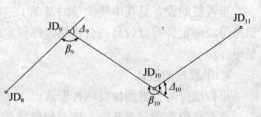

图 13-10　路线中的右侧角与转角

当 $\beta < 180°$ 时，为右偏角，路线向右。

$$\Delta_{右} = 180° - \beta_{右} \qquad (13\text{-}3)$$

当 $\beta > 180°$ 时，为左偏角，路线向左转。

$$\Delta_{左} = \beta_{右} - 180° \qquad (13\text{-}4)$$

2. 转角的观测方法

转角通常采用 $J_6$ 型经纬仪，用测回法观测一个测回。两个半测回角值的不符值随公路的等级不同而定，如果符合要求，则取其平均值作为一测回的观测角值。

对于高速公路、一级公路，两半测回间应变动度盘位置，半测回限差为 $±20''$，取位至 $1''$。二级及二级以下公路半测回限差为 $±60''$，取位至 $30''$（即 $10''$ 舍去，$20''$、$30''$、$40''$ 取位 $30''$，$50''$ 进位为 $1'$）。

3. 分角线方向

公路中线测量要测设平曲线中点桩。为测设平曲线的曲线中点桩，应测设分角线的方向桩，在右侧角测定以后，不需变动水平度盘位置，即可定出前后两方向线的夹角的平分线。

首先计算出分角线方向在水平度盘上的读数。如图 13-11 所示，$\Delta$ 为测角时后视方向的水平度盘读数，$b$ 为测角时前视方向的水平度盘读数，那么分角线方向的水平度盘读数 $c$ 就为 $c = b + \dfrac{\beta}{2}$，而 $\beta = a - b$，故有：

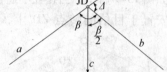

图 13-11　分线角方向读数值的计算

$$c = \frac{a + b}{2} \qquad (13\text{-}5)$$

然后，转动经纬仪的照准部，使水平度盘上的读数对准 $c$，此时望远镜方向即为分角线方向。在此方向上钉桩，即为道路曲线的中点方向桩。

### 13. 2. 5　中线里程桩的设置

1. 里程及里程桩

（1）里程

表示道路中线上某点到道路起点所经过的水平距离叫里程。为了确定中线上各点的相对位置，一般要沿中线方向设置里程桩，这样既可标定路线中线的位置，利用桩号表达某里程桩距路线起点的水平距离；又可作为施测路线纵、横断面的依据。

（2）里程桩

钉设在路线中线上表示路线距离的桩均称中桩。中桩侧面写桩号，如某中桩距路线起点的水平距离为 3567. 65m，则桩号记为 K3 +567. 65。中桩的桩号表示路线里程，所以中桩又称里程桩。

里程桩的设置是在中线丈量的基础上进行的，一般是丈量和设置同时进行。丈量工具视道路等级而定，等级较高的公路用经纬仪定线及钢尺量距；简易公路用目估标杆定线及皮尺量距。

2. 里程桩的形式

里程桩分为整桩和加桩两种形式。

整桩是由路线起点开始，桩号为整数的里程桩，规定每隔 20m 或 50m（曲线上根据不同的曲线半径 $R$，每隔 20m、10m 或 5m）设置一桩。百米桩和公里桩均属于整桩。

224

加桩的形式有：

（1）地形加桩：沿中线纵、横方向地形显著变化处所设置的里程桩。

（2）地物加桩：与其他既有公路、铁路、渠道、高压线等交叉处，拆迁建筑物处，占有耕地及经济林的起终点处，桥梁、涵洞、水管、挡土墙及其他人工结构物处设置的里程桩。

（3）曲线加桩：是指曲线上设置的主点桩。

（4）关系加桩：路线上的转点（ZD）桩和交点（JD）桩。

（5）工程地质加桩：地质不良地段的起、终点处，以及土质明显变化处加设的里程桩。

3. 里程桩的埋设

里程桩通常采用木质桩，木质桩分扁桩和方桩，如图 13-12 所示。

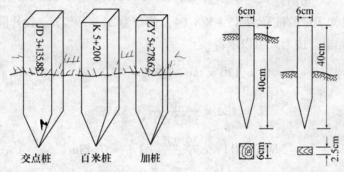

图 13-12　里程桩

方桩一般长 40cm，断面为 6cm×6cm。起控制作用的交点桩、转点桩及一些重要的地物加桩（如桥，隧位置桩），以及曲线主点桩，均应采用方桩。一般方桩钉至桩顶露出地面约 2cm，桩顶钉以中心钉表示点位。在距方桩 20cm 左右，设置指示桩，上面书写此方桩的名称和桩号。交点桩的指示桩字面朝向交点，曲线主点的指示桩字面朝向圆心。

扁桩长 40cm，断面为 2.5cm×6cm。除上述重要位置处钉方桩外，用来标示其余的里程桩、一些地形、地物加桩均采用扁桩。扁桩应打入地下深 15～25cm，露出地面以上部分 5～15cm，以便书写桩号。扁桩一面写桩号，另一面写 1～10 顺序循环号，反复编写，以便后续工组找桩方便。

在书写曲线加桩和关系加桩时，应在桩号之前加写其缩写名称。目前，我国公路测量采用汉语拼音的缩写名称。

## 13.3　圆曲线主点测设

公路中线由直线、平曲线所组成。当路线由一个方向转到另一个方向时，必须用曲线来连接。曲线的形式较多，其中圆曲线（又称单曲线）是最常用的一种平曲线。

圆曲线是指具有一定半径的圆弧线。圆曲线的测设工作一般分两步进行，先定出曲线上起控制作用的起点（直圆点 ZY）、中点（曲中点 QZ）和终点（圆直点 YZ），如图 13-13 所示，称为圆曲线主点的测设。然后在主点基础上进行加密，定出曲线上其他各点，称为圆曲线细部测设，从而完整地标定出曲线的位置。

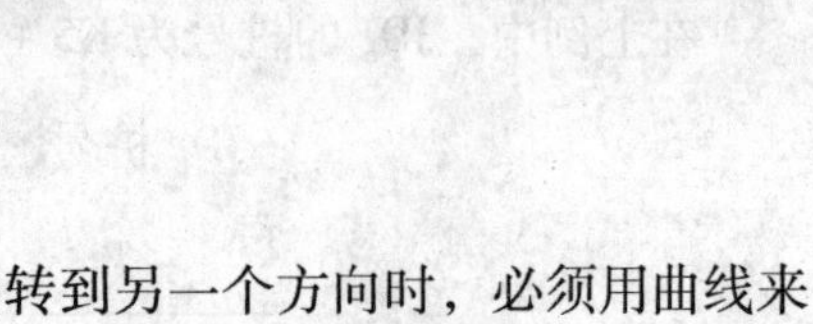

图 13-13　道路圆曲线

### 13.3.1　主点测设元素的计算

在进行曲线主点的测设之前，应根据实测的路线偏角 $\Delta$ 和设计半径 $R$（根据公路的等级和地形状况确定）计算出圆曲线的主要素，即切线长 $T$、曲线长 $L$、外矢距 $E$ 和切曲差 $J$。

$$
\left.
\begin{aligned}
\text{切线长} \quad & T = R \cdot \tan\frac{\Delta}{2} \\
\text{曲线长} \quad & L = R \cdot \frac{\Delta}{\rho} \\
\text{外矢距} \quad & E = \frac{R}{\cos\dfrac{\Delta}{2}} - R = R\left(\sec\frac{\Delta}{2} - 1\right) \\
\text{切曲差} \quad & J = 2T - L
\end{aligned}
\right\} \tag{13-6}
$$

【例 13-1】已知 $JD_6$ 的桩号为 K5 + 178.64，偏角为 $\Delta_R = 39°27'$，设计圆曲线半径为 $R = 120m$，求各测设元素。按上式可以求得：

$$
T = 120 \times \tan\frac{39°27'}{2} = 43.03m
$$

$$
L = 120 \times \frac{2367'}{3437.75'} = 82.62m
$$

$$
E = 120\left(\sec\frac{39°27'}{2} - 1\right) = 7.48m
$$

$$
J = 2 \times 43.025 - 82.624 = 3.44m
$$

也可以采用按照上述函数关系式编制的"圆曲线函数表"查得。

### 13.3.2　圆曲线主点里程的计算

一般情况下，交点的里程由中线丈量求得，由此可以根据交点的里程桩号及圆曲线测设元素推求出圆曲线各主点的里程桩号。其计算公式为：

$$
\left.
\begin{aligned}
&\text{直圆点(ZY)里程} = \text{JD 里程} - T \\
&\text{曲中点(QZ)里程} = \text{ZY 里程} + L/2 \\
&\text{圆直点(YZ)里程} = \text{QZ 里程} + L/2
\end{aligned}
\right\} \tag{13-7}
$$

为了避免计算错误，可用下列公式检核：

$$
\text{YZ 里程} = \text{JD 里程} + T - J \tag{13-8}
$$

在上例中，$JD_6$ 的桩号为 K5 + 178.64，按上式可计算出：

| | |
|---|---:|
| $JD_6$ 桩号 | K5 + 178.64 |
| $-T$ | 43.03 |
| ZY 桩号 | K5 + 135.61 |
| $+L/2$ | 41.31 |
| QZ 桩号 | K5 + 176.92 |
| $+L/2$ | 41.31 |
| YZ 桩号 | K5 + 218.23 |

按公式（13-8）进行检核计算：

$$YZ \text{ 桩号} = K5 + 178.64 + 43.03 - 3.44 = K5 + 218.23$$

两次计算 YZ 桩号的数值相同，证明计算结果无误。

### 13.3.3 圆曲线主点的测设

1. 测设曲线的起点（ZY）与终点（YZ）

将经纬仪安置于交点 JD 桩上，分别以路线方向定向，自 JD 点起分别向后、向前沿切线方向量出切线长 $T$，即得曲线的起点 ZY 和终点 YZ。

2. 测设曲线的中点（QZ）

后视曲线的终点，测设角度 $\dfrac{180° - \Delta}{2}$ 得分角线方向，沿此方向从交点 JD 桩开始，量取外矢距 $E$，即得曲线的中点 QZ。

## 13.4 圆曲线细部测设

在一般情况下，当地形条件较好、曲线长度不超过 40m 时，只要测设出曲线的三个主点即能满足工程施工的要求。但当地形变化复杂、曲线较长或半径较小时，就要在曲线上每隔一定的距离测设一个加桩，以便把曲线的形状和位置详细地表示出来，这个过程称为曲线的细部测设。

公路中线测量中加桩一般采用整桩号法，即将曲线上靠近曲线起点（ZY）的第一个桩的桩号凑成整数桩号，然后按整桩距 $l_0$ 向曲线的终点（YZ）连续设桩。由于地形条件、精度要求和使用仪器的不同，细部点的测设主要有以下几种方法。

### 13.4.1 切线支距法（直角坐标法）

切线支距法是以曲线的起点（ZY）或终点（YZ）为坐标原点，通过曲线上该点的切线为 $X$ 轴，以过原点的半径方向为 $Y$ 轴，建立直角坐标系，从而测定各加桩点的方法，如图 13-14 所示。

1. 计算公式

通常情况下，采用整桩号测设曲线的加桩，曲线上某点 $P_i$ 的坐标可依据曲线起点至该点的弧长 $l_i$ 计算。设曲线的半径为 $R$，$l_i$ 所对的圆心角为 $\varphi_i$，则计算公式为：

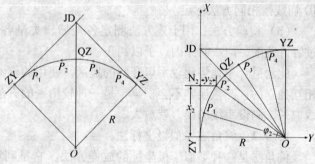

图 13-14 切线支距法详细测设圆曲线

$$\left.\begin{array}{l} \varphi_i = \dfrac{l_i}{R}\left(\dfrac{180°}{\pi}\right) \\ x_i = R\sin\varphi_i \\ y_i = R(1 - \cos\varphi_i) \end{array}\right\} \qquad (13\text{-}9)$$

在实际工作中，$P_i$ 点的坐标也可以通过 $R$ 和 $l_i$ 为引数，查"曲线测设表"而得。

【例 13-2】已知 JD 的桩号为 K8 + 745.72，偏角为 $\Delta_R = 53°25'20''$，设计圆曲线半径为 $R = 50m$，取整桩距为 10m。根据公式计算或查"圆曲线函数表"可知主点测设元素为：$T = 25.16m$，$L = 46.62m$，$E = 5.97m$，$J = 3.70m$。

按式（13-9）计算可得表 13-1。

表 13-1　圆曲线直角坐标法详细测设参数计算表 　　　　　　　　（m）

| 已知参数 | 转角：$\Delta_R = 53°25'20''$ | | | 设计半径：$R = 50$ | | |
| --- | --- | --- | --- | --- | --- | --- |
| | 交点里程：JD 里程 = K8 + 745.72 | | | 整桩间距：$L_0 = 10$ | | |
| 曲线元素 | 切线长：$T = 25.16$ | | | 曲线长：$L = 46.62$ | | |
| | 外矢距：$E = 5.97$ | | | 切曲差：$J = 3.70$ | | |
| 主点里程 | ZY 点里程：ZY 里程 = K8 + 720.65 | | | YZ 点里程：YZ 里程 = K8 + 767.18 | | |
| | QZ 点里程：QZ 里程 = K8 + 743.87 | | | JD 点里程：JD 里程 = K8 + 745.72 | | |

| 主点名称 | 桩　号 | 各桩点至 ZY 或 YZ 点的曲线长 | $x$ | $y$ | 各点间弦长 | 备　注 |
| --- | --- | --- | --- | --- | --- | --- |
| ZY | K8 + 720.56 | 0.00 | 0.00 | 0.00 | | |
| | ↓ +730 | 9.44 | 9.38 | 0.89 | 9.43 | |
| | +740 | 19.44 | 18.95 | 3.73 | 9.98 | |
| QZ | K8 + 743.87 | 23.31 | 22.47 | 5.34 | 3.87 | |
| | ↑ +750 | 17.18 | 16.84 | 2.92 | 6.13 | |
| | +760 | 7.18 | 7.16 | 0.51 | 9.98 | |
| YZ | K8 + 767.18 | 0.00 | 0.00 | 0.00 | 7.17 | |

为了保证测设的精度，避免 $y$ 值（垂线）过长，一般应自曲线的起点和终点向中点各测设曲线的一半。表 13-1 中就是由 ZY 点和 YZ 点分别向 QZ 点计算的。

2. 测设步骤

测设时，将圆曲线以曲中点（QZ）为界分成两部分进行。

（1）根据曲线加桩的详细计算资料，用钢尺从 ZY 点（或 YZ 点）向 JD 方向量取 $x_1$，$x_2$ 横距，得垂足 $N_1$，$N_2$ 点，用测钎作标记。

（2）如图 13-14 所示，在垂足点 $N_1$，$N_2$ 处，依次用方向架（或经纬仪）定出 ZY ~ JD 切线的垂线，分别沿垂线方向量取 $y_1$，$y_2$，即得曲线上加桩点 $P_1$，$P_2$ 点。$P_3$，$P_4$ 由 YZ ~ JD 切线按相同方法标定。

（3）检验方法：用上述方法测定各桩后，丈量各桩之间的弦长进行校核。如不符或超过容许范围，应查明原因，予以纠正。

此法适合于地势比较平坦开阔的地区。使用的仪器工具简单，而且它所测定的各点位是相互独立的，测量误差不会积累，是一种较精密的方法。测设时要注意垂线 $y$ 不宜过长，垂线愈长，测设垂线的误差就愈大。

### 13.4.2　偏角法（似极坐标法）

偏角法是一种类似于极坐标的放样方法。它是利用曲线起点（或终点）的切线与某一段弦之间的弦切角 $\Delta_i$（称为偏角）以及弦长 $C_i$ 来确定 $P_i$ 点的位置的一种方法，如图 13-15 所示。

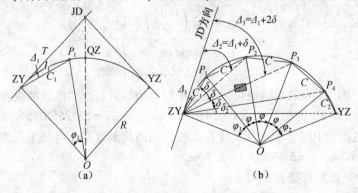

图 13-15　偏角法详细测设圆曲线

## 1. 计算公式

偏角法计算的公式依据是弦切角等于该弦所对圆心角的一半以及圆周角等于同弧所对圆心角的一半。

一般偏角法也是采用整桩号测设曲线的加桩。曲线上里程桩的间距一般较直线段密，按规定为 5m、10m、20m 等，在实际工作中，由于排桩号的需要，圆曲线首尾两段弧不是整数，分别称为首段分弧 $l_1$ 和尾段分弧 $l_2$，所对应的弦长分别为 $C_1$ 和 $C_2$。中间为整弧 $l_0$，所对应的弦长均为 $C$。

图 13-15 中，ZY 点至 $P_1$ 点为首段分弧，测设 $P_1$ 点的数据可从图 13-11a 得出。弧长 $l_1$ 所对的圆心角 $\varphi_1$ 可由下面的公式计算。

$$\varphi_1 = \frac{l_1}{R}\left[\frac{180°}{\pi}\right]$$

故首段分弧圆周角（即偏角）为：

圆周角：
$$\Delta_1 = \frac{\varphi_1}{2} = \frac{l_1}{R}\left[\frac{90°}{\pi}\right] \tag{13-10}$$

弦长：
$$C_1 = 2R\sin\Delta_1 \tag{13-11}$$

$P_4$ 点至 ZY 点为尾段分弧，弧长为 $l_2$，圆心角为 $\varphi_2$，圆周角为 $\delta_2$。同理可知：

圆周角：
$$\delta_2 = \frac{\varphi_2}{2} = \frac{l_2}{R}\left[\frac{90°}{\pi}\right] \tag{13-12}$$

弦长：
$$C_2 = 2R\sin\delta_2 \tag{13-13}$$

圆曲线中间部分，相邻两点间为整弧 $l_0$，整弧 $l_0$ 所对的圆心角均为 $\varphi$，相应的圆周角均为 $\delta$，即

圆周角：
$$\delta = \frac{\varphi}{2} = \frac{l_0}{R}\left[\frac{90°}{\pi}\right] \tag{13-14}$$

弦长：
$$C = 2R\sin\delta \tag{13-15}$$

故各细部点的偏角：

$P_1$ 点：　　$\Delta_1$

$P_2$ 点：　　$\Delta_2 = \dfrac{\varphi_1 + \varphi}{2} = \Delta_1 + \delta$

$P_2$ 点：　　$\Delta_3 = \dfrac{\varphi_1 + 2\varphi}{2} = \Delta_1 + 2\delta$

　　　　　　　　　　　⋮

YZ 点：　　$\Delta_{YZ} = \dfrac{\varphi_1 + n\varphi + \varphi_2}{2} = \Delta_1 + n\delta + \delta_2$

$$= \frac{\Delta}{2} \quad （用于检核）$$

偏角法测设圆曲线是连续进行，其测设的偏角是通过累计而得，称为各测设点之"累计偏角"，又称为"总偏角"。作为计算的检验，累计偏角应为 $\Delta/2$。

偏角法测设数据除可按以上公式计算外还可在测设曲线用表中查到。

【例 13-3】已知 JD 的桩号为 K5 + 135.22，偏角为 $\Delta_R = 40°21'10''$，设计圆曲线半径为 $R = 100m$，取整桩距为 20m。根据公式计算或查"圆曲线函数表"可知主点测设元素为：$T = 36.75m$，$L = 70.43m$，$E = 6.54m$，$J = 3.07m$。

采用偏角法由曲线起点（ZY）向终点（YZ）测设，根据以上公式，计算列于表 13-2。

**表 13-2　圆曲线偏角法详细测设参数计算表**

| 已知参数 | 转角：$\Delta_R = 40°21'10''$ | | 设计半径：$R = 100m$ | |
|---|---|---|---|---|
| | 交点里程：JD 里程 = K5 + 135.22 | | 整桩间距：$L_0 = 20m$ | |
| 曲线元素 | 切线长：$T = 36.75m$ | | 曲线长：$L = 70.43m$ | |
| | 外矢距：$E = 6.54m$ | | 切曲差：$J = 3.07m$ | |
| 主点里程 | ZY 点里程：ZY 里程 = K5 + 098.47 | | YZ 点里程：YZ 里程 = K5 + 168.90 | |
| | QZ 点里程：QZ 里程 = K5 + 133.68 | | JD 点里程：JD 里程 = K5 + 135.22 | |

| 主点名称 | 桩　号 | 相邻桩间曲线长（m） | 相邻桩间对应的圆周角 $\delta$（° ′ ″） | 由 ZY 点切线方向至各桩的累计偏角 $\Delta$（° ′ ″） | 相邻桩间弦长（m） | 备　注 |
|---|---|---|---|---|---|---|
| ZY | K5 + 098.47 | | | 0　00　00 | | |
| | + 100 | 1.53 | 0　26　18 | 0　26　18 | 1.53 | |
| | + 120 | 20.00 | 5　43　46 | 6　10　04 | 19.97 | |
| QZ | K5 + 133.68 | 13.68 | 3　55　08 | 10　05　12 | 13.67 | |
| | + 140 | 6.32 | 1　48　38 | 11　53　50 | 6.32 | |
| | + 160 | 20.00 | 5　43　46 | 17　37　36 | 19.97 | |
| YZ | K5 + 168.90 | 8.90 | 2　32　59 | 20　10　35 | 8.90 | |

**2. 测设步骤**

（1）将经纬仪安置于曲线起点 ZY（或终点 YZ）上，以度盘 0°00′00″照准路线的交点 JD。

（2）转动照准部，正拨（按顺时针方法）测设 $\Delta_1$ 角（0°26′18″），由测站点沿视线方向量弦长 $C_1$（1.53m）钉桩，则得曲线上第一点 $P_1$（K5 + 100）的位置。

（3）然后测设 $P_2$（K5 + 120）点之累计偏角 $\Delta_2$（6°10′04″），将钢尺端零点对准 $P_1$ 点，以钢尺读数为 $C$（19.97m）处交于视线方向，即距离与方向相交，则定出曲线上第二点 $P_2$ 点。依此类推，定出其他中间各点，并钉以木桩。

（4）最后，测设至曲线终点，视线应恰好通过曲线终点 YZ。$P_{n-1}$ 点至曲线终点的弦长应为 $C_2$（8.90m），测设得出的曲线终点点位与原定终点点位之差，其纵向闭合差不应超过 $\pm L/1000$（$L$ 为曲线长），横向误差不应超过 $\pm 10cm$，否则应进行检查，改正或重测。

偏角法是一种测设精度高、实用性强、灵活性大的常用方法，它可在曲线上的任意一点或交点 JD 处设站。但由于距离是逐点连续丈量的，前面点的点位误差必然会影响后面测点的精度，点位误差是逐渐累积的。如果曲线较大，为了有效地防止误差积累过大，可在曲线中点 QZ 处进行校核，或分别从曲线起点、终点进行测设，在中点处进行校核。

在测设过程中如果遇到障碍阻挡视线，如图 13-15b 中，测设 $P_3$ 点时，视线被房屋挡住，则可将仪器搬至 $P_2$ 点，水平度盘置 0°00′00″，照准 ZY 点，倒转望远镜，转动照准部使度盘读数为 $P_3$ 点的偏角值，此时视线处于 $P_2P_3$ 的方向线上，由 $P_2$ 点在此方向上量弦长 $C$ 即得 $P_3$ 点。

**13.4.3　光电测距仪极坐标法**

当用光电测距仪或全站仪测设圆曲线时，由于其测设距离受地形条件限制较小，精度高、速度快，可以采用极坐标法直接、独立地测设各点，因此，正在逐渐地被广泛使用。

和偏角法一样，极坐标法也可以采用整桩号测设曲线的加桩。利用式（13-11）和式

（13-12）分别求出各加桩点的偏角 $\Delta_1$，$\Delta_2$，…，$\Delta_n$ 以及测站点至各加桩点的弦长 $C_1$，$C_2$，…，$C_n$。

测设时，如图 13-16 所示，将仪器安置在 ZY 点，以度盘 0°00′00″照准路线的交点 JD。转动照准部，依次测设 $\Delta_i$ 角和相应的弦长 $C_i$，钉桩，即可分别得到曲线上各点。

极坐标法既发挥了偏角法测设曲线精度高、实用性强、灵活性大，可在曲线上的任意一点或交点 JD 处设站的优点，同时，点位误差又不会逐渐积累，极大地提高了工作效率和测设速度。

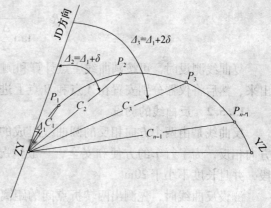

图 13-16　极坐标法详细测设圆曲线

## 13.5　复曲线与反向曲线的测设

### 13.5.1　复曲线的测设

复曲线是由两个或两个以上互相衔接的同向单曲线（主要是圆曲线）所组成的曲线

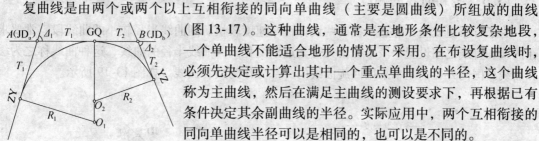

图 13-17　复曲线的测设

（图 13-17）。这种曲线，通常是在地形条件比较复杂地段，一个单曲线不能适合地形的情况下采用。在布设复曲线时，必须先决定或计算出其中一个重点单曲线的半径，这个曲线称为主曲线，然后在满足主曲线的测设要求下，再根据已有条件决定其余副曲线的半径。实际应用中，两个互相衔接的同向单曲线半径可以是相同的，也可以是不同的。

如图 13-17 所示，设 $JD_a$、$JD_b$ 为相邻两交点，$AB$ 为公切线，GQ 为主曲线和副曲线相衔接的公切点，它将公切线分为 $T_1$ 和 $T_2$ 两段。其中主曲线切线长 $T_1$ 可根据给定的半径 $R_1$ 和测定的转角 $\Delta_1$ 正算得出，则副曲线切线长 $T_2 = D_{AB} - T_1$，然后以 $T_2$ 和转角 $\Delta_2$ 依式（13-6）反算求出 $R_2$。若求出的 $R_2$ 不合技术要求和地形条件，则应修改 $R_1$，再重新反算 $R_2$，直至都符合工程的要求。

【例 13-4】在图 13-17 中，若测得 $\Delta_1 = 30°18′$，$\Delta_2 = 36°42′$，相邻两交点 $JD_a$、$JD_b$ 间的距离为 $D_{AB} = 36.55\text{m}$，设计选定主曲线半径 $R_1 = 60\text{m}$，求副曲线半径 $R_2$。

按式（13-6）可知：

$$T = R\tan\frac{\Delta}{2} \qquad 则 \qquad T_1 = 60 \times \tan\frac{30°18′}{2} = 16.25(\text{m})$$

因 $D_{AB} = 36.55\text{m}$，则有：$T_2 = D_{AB} - T_1 = 36.55 - 16.25 = 20.30$ （m）

再依上式反求出 $R_2$：

$$R = \frac{T}{\tan\frac{\Delta}{2}} \qquad 则 \qquad R_2 = \frac{T_2}{\tan\frac{\Delta_2}{2}} = \frac{20.30}{\tan\frac{36°42′}{2}} = 61.20(\text{m})$$

在实际工作中，反算出的 $R_2$ 一般不是整米数，为了计算的方便，可将 $R_2$ 值略减小一些而凑成整米，这样，$JD_a$、$JD_b$ 之间将会有一小段直线，这在道路工程中是允许的。但是反算出的 $R_2$ 不能增大凑成整米数，因为那将使两个曲线重叠，这在工程中是不允许的。

如果地形条件许可，为了行车的方便，可以使 $R_1 = R_2 = R$，那么此时的 $R$ 值可用下面的

231

公式计算。

$$R = \frac{D_{AB}}{\tan\dfrac{\Delta_1}{2} + \tan\dfrac{\Delta_2}{2}}$$

（13-16）

复曲线测设时，可按圆曲线主点计算和测设的方法，先将主曲线和副曲线的主元素计算出来，然后将仪器分别安置在 A 点和 B 点上进行实地测设，并推算各主点的桩号。

### 13.5.2 反曲线的测设

反曲线是由两个方向相反的圆曲线组成的（图 13-18）。在反曲线中，由于两个圆曲线方向相反，为了行车的方便和安全，一般情况下，均在前后两段曲线之间加设一过渡直线段，并且长度不小于 20m。

测设反曲线时，先测出两转折点间的距离 $D_{12}$ 和转折角 $\Delta_1$ 和 $\Delta_2$，根据设计选定的半径 $R_1$，计算并测设出 $JD_1$ 曲线的主点。然后用（$D_{12} - T_1 -$ 直线长度）作为 $T_2$，并根据此值和转折角 $\Delta_2$，反算出 $R_2$。最后再由 $R_2$ 计算出第二段曲线的主元素并测设曲线。

## 13.6 缓和曲线的测设

为了行车更安全、舒适，在一些设计行车速度较快、圆曲线半径较小的曲线段，常要求在曲线和直线之间设置一段半径由无穷大逐渐变化到圆曲线半径的曲线，这种曲线称之为缓和曲线。国内外目前基本采用回旋曲线的一部分作为缓和曲线，如图 13-19 所示。

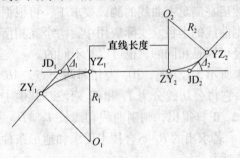

图 13-18　反曲线的测设

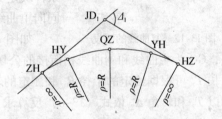

图 13-19　缓和曲线的主要点

带有缓和曲线的圆曲线共由三部分组成，即：第一缓和曲线段 ZH ~ HY、圆曲线段（即主曲线段）HY ~ YH、第二缓和曲线段 YH ~ HZ。依此可知，整个曲线共有五个主要点，即：

　　直缓点（ZH）：由直线进入第一缓和曲线的点，即整个曲线的起点。

　　缓圆点（HY）：第一缓和曲线的终点，从这点开始进入圆曲线。

　　曲中点（QZ）：整个曲线的中间点。

　　圆缓点（YH）：圆曲线的终点，进入第二缓和曲线的起点。

　　缓直点（HZ）：第二缓和曲线的终点，进入直线段的起点，它也是整个曲线的终点。

### 13.6.1 缓和曲线的特征及曲线方程

对于某一缓和曲线我们已知的数据有：

（1）路线的转角 $\alpha$；

（2）根据公路的等级和地形状况确定的圆曲线半径 $R$；

（3）缓和曲线的长度，可根据公路的等级和地形情况依表 13-3 查得；

**表 13-3　公路按等级与地形规定缓和曲线的长度**

| 公路等级 | 高速公路 | | 一 | | 二 | | 三 | | 四 | |
|---|---|---|---|---|---|---|---|---|---|---|
| 地　形 | 平原 | 山岭 | 平原 | 山岭 | 平原 | 山岭 | 平原 | 山岭 | 平原 | 山岭 |
| | 微丘 | 重丘 | 微丘 | 重丘 | 微丘 | 重丘 | 微丘 | 重丘 | 微丘 | 重丘 |
| 缓和曲线长度（m） | 100 | 70 | 85 | 50 | 70 | 35 | 50 | 25 | 35 | 20 |

（4）交点 JD 的里程和曲线加桩的整桩间距。

**1. 回旋曲线的特征和方程**

缓和曲线是回旋曲线的一部分，回旋曲线的几何特征是：曲线上任何一点的曲率半径 $\rho$ 与该点到曲线起点的长度 $l$ 成反比。即：

$$\rho = \frac{c}{l} \tag{13-17}$$

式中 $c$ 为比例参数。我国公路设计规范规定 $c = 0.035V^3$，$V$ 是设计的行车速度，以 km/h 计。

在缓和曲线的起点 $l = 0$，则 $\rho = \infty$。在缓和曲线的终点（与圆曲线衔接处），缓和曲线的全长为 $l_h$，缓和曲线的半径 $\rho$ 等于圆曲线的半径，即：$\rho = R$。故式（13-17）可写成：

$$\rho l = Rl_h = c = 0.035V^3 \tag{13-18}$$

$$l_h = 0.035\frac{V^3}{R} \tag{13-19}$$

由式（13-17）可知，设计的行车速度愈快，缓和曲线的长度应愈长；设计的圆曲线半径愈大，则缓和曲线的长度就可以相应缩短一些；而当圆曲线半径 $R$ 达到一定的值以后，就可以不设置缓和曲线了。

**2. 缓和曲线的切线角公式**

缓和曲线上任意一点 $P$ 的切线与曲线起点 ZH 的切线所组成的夹角为 $\beta$，$\beta$ 称为缓和曲线的切线角。缓和曲线切线角 $\beta$ 实际上等于曲线起点 ZH 至曲线上任一点 $P$ 之间的弧长 $l$ 所对圆心角 $\beta$，如图 13-20 所示。

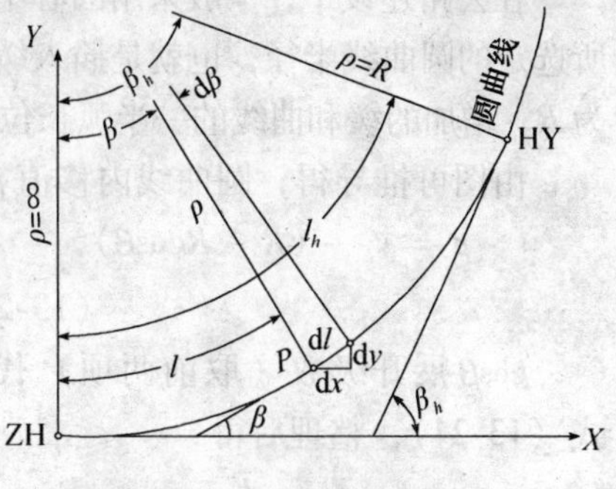

在 $P$ 点取一微分弧 $\mathrm{d}l$，它所对应的圆心角为 $\mathrm{d}\beta$，则：

$$\mathrm{d}\beta = \frac{\mathrm{d}l}{\rho}$$

将式（13-16）代入

$$\mathrm{d}\beta = \frac{\mathrm{d}l}{\rho} = \frac{l\mathrm{d}l}{Rl_h}$$

将上式积分：

$$\beta = \int_0^l \mathrm{d}\beta = \int_0^l \frac{l\mathrm{d}l}{Rl_h} = \frac{l^2}{2Rl_h}$$

图 13-20　缓和曲线的切线角

$$\beta = \frac{l^2}{2Rl_h} \tag{13-20}$$

当 $l = l_h$ 时，缓和曲线全长 $l_h$ 所对的切线角称为缓和曲线角，以 $\beta_h$ 表示。

$$\beta_h = \frac{l_h}{2R} \times \frac{180°}{\pi} \tag{13-21}$$

**3. 缓和曲线上任一点 $P$ 坐标的计算**

如图 13-20 所示，以缓和曲线起点 ZH 为原点，以过该点的切线为 $x$ 轴，垂直于切线的

233

方向为 $y$ 轴。则任一点 $P$ 的坐标可写为：

$$dx = dl\cos\beta$$
$$dy = dl\sin\beta$$

式中 $dx$、$dy$ 为纵横坐标微量。将 $\cos\beta$、$\sin\beta$ 按级数展开：

$$\cos\beta = 1 - \frac{\beta^2}{2!} + \frac{\beta^4}{4!} - \frac{\beta^6}{6!} + \cdots$$

$$\sin\beta = \beta - \frac{\beta^3}{3!} + \frac{\beta^5}{5!} - \frac{\beta^7}{7!} + \cdots$$

将上式代入 $dx$、$dy$ 式中，并顾及式（13-20），再经积分整理后得：

$$\left. \begin{aligned} x_P &= l - \frac{l^5}{40R^2 l_h^2} \\ y_P &= \frac{l^3}{6Rl_h} \end{aligned} \right\} \tag{13-22}$$

式（13-22）称为缓和曲线的参数方程。

当 $l = l_h$ 时，即得缓和曲线的终点坐标值：

$$\left. \begin{aligned} x_h &= l_h - \frac{l_h^3}{40R^2} \\ y_h &= \frac{l_h^2}{6R} \end{aligned} \right\} \tag{13-23}$$

### 13.6.2 缓和曲线主点元素的计算及测设

1. 圆曲线的内移和切线的增长

在圆曲线和直线之间增设缓和曲线后，整个曲线发生了变化，为了保证缓和曲线和直线相切，圆曲线应均匀地向圆心方向内移一段距离 $p$，称为圆曲线内移值。同时切线也应相应地增长 $q$，称为切线的增长值。

在公路建设中，一般采用圆心不动、圆曲线半径减少 $p$ 值的方法，即使减小后的半径等于所选定的圆曲线半径，也就是插入缓和曲线前的半径为 $R+p$，插入缓和曲线后的圆曲线半径为 $R$。增加的缓和曲线的一半弧长位于直线段内，另一半则位于圆曲线段内，如图13-21所示。

由图可推导得，圆曲线内移值 $p$，从图可看出为

$$p = y_h - (R - R\cos\beta) \tag{13-24}$$

$\cos\beta$ 展开级数（取前两项）代入式（13-24），整理后得

$$p = \frac{l_h^2}{24R} \tag{13-25}$$

切线的增长值 $q$，从图可看出为

$$q = x_h - R\sin\beta \tag{13-26}$$

$\sin\beta$ 也用展开级数代入式（13-26），整理后得

$$q = \frac{l_h}{2} - \frac{l_h^3}{240R^2} \tag{13-27}$$

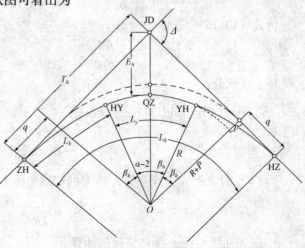

图 13-21　缓和曲线的测设

从式（13-27）可以看出，当圆曲线半径足够大时，公式的第二项极小，可忽略不计，此时，切线的增长值约为缓和曲线的一半。

2. 缓和曲线主点元素以及里程的推算

（1）缓和曲线主元素的计算

① 切线长：
$$T_h = (R + p)\tan\frac{\Delta}{2} + q \tag{13-28}$$

② 主曲线（圆曲线部分）长：
$$L_y = R(\Delta - 2\beta_h)\frac{\pi}{180°} \tag{13-29}$$

③ 曲线全长：
$$L_h = L_y + 2l_h \tag{13-30}$$

④ 外矢距：
$$E_h = (R + p)\sec\frac{\Delta}{2} - R \tag{13-31}$$

⑤ 切曲差：
$$D_h = 2T_h - L_h \tag{13-32}$$

为了便于计算，将上列式（13-28）、式（13-29）、式（13-30）、式（13-31）及式（13-32）稍做些演变：

切线长 $T_h$：
$$T_h = (R + p)\tan\frac{\Delta}{2} + q$$
$$T_h = R\tan\frac{\Delta}{2} + \left(p\tan\frac{\Delta}{2} + q\right) = T + t \tag{13-33}$$

即缓和曲线的切线长 $T_h$ 等于圆曲线的切线长 $T$ 加尾数 $t$。

主曲线长 $L_y$：
$$L_y = R(\Delta - 2\beta_h)\frac{\pi}{180°}$$
$$= R\Delta\frac{\pi}{180°} - 2\beta_h\frac{\pi}{180°} = L - 2\left(\frac{l_h}{2R}\frac{180°}{\pi}\right)\frac{\pi}{180°} = L - l_h \tag{13-34}$$

即缓和曲线的主曲线长 $L_y$ 等于圆曲线长 $L$ 减缓和曲线长 $l_h$。

曲线全长 $L_h$：
$$L_h = L_y + 2l_h = (L - l_h) + 2l_h = L + l_h \tag{13-35}$$

即曲线全长 $L_h$ 等于圆曲线长 $L$ 加缓和曲线长 $l_h$。

外矢距 $E_h$：
$$E_h = (R + p)\sec\frac{\Delta}{2} - R$$
$$= \left(R\sec\frac{\Delta}{2} - R\right) + p\sec\frac{\Delta}{2} = E + e \tag{13-36}$$

切曲差 $J_h$：
$$J_h = 2T_h - L_h = 2(T + t) - (L + l_h) = (2T - L) + (2t - l_h)$$
$$J_h = J + j \tag{13-37}$$

圆曲线半径 $R$ 和缓和曲线的长度 $l_h$ 是根据公路的等级和地形状况确定的；路线的转角 $\alpha$ 是实际测量得到的，据此可按上述公式计算所需的测设元素。如有公路曲线测设用表，首先查取圆曲线的切线长 $T$，外矢距 $E$，切曲差 $J$，然后再加缓和曲线的尾加数表 $t$，$e$，$j$ 便得缓和曲线的切线长 $T_h$，外矢距 $E_h$，切曲差 $J_h$。

（2）缓和曲线主点里程的计算

直缓点 ZH 里程：　　ZH 里程 = 交点 JD 里程 − 切线长 $T_h$　　　　　　　　　(13-38)

缓圆点 HY 里程：　　　　HY 里程 = 直缓点 ZH 里程 + 缓和曲线长 $l_h$　　　　(13-39)

曲中点 QZ 里程：　　　　QZ 里程 = 缓圆点 HY 里程 + 主曲线长 $L_y/2$　　　　(13-40)

圆缓点 YH 里程：　　　　YH 里程 = 曲中点 QZ 里程 + 主曲线长 $L_y/2$　　　　(13-41)

缓直点 HZ 里程：　　　　HZ 里程 = 圆缓点 YH 里程 + 缓和曲线长 $l_h$　　　　(13-42)

为了检查计算的正确性，可用下式计算 HZ 里程：

$$HZ 里程 = JD 里程 + 切线长 T_h - 切曲差 J_h \qquad (13-43)$$

**【例 13-5】** 某一高速公路的设计行车速度为 120km/h，已知某一交点 $JD_8$ 的里程桩号为 K9 + 658.86，转角为 $\Delta = 20°18'26''$，半径为 $R = 600$m，试计算曲线测设的主元素和曲线主点里程。

依表 13-3 可知，对于高速公路我们可以取缓和曲线的长度为 $l_h = 100$m。

(1) 计算缓和曲线的要素

依式 (13-21) 计算缓和曲线角：

$$\beta_h = \frac{l_h}{2R} \times \frac{180°}{\pi} = \frac{100 \times 180}{2 \times 600 \times \pi} = 4°46'29''$$

依式 (13-25) 计算曲线内移值：

$$p = \frac{l_h^2}{24R} = \frac{100^2}{24 \times 600} = 0.69(\text{m})$$

依式 (13-27) 计算切线增长值：

$$q = \frac{l_h}{2} - \frac{l_h^3}{240R^2} = \frac{100}{2} - \frac{100^3}{240 \times 600^2} = 50(\text{m})$$

依式 (13-23) 计算缓和曲线终点坐标：

$$x_h = l_h - \frac{l_h^3}{40R^2} = 100 - \frac{100^3}{40 \times 600^2} = 99.93(\text{m})$$

$$y_h = \frac{l_h^2}{6R} = \frac{100^2}{6 \times 600} = 2.78(\text{m})$$

(2) 缓和曲线主元素的计算

切线长：

$$T_h = (R + p)\tan\frac{\Delta}{2} + q = (600 + 0.69)\tan\frac{20°18'26''}{2} + 50 = 157.58(\text{m})$$

主曲线（圆曲线部分）长：

$$L_y = R(\Delta - 2\beta_h)\frac{\pi}{180°} = 600(20°18'26'' - 2 \times 4°46'29'') \times \frac{\pi}{180°} = 112.66(\text{m})$$

曲线全长：

$$L_h = L_y + 2l_h = 112.66 + 2 \times 100 = 312.66(\text{m})$$

外矢距：

$$E_h = (R + p)\sec\frac{\Delta}{2} - R = (600 + 0.69)\sec\frac{20°18'26''}{2} - 600 = 10.25(\text{m})$$

切曲差：

$$J_h = 2T_h - L_h = 2 \times 157.58 - 312.66 = 2.50(\text{m})$$

(3) 计算缓和曲线各主点的里程

$JD_8$ 的桩号为 K9 + 658.86，按缓和曲线主点里程的计算公式可计算出：

$$\begin{array}{ll} JD_8 桩号 & \text{K9} + 658.86 \\ -T_h & \underline{\qquad\qquad 157.58} \end{array}$$

| 直缓点 ZH 里程 | ZH 桩号 | K9 +501.28 |
|---|---|---|
| | $+l_h$ | 100.00 |
| 缓圆点 HY 里程 | HY 桩号 | K9 +601.28 |
| | $+L_y/2$ | 56.33 |
| 曲中点 QZ 里程 | QZ 桩号 | K9 +657.61 |
| | $+L_y/2$ | 56.33 |
| 圆缓点 YH 里程 | YH 桩号 | K9 +713.94 |
| | $+l_h$ | 100.00 |
| 缓直点 HZ 里程 | HZ 桩号 | K9 +813.94 |

检核：  HZ 桩号 = JD 桩号 $+ T_h - J_h$ = K9 +658.86 + 157.58 - 2.5 = K9 +813.94

校核无误，计算结果正确。

实际工作中，以上计算通常以表格的形式进行，见表 13-4。表中对缓和曲线主元素的计算采用增加尾参数计算法（计算结果与上列计算完全相同）。如有条件配备袖珍电脑或笔记本电脑进行编程计算，则工效更高。

**表 13-4  缓和曲线测设记录计算表**

工程项目：×××××　　地点：×××　　交点桩号：$\underline{JD_8}$　　编号：K9 +658.86

观测者：×××　　记录者：×××　　计算者：×××　　观测日期：2006 年 8 月 25 日

| 观测点名 | 盘　位 | 水平度盘读数（°　′　″） | 半测回角值（°　′　″） | 平均角值（°　′　″） |
|---|---|---|---|---|
| JD$_2$ | L | 0°00′18″ <br> 159°41′48″ | 159°41′30″ | 159°41′34″ |
| | R | 339°42′00″ <br> 180°00′22″ | 159°41′38″ | |

| 偏角的计算 Δ | 右偏：$\Delta = 180° - \beta = 20°18′26″$ <br> 左偏：$\Delta = \beta - 180° =$ <br> $\dfrac{\Delta}{2} = 10°09′13″$ | 主曲线半径 $R = 600\text{m}$ <br> 缓和曲线长 $l_h = 100\text{m}$ |
|---|---|---|

| 特征参数计算 | 切线增长值 $q = \dfrac{l_h}{2} - \dfrac{l_h^3}{240R^2} = 50.00\text{m}$ | 切线长尾数 $t = p\tan\dfrac{\Delta}{2} + q = 50.12\text{m}$ |
|---|---|---|
| | 圆曲线内移值 $p = \dfrac{l_h^2}{24R} = 0.69\text{m}$ | 外距尾加数 $e = p\sec\dfrac{\Delta}{2} = 0.70\text{m}$ |
| | 缓和曲线切线角 $\beta_h = \dfrac{l_h}{2R} \times \dfrac{180}{\pi} = 4°46′29″$ | 切曲差尾加数 $j = 2t - l_h = 0.24\text{m}$ |
| 曲线元素计算 | 切线长 $T = R\tan\dfrac{\Delta}{2} = 107.46\text{m}$ | 加缓后切线长 $T_h = T + t = 157.58\text{m}$ |
| | 圆曲线长 $L = R\Delta\dfrac{\pi}{180°} = 212.66\text{m}$ | 曲线全长 $L_h = L + l_h = 312.66\text{m}$ |
| | 外距 $E = R\left(\sec\dfrac{\Delta}{2} - 1\right) = 9.55\text{m}$ | 加缓后外距 $E_h = E + e = 10.25\text{m}$ |
| | 切曲差 $J = 2T - L = 2.26\text{m}$ | 加缓后切曲差 $J_h = J + j = 2.50\text{m}$ |
| | 主曲线长 $L_y = L - l_h = 112.66\text{m}$ | 略图： |
| 主点编号计算 | 直缓点 ZH = JD $- T_h$ = K9 +501.28 | |
| | 缓圆点 HY = ZH $+ l_h$ = K9 +601.28 | |
| | 曲中点 QZ = HY $+ \dfrac{L_y}{2}$ = K9 +657.61 | |
| | 圆缓点 YH = QZ $+ \dfrac{L_y}{2}$ = K9 +713.94 | |
| | 缓直点 HZ = YH $+ l_h$ = K9 +813.94　　校核：HZ = JD $+ T_h - J_h$ = K9 +813.94 | |

3. 主点的测设步骤（以例 13-5 说明）

（1）将经纬仪安置在交点 $DJ_8$ 上，瞄准直缓点 ZH 方向，沿视线方向量取切线长 $T_h = 157.58$m，即得直缓点 ZH，桩号 K9 + 501.28。

（2）仪器不动，以 ZH 点为后视方向，拨角（$180° - \Delta$）/2，即分角线方向，沿此方向量取外矢距 $E_h = 10.25$m，即得曲中点 QZ，桩号 K9 + 657.55。

（3）再将经纬仪瞄准缓直点 HZ 方向，沿视线方向量取切线长 $T_h = 157.58$m，即得缓直点 HZ，桩号 K9 + 813.83。

（4）以 ZH 点为坐标原点，以 ZH – $JD_8$ 为切线方向建立直角坐标系的 $x$ 轴，垂直方向为 $y$ 轴，用切线支距法量取 $X_h = 99.93$m，$Y_h = 2.78$m，得缓圆点 HY，桩号 K9 + 601.28。

（5）同理，以 HZ 点为坐标原点，以 HZ – $JD_8$ 为切线方向建立直角坐标系的 $x$ 轴，垂直方向为 $y$ 轴，用切线支距法量取 $X_h = 99.93$m，$Y_h = 2.78$m，得圆缓点 YH，桩号 K9 + 713.83。

（6）在测设出的各主点上钉木桩，并在其上钉一小钉作为标心。

### 13.6.3 带有缓和曲线的曲线的详细测设

带有缓和曲线的圆曲线各主点测设完毕后，为满足设计和施工的需要，也应在曲线上每隔一定的距离测设一个加桩，和圆曲线一样，带有缓和曲线的曲线也采用整桩号法测设曲线的加桩。测设加桩常采用切线支距法和偏角法。

1. 切线支距法（直角坐标法）

切线支距法是以缓和曲线的起点 ZH 或终点 HZ 为坐标原点，以过原点的切线为 $x$ 轴，过原点且垂直于 $x$ 轴的方向为 $y$ 轴。缓和曲线和圆曲线的各点坐标，均按同一坐标系统计算，但分别采用不同的计算公式，如图 13-22 所示。

在缓和曲线段任一点 $i$ 的坐标按下式计算。

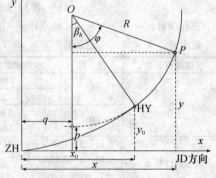

图 13-22　切线支距法测设缓和曲线的细部

$$
\left.\begin{aligned}
x_i &= l_i - \frac{l_i^5}{40R^2 l_h^2} \\
y_i &= \frac{l_i^3}{6R l_h}
\end{aligned}\right\} \tag{13-44}
$$

式中，$l_i$ 为缓和曲线上任一点 $i$ 至曲线起点或终点的曲线长。

对于圆曲线段部分，各点的直角坐标仍和以前计算方法一样，但坐标原点已移至缓和曲线起点，因此原坐标必须相应地加 $q$、$p$ 值，即

$$
\left.\begin{aligned}
x &= R\sin\varphi + q \\
y &= R(1 - \cos\varphi) + p
\end{aligned}\right\} \tag{13-45}
$$

式中，$\varphi = \frac{1}{R} \times \frac{180°}{\pi} + \beta_h = \left(\frac{1}{R} + \frac{l_h}{2R}\right)\frac{180°}{\pi}$，$l$ 为圆曲线上任一点至 HY 点或 YH 点的曲线长，$l_h$ 为缓和曲线长。

实际工作中，缓和曲线和圆曲线各点的坐标值也可由曲线表查出，曲线的设置方法和圆曲线的切线支距法测设方法完全相同。

2. 偏角法（极坐标法）

偏角法的测设方法实际是一种极坐标法，它利用一个偏角 $\Delta$ 和一段距离 $C$ 来确定曲线

上某点，如图 13-23 所示。

和切线支距法一样，以缓和曲线的起点 ZH 或终点 HZ 为坐标原点，以过原点的切线为 $x$ 轴，过原点且垂直于 $x$ 轴的方向为 $y$ 轴。曲线上某点 $P$ 至曲线的起点（ZH 点或 HZ 点）的距离为 $C_i$，$P$ 点和原点的连线与坐标轴的 $x$ 轴之间的夹角为 $\Delta_i$。它们可以通过切线支距法求出的点的坐标 $P(x_i, y_i)$ 来进行计算。

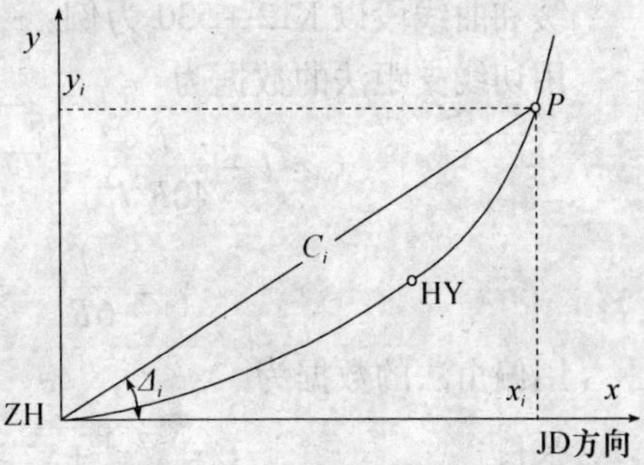

图 13-23　偏角法测设缓和曲线的细部

$$\left.\begin{array}{ll} \text{弦长} & C_i = \sqrt{x_i^2 + y_i^2} \\ \text{偏角} & \Delta_i = \tan^{-1}\dfrac{y_i}{x_i} \end{array}\right\} \qquad (13\text{-}46)$$

由于弦长 $C$ 是逐步增加的，且距离较大，所以一般可以采用光电测距仪或全站仪进行测设，将仪器安置在 ZH 点或 HZ 点，以度盘 $0°00'00''$ 照准路线的交点 JD。转动照准部，依次测设 $\Delta_i$ 角和相应的弦长 $C_i$，钉桩，即可分别得到曲线上各点。

【例 13-6】某一高速公路设计行车速度为 120km/h，其中某一交点 $\text{JD}_7$ 的里程桩号为 K12 + 617.86，转角为 $\Delta = 8°46'39''$，半径为 $R = 1500$m，通过计算或查表知道曲线的主元素和里程（见表 13-5 上半部分），试按整桩距 $L_0 = 40$m，试计算用切线支距法和偏角法详细测设整个曲线的数据。

表 13-5　缓和曲线详细测设参数计算表

| 已知参数 | 转角：$\Delta_R = 8°46'39''$ | | 设计圆曲线半径：$R = 1500$m | | 缓和曲线长度：$l_h = 100$m | |
|---|---|---|---|---|---|---|
| | 交点里程：$\text{JD}_7$ 里程 = K12 + 617.86 | | 整桩间距：$L_0 = 40$m | | | |
| 特征参数 | 切线角：$\beta_h = 1°54'39''$ | | 圆曲线内移值：$p = 0.28$m | | 切线增长值：$q = 50$m | |
| | 曲线长：$L_h = 329.68$m | | 切线长：$T_h = 165.14$m | | 外矢距：$E_h = 4.69$m　切曲差：$J_h = 0.6$m | |
| 主点里程 | ZH 点里程：K12 + 452.72 | | HY 点里程：K12 + 552.72 | | QZ 点里程：K12 + 617.56 | |
| | YH 点里程：K12 + 682.40 | | HZ 点里程：K12 + 782.40 | | JD 点里程：K12 + 617.86 | |

| 主点名称 | 桩　号 | 弧长（m） | 切线支距法 | | 偏角法 | |
|---|---|---|---|---|---|---|
| | | | X（m） | Y（m） | $\Delta$（°　′　″） | C（m） |
| ZH | K12 + 452.72 | 0 | 0 | 0 | 0　00　00 | 0 |
| | ↓ +500 | 47.28 | 47.28 | 0.12 | 0　08　43 | 47.28 |
| | ↓ +530 | 77.28 | 77.28 | 0.51 | 0　22　41 | 77.28 |
| HY | K12 + 552.72 | 100.00 | 100.00 | 1.11 | 0　38　09 | 100.00 |
| | +580 | 27.28 | 127.28 | 2.27 | 1　01　18 | 127.28 |
| | ↓ +600 | 47.28 | 147.26 | 3.44 | 1　20　17 | 147.28 |
| QZ | K12 + 617.56 | 64.84 | 164.78 | 4.68 | 1　37　36 | 164.84 |
| | ↑ +650 | 32.40 | 132.40 | 2.54 | 1　05　56 | 132.40 |
| YH | K12 + 682.40 | 100.00 | 100.00 | 1.11 | 0　38　09 | 100.00 |
| | ↑ +700 | 82.40 | 82.40 | 0.62 | 0　25　52 | 82.40 |
| | ↑ +740 | 42.40 | 42.40 | 0.08 | 0　06　29 | 42.40 |
| HZ | K1 + 782.40 | 0 | 0 | 0 | 0　00　00 | 0 |

计算时，按切线支距法的思想，缓和曲线段任一点 $i$ 的坐标按式（13-44）计算，式中 $l_i$ 为 $i$ 点至曲线起点（ZH 点）或终点（HZ 点）的曲线长。圆曲线段部分按式（13-45）计算，式中 $l$ 为圆曲线上任一点至 HY 点或 YH 点的曲线长。为了方便测设，避免支距过长，一般将曲线分成两部分，分别向曲线中点 QZ 测设。

缓和曲线段以 K12 + 530 为例：

用切线支距法的数据为

$$x = l - \frac{l^5}{40R^2 l_h^2} = 77.28 - \frac{77.28^5}{40 \times 1500^2 \times 100^2} = 77.28(\text{m})$$

$$y = \frac{l^3}{6R l_h} = \frac{77.28^3}{6 \times 1500 \times 100} = 0.51(\text{m})$$

用偏角法的数据为

弦长　　　　$C = \sqrt{x^2 + y^2} = \sqrt{77.28^2 + 0.51^2} = 77.28$ （m）

偏角　　　　$\Delta = \tan^{-1} \frac{y}{x} = \tan^{-1} \frac{0.51}{77.28} = 0°22'41''$

圆曲线段以 K12 + 600 为例：

用切线支距法的数据为

$$\varphi = \left( \frac{l}{R} + \frac{l_h}{2R} \right) \frac{180°}{\pi} = \left( \frac{47.28}{1500} + \frac{100}{2 \times 1500} \right) \times \frac{180°}{\pi} = 3°42'57''$$

$$x = R\sin\varphi + q = 1500 \times \sin 3°42'57'' + 50 = 147.21(\text{m})$$

$$y = R(1 - \cos\varphi) + p = 1500 \times (1 - \cos 3°42'57'') + 0.28 = 3.43(\text{m})$$

用偏角法的数据为：

弦长　　　　$C = \sqrt{x^2 + y^2} = \sqrt{147.21^2 + 3.43^2} = 147.25$ （m）

偏角　　　　$\Delta = \tan^{-1} \frac{y}{x} = \tan^{-1} \frac{3.43}{147.21} = 1°20'05''$

## 13.7　高速公路测量简介

高速公路是供汽车高速行驶的公路。一船能适应 120km/h 或更高的速度。要求路线顺滑，纵坡较小。路面有 4~6 车道的宽度，中间设分隔带，采用沥青混凝土或水泥混凝土高级路面。在必要处应设坚韧的路栏。为了保证行车安全，应有必要的标志、信号及照明设备。禁止行人和非机动车在路上行驶。与铁路或其他公路相交时完全采用立体交叉。行人跨越则用跨线桥或地道通过。

高速公路和其他公路主要有以下区别：

（1）高速公路是只供汽车行驶的汽车专用公路，一般公路则还允许非机动车及行人使用；

（2）高速公路设有中央分隔带将往返交通完全隔开；

（3）高速公路与任何铁路、公路都是立体交叉的，不存在一般公路上的平面交叉口的横向干扰；

（4）高速公路沿线是封闭的，是控制出入的。且有完善的监测系统、通信系统、安全系统和收费系统等管理和服务设施。

高速公路的建设标准较高，每千米造价在 1 千万~2 千万以上，因此，高速公路的测设不能再沿用过去测设低等级公路的方法，而应该采用先进的理论和设备进行测设。

### 13.7.1　高速公路的选线和形式

1. 高速公路的选线

高速公路是国家公路网的骨架，是高标准的现代化公路，要求线型美观、造型优美。它的线型不仅反映其技术标准的高低，而且直接影响工程的造价和道路的适用、美观，是高速公路设计的关键。

高速公路的布线分为纸上定线、实地选线和详测放线三阶段。必须综合考虑平、纵、横各方面的因素后才能把路线的线位最终确定下来。

在保证公路技术标准的前提下，选线时应注意以下原则：

（1）在工程量增加不太多的情况下，应尽可能地提高公路的技术标准，以提高公路的运行能力及运营效率。

（2）应尽量减少公路对沿线开发区和村镇居民区的干扰，尽可能结合当地村镇的规划发展情况，使高速公路与其工程相协调。

（3）在条件许可的情况下，尽量利用实际地形进行布线，避免高填、深挖，以降低工程造价。

（4）鉴于沿线土地珍贵，应尽量少占好地、平整地，在取、弃土设计时，尽可能地使取、弃土场仍能继续用于其他建设或耕种。

2. 高速公路的形式

（1）公路建筑的形式

由于条件和公路的技术特性不同，高速公路建筑的形式不尽相同，一般有四种形式。

①地面式，即修建在地面上的建筑物形式。相对来说它施工面大，修建方便，但占用土地多。

②高架式，即线路架在空中。这种形式多用于山区和人口密集的城市，它具有预制大件安装，少占土地和有利于线型与环境结合协调的优点，但对桥墩和构件安装组合测量要求较高。

③槽式或凹式，这种形式一般是在排水条件许可的地区，如平缓的丘陵区。

④隧道式，这种形式多用于山区或水下，对于方向和高程的贯通测量要求严格。

（2）公路平面线型的形式

目前，常见的平面线型组合有下列几种形式：

（1）基本型，如图 13-24a 所示，它是按直线-缓和曲线-圆曲线-缓和曲线-直线的形式组合而成。

（2）S 型，如图 13-24b 所示，它是在两个反向曲线之间用缓和曲线连接起来的一种线型。这种曲线在缓和曲线与圆曲线的连接处，曲率变化不完全一致。

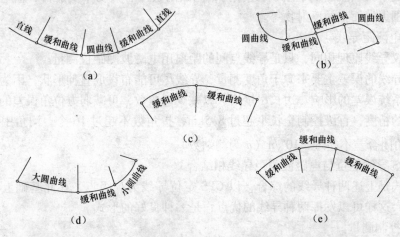

图 13-24 高速公路平面组合形式

（3）凸型，如图 13-24c 所示，它是把两条缓和曲线在各自半径最小的点上直接相互连接而成的线型。这种曲线路面边缘线是折线。

（4）卵型，如图 13-24d 所示，它是在两个同向圆曲线之间以一条缓和曲线连接，较复杂一些的形式是缓和曲线-大圆曲线-（缓和曲线）-小圆曲线-缓和曲线。大圆半径为小圆半径的 1.5 倍为佳。

（5）复合型，如图 13-24e 所示，两个或两个以上的同向弯曲的缓和曲线，在它们曲率相等点上连接而成的曲线型，常用于地形受限制的地区。

高速公路的线型设计要平、纵、横面配合设计，除了要考虑沿线的自然环境、社会环境，注意自然景观和地形相协调外，还要满足运动力学、视觉心理学等方面的要求。

一般认为，高速公路平面线型应该是一条连续的曲线线型，最理想的是全部由圆曲线和缓和曲线组成，且圆曲线占 2/3，缓和曲线占 1/3。平、竖曲线最好是要一一对应，即要求竖曲线的顶点大致与平曲线的中点相对应，同时平曲线要比竖曲线稍长一些，以便平、竖线型配合良好。但也不可片面强求，应尽量减少大填大挖对环境的破坏，这样将有助于视线诱导，使车辆顺畅行驶，提高了行车的安全性，同时减少变挡频繁所产生的噪声和排气对环境的污染。

### 13.7.2 高速公路对测量的要求

高速公路通过的是一条狭长的带状区，为了满足路线定位，建筑物、构筑物测设及测绘地形图的要求，必须在国家控制点的基础上加密平面控制点和高程控制点。

1. 平面控制测量

高速公路测量中，精度要求很高，目前最理想的平面加密控制测量是 GPS（Global Positioning System 即全球定位系统）导线、光电测距导线和 GPS 导线与光电测距导线相结合的形式。

（1）GPS 导线

GPS 导线是在导线点上安置 GPS 接收机，通过接收 GPS 卫星信号，经过数据处理，从而获得该导线点的 WGS—84 大地坐标系，进而换算到 1954 年北京坐标系或 1980 年国家坐标系完成的。

这种导线点的优点是点位误差不累积，选点受自然条件限制较少，路线长度和边长无制约，相邻点间不必通视，精度高、速度快、操作简便、全天候观测。但它要求 GPS 导线点处高度角在大于 15°范围内天空没有遮挡物，测站附近没有大功率发射台、输电高压线和变电设施、周围无大面积的反射物等。

（2）光电测距导线

与经纬仪导线原理相同，只是导线点间的距离用电磁波测距仪测量。

测距仪导线的误差主要来源于角度测量，导线尽可能布设成直伸形状，因为直伸导线不受距离测量系统误差的影响。边长尽量增大以减少折角数，可减弱方位角误差的积累。为了保证导线点的精度，首级控制全长不超过 8.5km，折角数不超过 16 个，测角中误差不超过 $\pm 5''$，方位角闭合差不超过 $\pm 10''\sqrt{n}$（$n$ 为测站数）。

（3）GPS 导线定位与电磁波测距导线相结合

这种形式是上述两种导线的综合，以 GPS 定位导线为高级点，在此基础上再敷设电磁波测距导线，这样可以发挥两种导线的优点，是一种良好的形式。

2. 高程控制测量

高程控制测量是为了竖向设计的需要，高速公路要求纵断面线型为平缓的二次抛物线，纵断面高程测量最大误差不超过 10cm，要达到这个要求需沿线路每千米设置一个国家四等水准点，其测量方法有两种：其一是四等水准测量；其二是电磁波测距高程导线测量。

四等水准测量时，要严格按照四等水准测量操作规程进行，使用的仪器要经过有关部门校核。

一般电磁波测距高程导线全路线长度应在 15km 内，布置成附合路线，视线长一般不大于 700m，最长不应大于 1000m，视线竖直角不超过 ±15°，视线高度或视线离开障碍物的距离不得小于 1.5m。

3. 地形测图

高速公路设计中常需要 1∶2000、1∶1000，甚至 1∶500 比例尺的地形图。一般来说，地物点平面位置中误差在图上不得超过 0.6～0.8mm；等高线高程中误差不得超过 1/3～1 个等高距。

高速公路设计要求地物点间的相对位置准确，以使在图上确定的路线中线与周围的地物相对关系同实地位置一致。

航测图地物点相对关系好而且信息丰富、形象逼真，是一种良好的成图方法。但是，如果路线不长，地形平坦，要通过多重的人际关系进行航空摄影到相片成图，也是一种麻烦且不经济的做法，采用常规的白纸测图方法仍是可取的途径。

4. 工程施工测量

高速公路平、竖线型复杂，对测量工作提出了较高的要求，特别是高架式和隧道式公路，高架式要求准确地确定桥位和配合安装，隧道式要求方向和高程准确地贯通，因此，测量工作中，应具有较强的专业知识，并严格按工程的精度要求实施。

## 13.8 路线纵断面水准测量

路线纵断面测量又称路线水准测量。它的任务是根据水准点高程，测量路线各中桩的地面高程，并按一定比例绘制路线纵断面图，为路线纵坡设计和挖填土方计算提供基本资料。

为了提高精度和检验成果，依据"从整体到局部"的测量原则，纵断面测量一般分为两步进行：一是沿路线方向设置若干水准点，建立路线的高程控制，称为基平测量；一是依据各水准点的高程，分段进行水准测量，测定各中桩的地面高程，称为中平测量。基平测量的精度要求比中平测量高，可按四等或稍低于四等水准的精度要求。中平测量只作单程观测，精度按普通水准要求。

### 13.8.1 基平测量

1. 水准点的布设

水准点是路线高程测量的控制点，在勘测和施工阶段都要长期使用，因此在中平测量前沿路线应设立足够的水准点。水准点应选在道路中线经过的地方两侧 50～100m 左右，地基稳固，易于引测、不受路线施工影响的地方。

根据不同的需要和用途，可设置永久性水准点和临时性水准点。

路线的起点和终点、大桥两岸、隧道两端，需要长期观测高程的重点工程附近均应设置永久性水准点，同时对于路线较长的一般地区也应每隔 25～30km 测设一点。永久性水准点要埋设标石，也可设在永久性建筑物上或用金属标志嵌在基岩上。

临时水准点的布设密度，应根据地形复杂情况和工程需要而定。山区每隔 0.5～1km 设置一个，在平原区和微丘陵区每隔 1～2km 设置一个。在一般的中、小桥附近和工程集中的地段均应设置临时性水准点。临时水准点可埋设大木桩，顶面钉入铁钉作为标志。

## 2. 基平测量方法

基平测量首先应将起始水准点与附近国家水准点进行连测，以获得绝对高程。在沿线其他水准点的测量过程中，凡能与附近国家水准点进行连测的均应连测，以便获得更多的检查条件。如果路线附近没有国家水准点，可根据气压计、国家地形图和邻近的大型工程建筑物的高程作为参考，假定起始水准点的高程。

水准点高程的测定，公路上通常采用一台水准仪往、返观测或同时用两台水准仪同向（或对向）进行观测。往、返测或两台仪器所测高差的不符值不得超过下列允许值：

对于山区：

$$\left.\begin{array}{l} f_{h允} = \pm 30 \sqrt{L}(\text{mm}) \\ f_{h允} = \pm 9 \sqrt{n}(\text{mm}) \end{array}\right\} \qquad (13\text{-}47)$$

对于大桥两岸和隧洞两端的水准点：

$$\left.\begin{array}{l} f_{h允} = \pm 20 \sqrt{L}(\text{mm}) \\ f_{h允} = \pm 5 \sqrt{n}(\text{mm}) \end{array}\right\} \qquad (13\text{-}48)$$

式中　$L$——水准路线长度，km，适用于平地；

　　　$n$——测站数，适用于山地。

闭合差在允许范围内则取两次观测值的均值，作为两水准点间的高差。

### 13.8.2　中平测量

1. 中平测量及要求

中平测量又名中桩抄平，即测量路线中桩的地面高程。中平测量是以基平测量提供的水准点为基础，以相邻两水准点为一测段，从一个水准点出发，逐个施测中桩的地面高程，闭合在下一个水准点上，形成附合水准路线。其允许误差为：

$$\left.\begin{array}{l} f_{h允} = \pm 50 \sqrt{L}(\text{mm}) \\ f_{h允} = \pm 12 \sqrt{n}(\text{mm}) \end{array}\right\} \qquad (13\text{-}49)$$

式中　$L$——水准路线长度；

　　　$n$——测站数。

测量时，在每一个测站上除了观测中桩外，还需在一定距离内设置用于传递地面高程的转点，每两转点间所观测的中桩，称为中间点。

由于转点起传递高程的作用，观测时应先观测转点，后观测中间点。转点读数至毫米，视线长度一般不应超过150m，标尺应立于尺垫、稳固的桩顶或坚石上；中间点的高程通常采用视线高法求得，读数可至厘米，视线长度也可适当放长，标尺立于紧靠桩边的地面上，其高程误差一般应在 ±10cm 范围内。

当路线跨越河流时，还需测出河床断面图、洪水位和常水位高程，并注明年、月，以便为桥梁设计提供资料。

2. 施测方法

如图 13-25 所示，水准仪置于测站 I，后视水准点 $BM_1$，前视转点 $TP_1$，将观测结果分别记入表 13-6 的"后视"和"前视"栏内，然后，依次观测 $BM_1$ 和 $TP_1$ 间的各个中桩（K0 +000 ~ K0 +060），将读数分别记入"中视"栏内。

仪器搬至 II 站，后视转点 $TP_1$，前视转点 $TP_2$，然后观测各中桩。用同样的方法继续向

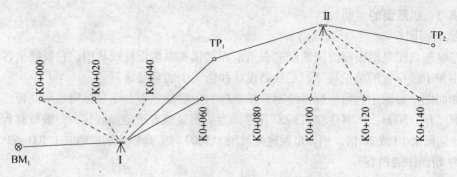

图 13-25 中平测量

前观测，直至附合到水准点 $BM_2$，完成一测段的观测工作。

各站记录后应立即计算各点高程，直至下一个水准点为止，并立即计算测段的闭合差，及时检查是否满足精度要求，如精度符合，可进行下一段的观测工作，否则，应返工重测。一般不进行闭合差的调整，而以原计算的各中桩点高程作为绘制纵断面图的数据。

每一站的各项计算依次按下列公式进行：

（1）视线高程 = 后视点高程 + 后视读数

（2）转点高程 = 视线高程 – 前视读数

（3）中桩高程 = 视线高程 – 中间视读数

表 13-6　中平测量记录表

| 测站 | 测　点 | 水准尺读数（m） | | | 视线高程（m） | 高程（m） | 备注 |
|---|---|---|---|---|---|---|---|
| | | 后视 | 中视 | 前视 | | | |
| | $BM_1$ | 2.126 | | | 138.340 | 136.214 | 水准点 $BM_1 =$ |
| | K0 + 000 | | 1.23 | | | 137.11 | 136.214 |
| | +020 | | 1.87 | | | 136.47 | |
| | +040 | | 0.85 | | | 137.49 | |
| | +060 | | 1.74 | | | 136.60 | |
| | $TP_1$ | | | 1.378 | | 136.962 | |
| | $TP_1$ | 1.653 | | | 138.615 | 136.962 | |
| | +060 | | 1.86 | | | 136.76 | |
| | +080 | | 2.35 | | | 136.27 | |
| | +100 | | 1.42 | | | 137.20 | |
| | +120 | | 1.87 | | | 136.76 | |
| | +140 | | 0.99 | | | 137.63 | |
| | $TP_2$ | | | 2.220 | | 136.395 | |
| ... | ... | ... | ... | ... | ... | ... | |
| | $TP_6$ | 1.298 | | | 138.534 | 137.236 | |
| | +620 | | 2.04 | | | 136.49 | |
| | +640 | | 1.36 | | | 137.17 | 水准点 $BM_2 =$ |
| | $BM_2$ | | | 1.153 | | 137.381 | 137.354 |

245

### 13.8.3  纵断面的绘制

**1. 纵断面图**

公路纵断面图是沿中线方向绘制的表示地面起伏和纵坡设计线状图，它反映出各路段纵坡的大小和中线位置的填挖尺寸，是线路设计和施工中的重要资料。

纵断面图一般采用直角坐标系绘制，横坐标为中桩的里程，纵坐标则表示高程。常用的里程比例尺有1:5000、1:2000和1:1000几种，为了明显地表示地面起伏，一般取高程比例尺比里程比例尺大10或20倍，例如里程比例尺用1:1000时，高程比例尺则取1:100或1:50。

**2. 纵断面图的内容**

图13-26为一道路的纵断面图。

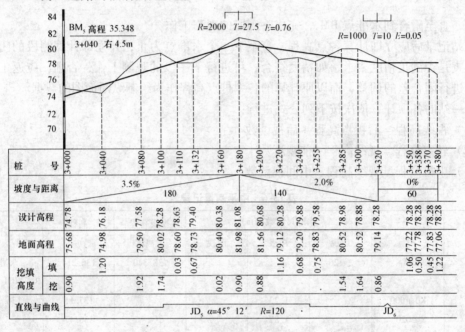

图 13-26  路线纵断面图

图的上半部，从左至右绘有贯穿全图的两条线。一条是细折线，表示中线方向的实际地面线，是根据中平测量的中桩地面高程绘制的；另一条是粗折线，表示包含竖曲线在内的纵坡设计线，是纵坡设计时绘制的。此外，在图上还注有水准点的编号、高程和位置，竖曲线的示意图及其曲线元素，桥涵的类型、孔径、跨数、长度、里程桩号和设计水位，其他道路、铁路以及各种管线交叉点的位置、里程和有关说明等。

图的下部绘有几栏表格，填写有关测量及坡度设计的数据，一般有以下内容：

（1）桩号：自左至右按规定的里程比例尺注上各中桩的桩号。

（2）坡度与距离：用来表示中线设计的坡度大小。一般用斜线或水平线表示，从左向右向上斜表示上坡，向下斜表示下坡，水平线表示平坡。线上方注记坡度数值（以百分比表示），下方注记坡长（水平距离）。不同的坡段以竖线分开。

（3）设计高程：填写相应中桩的设计地面高程。

（4）地面高程：注上对应于各中桩桩号的地面高程。

（5）填挖高度：将填、挖的高度或深度分成两栏填写。

（6）直线与曲线：按里程桩号标明路线的直线部分和曲线部分的示意图。曲线部分用直角折线表示，上凸表示路线右偏，下凹表示路线左偏，并注明交点编号及其曲线元素。在转角过小不设曲线的交点位置，用锐角折线表示。

3. 纵断面图的绘制

纵断面图一般自左至右绘制在透明毫米方格纸的背面，这样可防止用橡皮修改时把方格擦掉。

（1）打格制表并填写有关测量资料

在透明方格纸上按规定尺寸绘制表格，标出与该图相适宜的纵横坐标值。在坐标系的下方绘表填写里程、地面高程、直线与曲线等资料。

（2）绘地面线

首先确定起始高程在图上的位置，使绘出的地面线处在图上的适当位置。为了便于绘图和阅图，一般将高程为 10m 的整倍数的高程定在厘米方格纸的 5cm 粗横线上。然后依中桩的里程和高程，在图上按纵横比例尺依次定出各中桩地面位置，用细实线连接相邻点位，即可绘出地面线。

在高差变化较大的地区，纵向受到图幅限制时，可在适当地段变更图上高程起算位置，在新的纵坐标下展绘地面线，这时地面线将构成台阶形式。

（3）纵坡设计与计算设计高程

此项工作必须等横断面图绘好之后，根据各级公路纵坡和坡长的规定，参照实际地形，尽可能使填、挖基本平衡，试拉坡度线。

根据已设计的纵坡和两点间的坡长，可从起点的高程计算另一点的设计高程。即：

某点的设计高程＝起点高程＋设计坡度×起点至某点的距离

位于竖曲线部分的里程桩的设计高程，应考虑竖曲线对设计高程的修正。

（4）计算各桩号的填挖尺寸

同一桩号的设计高程与地面高程之差即为该桩点的填挖高度，正号为填土高度，负号为挖土深度。地面线与设计线的交点为不填不挖的"零点"。

（5）在图上注记有关资料

如水准点、桥涵、竖曲线示意图、交叉点等。

## 13.9　路线横断面水准测量

横断面测量就是在各中桩处测定垂直于道路中线方向的地面起伏，然后绘成横断面图。横断面图是设计路基横断面、构筑物的布置、计算土石方和施工时确定路基填挖边界等的依据。

横断面测量的宽度，由公路等级、路基宽度、地形情况、边坡大小以及有关工程的特殊要求而定，一般在中线两侧各测 20～30m。由于横断面主要是用于路基的断面设计和土石方计算等，测量中距离和高差精确到 0.1m 即可满足工程要求。因此，横断面测量多采用简易的测量工具和方法，以提高工效。

### 13.9.1　横断面方向的测定

1. 直线段的横断面方向

直线段上的横断面方向即是与道路中线相垂直的方向。一般可用具有两个相互垂直的十字方向架来测定。

如图 13-27 所示，将方向架置于测点上，用其中一方向瞄准与该点相邻的前方或后方的某一中桩，则方向架的另一方向即为该点的横断面方向。

**2. 圆曲线段的横断面方向**

圆曲线段上横断面方向应与该点的切线方向垂直，即该点指向圆心的方向。一般采用求心方向架测定。求心方向架是在上述方向架上加一根可转动的定向杆 *ee*，并加有固定螺旋，如图 13-28a 所示。

使用时，如图 13-28b 所示，先将方向架立在曲线起点 ZY 点上，用 *aa* 对准 JD 方向，*bb* 即为起点处的横断面方向。然后转动定向杆 *ee* 对准曲线上里程桩 1，拧紧固定螺旋。

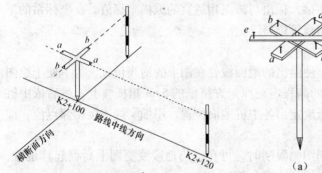

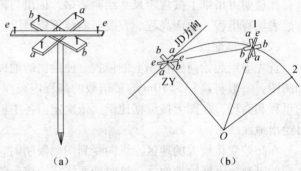

图 13-27　直线段上横断面方向的确定　　　图 13-28　圆曲线段上横断面方向的确定

移方向架至 1 点，用 *bb* 对准起点，按同弧段两端弦切角相等的原理，此时定向杆 *ee* 的方向即为 1 点处的横断面方向，在此方向上立一标杆。

在 1 点的横断面方向定出之后，为了测定下一点 2 的横断面方向，可在 1 点将 *bb* 对准 1 点的横断面方向，转动定向杆 *ee* 对准 2 点，拧紧固定螺旋，然后将方向架移至 2 点，用 *bb* 对准 1 点，定向杆 *ee* 的方向即 2 点的横断面方向。依此类推，即定出各点的横断面方向。

如果曲线的中桩是按等弧长设置，由于弦切角相同，只须在起点固定好 *ee* 的位置，保持弦切角不变，在各测点上将方向架 *bb* 边对准后视点，*ee* 方向即为测点的横断面方向。

### 13.9.2　横断面的测量方法

**1. 标杆皮尺法**

如图 13-29 所示，*A*，*B*，*C*，*D* 为在横断面方向上选定的坡度变化点，先在离中桩较近的 *A* 点树立标杆，将皮尺靠中桩的地面拉平，量出中桩至 *A* 点的距离，此时皮尺在标杆上截取的红白格数（每格 0.2m）即为两点间的高差。同法测出 *A* 至 *B*，*B* 至 *C*……各段的距离和高差，直至需要的宽度为止。

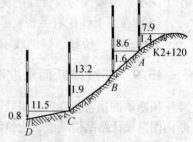

图 13-29　标杆皮尺法测横断面

记录表格见表 13-7，表中按路线前进方向分左、右侧，以分数形式记录各测段两点间的高差和距离，分子表示高差，分母表示距离，正号表示升高，负号表示降低，自中桩由近及远逐段记录。

表 13-7　横断面测量记录表

| 左 | | 侧 | | 中　桩 | 右 | | 侧 | |
|---|---|---|---|---|---|---|---|---|
| 0.8 | −1.9 | −1.6 | −1.4 | K2 + 120 | −1.1 | −0.9 | −1.2 | 0.4 |
| 11.5 | 13.2 | 8.6 | 7.9 | | 4.8 | 6.3 | 12.7 | 4.4 |
| −0.4 | 1.9 | −1.6 | −1.9 | K2 + 100 | 1.8 | 0.9 | 1.0 | 0.4 |
| 4.5 | 16.2 | 6.3 | 12.4 | | 8.3 | 5.7 | 15.5 | 11.9 |
| 1.2 | −1.3 | −0.3 | −0.9 | K2 + 080 | −1.3 | 0.9 | −1.6 | 1.4 |
| 5.4 | 10.1 | 8.9 | 3.8 | | 13.1 | 5.2 | 7.3 | 12.9 |

这种方法的优点是简易、轻便、迅速，但精度较低，适合于山区等级较低的公路。

2. 水准仪皮尺法

在横断面测量精度要求比较高，横断面方向坡度变化不太大的情况下，可用水准仪测量横断面测量高程。

施测时，在适当的位置安置水准仪，后视立于中桩上的水准尺，读取后视读数，求得视线高程，再前视横断面方向上，立于各坡度变化点上的水准尺，取得前视读数，一般前、后视读数精度至厘米即可。用视线高程减去各前视读数，即得各点的地面高程。实测时，若仪器位置安置得当，一站可测量多个断面。

中桩至各坡度变化点的水平距离可用钢尺或皮尺量出，精度至分米。

3. 经纬仪视距法

为测定横断面方向上坡度变化点，安置经纬仪于中桩上，用经纬仪直接定出横断面方向，然后用视距法测出各地形变化点至测站（中桩）的距离和高差。

由于使用了经纬仪，不用直接量距，减轻了外业工作量，因而适用于地形困难、山坡陡峻地段的大型断面。

### 13.9.3 横断面图的绘制及路基设计

1. 横断面图绘制

横断面图绘制的工作量较大，为了提高工作效率，便于现场核对，往往采取在现场边测边绘的方法。也可以采取现场记录，室内绘图，再到现场核对的方法。

和纵断面一样，横断面图也是绘制在毫米方格纸上。为了计算面积时较简便，横断面图的距离和高差采用相同的比例尺，通常为1:100或1:200。

绘图时，先在适当的位置标出中桩，注明桩号。然后，由中桩开始，分左、右两侧按距离和高程逐一展绘各坡度变化点，用直线把相邻点连接起来，即绘出横断面的地面线，然后适当地标注有关的地物或数据等，如图13-30所示。

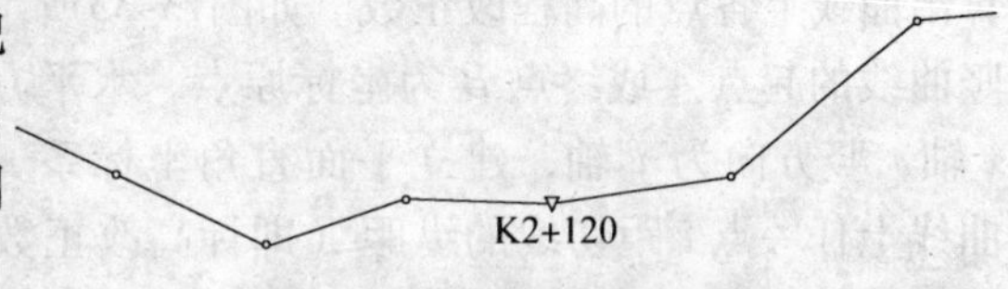

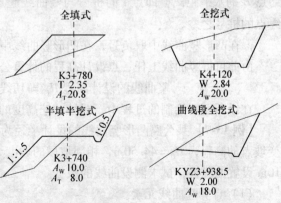

图 13-30　横断面图的绘制

2. 设计路基

在横断面图上，按纵断面图上的中桩设计高程以及道路设计路基宽、边沟尺寸、边坡坡度等数据，在横断面上绘制路基设计断面图。具体做法一般是先将设计的道路横断面按相同的比例尺做成模片（透明胶片），然后将其覆盖在对应的横断面图上，按模片绘制成路基断面线，这项工作俗称为"戴帽子"。路基断面的形式主要有全填式、全挖式、半填半挖式等三种类型，如图13-31所示。

路堤边坡：土质的一般采用1:1.5，填石的边坡则可放陡，如1:0.5、1:0.75等。挖方边坡：一般采用1:0.5、1:0.75、1:1等。边沟一般采用梯形断面，内侧边坡一般采用1:1~1:1.5，外侧边坡与路堑边坡相同，边沟的深度与底宽一般不应小于0.4m，高速公路、一级公路边沟断面应大一些，其深度与底宽可采用0.8~1.0m。

图 13-31　横断面上绘制路基设计断面图

249

为了行车安全，曲线段外侧要高于内侧，称为超高。此外，汽车行驶在曲线段所占的宽度要比直线段大一些，因此曲线段不仅要超高，而且要加宽。如图 13-31 中 KYZ3 + 938.5 中桩处路基宽度加宽，并且左侧超高。

## 13.10 公路竖曲线测设

在公路的纵坡变换处，为了行车平稳、改善行车的视距，一般采用圆曲线将两段直线进行连接，这种在竖直面内设置的圆曲线称为竖曲线。如图 13-32 所示，竖曲线又有凹形和凸形两种形式，顶点在曲线之上的为凸形竖曲线，顶点在曲线之下的为凹形竖曲线。

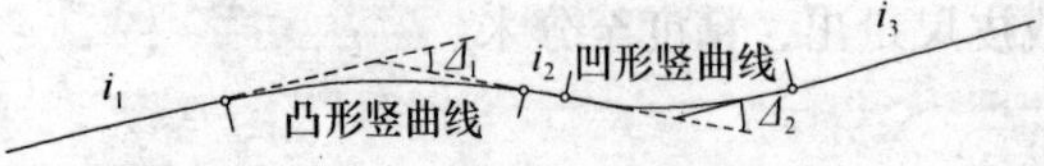

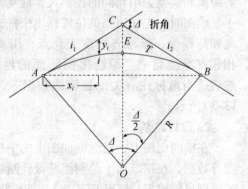

图 13-32 公路竖曲线

竖曲线设计时，采用纵断面设计时所设计的曲线半径 $R$，用相邻两坡道段的坡度 $i_1$ 和 $i_2$ 计算竖曲线的坡度转折角 $\Delta$。由于竖曲线的坡度转折角 $\Delta$ 一般很小，故可用代数差形式表示，在图 13-33 中，坡度转折角 $\Delta_1 = i_1 - i_2$，$\Delta$ 为正时表示是凸形竖曲线，$\Delta$ 为负时表示是凹形竖曲线。像平面曲线一样，竖曲线测设元素计算公式可表示为：

$$
\begin{array}{lll}
切线长 & T = \dfrac{1}{2}R(i_1 - i_2) & \\[2mm]
曲线长 & L = R(i_1 - i_2) & \\[2mm]
外矢距 & E = \dfrac{T^2}{2R} &
\end{array}
\left.\vphantom{\begin{array}{l}a\\a\\a\\a\\a\end{array}}\right\}
\qquad (13\text{-}50)
$$

为了满足施工以及土方量计算的需要，必须计算出曲线上各点的高程改正数。如图13-33所示，以竖曲线的起点 $A$ 或终点 $B$ 为坐标原点，水平方向为 $x$ 轴，竖方向为 $y$ 轴，建立平面直角坐标系。则竖曲线上任一点 $i$ 距切线的纵距（即标高改正数）的计算公式为：

$$ y_i = \frac{x_i^2}{2R} \qquad (13\text{-}51) $$

图 13-33 竖曲线测设元素

式中 $x_i$ 为竖曲线上任一点 $i$ 至竖曲线起点 $A$ 或终点 $B$ 的水平距离，即点 $i$ 的桩号与竖曲线起点或终点的桩号之差。

$y_i$ 在凸形竖曲线中取负号，在凹形竖曲线中取正号。

由此可得竖曲线上任一点设计高程的计算公式：

$$ 竖曲线的设计高程\ H_i = 切线高程\ H_i' \pm 标高改正数\ y_i \qquad (13\text{-}52) $$

在纵断面图绘制的过程中，对填、挖高度的计算应考虑竖曲线的标高改正数。

【例 13-7】某公路凸形竖曲线的设计半径为 $R = 3000\text{m}$，变坡点的里程桩号为 K6 + 144，变坡点的高程为 $H_0 = 44.50\text{m}$，相邻坡段的坡度为 $i_1 = +0.6\%$，$i_2 = -2.2\%$。在曲线上每隔 10m 设置曲线桩，试求测设曲线的数据。

（1）计算竖曲线元素

折角 $\qquad\qquad \alpha = i_1 - i_2 = 0.006 - (-0.022) = 0.028(\text{rad})$

切线长    $T = (3000 \times 0.028) \div 2 = 42(\text{m})$

曲线长    $L = 2T = 84(\text{m})$

外矢距    $E = T^2/2R = 0.29(\text{m})$

（2）根据变坡点的里程，计算曲线主点的里程以及切线高程（坡道高程）

曲线起点的里程    $K6 + 144 - T = K6 + 102$

曲线起点的坡道高程    $44.50 - 0.6\% \times 42 = 44.25(\text{m})$

曲线终点的里程    $K6 + 144 + T = K6 + 186$

曲线起点的坡道高程    $44.50 - 2.2\% \times 42 = 43.58(\text{m})$

（3）计算竖曲线各加桩高程

坡段上各点的高程（切线高程）$H_i'$ 可依据变坡点的高程 $H_0$、坡段的坡度 $i_1$、$i_2$ 及曲线的间距求出，则竖曲线的设计高程为 $H_i = H_i' - y_i$。计算结果见表 13-8。

表 13-8    竖曲线测设参数计算表

| 已　知参　数 | 设计竖曲线半径：$R = 3000\text{m}$ | | 相邻点坡度 $i_1 = +0.6\%$，$i_2 = -2.2\%$ | | |
| --- | --- | --- | --- | --- | --- |
| 已　知参　数 | 变坡点里程：K6 + 144 | | 变坡点高程：44.50m | 整桩间距：$L_0 = 10\text{m}$ | |
| 特　征参　数 | 折角：$\Delta = 0.028\text{rad}$ | | 切线长：$T = 42\text{m}$ | | |
| 特　征参　数 | 曲线长：$L = 84\text{m}$ | | 外矢距：$E = 0.29\text{m}$ | | |
| 主　点里　程 | 起点里程：K6 + 102 | | 终点里程：K6 + 186 | | |
| 点　名 | 桩　号 | 至竖曲线起点或终点的平距 $x$（m） | 标高改正数 $y$（m） | 坡道线高程 $H'$（m） | 竖曲线设计高程 $H$（m） | 备　注 |
| 起　点 | K6 + 102 | 0 | 0.00 | 44.25 | 44.25 | |
| | +112 | 10 | 0.02 | 44.31 | 44.29 | |
| | +122 | 20 | 0.07 | 44.37 | 44.30 | |
| | +132 | 30 | 0.15 | 44.43 | 44.28 | |
| 变坡点 | K6 + 144 | 42 | 0.29 | 44.50 | 44.21 | |
| | +156 | 30 | 0.15 | 44.24 | 44.09 | |
| | +166 | 20 | 0.07 | 44.02 | 43.95 | |
| | +176 | 10 | 0.02 | 43.80 | 43.78 | |
| 终　点 | K6 + 186 | 0 | 0.00 | 43.58 | 43.58 | |

竖曲线起点、终点的测设方法和圆曲线的测设方法相同，各加桩点的测设，实质上就是测设加桩点处竖曲线的高程。因此实际工作中，竖曲线测设可以和路面高程桩测设一并进行。测设时只要将已计算出的各坡道点高程再加上（凹形竖曲线）或减去（凸形竖曲线）对应点的标高改正数即可。

## 13.11    土石方的计算

为了编制道路工程的预算经费、合理安排劳动力、有效组织工程实施，必须对道路工程的土石方进行计算。

### 13.11.1    横断面面积的计算

路基填方、挖方的横断面面积是指路基横断面图中原地面线与路基设计线所包围的面积，高于原地面线部分的面积为填方面积，低于原地面线部分的面积为挖方面积，一般填方、挖方面积分别计算。如图 13-27 所示，图中 $T$ 2.35 表示中桩 K3 +780 处填高 2.35m，$A_T$ 20.8 表示该填方断面积为 20.8m²。W 2.84 表示中桩 K4 +120 处挖深 2.84m，$A_W$ 20.0 表示该挖方断面积为 20.0m²。

面积的计算方法常用纵距和法，请参阅第 10 章"面积计算"。

### 13.11.2　土石方数量的计算

土石方数量的计算一般采用"平均断面法"，即以相邻两断面面积的平均值乘以两桩号之差计算出体积，然后累加相邻断面间的体积，得出总的土石方量。设相邻的两断面面积分别为 $A_1$ 和 $A_2$，相邻两断面的间距（桩号差）为 $D$，则填方或挖方的体积 $V$ 为：

$$V = \frac{A_1 + A_2}{2}D \tag{13-53}$$

表 13-9 为某一道路桩号 K5 +000 ~ K5 +100 的土石方量计算成果。

表 13-9　土石方数量计算表

| 桩　号 | 断面面积（m²） | | 平均断面积（m²） | | 间距（m） | 土石方量（m³） | | 备　注 |
| --- | --- | --- | --- | --- | --- | --- | --- | --- |
| | 填方 | 挖方 | 填方 | 挖方 | | 填方 | 挖方 | |
| K5 +000 | 41.36 | - | | | | | | |
| | | | 31.17 | - | 20.0 | 623.40 | - | |
| +020 | 20.98 | | | | | | | |
| | | | 16.17 | 4.30 | 20.0 | 323.40 | 86.00 | |
| +040 | 11.36 | 8.60 | | | | | | |
| | | | 7.98 | 22.74 | 15.0 | 119.70 | 341.10 | |
| +055 | 4.60 | 36.88 | 2.30 | 42.70 | 5.0 | 11.50 | 213.50 | |
| | | | - | 42.94 | 20.0 | - | 858.80 | |
| +060 | - | 48.53 | | | | | | |
| | | | 2.80 | 33.56 | 20.0 | 56.00 | 671.20 | |
| +080 | 37.36 | | | | | | | |
| K5 +100 | 5.60 | 29.75 | | | | | | |
| Σ | | | | | | 1134.00 | 2170.60 | |

## 13.12　桥梁施工测量

### 13.12.1　桥梁施工测量概述

桥梁建筑物依据其跨度、桥型、建筑材料以及河道情况的不同，施工的方法与精度要求也随之各异。桥梁施工测量的任务，是根据桥梁设计的要求和施工详图，遵循从整体到局部的原则，先进行控制测量，再进行细部放样测量。将桥梁构造物的平面和高程位置，在实地放样出来及时地为不同的施工阶段提供准确的设计位置和尺寸并检查其施工质量。

主要工作包括：①建立平面控制网；②建立高程控制网；③测量桥梁轴线（桥梁中线）的长度、方向，交会放样桥墩、台的中心位置；④按主要轴线进行结构物轮廓特征点的细部放样和进行施工观测；⑤进行竣工测量以及桥梁墩台的沉降位移观测。

### 13.12.2　施工控制网的建立

桥梁建筑中，当碰到河面较宽、河道很深、水流较急而无法直接丈量桥梁中线时，就必须建立桥梁平面控制网，用来精确测定桥轴线的长度和桥墩台的位置等。桥梁平面控制网一般采用三角网。

在线路的基平测量阶段，一般应在桥梁的两岸各设立一个永久水准点，当桥梁长度超过

200m 时，两岸至少应埋设两个永久水准点。此外在桥梁施工阶段，应在桥台下埋设若干临时的施工水准点，供施工时进行放样和观测。施工水准点采用四等水准进行测量。水准点应定期检测。

1. 桥梁三角控制网的布置原则

在布置三角网时三角点应选在地质良好、不被水淹、不受施工干扰、不易被损坏便于保存的地方。两岸的桥轴线上应各设一个三角点，并分别与桥台相距不远，便于桥台放样。

为了提高控制网的精度并便于检查，应在控制网中设置至少两条基线，最好两岸各有一条。基线应选在平坦、开阔、便于量距处，基线边的一端应选择为桥梁轴线点，并尽可能与桥轴线垂直。沿基线方向的地面坡度不宜超过 1/30 ~ 1/20，基线的长度一般不应小于桥轴线的 70% 。

三角网的形式应尽量简单，便于观测和计算。

2. 桥梁三角控制网的布置形式

三角控制网的布置形式随桥梁的跨度、工程的精度以及地形的情况而定，常见的有：

（1）双三角形（图 13-34a），适合于较小的桥梁工程；

（2）大地四边形（图 13-34b），适合于桥梁长度在 100 ~ 200m 左右的大桥；

（3）双大地四边形（图 13-34c），适合于更大的桥梁工程。

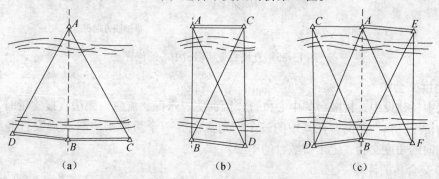

图 13-34　桥梁三角网的布设形式

上述图中的双线边为测量距离的基线边，AB 边为桥梁的桥轴线。随着各个工程的情况不同以及光电测距仪的普遍使用，控制网的形式也可作适当的调整。

三角网中三角形的内角观测时，一般选用 $J_2$ 级光学经纬仪，每个角度观测 2 ~ 4 个测回。如果采用 $J_6$ 级光学经纬仪，则应观测 4 ~ 6 个测回。根据精度要求的不同，三角形的闭合差应小于 $\pm 15''$ 或 $\pm 30''$ 。

三角网中基线边的丈量精度应满足表 13-10 中的要求。

表 13-10　基线边丈量精度要求

| 桥　长（m） | <200 | 200 ~ 500 | ≥500 |
|---|---|---|---|
| 基线边应达到的精度 | 1/1 万 | 1/2 万 | 1/4 万 |

基线边可用经检定过的钢尺或光电测距仪测出。用光电测距仪进行观测时，采用 $\pm (3mm + 3 \times 10^{-6} D)$ 或 $\pm (5mm + 5 \times 10^{-6} D)$ 精度级的测距仪就可满足要求。

### 13.12.3　桥梁墩台中心的定位放样

桥梁墩台中心的定位放样，是桥梁建筑施工中最重要的一项测量工作。它是根据桥梁设计施工详图上所规定的两桥台以及各桥墩的中心里程，以桥梁三角网控制点和桥轴线点为基准，按规定精度放样出桥墩台的中心位置。

依地形条件的不同，放样的方法可采用直接丈量法和角度交会法。

1. 直接丈量法

在干涸或浅水河道上，钢尺可以跨越丈量时，可以采用直接丈量的方法确定桥墩台的位置。

根据桥梁轴线控制桩和桥墩台中心桩的里程，算出它们之间的距离，然后直接用钢尺从桥梁轴线控制桩开始，量出各段长度，得到各墩台中心的位置，最后闭合到另一桥梁轴线控制桩点上。丈量精度应高于 1/5000，以保证上部构建的正确安装。

在桥墩台的中心位置应以大木桩进行标定，在木桩顶面钉一铁钉，以表示墩台中心。然后，在这些点位上安置经纬仪，以桥轴线为准，在基坑开挖线以外 1～2m 设置墩台纵横轴线方向桩（也称护桩），如图 13-35 所示。纵横轴线方向桩是施工过程中恢复墩台中心位置和细部放样的基础，应加以妥善保护。

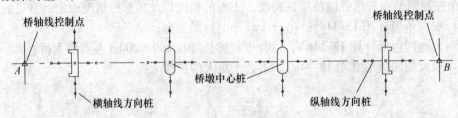

图 13-35　直接丈量桥墩台中心的位置

2. 角度交会法

在大中桥建设中，桥墩台的中心位置，因河宽、水深、流急，无法直接丈量时，需根据已建立的桥梁三角控制网，在其中的三个三角点上（一个为桥梁控制点）安置经纬仪，进行三个方向的角度交会，定出桥墩台的中心。

（1）交会角的计算

在图 13-36 中，两基线的长度 $d_1$ 和 $d_2$，角度 $\delta_1$ 和 $\delta_2$ 在控制测量中已经测出，如要测设某一桥墩 $P_1$，只要依据桥墩 $P_1$ 的坐标或里程，求出相应的交会角 $\alpha$ 和 $\beta$，即可在 $C$，$A$，$D$ 三点上设置经纬仪进行角度交会定出 $P_1$。

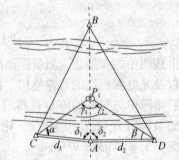

图 13-36　角度交会法施测桥墩台中心位置

在 $\triangle CAP_1$ 中，按正弦定理可得，

$$\frac{AP_1}{\sin\alpha} = \frac{d_1}{\sin(180 - \alpha - \delta_1)} = \frac{d_1}{\sin(\alpha + \delta_1)}$$

利用和差函数关系展开上式，并整理后得：

$$AP_1\sin\delta_1 = \tan\alpha(d_1 - AP_1\cos\delta_1)$$

即有：

$$\alpha = \tan^{-1}\frac{AP_1\sin\delta_1}{d_1 - AP_1\cos\delta_1} \tag{13-54}$$

同理在 $\triangle ADP_1$ 中有：

$$\beta = \tan^{-1} = \frac{AP_1\sin\delta_2}{d_2 - AP_1\cos\delta_2} \tag{13-55}$$

为了对交会角 $\alpha$ 和 $\beta$ 进行校核，可按同法求出 $\gamma_1$ 和 $\gamma_2$ 的角值，按三角形的内角和等于 180° 进行检查。

（2）现场施测方法

在现场施测时，如图 13-37 所示，可分别在 $C$，$A$，$D$ 三点各安置一台经纬仪。置于 $A$ 点的经纬仪，瞄准 $B$ 点定出桥梁轴线方向。置于 $C$，$D$ 点的仪器则分别以 $A$ 点为起始方向点，按正倒镜分中法拨出交会角 $\alpha$ 和 $\beta$，从而定出两条方向线，这两条方向线与桥梁轴线方向的交点即为桥墩 $P$ 的位置。

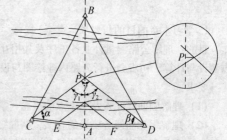

图 13-37　角度交会法施测桥墩台施测现场

由于误差的影响，三条方向线一般不会交于一点，而是构成一个误差三角形，若误差三角形在桥轴线上的边长在容许范围内（墩底放样为 2.5cm，墩顶放样为 1.5cm），则取 $C$，$D$ 两方向线的交点在桥轴线上的投影 $P$ 作为桥墩的中心位置。

实践和理论证明，点 $P$ 的交会精度与交会角 $\gamma$ 的大小有关。当 $\gamma$ 在 90°~110° 时（即交会角 $\alpha$，$\beta$ 在 45°~55° 之间），交会精度最高。交会角 $\gamma$ 的容许范围在 80°~130° 之间，因此，在选择基线和布置三角网时应事先予以考虑。另外，在交会离河岸较近的桥墩时，为了保证交会角的大小，可在基线适当的位置设置辅助点 $E$，$F$ 作为交会的测站点。

在桥墩的施工过程中，要经常交会桥墩中心的位置。为了准确而迅速的进行交会，可把交会方向延伸到河岸，设立永久性照准标志。标志设好后，应测角加以检查。这样，在以后交会桥墩中心位置时，只要照准对岸标志即可。

## 练 习 题

1. 公路工程测量主要包括哪些内容？什么叫初测和定测？它们的具体任务是什么？

2. 什么叫路线的转点？什么叫路线的交点？它们各有什么作用？中线里程桩编号中符号与数字的含义是什么？在中线的哪些地方应设置中桩？

3. 已知某一路线的的交点 JD₅ 处右转角为 $\Delta = 65°18'42''$，其桩号为 K9 + 387.34，中线测量时确定圆曲线半径为 $R = 150m$，试计算圆曲线元素 $T$，$L$，$E$，$J$，以及三个主点桩号，并简述三个主点的测设步骤。

4. 以题 3 中的数据为基础，按整桩距 $L_0 = 10m$，试计算用切线支距法和偏角法详细测设整个曲线的数据，并简述其测设步骤。

5. 公路测量在什么情况下需测设反向曲线？测设时应注意什么问题？

6. 什么叫复曲线？如何进行测设？

7. 在道路施工中，已知某一路线的的交点 JD₇ 处右转角为 $\Delta = 44°18'42''$，其桩号为 K12 + 124.23，设计半径 $R = 250m$，拟用缓和曲线长为 70m，试计算曲线元素 $T_h$，$L_y$，$L_h$，$E_h$，$J_h$，并求出五个主点桩号，并简述五个主点的测设步骤。

8. 根据第 7 题的数据，每隔 10m 设一加桩，依切线支距法和偏角法分别计算详细测设数据。

9. 高速公路和普通公路有什么区别？它的平面控制和高程控制各有什么特点？有何精度要求？

10. 什么是路线的基平测量和中平测量？中平测量与一般水准测量有何不同？中平测量的中丝读数与前视读数有何区别？

11. 简述路线的纵断面图绘制步骤，如何进行拉坡设计？

12. 公路的横断面图测量可以采用哪些方法？各适用于什么情况？

13. 在公路设计中，需要在交点桩 $C$ 处设计一凸形竖曲线，$C$ 点桩号为 1 + 026，相邻两坡道的坡度：$i_1 = +0.08$，$i_2 = -0.07$，竖曲线设计半径为 600m，求桩号 1 + 000，1 + 026，1 + 050，1 + 060 处的标高改正值 $y$。

14. 桥梁施工控制网的布设有哪些基本原则？有哪几种基本形式？

# 学 习 辅 导

1. 学习本章的目的与要求

目的：理解公路测量外业各工序及其相互配合，掌握圆曲线主点和细部测设与计算，掌握缓和曲线主点测设与计算，初步会进行公路内业绘图与设计。

要求：

（1）理解圆曲线元素及三主点的概念，掌握圆曲线主点和细部测设与计算。

（2）理解缓和曲线各要素的含义，掌握缓和曲线 5 个主点测设与计算。

（3）理解基平测量和中平测量的区别与测法。

（4）学会绘制路线纵断面图与横断面，并能进行路线的拉坡设计。

2. 学习本章的方法要领

（1）公路测量的外业：

踏查选线→中线测量（包括量距、测转折角测设曲线）→纵断水准测量→横断面测量（包括涵洞勘测）。

（2）公路测量的内业：

纵断面图的绘制与拉坡设计→横断面的绘制与路基设计→土石方量的计算

注意：拉坡设计必须等横断面图绘制之后才能进行，因为拉坡设计的控制点必须考虑横断面图。

（3）在公路转弯处要设圆曲线，高等级公路还要设缓和曲线，以便行驶更顺畅。掌握缓和曲线的测设与计算，从概念上要搞清缓和曲线是如何插入在整条曲线之中，实际上是接在圆曲线的两端，即缓和曲线-圆曲线-缓和曲线，所以形成五主点：直缓点、缓圆点、曲中点、圆缓点、缓直点。

# 第 14 章 管道工程测量

## 14.1 管道工程测量概述

管道工程是工业建设和城市建设的重要组成部分，随着经济建设的高速发展和人民生活水平的不断提高，各种管道工程（上水、下水、煤气、热力、电力、输油、输气等）越来越多，形式也愈来愈复杂，有地下管道，还有架空管道等。管道工程测量就是为各种管道的设计和施工提供必要的资料和服务。

管道工程测量的主要任务：

（1）为管道工程的设计提供必要的资料，包括各种带状地形图和纵、横断面图等；

（2）按工程设计的要求将管道位置施测于实地，指导施工。

管道工程测量的主要内容有：

（1）收集资料。尽可能地收集工程规划范围内的测量资料和原有各种管道的平面图和断面图。

（2）踏勘定线。根据现场勘测情况和已有地形图，在图纸上进行管道的规划和设计，即纸上定线。

（3）中线测量。根据设计要求，在地面测定出管道的起点、转向点和终点，即管道的中线测量。

（4）纵横断面测量。测绘出管道中线方向和中线两侧垂直于中线方向的地面高低起伏情况。

（5）管道施工测量。在实地铺设管道时所进行的各项测量工作。

（6）竣工测量。施工完成后，将已建管道的位置绘制成图，作为以后管道使用、维修、管理和改造的依据。

## 14.2 管道中线测量

管道的起点、转向点、终点等通称为管道的主点。主点的位置及管道方向是设计时确定的。管道中线测量就是将已确定的管道中线位置测设于实地，并用木桩标定之。

管道中线测量的任务是：测设管道的主点、中桩测设、管道转向角测量以及里程桩手簿的绘制。

### 14.2.1 管道主点的测设

1. 主点测设数据的准备

测设之前，应准备好主点的测设数据。根据实际情况和工程的精度要求不同，数据准备可采用图解法和解析法。

（1）图解法

当管道规划设计图的比例较大，管道主点附近有较为可靠的地物点时，可直接从设计图上量取数据。

如图 14-1 所示，$A$，$B$ 为原有管道的检修井，1，2，3 为设计管道的主点，欲用距离交会法在地面上测

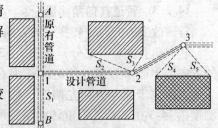

图 14-1 图解法计算主点测设数据

257

定主点的位置，可依比例尺在图上量出 $S_1$，$S_2$，$S_3$，$S_4$，$S_5$，即为主点的测设数据。图解法受图解精度的影响，一般用在对管道中线精度要求不太高的情况下。

（2）解析法

当管道规划设计图上已给出管道主点坐标，而且主点附近有测量控制点，可以用解析法求出测设所需数据。如图 14-2 所示，$A$，$B$，$C$ 为测量控制点，1，2，3 为管道规划的主点，根据控制点和主点的坐标，可以利用坐标反算公式计算出用极坐标法测设主点所需的距离和角度，如图中的 $\alpha_1$，$S_1$，

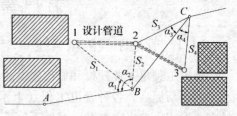

图 14-2 解析法计算主点测设数据

$\alpha_2$，$S_2$，…以供测设时使用。在管道中线精度要求较高的情况下，均采用解析法确定测设数据。

2. 主点的测设

管道主点测设是利用上述准备好的数据，采用直角坐标法、极坐标法、角度交会法和距离交会法等将管道主点在现场确定下来。具体测设时，各种方法可独立使用，也可相互配合。

主点测设完毕后，必须进行校核工作。校核的方法是：通过主点的坐标，计算出相邻主点间的距离，然后实地进行量测，看其是否满足工程的精度要求。

在管道建筑规模不大且无现成地形图可供参考时，也可由工程技术人员现场直接确定主点位置。

### 14.2.2 中桩测设

为了解管线的走向，测量管道沿线的地形起伏以及管线的长度，需从管道的起点开始，沿中线设置整桩和加桩，这项工作称为中桩测设。从起点开始，按规定每隔某一整数设置一桩，这种桩叫整桩。整桩间距可视地形的起伏情况和工程性质而定，当地势起伏较大，整桩间距为 20m、30m，当地势较为平坦，整桩间距可放宽到 50m，但最长不超过 50m。除整桩外，在整桩间如有地面坡度变化以及重要地物（铁路、公路、桥梁、旧有管道等）都应增设加桩。

整桩和加桩的桩号是它距离管道起点的里程，一般用红油漆写在木桩的侧面。例如某一加桩距管道起点的距离为 3154.36m，则其桩号为 3 + 154.36，即千米数 + 米数。不同管道起点的规定不尽相同，给水管道以水源为起点；排水管道以下游出水口为起点；煤气、热力等管道以来气方向为起点；电力、电信管道以电源为起点。

中桩之间距离的一般可采用钢尺丈量，为避免错误应丈量两次，量距精度要求大于 1/1000。

### 14.2.3 管道转向角测量

管道改变方向时，转变后的方向与原方向之间的夹角称为转向角（或称偏角），以 $\Delta$ 表示。转向角有左、右之分，如图 14-3 所示，偏转后的方向位于原来方向右侧时，称为右转向角；偏转后的方向位于原来方向左侧时，称为左转向角。欲测量图 14-3 中 2 点的管道转向角，可在 2 点安置经纬仪，先用盘左瞄准 1 点，纵转望远镜，即在原方向的延长线上读取水平度盘的盘右读数 $a$，然后转动

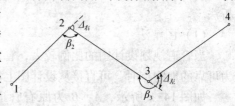

图 14-3 管道中的转折角

望远镜照准 3 点，读取盘右读数 $b$，两次读数之差（$b$-$a$）即为转折角 $\alpha_右$。为了消除误差，可用盘右先瞄准 1 点，同法再观测一次，两次的均值作为最后的结果。

也可采用测定路线前进方向的右角 $\beta$ 来计算与确定。

如果管道主点位置均用设计坐标时，转向角应以计算值为准。如果实际值与计算值相差超过限差时，应进行检查与纠正。

有些管道转向角要满足定型弯头的转向角要求，如给水管道使用铸铁弯头时，转向角有 $90°$、$45°$、$22.5°$、$11.25°$、$5.625°$ 等几种类型。当管道主点之间的距离较短时，设计管道的转向角与定型弯头的转向角之差不应超过 $1° \sim 2°$。排水管道的支线与干线汇流处不应有阻水现象，故管道转向角应小于 $90°$。

#### 14.2.4  绘制管线里程桩图

在中桩测设和转向角测量的同时，应将管线情况标绘在已有的地形图上，如无现成地形图，应将管道两侧带状地区的情况绘制成草图，这种图称为里程桩图（或里程桩手簿），里程桩手簿是绘制纵断面图和管道设计的重要参考资料。

如图 14-4 所示，里程桩图一般绘制在毫米方格纸上，图中以 50m 为整桩距，0 +000 为管道的起点。0 +075 为管道的转折点，转向后的管线仍按原直线方向绘制，只是在转向点上画一箭头表示管道的转折方向，并注明转向角角值的大小（图中转向角角值 61°）。0 +216 和 0 +236 是管道与公路交叉时的加桩。0 +284.7 是管道与渠道的交叉点。其他均为整桩。

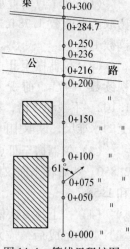

图 14-4  管线里程桩图

带状地形图的宽度一般以中线为准左、右各 20m，如遇建筑物，则需测绘到两侧建筑物，并用统一图示表示。测绘的方法主要用皮尺以距离交会法或直角坐标法为主进行，也可用皮尺配合罗盘仪以极坐标法进行测绘。

## 14.3  管道纵横断面测量

#### 14.3.1  纵断面图的测绘

纵断面图测量的主要任务是根据水准点的高程，测出中线上各桩的地面高程，然后根据这些高程和相应的桩号绘制纵断面图。纵断面图表示了管道中线方向的地面高低起伏和坡度陡缓情况，是设计管道纵坡的主要资料，也是设计管道埋深和计算土石方量的主要依据。

1. 水准点的布设

为了满足纵断面图测绘和施工的精度，在纵断面测量之前，应先沿管道方向布设足够的水准点。水准点的布设和测量精度要求如下：

（1）一般在管道沿线每隔 $1 \sim 2km$ 设置一永久性水准点，作为全线高程的主要控制点，中间每隔 $300 \sim 500m$ 设置一临时性水准点，作为纵断面水准测量分别附合和施工时引测高程的依据。

（2）水准点应布设在便于引点，便于长期保存，且在施工范围以外的稳定建(构)筑物上。

（3）水准点的高程可用附合（或闭合）水准路线自高一级水准点，按四等水准测量的精度和要求进行引测。

2. 纵断面水准测量

纵断面测量通常以相邻两水准点为一测段，从一个水准点出发，逐点测量各中桩的高程，再附合到另一水准点上，进行校核。

实际测量中，由于管道中线上的中桩较多且间距较小，在保证精度的前提下，为了提高观测速度，一般应选择适当的管道中桩作为转点，在每一测站上，除测出转点的前、后视读数外，还同时测出两转点之间所有其他中桩点，这些点统称为中间点。由于转点起传递高程的作用，故转点上读数应读至毫米，中间点读数只是为了计算本点的高程，读数至厘米即可。

图 14-5 表示从水准点 $BM_1$ 到 $0 + 200$ 水准测量的示意图，其施测方法为：

（1）在 I 点安置水准仪，后视水准点 $BM_1$，读取后视读数 1.784，前视 $0 + 000$，读取前视读数 1.523；

（2）仪器搬至 II 点，后视 $0 + 000$，读取后视读数 1.471，前视 $0 + 100$，读取前视读数 1.102。不搬动仪器，将水准仪照准立于 $0 + 050$ 上的水准尺，读取中间视读数 1.32；

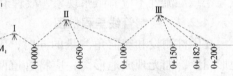
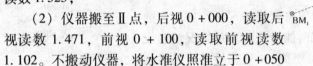

图 14-5　纵断面测量

（3）仪器搬至 III 点，后视 $0 + 100$，读取后视读数 2.663，前视 $0 + 200$，读取前视读数 2.850。然后将水准仪照准立于 $0 + 150$ 和 $0 + 182$ 上的水准尺，分别读取中间视读数 1.43 和 1.56。

（4）按上述方法依次对后面各站进行观测，直至附合到另一水准点为止。

观测完成后，应对水准路线闭合差进行检查，对于一般管道，其闭合差的限差为 $\pm 50 \sqrt{L}\,mm$；对于重力自流管道，其闭合差的限差为 $\pm 40 \sqrt{L}\,mm$。如闭合差在容许范围内，一般不需要进行高差闭合差调整，而直接计算各中桩点的高程，转点高程用高差法计算，中间点的高程可采用仪器高法求得。表 14-1 为图 14-5 的记录手簿。

表 14-1　管道纵断面水准测量记录手簿

| 测站 | 测点 | 水准尺读数（m） | | | 视线高程（m） | 高程（m） | 备注 |
|---|---|---|---|---|---|---|---|
| | | 后视 | 前视 | 中间视 | | | |
| I | $BM_1$ | 1.784 | | | 130.526 | 128.742 | 水准点 $BM_1 = 128.742$ |
| | $0 + 000$ | | 1.523 | | | 129.003 | |
| II | $0 + 000$ | 1.471 | | | 130.474 | 129.003 | |
| | $0 + 050$ | | | 1.32 | | 129.15 | |
| | $0 + 100$ | | 1.102 | | | 129.372 | |
| III | $0 + 100$ | 2.663 | | | 132.035 | 129.372 | |
| | $0 + 150$ | | | 1.43 | | 130.60 | |
| | $0 + 182$ | | | 1.56 | | 130.48 | |
| | $0 + 200$ | | 2.850 | | | 129.185 | |
| ... | ... | ... | ... | ... | ... | ... | ... |

3. 纵断面图的绘制

纵断面图一般绘制在毫米方格纸上，绘制时，横坐标表示管道的里程，纵坐标则表示高程。常用的里程比例尺有 1:5000、1:2000 和 1:1000 几种，为了明显表示地面起伏，一般可取高程比例尺比里程比例尺大 10 或 20 倍，例如里程比例尺用 1:1000 时，高程比例尺则取 1:100 或 1:50。

260

纵断面图分为上下两部分。图的上半部绘制原有地面线和管道设计线。下半部分则填写有关测量及管道设计的数据。图 14-6 为一管道的纵断面图。

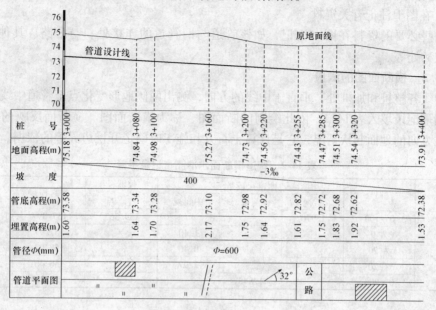

图 14-6　管道纵断面图的绘制

管道纵断面图绘制步骤如下：

（1）画格制表

在方格纸上绘制与地形相适宜的纵横坐标以及填写数据的表格。

（2）填写数据

在坐标系下方的表填内填写各桩的里程桩号、地面高程等资料。

（3）绘地面线

首先确定最低点高程在图上的位置，使绘出的地面线处在图上的适当位置。依各中桩的里程和高程，在图上按纵横比例依次定出各中桩地面位置，用实线连接相邻点位，即可绘出地面线。

（4）标注设计坡度线

依设计的要求，在坡度栏内注记管道设计的坡度大小和方向。一般用斜线或水平线表示，从左向右向上斜（/）表示上坡，向下斜（\）表示下坡，水平线（-）表示平坡。线上方注记坡度数值（以千分比表示），下方注记坡长（水平距离）。不同的坡段以竖线分开。

（5）计算管底设计高程

依据管道起点的设计高程、工程的设计坡度以及各中桩之间的水平距离，推算出各管底的设计高程，填写入管底高程栏。

要计算某中桩的高程，可根据已设计的坡度和两点间的水平距离，从起点的设计高程计算该点的设计高程。即：

$$某点的设计高程 = 起点高程 + 设计坡度 \times 起点至该点的距离$$

（6）绘制管道设计线

根据起点的设计高程以及设计的坡度，在图的上半部依比例绘制管道设计线。

261

（7）计算管道埋深

地面实际高程减去管底设计高程即是管道的埋深。将其填入埋置深度栏。

（8）在图上注记有关资料

将一些必要的资料在图上注记，如该管道与旧管道的连接处、与公路、其他建（构）筑物的交叉处等。

### 14.3.2　横断面图的测量

在中线各整桩和加桩处，垂直于中线的方向，测出两侧地形变化点至管道中线的距离和高差，测量记录填入表14-2，依此绘制的断面图，称为横断面图。横断面反映的是垂直于管道中线方向的地面起伏情况，它是计算土石方和施工时确定开挖边界等的依据。

表 14-2　管道横断面水准测量记录手簿

| 测站 | 桩号 | 水准尺读数 | | | 仪器视线高程 | 高程 | 备注 |
|---|---|---|---|---|---|---|---|
| | | 后视 | 前视 | 中间视 | | | |
| 3 | 0＋100 | 1.970 | | | 159.367 | 157.397 | |
| | 左9 | | | 1.40 | | 157.97 | |
| | 左20 | | | 0.40 | | 158.97 | |
| | 右20 | | | 2.97 | | 156.40 | |
| | 0＋200 | | 1.848 | | | 157.519 | |

管道横断面测量的宽度，由管道的管径和填埋深度而定，一般在中线两侧各测20m。横断面方向的确定，可用经纬仪或专门用于测定横断面的方向架来测定。横断面测量中，距离和高差的测量方法可用：标杆皮尺法，水准仪皮尺法，经纬仪视距法等。

横断面图一般绘制在毫米方格纸上。为了方便计算面积，横断面图的距离和高差采用相同比例尺，通常为1：100或1：200。

绘图时，如图14-7所示，先在适当的位置标出中桩，注明桩号。然后，由中桩开始，按规定的比例分左、右两侧按测定的距离和高程，逐一展绘出各地形变化点，用直线把相邻点连接起来，即绘出管道的横断面图。

依据纵断面的管底埋深、纵坡设计以及横断面上的中线两侧地形起伏，可以计算出管道施工时的土石方量。

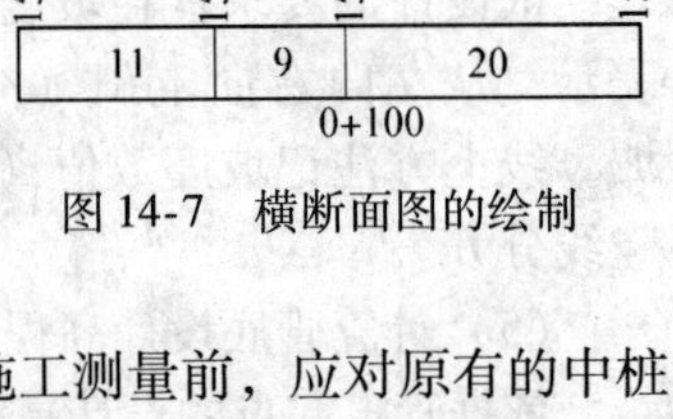

图 14-7　横断面图的绘制

## 14.4　管道施工测量

### 14.4.1　明挖管道的施工测量

**1. 准备工作**

（1）校核中线

管道中线测量中，已将管道中线位置在地面上标定出来，施工测量前，应对原有的中桩进行现场察看，必要时要用仪器实地检查，以保证中线位置的正确。对于已丢失或不稳定的桩位，应依据设计和测设数据进行恢复。

（2）测设施工控制桩

施工中，中线上的各桩均要被挖掉，为了恢复中线和其他附属构筑物的位置，应在不受施工影响、引测方便、易于保存点位处设置施工控制桩。

施工控制桩分为中线控制桩和位置控制桩。中线控制桩是在中线的延长线上设置的木桩，位置控制桩是在中线垂直方向上所设置的木桩。如图14-8所示。

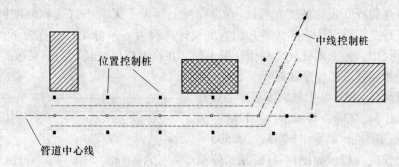

图 14-8　施工控制桩的设置

（3）加密水准点

为了在施工过程引测高程方便，应根据原有水准点，于沿线附近每隔150m左右增加一个临时水准点。临时水准点应在施工范围外，便于保存、便于引测。

（4）槽口放线

槽口放线的任务是根据管径的大小、埋置的深度以及土质情况等，计算出开槽宽度，并在地面上定出槽边线位置，撒上白灰线，作为开槽的依据。如图14-9所示，当管道横断面上坡度比较平缓时，开槽宽度 $B$ 可用下式计算：

$$B = b + 2mh \qquad (14-1)$$

式中　$b$——槽底宽度；

　　　$h$——中线的开挖深度；

　　$1:m$——管槽的边坡坡度。

此外，还可用图解的方法求出开槽宽度。

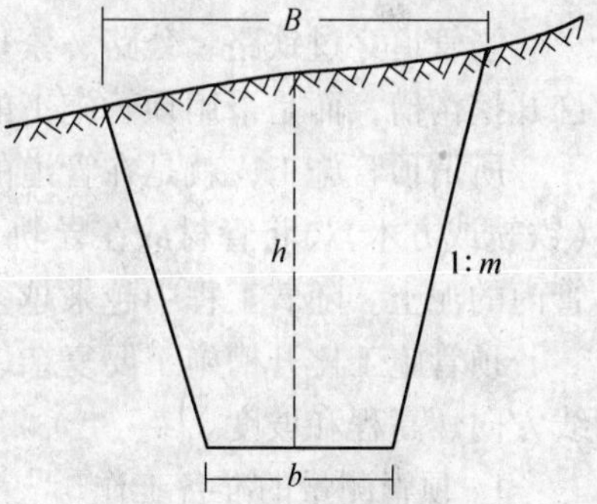

2. 施工测量

管道施工中测量的主要任务就是依据工程的进度，及时测设出控制中心线位置及开挖深度的标志。

图 14-9　槽口宽度的计算

（1）埋设坡度板并测设中线钉

坡度板是一种常用的，在管道施工中既可控制中心线又可控制高程的标志。坡度板应每隔10～15m跨槽埋设一个，遇到检修井等构筑物时应加埋。根据工程的要求，当槽深在2.5m以内时，应在开槽前埋设，如图14-10a所示；当槽深在2.5m以上时，应待槽深挖到距槽底2m左右时，再在槽内埋设坡度板，如图14-10b所示。坡度板埋设好后，将经纬仪安置在中线的控制桩上，照准远处的另一中线控制桩，将中线位置投测到坡度板顶，并钉以中线钉，各坡度板中线钉的连线即为中线方向。此外还要将里程桩号写在坡度板背面。

（2）坡度钉的测设

为了控制沟槽开挖的深度，还要测量出坡度板板顶的高程。板顶高程与相应的管底设计高程之差，就是从板顶向下挖土的深度。由于地面有高低起伏变化，每个桩的设计挖深也不一样，故每块坡度板处

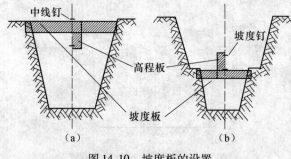

图 14-10　坡度板的设置

263

向下挖的深度都不一样，在施工中可用坡度钉来控制。当管槽挖到一定的深度，在坡度板上中线一侧钉一高程板（也称坡度立板），在高程板上测设一无头小钉（称坡度钉），使各坡度钉的连线平行于管道设计坡度线，并距管底设计高程为一整分米，这称为下反数。这样，在管道施工过程中，施工人员只要利用一根木杆，在杆上标出一长度为下反数的位置，便可以随时检查和控制管道的坡度和高程。

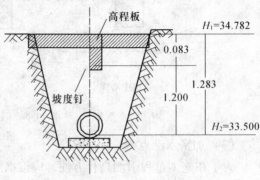

图 14-11　坡度钉的设置

例如，用水准仪测得某中桩坡度板中心线处的板顶高程为 34.783m，管底的设计高程为 33.500m。从板顶向下量取 34.783 − 33.500 = 1.283m，即为管底高程，如图14-11所示。依据各坡度板的板顶高程测量情况，最后选定一个统一的整分米数 1.200m 作为下反数，这样，只要从板顶向下量取 0.083m，并在高程板上标定出这一位置，即坡度钉。那么，施工时，从这一坡度钉向下量出固定长度 1.2m 即为管底高程。

施工过程中，应随时检查槽底是否挖到设计高程，如挖深超过设计高程，绝不允许回填土，只能加高垫层。

### 14.4.2　顶管施工测量

当管道穿过铁路、公路、繁华街区或重要建（构）筑物的地下时，往往不能、也不允许开挖沟槽，而是采用顶管施工的方法。

所谓顶管施工，就是在管道的一端和一定的长度内，先挖好工作坑，在坑内安置好导轨（铁轨或方木），将管材放在导轨上，然后用顶镐将管材沿所要求的方向顶进土中，并挖出管内的泥土。随着工程中越来越多地使用机械化作业，它已经被广泛地采用。

顶管施工比开槽施工要复杂、精度要求也高，测量在其中的主要任务就是控制好管道中线方向、高程和坡度。

1. 顶管测量的准备工作

（1）顶管中线桩的设置

中线桩是工作坑内放线和控制管道中线的依据。首先根据设计图上管线的要求，利用经纬仪将中线桩分别测设在工作坑的前后，让前后两个中线桩互相通视，然后在坑外的这两个中线桩上安置经纬仪，将中线方向投测至坑壁两侧，分别打入大木桩，作为顶管中线桩，如图 14-12 所示。

（2）设置坑内临时水准点

为了控制管道按设计高程和坡度顶进，需将地面高程引入坑内，一般在坑内设置两个临时水准点，以便校核。

（3）安装导轨

顶管时，坑内要安装导轨，以控制顶进方向和高程，导轨常用铁轨。导轨一般安装在方木或混凝土垫层上，垫层面的高程及纵坡应符合管道的设计值。根据导轨宽度安装导轨，根据顶管中线桩及临时水准点检查中心线和高程，无误后，将导轨固定。

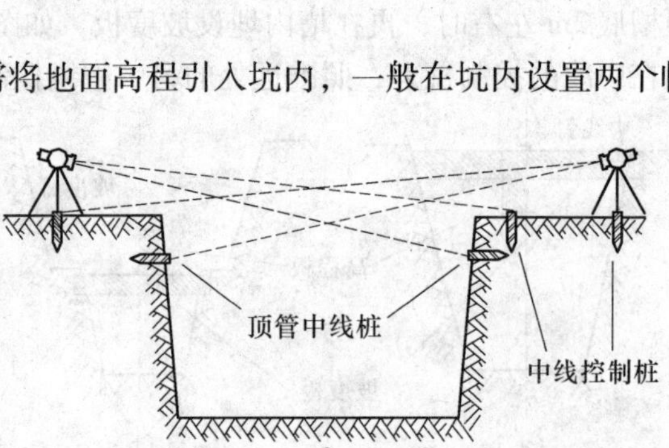

图 14-12　顶管中线位置的设置

2. 顶进过程中的测量工作

（1）中线测量

将两个设置在工作坑内壁的顶管中线桩之间拉紧一条细线，细线上挂两个垂球，然后贴靠两垂球线再拉紧一水平细线，这根水平细线即标明了顶管的中线方向，为了保证中线测量的精度，两垂球间的距离越大越好。在管内前端横置一根小水平木尺，尺长略小于管径，尺上有刻划，中央用小钉表示中心位置零，刻度向两端增加，顶管时以水准器将尺放平，这样尺的中心点即位于管子的中心线上。通过拉入管内的细线与小水平尺的小钉比较，就可以检查出管子中心的偏差，如图 14-13 所示。如细线通过水平木尺的零点，说明顶管顶进方向正确，如偏离，则在木尺上可读出偏离方向与数值，一般偏差允许值为 ±1.5cm，如超限需进行校正。中线测量以管子每顶进 0.5 ~ 1.0m 进行一次。

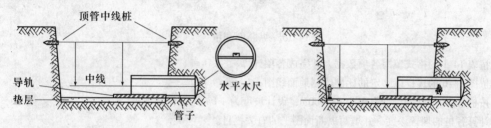

图 14-13　顶管中线测量

（2）高程测量

在工作坑内安置水准仪，以临时水准点为后视，在管子内立一小水准尺作为前视，即可求得管内某待测点高程，如图 14-14 所示。将算得的待测点高程与管底的设计高程相比较，差值如超过 ±1cm 时，即应进行校正。

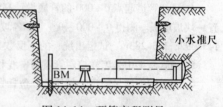

图 14-14　顶管高程测量

为了保证施工质量，按规定管子每顶进 0.5m，即需进行一次中线和高程的检查。短距离顶管（小于 50m）可按上述方法进行。当距离较长时，需要分段施工，每 100m 设置一个基坑，采用对向顶管的方法，在贯通时管子错口不得超过 3cm。如果管子太长，直径较大，并采用机械施工时，可采用激光水准仪进行导向。

### 14.4.3　管道竣工测量

管道工程竣工后，为了准确地反映管道的位置，评定施工的质量，同时也为了给以后管道的管理、维修和改建提供可靠的依据，必须及时整理并编绘竣工资料和竣工图。管道竣工测量包括管道竣工带状平面图和管道竣工断面图的测绘。

竣工平面图主要测绘管道的起点、转折点和终点，检查井的位置及附属构筑物的平面位置和高程。例如管道及其附属构筑物等与附近重要、明显地物的平面位置关系，管道转折点及重要构筑物的坐标等。平面图的测绘宽度依需要而定，一般应至道路两侧第一排建筑物外20m，比例尺一般为 1:500 ~ 1:2000。管道竣工纵断面图反映管道及其附属物的高程和坡度，应在管道回填土之前进行，用水准测量测定检查井口和管顶的高程。管底高程由管顶高程和管径，管壁厚度计算求得，检修井之间的距离可用钢尺丈量。

# 练 习 题

1. 管道测量主要包括哪些内容?

2. 图 14-15 为一管道的纵断面测量示意图,已知水准点 $BM_4$ 的高程为 44.323m,各测站的观测数据均注于图上,试完成下面各问题:

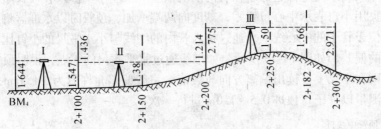

图 14-15　纵断面测量

（1）按表 14-1 的格式填写各项数据,并完成各项计算;

（2）依图 14-6 的式样以一定的比例绘制地面线图;

（3）按桩号 2+100 的设计高程为 43.000m,设计坡度为 +1‰绘制设计线;

（4）计算各桩的埋置深度,并填写纵断面图上的有关栏目。

3. 试述管道中心线测设的过程。

4. 已知管道起点 0+000 的管底设计高程为 141.72m,坡度为 10‰下坡。沟槽开挖前,沿线每 20m 设置一块坡度板。测得 0+000 ~ 0+100 各坡板板顶面高程依次为: 144.310,144.100,143.852,143.734,143.392,143.283m。试定出统一的下反数并计算各坡度板的调整数。

5. 顶管施工中是怎样控制管道的中线和高程的?其精度如何?

6. 管道竣工测量的目的是什么?包括哪些测绘工作?

# 学 习 辅 导

1. 学习本章目的与要求

目的:管道工程在城市建设中占有重要地位,应掌握管道中线测量、纵断面测量及施工测量。

要求:

（1）掌握管道中线测量的方法,与公路中线测量进行比较。

（2）掌握纵断面测量及纵断面图的绘制。

（3）了解管道施工的方法,顶管过程中中线方向和纵坡是如何控制的。

2. 学习本章的方法要领

（1）管道中线测量方法与公路中线测量有许多相同点与不同点。它是城市建设的一部分,依据城建规划设计图进行布置,一般可按周围的建筑物、道路测设管道的主点,转折点处不必像公路那样测设曲线,以能满足弯头的安置即可。

（2）纵断面水准测量方法与公路相同,但纵断面的设计大不相同。

# 第15章 水利工程施工测量

## 15.1 概述

在农业水利工程中，主要的测设工作是河道、大坝的施工放样。河道、渠道施工测量步骤和方法与道路测量大致相同，在此主要介绍大坝的测设。

拦河大坝是重要的水工建筑物，按功能可将大坝分为以农田灌溉、防洪蓄洪为主的土石大坝和以水力发电为主的混凝土重力坝。修建大坝需按施工顺序进行下列测量工作：布置平面和高程基本控制网，控制整个工程的施工放样；确定坝轴线和布设控制坝体细部的定线控制网；清基开挖的放样；坝体细部的放样等。对于不同的筑坝材料及不同坝型，施工放样的精度和要求各有不同，内容也略有差异，但施工放样的基本方法大同小异。在本章将简单介绍土坝及混凝土重力坝放样的主要内容和基本方法。

## 15.2 土坝施工测量

图 15-1 是某一黏土心墙土坝的示意图。土坝施工时首先要测设坝轴线的位置，然后进行清基开挖线放样、坡脚线放样和坝面放样。

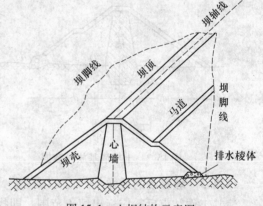

图 15-1 土坝结构示意图

### 15.2.1 坝轴线的定位

坝轴线即坝顶中心线，它是大坝及其附属物放样的依据，其位置测设至关重要。一般先由设计图纸量得轴线两端点的坐标值，反算出它们与附近施工控制网中的已知点的方位角，用角度（方向）交会法，测设其地面位置。对于中、小型土坝的坝轴线，一般由工程设计人员根据地形和地质情况，经过方案比较，直接在现场选定轴线两端点的位置。

轴线两端点在现场标定后，应用永久性标志标明。为防止轴线两端点点位在施工过程中遭到破坏，一般还需沿轴线方向在山坡上设立埋石点（轴线控制桩），以便随时检查坝轴线的位置。

为了施工的放样方便，在清理基础前（如修筑围堰，在合拢后将水排尽，才能进行），应测设若干条垂直（或平行）于坝轴线的坝身控制线。平行于坝轴线的控制线可布设在坝顶上下游线、上下游坡面变化处、下游马道中线，也可按一定间隔布设（如 10m、20m、30m 等），以便控制坝体的填筑和进行收方。垂直于坝轴线的控制线，一般按 50m、30m 或 20m 的间距以里程来测设。

用于土坝施工放样的高程控制，可由若干永久性水准点组成基本网和临时作业水准点两级布设。基本网布设在施工范围以外，用三等或四等水准施测方法，以闭合或附合水准路线形式测设，这些点必须和国家水准点连测。为了便于施工，还需在坝体工作面附近不同高程的位置测设临时性的水准点，并做到安置一、两次仪器就可放样高程。

### 15.2.2 清基开挖线放样

为使坝体与岩基很好结合，在坝体施工前，必须对基础进行清理。为此，应放出清基开挖线，即坝体与原地面的交线。

清基开挖线的放样精度要求不高，可用图解法求得放样数据在现场放样。为此，先沿坝轴线测量纵断面。即测定轴线上各里程桩的高程，绘出纵断面图，求出各里程桩的中心填土高度，再在每一里程桩进行横断面测量，绘出横断面图，最后根据里程桩的高程、中心填土高度与坝面坡度，在横断面图上套绘大坝的设计断面。根据横断面图上套绘的大坝设计断面，可量出清基开挖点至里程桩的距离 $d_1$，$d_2$，$d_3$，$d_4$，图 15-2 为某一横断面处的情况，$A$，$B$ 为清基开挖点，$C$，$D$ 为心墙开挖点。根据图上交点的位置，在该断面处由坝轴线分别向上、下游量取 $d_1$，$d_2$，$d_3$，$d_4$，相应的位置即为清基开挖点。因清基有一定的深度，开挖时要有一定的边坡，故实际开挖线应根据地面情况和深度向外适当放宽 $1\sim2\mathrm{m}$，用白灰连接相邻的开挖点，即为清基开挖线。

清基时，位于坝轴线上的里程桩将被毁掉，为了以后放样工作的需要，应在清基开挖线以外放出各里程桩的横断面桩，如图 15-3 所示。

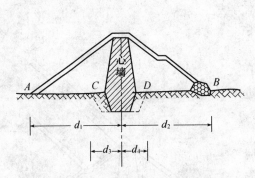

图 15-2　土坝清基放样数据

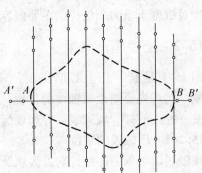

图 15-3　土坝清基开挖线及断面桩

### 15.2.3　坡脚线的放样

清基工作结束后，应标出填土范围，即找出坝体和清基后地面的交线——坡脚线。坡脚线的放样一般按下述方法进行。

首先做两个与上、下游坝脚坡度一致的三角形坡度放样板（图 15-4）。然后在上、下游清基开挖点上各钉一木桩，用水准仪测量其高程，使桩顶高程等于清基开挖前地面高程。将坡度放样板的斜边放在桩顶，左右移动，使圆水准气泡居中，则斜边延长线与地面的交点即为土坝坡脚点，相邻坡脚点的连线，即为坡脚线。

### 15.2.4　坝坡面的放样

填土筑坝开始后，为了使坝坡符合设计要求，应随时控制坝坡位置，以确保土坝按设计坡度填筑。坝坡控制一般采用上料桩将坝坡位置标定出来，如图 15-5 所示。

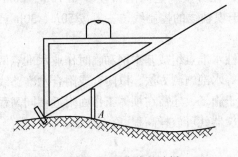

图 15-4　坡脚线的放样

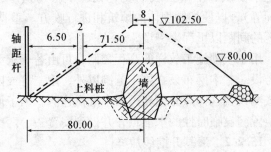

图 15-5　土坝边坡放样示意图

268

上料桩的轴距是根据上料层的高程计算出来的。例如，某土坝的高程为102.5m，顶宽为8m，上游边坡为1:3.0，上料层的高程为80.0m，则上料桩的轴距为：

$$d_A = \frac{8}{2} + (102.5 - 80.0) \times 3 = 71.5 \text{m}$$

由于坡面需要压实，所以应根据不同的土质，在填土时将计算的轴距外加1~2m，即为上料桩位置（图15-5中的虚线处）。随着土坝筑高，应随时修定上料桩。放样时，一般在填土处以外预先埋设轴距杆，如图15-5所示。轴距杆距坝轴线的距离主要考虑便于量距、放样，如图中为80m。此时，从坝轴杆向坝轴线方向量取80 - （71.50 +2）=6.50（m），即为上料桩的位置。当坝体逐渐升高，轴距杆的位置不便应用时，可将其向里移动，以方便放样。大坝填筑至一定高度且坡面压实后，还要进行坡面的修整，使其符合设计要求。此时可用水准仪或经纬仪按测设坡度线的方法求得修坡量（削坡或回填度）。

## 15.3   混凝土重力坝施工测量

用混凝土浇筑的，主要依靠坝体自重来抵抗上游水压力及其他外荷载并保持稳定的坝，叫做混凝土重力坝。我国的三峡工程混凝土重力坝，坝顶高程185m，最大坝高181m（坝基开挖最低高程为4m）；坝顶宽度（亦称坝顶厚度）15m，底部宽度（亦称底部厚度）一般为124m；从右岸非溢流坝段起点至左岸非溢流坝段终点，大坝轴线全长2310m。

混凝土重力坝的结构和建筑材料相对土坝来说较为复杂，其放样精度比土坝要求高。一般在浇筑混凝土坝时，整个坝体是沿轴线方向划分成许多坝段的，而每一坝段在横向上又分成若干个坝块。浇筑时按高程分层进行，每一层的厚度一般是1.5~3m。和土坝一样，混凝土施工放样的工作包括：坝轴线的测设、坝体控制测量、清基开挖放样和坝体立模等。混凝土重力坝坝轴线的定位方法和土坝的定位方法基本相同。

### 15.3.1   坝体控制测量

混凝土坝采用分层施工，每层中还分跨分仓（或分段分块）进行浇筑，因此每层每块都必须进行放样，建立施工控制网，作为坝体放样的定线依据是十分必要的。混凝土重力坝施工平面控制网一般按两级布设，首级基本控制多布置成三角网，且按三等以上三角测量的要求施测。坝体放样控制网——定线网一般有矩形和三角网两种，其精度要求点位中误差不超过±10mm。坝体细部常用方向线交会法和前方交会法放样。图15-6a为直线型混凝土重力坝分层分块的示意图，图15-6b为以坝轴线为基准布设的施工矩形网。AB是坝轴线，矩形网是由平行和垂直于坝轴线的控制线组成，矩形网格的尺寸按施工分段分块的大小来决定。

测设矩形网时，首先将经纬仪安置在A点，照准B点，根据坝顶设计高程，在坝轴线上找出坝顶与地面的交点Q，Q'。自Q点起，根据分段长度在坝轴线上定出2，3，4，…各点。将经纬仪旋转90°，在与坝轴线垂直方向上，以分块宽度定出Ⅰ，Ⅱ，Ⅲ，…放样控制点。然后将经纬仪拿到B点，以同样的方法定出Ⅰ'，Ⅱ'，Ⅲ'，…放样控制点。再通过2，3…点测设出与坝轴线相垂直的方向线，并延长到上、下游围堰上或开挖线以外，设置1'，2'，3'，…和1″，2″，3″，…放样控制点。

在矩形网测设过程中，方向线测设必须采用盘左、盘右两个盘位测设，取其平均值作为最后结果。距离丈量也应往返丈量，以免发生差错。

混凝土重力坝的高程控制也分两级布设，基本网是整个水利枢纽的高程控制。视工程的不同要求按二等或三等水准测量施测，并考虑以后可用作监测垂直位移的高程控制。作业水准点或施工水准点，随施工进程布设，尽可能布设成闭合或附合水准路线。作业水准点多布设在施工区内，应经常由基本水准点检测其高程，如有变化应及时改正。

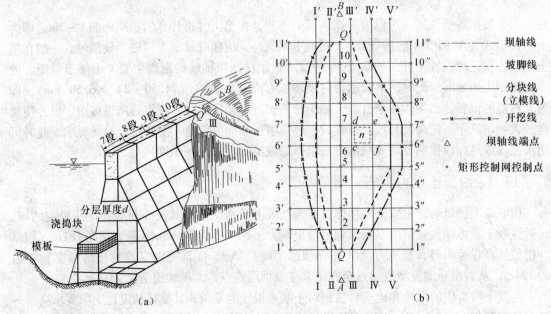

（a）　　　　　　　　　　　　（b）

图 15-6　混凝土重力坝的剖面及控制

### 15.3.2　清基开挖线放样

清基开挖线是大坝基础进行清除基岩表层松散物的范围，它的位置根据坝两侧坡脚线、开挖深度和坡度决定。清基工作是在围堰修好、坝体控制测量结束后进行。分别在 $1'$，$2'$，$3'$，…放样控制点上安置经纬仪，瞄准对应的控制点 $1''$，$2''$，$3''$，…点，在方向线上定出该断面的基坑开挖点。将这些点连接起来就是基坑开挖线。开挖点的位置在设计图上用图解的方法求得，实际测定时采用逐渐接近法。图 15-7 是某一坝基点的设计断面图，由图上可求得坝轴线到坡脚点 $A'$ 的距离 $S_0$。在地面由坝轴线量出 $S_0$ 得地面点 $A$，测得 $A$ 点的高程后，就可求得 $AA'$ 的高差 $h_1$。如果基坑开挖设计坡度为 $1:m$，则 $S_1 = m \cdot h_1$，自 $A$ 点沿横断面方向线量出 $S_1$ 得 $B$ 点，实测 $B$ 点高程，得 $h_2 = H_B - H_A'$，同样可以计算出 $S_2 = m \cdot h_2$。若 $S_2$ 与 $S_1$ 相接近，则该点即为基坑开挖点；若 $S_1$ 与 $S_2$ 相差较大，则按上述方法继续进行。直到量出的距离与计算值相接近为止。开挖点定出后，还应在开挖范围外的该断面上设立两个以上的保护桩，以备校核。用同样的方法可以定出各断面上的开挖点，将这些开挖点连接起来即为清基开挖线。在清基开挖过程中，还应控制开挖深度，在每次爆破后及时在基坑内选择较低的岩面测定高程（精确到 cm 即可），并用红漆标明，以便施工人员和地质人员掌握开挖情况。

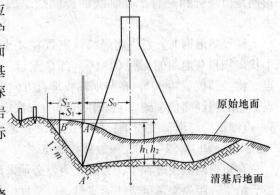

图 15-7　清基开挖线放样

### 15.3.3　坝体立模放样

基础清理完毕，可以开始坝体的立模浇筑，立模前首先找出上、下游坝坡面与岩基的

270

接触点，即分跨线上下游坡脚点，然后按设计坝坡面立模。

坡脚点的放样，可同清基开挖线放样一样，采用逐步趋近的方法。图 15-8 是大坝横断面图，欲放出坡脚点 $A$，可先从设计图上查得坝坡顶 $B$ 的高程 $H_B$，坡顶距坝轴线的距离为 $D$，设计的上游坡度为 $1:n$，为了在基础面上标出 $A$ 点，可依据坡面上某一点 $C$ 的设计高程为 $H_C$，计算距离 $S_1$：

$$S_1 = D + (H_B - H_C)n$$

求得距离 $S_1$ 后，可由坝轴线沿该断面量一段距离 $S_1$ 得 $C_1$ 点，用水准仪实测 $C_1$ 点的高程 $H_{C1}$，若 $H_{C1}$ 与设计高程 $H_C$ 相等，则 $C_1$ 点即为坡脚点 $A$。否则应根据实测的 $C_1$ 点的高程，再求距离得：

$$S_2 = D + (H_B - H_{C1})n$$

再从坝轴线起沿该断面量出 $S_2$ 得 $C_2$ 点，并实测 $C_2$ 点的高程，按上述方法继续进行，逐次接近，精确定出 $A$ 点的位置。同法可放出其他各坡脚点，连接上游（或下游）各相邻坡脚点，即得上游（或下游）坡面的坡脚线，据此即可按 $1:n$ 的坡度竖立坡面模板。

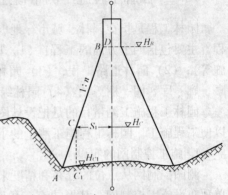

图 15-8 坝坡脚放样示意图

坝体中间部分分块立模时，可根据与坝轴线平行和垂直的分块线控制点，将分块线投影到已浇好的坝体上。如图 15-6b 所示，若要测设分块 $n$ 的 $c$ 点，可在Ⅲ点和 6′点同时安置经纬仪，分别照准Ⅲ′和 6″点，两台仪器视线的交点即为 $c$ 点位置。用同样的方法可以测出分块的其余三点位置。模板立在分块线上，因此，分块线也称立模线，立模板后分块线被覆盖，所以在分块线确定后，还要在分块线内侧 0.2m 处弹出平行线，用来检查和校正模板的位置（图中虚线），称为放样线。

模板立的是否垂直，可用一小钢尺在模板的顶部垂直量出 0.2m，并悬挂一垂球，待垂球自由静止后，检查其尖端是否指向立模线，如果不通过，应校正模板，直到通过立模线为止。

模板立好后，还要在模板上标出浇筑高度。其步骤一般在立模前先由最近的作业水准点（或邻近已浇好坝块上所设的临时水准点）在仓内测设两个临时水准点，待模板立好后，由临时水准点按设计高度在模板上标出若干点，并以规定的符号标明，以控制浇筑高度。

## 练 习 题

1. 土坝的坝坡面是怎样放样的？
2. 混凝土重力坝清基开挖线是怎么放的？它和土坝清基开挖线放有何区别？
3. 混凝土重力坝的高程控制分几级布设？各有什么要求？

## 学 习 辅 导

1. 学习本章目的与要求

目的：掌握土坝施工测量技术，理解混凝土重力坝施工测量方法。

要求：

（1）掌握土坝施工测量中坝轴线的定位、清基开挖线放样、坡脚线的放样、坝坡面的放样的基本方法。

（2）理解混凝土重力坝施工测量坝体控制测量、清基开挖线放样、坝体立模放样的基本方法。

2. 学习本章的方法要领

以土坝为主，搞清施工测量方法，进而学习混凝土重力坝施工测量就不会有什么困难，混凝土重力坝施工精度要求相对较高，因此要布设矩形施工控制网。

# 第16章　园林工程施工测量

## 16.1　园林工程施工测量概述

园林工程是指在园林、城市绿地、风景名胜区及保护区中除大型建筑工程以外的室外工程，主要包括四个方面的工程：（1）园林土木建筑及其设施工程（包括服务设施与公共设施等）；（2）园林道路工程；（3）园林景观工程（包括挖湖堆山工程、山石溪涧景观工程、亭、廊、厅、阁、榭等）；（4）园林绿化工程（包括树木栽植定点等工程）。

园林工程施工测量目的是把设计图上园林工程的平面位置和高程，准确地标定于实地，以便工程施工。园林工程施工测量的主要任务是：

### 1. 施工控制网的布设

测图控制网从点位的分布和精度来看，通常情况是不能满足施工测量的要求，因此需要单独布设施工控制网。其形式有三角网、边角网、导线网及建筑方格网等，而建筑方格网（包括建筑矩形网）是园林工程最普遍采用的施工控制网。

### 2. 园林施工测量实施

施工测量应与施工过程密切配合，主要内容是园林建筑物的定位测量及细部放线。施工测量实施首先要做好下列 3 点：

（1）了解设计意图、熟悉设计图纸，核对设计图纸。园林设计图纸有总平面图、建筑平面图、基础平面图等，施工测量人员应了解工程整体和设计者的主要设计意图，核对建筑总平面与建筑施工图尺寸是否相符，有关图纸的相关尺寸有无矛盾，标高是否一致。

（2）现场踏查校核控制点。踏查的目的是了解施工地区地物地貌情况以及原有测量控制分布和保存情况，对控制点进行必要检核，以便确定是否可以利用。踏查时还要进一步了解设计建筑物与现有地物之间的相对关系。

（3）制定施工测设方案。根据设计要求与现场地形情况制定施工测量方案，计算测设数据，绘制测设略图。

## 16.2　园林工程施工控制测量

园林工程施工放线是各项园林工程的第一道工序，而在施工放线中，控制测量又是测量工作的第一道工序。尤其是在大中型的园林工程中，遵守"从整体到局部、先控制后碎部"的原则尤为重要。实际工施工时，各单项工程常常由不同施工单位组织实施，因此统一的控制就显得更为重要。在统一的控制下进行放线，不仅可以保证放线的质量，而且各单位可以同时展开工作。若不在统一的控制下各单位各自进行放线，则会给工程带来难以预料的质量隐患。

施工控制网包括平面控制网和高程控制网，它为园林工程提供统一的坐标系统。平面控制网的布设形式，应根据设计总平面图、施工场地的大小和地形情况、已有测量控制点的分布情况而定。对于地形起伏较大的山岭地区，可采用三角网或边角网；对于地势平坦，但通视较困难或定位目标分布较散杂的地区，可采用导线网；对于通视良好、定位目标密集且分布较规则的平坦地区，可采用方格网或矩形格网，该法在园林工程施工测量中普遍采用；对于较小范围的地区，可采用施工基线。高程控制网的布设，一般都采用水准控制网。

图 16-1 为某公园的设计平面图，该地区原为一片较平坦的荒地，其北面有东纬公路，西面有北经公路，挖人工湖堆假山，公园内有各种建筑，包括办公楼、展馆、餐厅、敞厅、儿童游乐场、亭、曲桥、雕塑、温室等。对这些建筑物进行施工放样，首先应布设施工控制网，根据这里的实际地形，布设建筑方格网最为方便。设计方格网的东西向主轴线平行于东纬公路，第 1 行方格点编号 A，B，C，D，E，F 等。方格网的南北向主轴线平行于北经公路，第 1 列方格点编号 1，2，3，4 等。按第 12 章讲述建筑方格网测设方法进行测设，一般建筑方格网的主轴线应设置在场区的中央，但应从实际情况出发，该公园北面建筑物多，可以考虑把建筑方格网的主轴线设置在公园的北边，以提高建筑物的定位精度。

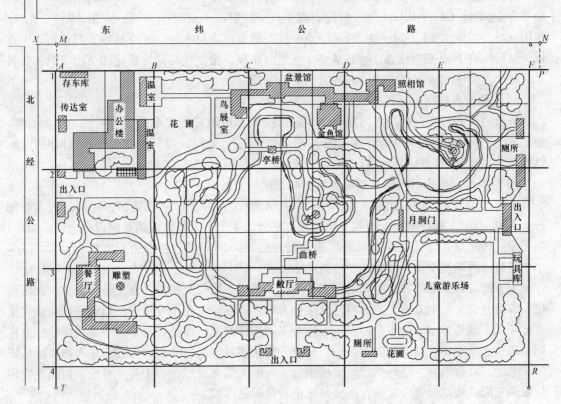

图 16-1 某公园的设计平面图

方格网主轴线及各方格交点测设步骤如下：

（1）测设东西向主轴线 AF

具体做法是：由公路交叉点 X 沿公路边向东量 XM，在 M 点测设直角，量 MA 定出主轴线的 A 点。从 M 点沿公路边大约 800m 处（例如，设计东西方向 5 个大方格，方格边长 150m，共 750m）定一点为 N 点，在 N 点仪器测设直角量 NP 定出 P 点。仪器安置 A 点瞄准 P 点，沿视线方向一边定线，一边用钢尺丈量，在累计量得 150m 处打下木桩，当最后一尺段精确量后，在桩顶画十字表示初定 B 点点位。重复再从 A 量 150m，在桩顶又定 B 另一点位，取平均位置后，点位钉一小钉表示。由 B 点继续边定线边丈量，用同样方法钉 C 点以及 D，E，F 等点。

（2）测设南北方向主轴线 AT

如图 16-2 所示，仪器安置在 A 点，盘左测设 90°定出 $t_1$，盘右测设 90°定出 $t_2$，取 $t_1 t_2$

的中点 $T$，则 $AT$ 垂直于 $AF$，用上述相同方法丈量定出南北主轴线的 1，2，3，4 等点。

（3）测设方格网东南角的 $R$ 点

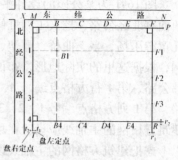

图 16-2　测设南北主轴线及各方格点

在 $F$ 点安置仪器正倒镜设直角定出 $Fr_1$ 方向，然后在 4 点安置仪器也用正倒镜设直角定出 $4r_2$ 方向，两方向相交点即为 $R$ 点，注意应按第 11 章角度前方交会法定点方法来测设。

（4）测设方格网四周方格点

各交点编号以行号与列号组成，例如第 4 行各方格点编号为 4，$B4$，$C4$，$D4$，$E4$ 等。首先，在 4 点安仪器以 4 点瞄准 $R$ 点，定出 $4R$ 线，沿 $4R$ 线用钢尺丈量定出 $B4$，$C4$，$D4$，$E4$ 等点，各方格交点应打木桩，并在桩顶上钉小钉表示点位。然后，在 $F$ 点安置仪器，瞄准 $R$ 点，定出 $FR$ 线，按上述相同方法定出 $F1$，$F2$，$F3$ 各点，按上述方法完成方格网四周的各方格点的测定。

（5）测设方格网内部各交点

方格网内部各交点可按方向线交会确定，因该法比用直接丈量法更为精确、施测方便。例如 $B1$ 点，由方向线 $B$-$B4$ 与方向线 $1$-$F1$ 相交确定，此时，最好用两台经纬仪同时作业，以提高效率。先用标杆初定，打下木桩，再用测钎精确标定。

（6）将大方格按不同测设要求进行不同细化

上述各步骤完成后，地面上有 150m 大方格 20 个，为了标定建筑物，还要把大方格细分为 4~6 个小方格，例如，图西北角的大方格分成 4 个小方格就可满足测设办公楼、温室、存车库、传达室等建筑物外轮廓轴线的交点（角点）的需求。西南角大方格也同样细为 4 个小方格就可满足测设餐厅和雕塑位置的需要。

为了测设人工湖边界，它精度要求不高，如果逐点用仪器测设，则工作量太大，此时可把大方格分成 9 个小方格，实地也打 9 个小方格，这样就可在小方格中用目估并配合皮尺丈量定位人工湖边界点，树木栽植点定位也可采用同样方法。但是，对于湖中小桥定位精度应同上述楼、馆等建筑物，精确定位桥两端点并精确丈量桥长，一般由大方格用直角坐标法定位。总之，局部地方，该严则严，该松则松，一般土建类要严，非土建类可松。对建筑物定位强调它们的相对位置要准确，不必苛求绝对位置的准确。

## 16.3　园林建筑物定位测量

园林建筑物的平面测设工作包括：（1）建筑物定位测量；（2）建筑物基础测设；（3）建筑物细部测设。

### 16.3.1　园林建筑物定位测量概述

把设计图上园林建筑物外轮廓墙轴线的交点（又称为角点）标定在实地上的工作，称为建筑物定位测量。外轮廓墙轴线的交点，不仅是确定建筑物形状、位置和朝向的关键点，也常常是进行建筑物细部放样的基准控制点，如图 16-3 所示。

角点钉桩后，可以通过直接量距确定建筑物内部轴线与外墙轴线的交点，并钉桩。另外，还要详细测设建筑物内部各轴线交点的位置，并桩钉，这些桩称为中心桩。再根据各桩点的位置和基础设计平面图标注的尺寸确定基槽开挖边界线。桩钉边桩和中心桩一般是在建筑物细部测设时进行。

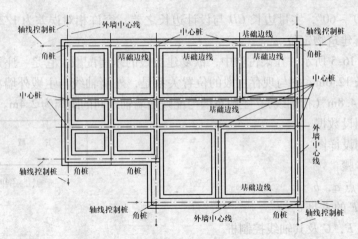

图 16-3  某园林建筑各轴线及角点

因为在基槽开挖的过程中，各角桩将被破坏，所以一般都把轴线延长到安全地点钉桩，这种桩称轴线控制桩，如图 16-4a 所示。在建筑物定位测量时，有时在基槽外设置测设龙门桩、龙门板。轴线控制桩和龙门板都是为以后恢复各轴线的位置和建筑物细部测设提供依据。

（1）测设轴线控制桩；

（2）测设龙门板。

### 16.3.2  园林建筑物定位方法

通常在园林工程施工中，施工场地内可能已存在某个建筑物，此时待测设园林建筑物与已有建筑物存在一定几何关系；或待建的新建筑物与已有交通道路的中心线存在一定几何关系；或建筑区内有建筑红线；或附近有测图控制点。这些都是建筑物定位的依据。

1. 根据建筑红线定位

在城镇建设中，规划部门批给建设单位的建筑用地的边界，该边界线称为建筑红线。建筑红线一般与道路中心线平行。

图 16-4 的 I，II，III 三点为规划部门在地面上标定的建筑用地边界桩，其连线 I-II，II-III 为建筑红线。I，II，III 三点的坐标是已知的，新建筑物角点的坐标和建筑物长、宽可从总平面图上查得或从设计部门获取。

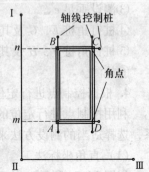

图 16-4  根据建筑红线定位

测设方法实质上是直角坐标法，其步骤如下：

（1）桩钉辅助点 $m$。由 II 点与 $m$ 点的坐标差，可求得 II$m$ 的距离。然后在 II 点安置仪器，瞄准 I 点，在视线方向上量 II$m$ 的距离，即得 $m$ 点。

（2）测设角点桩 $A$，$D$ 及其轴线控制桩。在 $m$ 点安置仪器，瞄准 I 点测设 90°，沿视线方向量 $mA$ 即得角点 $A$，继续量建筑物宽 $AD$，便得角点 $D$。为了便于以后施工恢复角点，应接着测设轴线控制桩，一般要求离角点 2～4m 处打大木桩。当盘左测设点位后，应用盘右再设一次，最后取正倒镜的平均位置。

（3）测设角点桩 $B$，$C$ 及其轴线控制桩。在 $m$ 站仪器瞄准 I 点，由 $m$ 点量建筑物长 $AB$ 得 $n$ 点。然后仪器搬到 $n$ 点，以较远的 II 点定向，仪器反拨 90°，标定角点 $B$，$C$，并同时其轴线控制桩，方法同上。

（4）检核。仪器安置在角点，测量建筑物 4 个角是否为 90°，容许误差视建筑物的等级而异，一般为30″~60″，实量边长 CD 与设计边长之差，容许相对误差为 1/2000~1/3000。

2. 根据已有建筑物定位

例如，如图 16-5 所示，在某古刹中，欲复建被毁的东南配殿。它是一座矩形古建，东西长 8.4m，南北长 12.6m，它与现存主殿的位置关系是，外墙轴线与主殿外墙相互平行，两殿南北向的间距为 4.8m（指轴线），主殿东墙与配殿西墙轴线间的距离为 2.4m。实施步骤如下：

（1）计算测设数据

（2）绘制测设详图

（3）测设步骤

①测设辅助点 a，b

②测设 E，F 的垂足 c，d

③桩钉角桩 E，G 及其轴线控制桩

④桩钉角桩 F，H 及其轴线控制桩

⑤检测

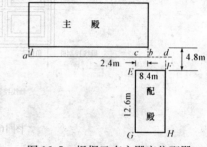

图 16-5　根据已有主殿定位配殿

3. 根据道路中心线定位

例如，如图 16-6 所示，两条道路相互垂直，街心公园中的一雕塑底座为矩形，其边分别与道路中心线平行。间距分别为 14.00m 和 8.00m。实施步骤如下：

（1）计算测设数据

（2）绘制测设详图

（3）测设步骤

①确定道路中心线。

②确定道路中心线交点 O。

③测设垂足 e。

④桩钉角桩 E，G 及其轴线控制桩。

⑤桩钉角桩 F，H 及其轴线控制桩。

⑥检测。

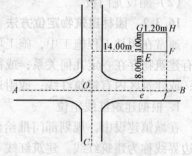

图 16-6　根据道路中心线定位雕塑底座

4. 根据控制点进行定位

利用控制点进行定位的实质是：根据现有控制点点位与待建园林建筑物之间相互位置关系，选择适当的测设方法来进行建筑物的定位。

（1）直角坐标法

如图 16-7a 所示，点 O，A，B，C 为施工方格网的 4 个平面控制点，E，F，G，H 为建筑物的 4 个角点，从设计图上已知建筑物长与宽，该建筑物与方格网平行。因此可用直角坐标法测设。具体测设步骤参阅根据建筑红线定位方法，此处不再赘述。

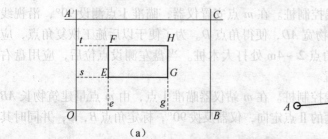
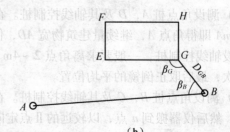

图 16-7　根据控制点进行定位

（a）直角坐标法；（b）极坐标法

276

（2）极坐标法

极坐标法是一种通用的测设点位的方法。相对于直角坐标法而言，极坐标法测设适应性强，使用灵活方便，操作步骤简单，但极坐标法测设数据计算稍繁琐。

如图 16-7b 所示，$A$，$B$ 为已知坐标导线点，$E$，$F$，$G$，$H$ 为建筑物的 4 个角点，其坐标值见表 16-1。

表 16-1　点位坐标

| 控制点号 | 纵坐标 $x$（m） | 横坐标 $y$（m） | 角点点号 | 纵坐标 $x$（m） | 横坐标 $y$（m） |
|---|---|---|---|---|---|
| | | | $E$ | 440.00 | 640.00 |
| $A$ | 324.678 | 616.323 | $F$ | 488.80 | 640.00 |
| $B$ | 423.654 | 799.660 | $G$ | 440.00 | 724.00 |
| | | | $H$ | 488.80 | 724.00 |

① 计算测设数据

② 测设步骤

A. 桩钉角桩 $G$

B. 桩钉角桩 $E$，$H$

C. 桩钉角桩 $F$

D. 检测

（3）角度交会法

角度交会法又称为方向线交会法，当测设点离控制点距离较远，地形复杂测设距离有困难时，可采用角度交会法。如有条件，可采用两台仪器交会。具体操作详见第 8 章第 2 节。

（4）距离交会法

在便于量距的平坦场地，当测设的距离较短时（如交会距离不应超过钢尺的一个尺段），可以采用距离交会法。具体操作详见 8.2 节。

（5）方向角极坐标法

方向角极坐标法是特殊的极坐标法。在测设时，设置经纬仪度盘 0°方向与施工平面坐标系的纵轴 $X$ 轴平行，这样，只要计算出相应于测设点的测设边的方位角而无须计算水平角度即可进行测设。在已知测站点上，通过对已知后视点的定向，即可对经纬仪的水平度盘进行安置，使水平度盘读数等于该方向的方位角，此时度盘的 0°方向与坐标系的纵轴 $X$ 轴平行。如以"极坐标法"测设中的图 16-7b 为例，在 $B$ 点设站，以 $A$ 点为后视定向点，安置水平度盘读数为 $\alpha_{BA}$，这样当测设 $G$ 点时，不必转照准部测设水平角 $\beta_{ABG}$，而直接转照准部测设方向 $\alpha_{BG}$，然后再量距离 $BG$ 定 $G$ 点。在同一个测站需要测设若干待定点时，采用方向角极坐标法更为方便。

## 16.4　园林建筑基础施工测量

基础施工测量的任务是，控制基槽开挖的深度和宽度，在基础施工结束时，测量基础是否水平，标高是否达到设计要求，检查四角是否符合设计要求等。这些内容在第 12 章工民建施工测量中有图文列述，此处把步骤简述如下：

1. 基槽开挖的深度的控制

当基槽开挖到一定深度时，施工测量人员就需要适时测设一些高程控制桩，以指导施工。具体做法是，用水准仪在槽壁上测设一些水平的小木桩，使各木桩上表面离底的设计标高为固定值，一般为 0.5m，用这些木桩来控制基槽开挖深度。

2. 基础垫层弹线

垫层打好后，根据轴线控制或龙门板上的中心钉、墙边线、基础边线等标志，用经纬仪把它们投测到垫层面上，也可拉线吊线锤投测，然后在垫层上用墨线弹出墙边线和基础边线，弹出后要严格进行校核。

3. 基础标高控制

建筑基础（±0 标高线以下）的高程控制是用基础皮数杆控制的。基础皮数杆是一根木制的杆子，在杆上按设计尺寸，将砖灰缝厚度画出线条，并标名 ±0 标高线、防潮层等标高位置，详见第 12 章 12.3.3 节。立皮数杆时，应先在立杆处打一木桩，用水准仪在木桩侧面测设出一条高于垫层标高某一数值（如 10cm）的水平线，然后将皮数杆上标名相同标高的一条线与木桩上的水平线对齐，并用大铁钉把皮数杆钉在木桩上，作为基础墙施工标高的依据。

4. 基础面标高的检查

当基础施工结束以后，一定要检查基础面是否水平，其标高是否符合设计要求。在施工场地安置水准仪，依次在基础的四角和其地轴线交点立水准尺，如果水准仪水平视线瞄准各处标尺读数都相同，则说明基础面水平，否则，哪处标尺读数小，说明哪处高，反之，说明哪处低。这种安一次仪器，观测若干点，以判断测点是否水平，施工测量中称为"找平"或"抄平"。

5. 基础面直角的检查

一般建筑物大多呈矩形，所以四角应为直角。当基础面上弹出（恢复）了轴线或墙边线以后，应检查轴线的四角是否为直角。具体检查的方法是：在轴线四周交点上安置经纬仪，测量两轴线之间的夹角是否为 90°。

## 16.5 园林建筑墙体施工测量

墙体施工测量主要包括墙体定位、墙体各部分标高的控制、轴线投测与标高传递。

1. 墙体定位

在基础层施工完成后，要进行 ±0 标高线以上的施工抄平放线工作，其方法与基础施工类似。

利用轴线控制桩或龙门板上的轴线和墙边线标志，用经纬仪定线或拉线悬挂垂球的方法将轴线投测到基础面防潮层上，投点容许误差为 ±5mm。然后用墨线弹出墙中线和墙边线。检查外墙轴线交角是否等于 90°，符合要求后，把墙轴线延伸并画在基础墙的立面上，同时用红三角形将其标定，作为向上投测轴线的依据。此外也把门、窗和其他洞口的边线在外墙基础立面上画出，详见第 12 章 12.3.4 节。

2. 墙体各部位标高控制

根据防潮层标高控制线抹防潮层并弹出墙中线、墙边线，并注明门洞、窗洞的位置之后，在建筑物的转角和墙边每隔一定距离竖立皮数杆。在皮数杆上每一层砖和灰缝的厚度都已标出，皮数杆上还画出了门、窗及梁板面等位置和标高。因此，可根据墙的边线和皮数杆砌墙，用皮数杆来控制门、窗和楼板面等的标高。

当砖墙砌筑至 1m 高后，就要在室内墙身上定出 +0.50m 水平线（高出 ±0 标高线

0.50m）弹出墨线，称为 50 标高线（简称 50 线）。50 标高线是作为本层地面施工和室内装饰施工的依据。

在一层砌砖完成之后，根据室内 +50 标高线，用钢尺向墙上端测设垂距，通常是测设出比搁置楼板板底设计标高低 0.10m 的标高线，并在墙上端弹出墨线，控制找平层顶面标高，以保证吊装的楼板板面平整，便于地面抹平的施工。

3. 轴线投测与标高传递

在多层建筑的施工中，需要进行轴线的投测与标高的传递工作。详细步骤参阅第 12 章多层与高层建筑施工测量。

## 16.6 外形特殊建筑的定位测量

### 16.6.1 正多边形建筑物放样

园林工程中，亭、台及花坛常为正多边形，如何放样于实地，放样的关键点位和数据是其外接圆的圆心坐标、外接圆半径长和正多边形的边长。为此，在放样前应在设计图中找出或计算出这些数据。

1. 正五边形的放样

（1）正五边形的特点，如图 16-8a 所示。

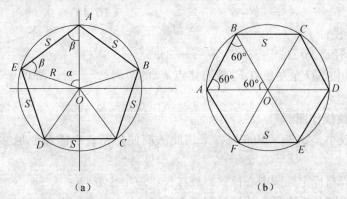

（a）  （b）

图 16-8  正五边形与正六边形

中心角 $\alpha$：$\alpha = \dfrac{360°}{5} = 72°$

每个三角形都是等腰三角形，其底角 $\beta$：

$$\beta = \frac{180° - 72°}{2} = 54°$$

半径 $R$ 与边长 $S$ 之间关系如下：

$$\left.\begin{array}{l} S = 2R\cos54° \\ R = 0.8506S \end{array}\right\} \qquad (16\text{-}1)$$

（2）放样步骤

如果设计图已给定 $O$ 点坐标，$OA$ 方向以及边长 $S$，则放样步骤如下：

①根据 $O$ 点坐标在现场条件用直角坐标法或极坐标法等方法标定于实地。

②在 $O$ 点安置测站，根据设计图给出的 $OA$ 方向在实地插标杆，从 $O$ 点沿标杆方向量半径 $R$ 长度，在实地桩钉 $A$ 点位置。

③在 $O$ 点仪器，以 $OA$ 定向用极坐标法，测设角度 $\alpha = 72°$，量半径 $R$ 标定 $B$ 点，同法标定 $C$，$D$ 各点。

**2. 正六边形的放样**

（1）正六边形的特点，如图 16-8b 所示。

六边形各中心角均为 60°；各三角形均为等边三角形，因此

$$R = S$$

（2）放样方法

正六边形边角关系比较简单，在设计时只要给出 $O$ 点的坐标，一条边的长度和方向，就可使用极坐标法放样出正六边形的各点。

### 16.6.2 椭圆形建筑物放样

某些展馆、娱乐中心、游泳馆等，为使外形美观，常呈椭圆形的外轮廓。

**1. 椭圆的公式**

如图 16-9 所示，椭圆的公式可写为：

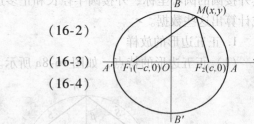

$$\frac{x^2}{a^2} + \frac{y^2}{b^2} = 1 \qquad (16-2)$$

$$MF_1 + MF_2 = 2a \qquad (16-3)$$

$$c^2 = a^2 - b^2 \qquad (16-4)$$

式中　$a$——长半径；

　　　$b$——短半径；

　　　$c$——椭圆中心 $O$ 至左焦点 $F_1$ 或右焦点 $F_2$ 的距离。

图 16-9　椭圆形各元素

**2. 放样方法**

（1）在现场拉线作图

当椭圆尺寸较小，如 $2a < 50\text{m}$ 时，采用此法简便易行，也能保证足够的精度。操作步骤如下：

①根据设计资料标定椭圆中心位置，放样长、短半径方向。

②根据给定椭圆长短半径，放样椭圆 4 个顶点 $A$，$A'$，$B$，$B'$。

③放样焦点 $F_1$，$F_2$，放样数据 $c$ 按式（16-4）计算。

④准备一根测绳，量测绳长为 $2a$ 作一标志。测绳零端固定在 $F_1$ 点，测绳作标志的另一端固定在 $F_2$ 点上。将测钎套入测绳拉紧，此时测钎绕中心画曲线，即得到椭圆曲线，实际上操作时，按一定间距在地上打木桩，以便施工。

（2）解析法

当椭圆尺寸较大（$2a > 50\text{m}$）时，应采用解析法。若设计中给出了椭圆长、短半径，则可按式（16-2）计算椭圆曲线上各点坐标。

设 $a = 30\text{m}$，$b = 20\text{m}$，$x = 2$，4，6，8，10，12，…，30m，相应 $y$ 值见表 16-2：

表 16-2　椭圆曲线 $x$、$y$ 坐标值

| $x$ | 2 | 4 | 6 | 8 | 10 | 12 | 14 | 16 | 18 | 20 | 22 | 24 | 26 | 28 | 30 |
|---|---|---|---|---|---|---|---|---|---|---|---|---|---|---|---|
| $y$ | 19.96 | 19.82 | 19.60 | 19.28 | 18.86 | 18.33 | 17.69 | 16.92 | 16.00 | 14.91 | 13.60 | 12.00 | 9.98 | 7.18 | 0 |

放样步骤如下：

①放样椭圆中心及长短半轴方向。

②以长半轴为 $x$ 轴，量距标定出 $x$ 等于 2，4，6，8，10，12，…，30 等位置。

（3）在长半轴标定的点位上作垂线，并沿垂线的方向上量取 $y$ 值即得椭圆曲线上的 $a$，$b$，$c$，$d$… 及 $a'$，$b'$，$c'$，$d'$…。将这些点用木桩钉在地面上即可作为施工的依据，如图 16-10 所示。

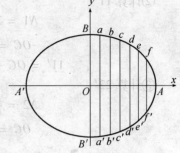

图 16-10　椭圆曲线放线

### 16.6.3　圆弧形建筑物放样

**1. 拉线法画弧**

建筑物为弧形平面时，若给出半径长，可以先找出圆心，然后拉尺绳用给定的半径画弧定位。如图 16-11a 所示，先在地面上定出弧弦的端点 $A$，$B$，然后分别以 $A$，$B$ 点为圆心，用给定的半径 $R$ 画弧，两弧相交于 $O$，此点即为弧形的圆心。再以 $O$ 点为圆心，用给定的半径 $R$ 画弧形，用测钎在地面上作标志，即得到所要求的弧形。

如果给定弦长与矢高，可作垂线的方法定位。如图 16-11b 所示，先在地面上定出弧弦的两端点 $A$，$B$，过 $AB$ 直线的中点 $m$ 垂线，在垂线上量取矢高 $h$ 定出 $C$ 点。再过 $AC$ 连线的中点 $n$ 作垂线，两垂线相交于 $O$ 点，$O$ 点即为弧形的圆心。最后以 $O$ 点为圆心，以 $OA$ 为半径在 $A$，$B$ 间画圆弧，用测钎在地面上作标志，即得到所要求的弧形。

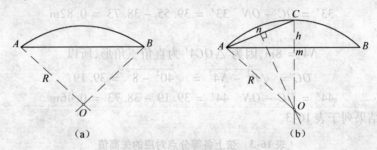

图 16-11　圆弧形建筑物放样

（a）已知半径拉线法画弧；（b）已知弦长矢高定圆心画弧

用拉线法画弧，圆心点一定要设置牢固，可以打一大木桩，桩顶上再钉一大铁钉。所用的尺绳伸缩性要小，尺绳捆扎在大铁钉上，另一人拉紧尺绳另一端并按半径长，绕圆心画弧，在地上插测钎作标志，定点之后再换用打木桩。

**2. 计算矢高法标定圆弧**

当圆弧半径较大，或因在实地拉线画弧操作不方便时，如图 16-12 所示，已知圆弧半径 $R$ 为 40m，弦长 $AB$ 为 20m。为了标定该圆弧各点，首先要求弦上各点的矢高，为此，把弦长 $AB$ 分成十等分，计算相应于 1，2，3，4 各点的矢高，即 $11'$，$22'$，$33'$，$44'$。因圆弧左右对称，所以计算求得右边矢高 $11'$，$22'$，$33'$，$44'$ 的值，也适用于左边矢高 $-1-1'$，$-2-2'$，$-3-3'$，$-4-4'$ 的值。最后将各点相连即得所求的圆弧。

具体步骤如下：

（1）在地面上定出弦的两端点 $A$，$B$，将弦长均分为 10 等分，本例一等分为 2m，每等分点右边分别为 1，2，3，4，$B$，左边分别为 $-1$，$-2$，$-3$，$-4$，$A$。

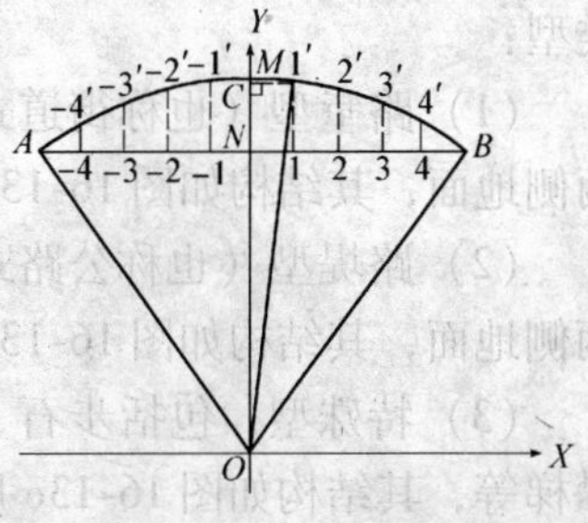

（2）计算弦上各点的矢高，即 $NM$，$11'$，$22'$，$33'$，$44'$。

图 16-12　计算矢高法标定圆弧

①计算 $MN$：因为 $\triangle ONB$ 为直角三角形，所以

$$ON = \sqrt{OB^2 - NB^2} = \sqrt{40^2 - 10^2} = 38.73$$

$$MN = OM - ON = 40 - 38.73 = 1.27$$

②计算 11′

$N1 = 2m$，因为 $\triangle OC1'$ 为直角三角形，所以

$$OC = \sqrt{R^2 - N1^2} = \sqrt{40^2 - 2^2} = 39.95$$

$$11' = OC - ON \quad 即\ 11' = 39.95 - 38.73 = 1.22m$$

③计算 22′

$N2 = 4m$，因为 $\triangle OC2'$ 为直角三角形，所以

$$OC = \sqrt{R^2 - N2^2} = \sqrt{40^2 - 4^2} = 39.80$$

$$22' = OC - ON$$

$OC$ 长度随点而变化，而 $ON$ 长度固定（38.73m），所以

$$22' = 39.80 - 38.73 = 1.07m$$

④计算 33′

$N3 = 6m$，因为 $\triangle OC3'$ 为直角三角形，所以

$$OC = \sqrt{R^2 - N3^2} = \sqrt{40^2 - 6^2} = 39.55$$

$$33' = OC - ON \quad 33' = 39.55 - 38.73 = 0.82m$$

⑤计算 44′

$N4 = 8m$，因为 $\triangle OC4'$ 为直角三角形，所以

$$OC = \sqrt{R^2 - N4^2} = \sqrt{40^2 - 8^2} = 39.19$$

$$44' = OC - ON \quad 44' = 39.19 - 38.73 = 0.46m$$

上列计算结果列于表 16-3。

表 16-3　弦上各等分点对应的矢高值

| 等分点 | A | -4 | -3 | -2 | -1 | 0 | 1 | 2 | 3 | 4 | B |
|---|---|---|---|---|---|---|---|---|---|---|---|
| 矢高（m） | 0 | 0.46 | 0.82 | 1.07 | 1.22 | 1.27 | 1.22 | 1.07 | 0.82 | 0.46 | 0 |

## 16.7　园林道路及其设计知识

### 16.7.1　园路概述

园路是贯穿园林的交通网络，是联系若干个景区和景点的纽带。它组织交通与导游，并构成园林风景。

园林道路从结构形式来分主要有 3 种类型：

（1）路堑型（也称街道式），路面低于两侧地面，其结构如图 16-13a 所示。

（2）路堤型（也称公路式），路面高于两侧地面，其结构如图 16-13b 所示。

（3）特殊型，包括步石、汀步、磴道、攀梯等，其结构如图 16-13c 所示。

园路按其使用功能等级可划分为：

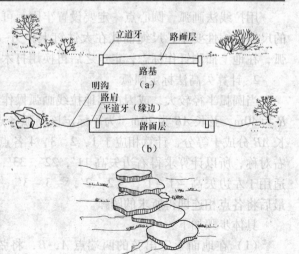

图 16-13　园路三种类型

（a）路堑型园路；（b）路堤型园路；（c）特殊型园路

282

（1）主园路。主园路在风景区中又称主干道，是贯穿景区所有游览区，起骨干作用的园路。主园路常作导游线，同时也满足少量园务运输车辆通行的要求。其宽度视公园性质和游人容量而定，一般为 3.5~6.0m。

（2）次园路。次园路又称次干道，是主干道的分支，是贯穿各功能分区、联系重要景点和活动场所的道路，宽度一般为 2.0~3.5m。

（3）小路。小路又称步游道，是各景区内连接各景点，深入各个角落的游览小路。其宽度一般为 1~2m，有些游览小路宽度为 0.6~1m。

### 16.7.2　园路设计知识

#### 1. 园路线型

园路的走向和线型，不仅受到地形、地物、水文、地质等因素的影响和制约，更重要的是要满足园林功能的需要，如串联景点、组织景观、扩大视野等。园路线型包括平面线型和纵断面线型。

（1）平面线型

①直线：在规则式园林场地中，多采用直线形园路，因线型规则、平直，交通方便。

②圆弧曲线：道路转弯处，弯道部分应采用圆曲线，曲线半径按相应的规定。

③自由曲线：指曲率不等且随意变化的自然曲线。游步道主要采用此种线型，它随地形、景物变化而自然弯曲，柔顺协调。

园路曲折迂回应有目的性，一方面是为了满足地形及功能上的要求，如避绕障碍、串联景点、围绕草坪、组织景观、增加层次、延长游览路线、扩大视野，另一方面应避免无艺术性和功能性的过多弯曲。

（2）纵断面线型

道路的剖面（竖向）线型则由水平线路、上坡、下坡、以及在变坡处加设的竖曲线组成，在变坡处加设的竖曲线，目的是使行车平顺，一般采用圆弧曲线把相邻两个不同坡度的路线相连接，这条曲线位于竖直面内，故称为竖曲线。当圆心位于竖曲线下方时，称凸形竖曲线。当圆心位于竖曲线上方时，称凹形竖曲线，如图 16-14 所示。

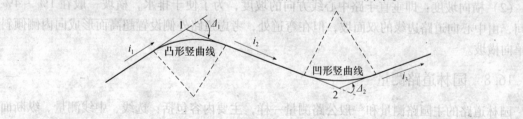

图 16-14　道路纵断面线型

设计要求：

①园路根据造景的需要，应随形就势，即随地形起伏而起伏。

②在满足造景艺术要求的同时，尽量利用原有地形，以保证路基础的稳定，减少土石方量。但也要避免过分迁就地形而使路线频繁起伏。尽量少用极限纵坡，使路线平顺。

③尽量采用平缓的纵坡，纵坡不宜大于 6%，坡长不宜过短，较大的纵坡，坡长也不宜过长。注意平曲线与竖曲线的合理组合，例如，长坡下端避免设置小半径平曲线，长直线上不宜设置大纵坡等，以利行车安全。

### 2. 道路宽度

对于总体规划时确定的园路平面位置及宽度应再次核实，并做到主次分明。在满足交通要求的情况下，道路宽度应趋于下限值，以扩大绿地面积的比例。游人及各种车辆的最小运动宽度，见表16-4。

**表16-4　游人及车辆最小运动宽度**

| 交通种类 | 最小宽度（m） | 交通种类 | 最小宽度（m） |
|---|---|---|---|
| 单人 | ≥0.75 | 小轿车 | 2.00 |
| 自行车 | 0.6 | 消防车 | 2.06 |
| 三轮车 | 1.24 | 卡车 | 2.05 |
| 手扶拖拉机 | 0.84～1.50 | 大轿车 | 2.66 |

### 3. 园路曲线半径及曲线加宽

行车道路转弯半径在满足机动车最小转弯半径的条件下，可结合地形、景物灵活处理。主要考虑实际地形地物条件、行车安全以及园林造景的需要，在条件困难的个别地段可以采取最小转弯半径12m。

汽车在曲线上行驶时，各车轮的轨迹半径是不相等的，后轴内侧车轮行驶轨迹半径最小，前轴外侧车轮行驶轨迹半径最大。因此在车道内侧需要更宽一些路面，以满足后轴内侧车轮行驶轨迹的要求，故公路曲线段需要加宽。但是，当平曲线半径 $R \geqslant 200m$ 时可以不必加宽。由于曲线段加宽，为使由直线段宽度逐渐加宽到弯道曲线加宽值，则需设置加宽缓和段，如图16-15所示。

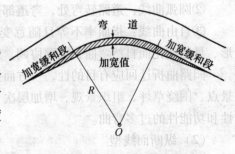

图16-15　道路曲线段加宽

### 4. 纵向与横向坡度

（1）纵向坡度：即沿道路中心线方向的坡度，一般为 $0.3\% \sim 8\%$，以保证排水和行车安全。对于游步道及特殊的道路一般也不应大于12%。

（2）横向坡度：即垂直于路中心线方向的坡度，为了便于排水，横坡一般在 $1\% \sim 4\%$ 之间，由中心向道路边缘的双面坡，但在弯道处，考虑道路外侧设置超高而形成向内侧倾斜的单向横坡。

## 16.8　园林道路测量

园林道路的主园路测量和一般公路测量一样，主要内容包括：选线、中线测量、纵断面水准测量、横断面测量、纵断面图的绘制与纵坡设计、横断面图的绘制与路基设计、土石方量的计算、编制园路工程概（预）算等。次园路与小路测量则比较简单，主要是根据园林设计图进行简单的定位即可，曲线多为自然曲线，在施工时，用目测把曲线尽可能标定圆滑一些。

主园路测量完全按照一般公路测量步骤进行，但应注意主园路的一些特点，现叙述如下：

### 1. 主园路选线

选线方法同一般公路测量，但应特别注意下列问题：

（1）主园路应满足公园运输及导游两大任务。为大众服务的公园一般面积较大，主园路的选线要便于日常经营管理和运输，并为游人提供舒适、安全、方便的交通条件，引导游人从一个景区到另一景区，为游人欣赏园景提供了连续不断的视点，取得步移景异的效果。

（2）园路不仅要不占或少占景观用地，而且要参与造景。园路走向要以景区或景点的分布为依据，充分利用各种地形条件，挖掘地形要素的实用功能和造景潜力，使园路本身的曲线、色彩与周围环境协调统一，形成园林中的新的景观。

（3）选线应顺应自然地形，避免大填大挖，减少土石方量；不要破坏天然水体、山丘和植被（需改造者除外），尤其是要保留古树、名树和大树，保护自然景观。

（4）选线应避开滑坡、泥石流、软土、泥沼和地形陡峭等不良地质地段，确保园路工程安全。

### 2. 中线测量

园路在总体规划设计图中已确定，现地勘查地形地质情况，在实地钉出路线的交点桩，又称转点桩，用 JD 表示。在交点桩处安置经纬仪测量两直线的夹角 $\beta$，再换算为转折角 $\alpha$。根据转折角 $\alpha$ 大小，在现场选定圆曲线半径 $R$，计算圆曲线长 $L$、切线长 $T$ 及外矩 $E$，然后再计算圆曲线三主点编号，在实地打桩，如果圆曲线较长，还应钉细部桩。一般情况主园路可以不设缓和曲线。测设具体步骤详见 13.2 节。

### 3. 纵断面水准测量

其任务是测定中线上各里程桩（中桩）的地面高程，绘制路线纵断面图，以便于进行路线的纵坡设计。路线水准测量分两步进行：

（1）基平测量，即沿线路方向设置若干水准点，建立线路的高程控制。

（2）中平测量，即根据各水准点的高程，分段进行中桩水准测量。

测量具体步骤详见第 13.8 节。

### 4. 纵断面图的绘制及拉坡设计

纵断面图是线路设计和施工中的重要资料，它是以中桩的里程为横坐标，中桩的高程为纵坐标绘制而成的。由于纵断面图表示了中线方向地面的起伏，因此可在其上进行纵坡设计（又称拉坡设计）。实际作业时，应等待横断面图画完之后，才能进行拉坡设计。绘图具体步骤详见第 13.8 节。

### 5. 横断面测量

横断面测量的主要任务是在各中桩处测定垂直于道路中线方向的地面起伏，为绘制横断面图提供数据。

### 6. 横断面图绘制及路基设计

一般采用 1:100 或 1:200 的比例尺绘制横断面图。由横断面测量中得到的各点间的平距和高差，在毫米方格纸上绘出各中桩的横断面图。横断面图画好后，进行路基设计，路线中桩处填高或挖深的数值取自路线纵断面图。绘图具体步骤详见第 13.9 节。

### 7. 土石方量的计算

土石方量的计算通常采用平均断面法，即取相邻两桩横断面积的平均值，乘以两桩间距。计算通常列表进行，详见第 13.11 节。

### 8. 编制工程概（预）算

由建设单位根据设计任务书、路线长度、等级、地形条件、主要工程数量编制概算；勘测量之后，在施工前应编制工程预算，对人工、主要材料、机具、设备的数量及费用编制工程预算。

## 16.9 造园土方工程测量

### 1. 造园竖向设计及土方工程

园林工程的实施，往往是从土方工程开始的，或凿水筑山，或场地平整，或挖沟埋管，或开槽铺路。土方工程的设计包括平面设计和竖向设计两个方面，平面设计是指在一块场地上进行水平方向的布置和处理，竖向设计是指在场地上进行垂直于水平面方向的布置和处理，它创造出园林中各个景点、各种设施及地貌等在高程上高低起伏和协调统一。

竖向设计主要包含以下的几个方面：

（1）地形设计。地形的设计和整理是竖向设计的一项主要内容。地形骨架的"塑造"，山水布局，峰、峦、坡、谷、河、湖、泉、瀑等地貌小品的设置，它们之间的相对位置、高低、大小、比例、尺度、外观形态、坡度的控制和高程关系等都是通过地形设计来解决。

（2）园路、广场、桥涵和其他铺装场地的设计。图纸上以设计等高线表示出道路及广场的纵横坡和坡向，道桥连接处及桥面标高。在大比例尺图纸中用变坡点标高来表示园路的坡度和坡向。

（3）灌溉及排水设计。在地形设计的同时要考虑地表水的流向，特别是植物灌溉和地面积水的排除。

（4）管道综合设计。园内各种管道（如供水、排水、供暖及煤气管道等）的布置，难免有些地方会出现交叉，在规划上按一定原则，统筹安排各种管道交会时合理的高程关系，以及它们和地面上的构筑物或园内乔灌木的关系。

在造园施工中，由于土方工程是一项比较艰巨的工作，所以准备工作和组织工作不仅应该先行，而且要做到周全仔细，否则因为场地大或施工点分散，容易造成窝工甚至返工。在定点放线前，应做好以下的两项工作：

（1）清理场地。在施工地范围内，凡有碍工程的开展或影响工程稳定的地面物或地下物都应该清理，例如不需要保留的树木、废旧建筑物或地下构筑物等。

（2）排水。场地积水不仅不便于施工，而且也影响工程质量，在施工之前，应该设法将施工场地范围内的积水或过高的地下水排除。

在清场之后，为了确定施工范围及挖土或填土的标高，应按设计图纸的要求，用测量仪器在施工现场进行定点放线工作。为了使施工充分表达设计意图，测设时应尽量保证点位及其高程的精确性。下面就挖湖（水体）、堆山进行叙述。

### 2. 公园水体测设

（1）用仪器测设

室内工作：第一步，在设计图上用量角器直接量取控制点至放样点（选取设计的湖泊、水渠的外形轮廓的拐点）方向与其他已知边所夹的水平角度。第二步，用比例尺量取控制点至放样点之间的距离。

如果附近没有控制点，可在适当的位置布设一条基线，基线的方位角用罗盘仪测定，以便于将该基线在图上标出，然后在图上由基线端点量测放样点的水平角与距离。

实地工作：经纬仪安置在所选的控制点（或基线端点）上，将室内量算的角度与距离按极坐标法——测设到地面上，并钉上木桩，最后，撒上白灰以圆滑的曲线连接，即得湖池的轮廓线（湖边线）。定出湖边线后就可动工，挖土机开挖深度控制，初期目测控制，后期要用水准仪随时检查挖深，直至达到设计深度。

（2）格网法测设

在图纸中欲放样的湖面上打方格网，相应实地也打方格，根据图上湖泊外轮廓线各点在格网中的位置（或外轮廓线、等高线与格网的交点），在地面方格网中找出相应的点位，撒上白灰，定出湖边线就可动工。

3. 堆山测设

堆山或微地形等高线平面位置的测定方法与造湖的测设方法相同。用机械（推土机）堆土，只要标出堆山的边界线，司机参考堆山设计模型，就可堆土，等堆到一定高度以后，用水准仪或经纬仪检查标高，不符合设计的地方，用人工加以修整，使之达到设计要求。

## 16.10 园林树木种植点测设

按照园林工程的建设施工程序，先理山水、改造地形、埋设管道；然后，修筑道路、铺装场地、构筑建筑物及附属工程设施；最后，实施绿化。

绿化是园林建设的主要组成部分，没有绿的环境，就不可能称其为园林。绿化工程分为种植和养护管理两部分，其中，种植是指人为地栽种植物。在实施种植前，需要对园林树木种植进行定点放线。

一般说来，种植放线不必像园林建筑或园路施工那样准确。但是，当种植设计要满足一些活动空间尺寸、控制或引导视线的需求；或者所种植的树木作为独立景观时，以及树木为规则式种植时，树木的间距、平面位置以及树木间的相互位置关系都应尽可能准确地标定。放线时首先应选定一些点或线作为依据，例如现状图上的建筑、构筑物、道路或地面上的导线点等，然后将种植平面上的网格或偏距放样到地面上，并依次确定乔灌木的种植穴中心位置、坑径以及草木、地物的种植范围线。

就树木的种植方式而言，有两种：

（1）单株（如孤植树、大灌木与乔木配植的树丛），它们每株树的中心位置在图纸上都有明确的表示。其中，一定范围的单株树木可以组成有规律的分布方式（如行道数，有固定的行距和株距），也可以是有一定错落的自然式分布。

（2）只在图上标明范围而无固定单株位置的树木（如灌木丛、成片树林、树群）。由于树木种植方式各不相同，因此定点放线的方法也有多种。

当完成种植的定点工作后，应对现场标定位置的木桩或白灰线进行目视检查（必要时用皮尺进行距离丈量校核），以确保实地定位与设计图的一致性。

### 16.10.1 自然式配置种植点测设

1. 网格法（坐标定点法）

适用于范围大，地势平坦的绿地，其做法是根据植物配置的疏密度先按一定比例相应地在设计图及现场画出方格，定点时先在设计图上量好树木对方格的坐标距离，在现场按相应的方格找出定植点或树木范围线的位置，钉上木桩或撒上白灰线标明。

2. 仪器测设

使用经纬仪、全站仪或平板仪极坐标定点。当绿化范围较大，控制点明确的种植定点可用此法。如图 16-16 所示，$A$，$B$，$K$ 等点为已知平面位置点，现欲对 $A$ 点附近的树木进行定点。

（1）使用经纬仪或全站仪定点。

①将仪器安置于点 $A$，对中整平，然后仪器在盘左位置以 $K$ 点为后视点进行定向并归零；

②从图上量出某树木中心位置（如 P 点）到 A 点的距离及与后视方向的夹角（如平面角∠KAP）；

③将仪器正拨某角度（如∠KAP），即使仪器的水平度盘读数即为上步量得的角度，同时在该方向上量取相应的水平距离（即 P 到 A 点的水平距离），确定出 P 点的平面位置，并钉木桩，写明树种。这样即可完成该株树木的定点工作。

（2）使用平板仪定点。首先将图纸（图 16-16）粘在小平板边上，在地面上 A 点安置小平板，对中整平，用 AK 直线定向，使图纸与实地具有相同的方位。将照准仪直尺边紧贴 A1，A2，A3，A4，…直线，按图上尺寸换算成实地距离，分别在视线方向上用皮尺量距定出 1，2，3，4，…点位置，并钉木桩，写明树种。图上第 13 点是树丛，可在范围的边界上找出一些大拐弯点，分别按上法测设在地面上，小拐弯处目估即可，按设计形状在地面上标出并撒上白灰线，并将树种名称、株数写在木桩上，钉在范围线内。花坛先放中心线，然后根据设计尺寸和形状在地面上用皮尺作几何图画出边界线。

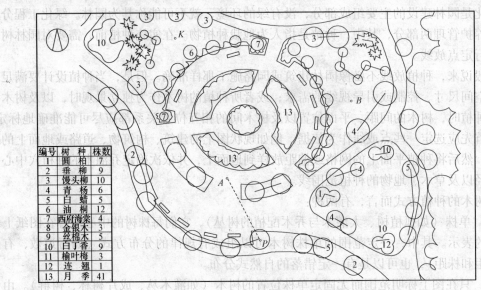

| 编号 | 树种 | 株数 |
|---|---|---|
| 1 | 圆柏 | 7 |
| 2 | 垂柳 | 9 |
| 3 | 馒头柳 | 10 |
| 4 | 青杨 | 6 |
| 5 | 白蜡 | 5 |
| 6 | 油桐 | 12 |
| 7 | 西府海棠 | 4 |
| 8 | 金银木 | 3 |
| 9 | 丝棉木 | 5 |
| 10 | 白丁香 | 5 |
| 11 | 榆叶梅 | 2 |
| 12 | 连翘 | 1 |
| 13 | 月季 | 41 |

图 16-16　种植设计图

**3. 支距法与距离交会法**

使用的工具主要是皮尺与标杆。一般对于在草坪上或山坡上种植一棵树，根据树木中心点至道路中线或路牙线（通常道路定位先于树木种植）的垂直距离，用皮尺丈量放线。丛植型种植（几种乔灌木配植在一起），此时用支距法或距离交会法测设出种植范围的边界，或先定出主树位置，然后再用尺量定出其他树种位置。

**4. 目测法**

对于树木种植位置点位精度要求较低，或设计图上无固定点的绿化种植，如灌木丛、树群等，可用目估画出树群树丛的栽植范围，定点时应注意植株相互位置，注重自然美观。定好点后，多采用白灰打点或打桩，标明树种，栽植数量（灌木丛、树群）、坑径。

**16.10.2　具有规则排列种植点测设**

对于防护林、风景林、纪念林、公园、苗圃等树木种植点排列都具有一定的规则，一种是矩形排列，另一种是菱形排列。具体测设分述如下：

288

## 1. 矩形排列测设

如图 16-17a 所示。$A'B'C'D'$ 为一个作业区的边界，其放样步骤如下：

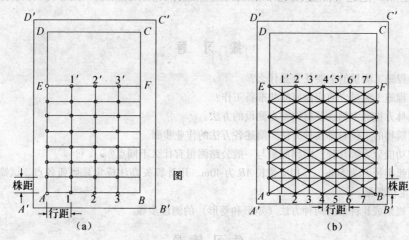

图 16-17 有规则种植的测设
（a）矩形排列测设；（b）菱形排列测设

（1）以 $A'B'$ 为基准线按半个株行距先量出 $A$ 点（地边第一个定植点）的位置，量 $AB$ 使其平行于基线 $A'B'$，并且使 $AB$ 的长为行距的整倍数，在 $A$ 点上安置仪器作 $AD \perp AB$，且使 $AD$ 边长为株距的整倍数。如果种植区很大，作垂线 $AD$ 太长产生偏差可能很大，应分片进行，例如，先定出 $AD$ 为 300m，以后继续按同法进行。

（2）在 $B$ 点作 $BC \perp AB$，并使 $BC = AD$，定出 $C$ 点。为了防止错误，可在实地量 $CD$ 长度，看其是否等于 $AB$ 的长度。

（3）一般使用百米测绳丈量，因此，分别在 $AD$，$BC$ 线丈量为整倍数株距长度时标定出 $E$，$F$ 点，$AE$ 与 $BF$ 长当然不会超过 100m（因测绳最长为 100m），这时我们首先把 $ABEF$ 区域标定种植点。

（4）在 $AB$，$EF$ 等线上按设计的行距量出 1，2，3，…和 1′，2′，3′，…点。

（5）用测绳逐步连接 1—1′，2—2′，3—3′，…并在连线上按株距定出各种植点，撒上白灰为记号。

区域下部完成后，用同样的方法标定区域上部种植点。

## 2. 菱形排列测设

如图 16-17b 所示，放线步骤：（1）～（3）步同前。第（4）步是按半个行距定出 1，2，3，…和 1′，2′，3′，…点。第（5）步是连 1—1′，2—2′，3—3′，4—4′…奇数行（例如 1—1′，3—3′，…）的第一点应从半个株距起，按株距定各种植点；偶数行（例如 2—2′，4—4′，…）则从起始边 $AB$ 起按株距定出各种植点。

## 3. 行道树定植放线

道路两侧的行道树，要求栽植的位置准确、株距相等。一般是按道路设计断面定点。在有路牙道路上，以路牙为依据进行定植点放线。无路牙的则应找出道路中线，并以此为定点的依据用皮尺定出行距，大约每 10 株钉一木桩，作为控制标记，每 10 株与路另一边的 10 株一一对应（应校核），最后白灰标定出每个单株的位置。

若树木栽植为一弧线，如街道曲线转弯处的行道树，放线时可从弧的开始到末尾以路牙

289

或中心线为准，每隔一定距离分别画出与路牙垂直的直线，在此直线上，按设计要求的树与路牙的距离定点，把这些点连接起来就成为近似道路弧度的弧线，于此线上再按株距要求定出各点来。

## 练 习 题

1. 园林工程施工测量的主要任务是什么？

2. 园林工程施工测量之前应做好哪些准备工作？

3. 叙述园林方格网主轴线及格网交点测设的方法。

4. 园林建筑物的定位有哪几种方法？简述各方法的作业步骤。

5. 园路按功能分为哪几种？园路测量与一般公路测量有什么不同点？

6. 已知圆弧半径 $R$ 为 50m，其相应弦长 $AB$ 为 40m。用计算矢高法标定该圆弧各点，试简述测设步骤并计算所需的定位数据。

7. 简述有规则成片种植的两种方法（矩形和菱形）的测设步骤。

## 学 习 辅 导

1. 本章学习目的与要求

目的：园林工程包括四个方面，其中土建工程、道路工程与普通建筑工程施工测量没有什么差别，而景观工程和绿化工程有其自身的特点，施工测量的精度要求比前两者低，测设方法也所不同。学习本章的目的是使学生能够承担这些工程的施工放样。

要求：

（1）掌握园林工程施工控制网的布设，掌握最常用的建筑方格网（并非一定是正方形）的布设方法，主轴的测设，网格点的测设。

（2）掌握园林建筑物的定位测量，它的特点和测设方法。

（3）理解园林基础及墙体施工测量步骤，它与普通民用建筑没有什么差别，可参阅有关教材。

（4）掌握挖湖、堆山测设。

（5）掌握成片有规则的种植点测设方法。

2. 学习本章的方法要领

（1）园林工程施工测量与前面第 12 章工业与民用建筑施工测量有很多相同点，在施工控制网的布设方面更多使用建筑方格网。在这方面第 12 章讲得更为详细，联系该章进行复习。但是，园林的建筑方格网的布设的精度要求较低，测设方格网的主轴线一般不需作调直处理，具体做法是：先定出主轴线的两点，然后延长定第 3 点，但延长时必须采用正倒镜取中。另一条垂直主轴线，采用盘左、盘右分别测设直角，在视线方向取中即可。

（2）测设具体建筑物总是先搞定位测量，把建筑物外轮廓轴线的交点（角点）标定在地面，然后再标定其他轴线及细部，这样测设是先后有序、确保精度。

（3）园路的测量方面，主园路承担游人游览与公园经营管理双重任务，精度指标严格按国家公路测量规范；次园路主要是满足游览要求，车速较低，曲线半径等指标可适当降低，但工程质量不能降低。

（4）按照公园设计图进行施工的先后顺序一般是：建筑物→道路→绿化种植，因此施工测量也是按此顺序。标定建筑物、道路需要用仪器，按一定的测设方法进行。由于有了房屋道路的位置，树木的种植点位，按设计图对照房屋、道路目估定位一般都能满足要求，工效大大提高。

# 第三篇  提高篇

# 第17章  全站仪及其使用

## 17.1  概述

随着测量技术的不断发展和各种制造工艺水平的不断提高，测量中使用的各种新技术和新仪器愈来愈多，它们不仅提高了测量的速度和精度，而且有的从根本上更新了测量的观念和理论。

全站仪正是电子计算机技术、光电测距技术发展的结果。由于全站型电子速测仪较完善地实现了测量和处理过程的电子化和一体化，所以人们也通常称之为全站型电子速测仪或简称全站仪。

全站型电子速测仪基本组成包括电子经纬仪、光电测距仪、微处理器和数据自动记录装置（电子手簿），不仅能同时完成自动测距、自动测角，进行平距、高差和坐标计算，而且还能通过电子手簿实现自动记录、自动显示、存储数据，并可以进行数据处理，在野外直接测得点的坐标和高程。另外，它还能通过传输接口，将野外采集的数据直接传输给计算机、绘图机，并配以数据处理软件，实现测图的自动化。

从总体上看，全站仪由下列两大部分组成：

（1）为采集数据而设置的专用设备：指电子测角系统、电子测距系统、数据存储系统，还有自动补偿设备等。

（2）过程控制设备：主要用于有序地实现上述每一专用设备的功能。过程控制设备包括与测量数据相连接的外围设备及进行计算、产生指令的微处理机。

只有上面两大部分有机结合，才能真正地体现"全站"功能，即既要自动完成数据采集，又要自动处理数据和控制整个测量过程。

全站仪按其结构形式可分为积木式（Modular），也称组合式，整体式（Integrated），也称集成式两种。整体式全站仪的电子经纬仪和光电测距仪共用一个光学望远镜，两种仪器整合为一体，使用起来非常方便。组合式全站仪则是电子经纬仪和光电测距仪可分开使用，照准轴和测距轴不共轴，作业时将光电测距仪安装在电子经纬仪上，相互之间用电缆实现数据的通讯，作业完成后，则可分别装箱，这种组合式的全站仪又称半站仪。组合式全站仪可根据作业精度的要求，将不同的电子经纬仪和光电测距仪组合在一起，形成不同精度的全站仪，极大提高仪器的使用效率，但在使用中稍比整体式麻烦。二十世纪九十年代以后，基本上都发展为整体式全站仪。

随着计算机技术的不断发展与应用以及用户的特殊要求与其他工业技术的应用，全站仪出现了一个新的发展时期，世界上各测绘仪器厂商均争相生产各种型号的全站仪，出现了带内存、防水型、防爆型、电脑型等全站仪，而且品种越来越多，精度越来越高，使用上也是越来越方便，全站仪正朝着功能全、效率高、全自动、易操作、体积小、重量轻的方向发展。目前常见的全站仪有日本索佳（SOKKIA）公司的 SET 系列、拓普康

（Topcon）公司的 GTS 系列、尼康（Nikon）公司的 DTM 系列以及瑞士徕卡（Leica）公司的 TPS 系列等。国内一些厂家也能生产高质量的全站仪，例如，我国苏州一光仪器有限公司生产的 RTS 系列与 OTS 系列，南方测绘公司生产的 NTS 系列，北京光学仪器厂生产的 DZQ 系列全站仪等。

## 17.2 日本拓普康电子全站仪 GTS-710 的结构

### 17.2.1 全站仪的结构

日本拓普康公司的 GTS-710 电子全站仪属整体式全站仪。从外观上看主要包括望远镜、水准器、电池、电源开关、显示屏、操作键、磁卡座、基座等。

1. 全站仪的望远镜

GTS-710 采用望远镜光轴（视准轴）和测距光轴完全同轴的光学系统，所以从外观上看，它只有一个物镜，这样的设计使得一次照准就能同时测量出角度和距离。

2. 微处理器及其数据记录

在全站仪的内部装置有一个微处理器，由它来控制电子测角、测距，以及各项固定参数，如温度、气压、棱镜常数等信息的输入、输出。还可由它设置各项观测误差的改正、有关数据的实时处理及控制电子手簿。

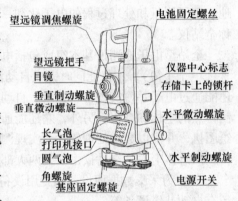

图 17-1 GTS-710 电子全站仪

全站仪一般均有与之相匹配的数据自动记录装置，依仪器结构的不同有三种方式：一是通过电缆将仪器的数据传输接口与外接的记录器连接起来，数据直接存储在外接的记录器上；二是仪器内部有一个大容量的内存，用于记录数据；另一种形式是在仪器上插入数据记录卡，GTS-710 就是采用的此种方式，数据的自动记录和查询都非常方便。

外接记录器又称电子手簿，实际生产中常用掌上电脑作为电子手簿，如日本 SHARP 公司生产的 PC-E500，它不仅具有自动数据记录功能，而且还具有编程处理功能，全站仪和电子手簿的通讯接口一般为 RS-232C 标准通用接口。

3. 电池和电源开关

大部分全站仪均自带充电电池，同时也可通过外部电源接口接入外接电源。它的作用是为仪器工作提供电源。

在电池使用中应注意：

（1）充电

在使用仪器前一般都需先充电。在常温下充电效果最好，随着温度的升高充电效率会降低。因此，每次充电均应在常温下进行，这会使电池达到最大容量，并可使使用时间最长。充电时间超过规定也会缩短电池的使用寿命，应尽量避免。

（2）存放

电池的存放时间过长或存放温度过高，将会使电池的电量丢失。电池电量减少，可以再次充电后存放。如果长时间不使用电池，应每隔 3 ～ 4 个月充电一次，并在常温或低温下存放，这有助于延长电池的使用寿命。

电源开关是控制仪器电源接通和断开的设备。在仪器关机时，可选择在下次开机时是否保持此次操作中的设置。

GTS-710 电子全站仪还可以在设定时间内，如果无按键操作，仪器自动切断电源，以便节约电能。

4. 显示屏及操作键

仪器在正反两侧均分别安装液晶显示器和功能键盘，即时显示水平距离、高差、角度等测定数据，又能进行正倒镜观测，操作十分方便。液晶显示屏的上面几行显示观测数据，最下面一行显示各个软键的功能，软键功能随观测模式的不同而改变。

操作键是用来输入外界数据和设置各种观测模式的，有的仪器一键对应一种功能或数据，有的则通过不同键的组合达到目的。GTS-710 属于一键对应一种功能或数据的仪器。

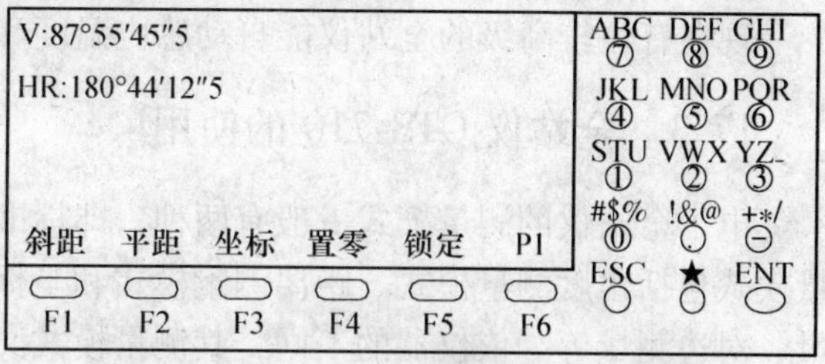

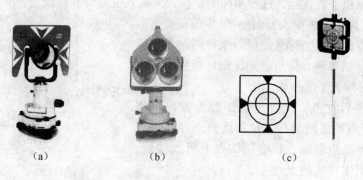

图 17-2　GTS-710 的显示面板及操作键

### 17.2.2　全站仪的辅助设备

1. 反射棱镜

在全站仪进行除角度测量之外的所有测量工作，都需要配备反射物体，如反射镜和反光片。反射镜是最常用的一种合作目标。

反射棱镜有单块、三块和九块等不同的种类，如图 17-3a、b 所示，棱镜数量不同，测程也不同，选用多块棱镜可使测程达到较大的数值。反射棱镜一般都有一固定的棱镜常数，将它和不同的全站仪进行配套使用时，必须在全站仪中对棱镜的棱镜常数进行设置。棱镜常数一旦设置，关机后该常数仍被保存。

（a）　　　　　　　　　（b）　　　　　　　　（c）

图 17-3　各种反光棱镜

（a）单棱镜；（b）三棱镜；（c）反光片

图 17-3c 为反光片，尺寸 30mm×30mm，适用于距离 500m以内测量，尺寸 60mm×60mm 适用于距离 700m 以内测量。

构成反射棱镜的光学部分是直角光学玻璃锥体，如图 17-4所示，其中 ABC 为透射面，是等边三角形，另外三个面为反射面，呈等腰直角三角形。反射面镀银，面与面之间互相垂直。这种结构的棱镜，无论光线从哪个方向射入透射面，棱镜都会将光线进行平行反射。因此，在测量中只要将棱镜的透射面大

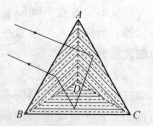

图 17-4　反射镜的反射原理图

致垂直于测线方向，仪器便会得到回光信号，从而测量出仪器到棱镜的距离。

2. 温度计和气压表

光在空气中的传播速度并非常数，而是随大气的温度和压力而变，不同的温度和压力对应不同的大气改正值，在全站仪中设置了大气改正值，则仪器会自动对观测结果实施大气改正。

气压测量一般使用空盒气压计，单位为毫米汞柱（mmHg）或百帕（hPa）。

温度测量一般使用通风干湿温度计，在测程较短或测距精度要求不高时，可使用普通温度计。

现在有些较高级的全站仪能自动感应温度和气压，并进行改正。

## 17.3 全站仪 GTS-710 的使用

电子全站仪的测量模式一般有两种，即标准测量模式和特殊模式（程序模式）。标准测量模式包括角度测量模式、距离测量模式和坐标测量模式；特殊模式包括导线测量、悬高测量、对边测量等。依仪器的不同，其测量模式又各有差别。GTS-710 电子全站仪具有标准测量模式和特殊模式。

### 17.3.1 标准测量模式

在角度测量模式下可以进行零方向安置，设置和测定水平角，同时还可进行竖直角的测量。

在距离测量模式下，可进行仪器常数的设置，气象改正的设置；高精度测距、跟踪测量以及快速的距离测量；可同时完成水平角、平距和高差的测量；可显示测量距离与设计放样距离之差，进行施工放样；还可进行偏心测量。

坐标测量模式是指已知测站点坐标，通过仪器测量出镜站点的三维坐标。如图 17-5 所示，在已知测站点安置仪器，选择坐标测量模式，输入仪器高和棱镜高、测站点坐标和后视点的平面坐标(高程不必输入)和各种气象改正要素。

输入后视点的平面坐标是使仪器求得测站点至后视点的方位角，如果该方位角已知，则可直接输入方位角 $\alpha$，而不必输入平面坐标。

操作时照准后视点，配置度盘读数为方位角值（也可输入后视点的平面坐标，仪器将自动计算出方位角）。然后转动照准部，照准镜站点上所立棱镜，按下测量键即可求得镜站点的三维坐标。

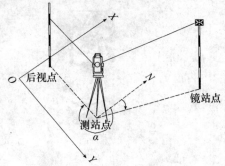

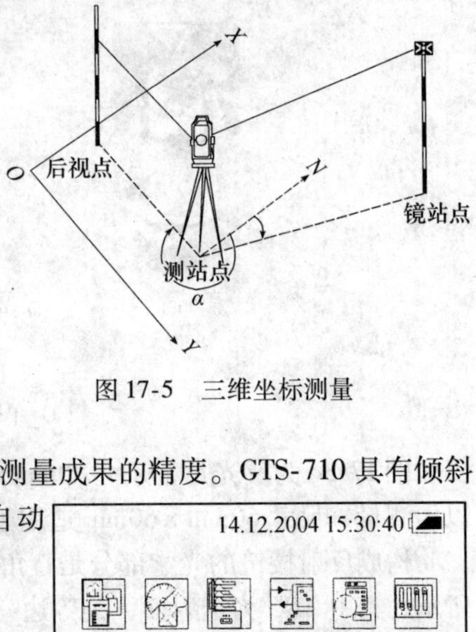

图 17-5　三维坐标测量

1. 测量前的准备工作

（1）安置仪器

将仪器安置在三脚架上，精确整平和对中，以保证测量成果的精度。GTS-710 具有倾斜传感器，当仪器不严格水平时，能对水平角和垂直角自动施加改正数。

（2）开机

按住电源键，直到液晶显示屏显示相关信息，仪器进行初始化，并自动进入主菜单，如图 17-6 所示。仪器开机时，要确认显示窗中显示有足够的电池电量，当电池电量

| 14.12.2004 15:30:40 |
| 程序　测量　管理　通信　校正　设置 |

图 17-6　GTS-710 主菜单

不足时，应及时更换电池或对电池进行充电。

关机时按电源键后，仪器将要求选择再次开机时是否恢复当前工作模式或显示屏。若选择恢复，则开机就不会显示主菜单，而是恢复上次关机时的工作状态。

2. 角度测量

仪器开机后，在测量模式下，按角度测量键，进入角度测量模式。

（1）水平角（右角）和垂直角测量

确认在角度测量模式下，将望远镜照准目标，仪器显示天顶距（V）及水平角右角（HR），操作见表17-1。

**表17-1　水平角（右角）和垂直角测量**

| 操作步骤 | 显　示 | 说　明 |
|---|---|---|
| ①进入角度测量模式，照准第一个目标（A） | V:　89°25′55″<br>HR: 157°33′58″<br>斜距 平距 坐标 置零 锁定 P1↓ | 照准目标A |
| ②按［F4］键，选"置零"，使A目标读数为0°00′00″ | 【水平度盘置零】<br>HR:　00°00′00″<br>退出　　　　　　　　　　设置 | |
| ③按［F6］键，确认水平度盘置零，屏幕返回角度测量模式 | V:　89°25′55″<br>HR:　00°00′00″<br>斜距 平距 坐标 置零 锁定 P1↓ | 水平度盘置零 |
| ④照准第二个目标（B）。仪器显示∠AOB的水平角，目标B垂直角 | V:　87° 22′45″<br>HR: 143° 37′ 52″<br>斜距 平距 坐标 置零 锁定 P1↓ | 照准目标B |

（2）水平角测量模式（右角/左角）的变换

确认在角度测量模式下，操作见表17-2。

**表17-2　水平角测量模式（右角/左角）的变换**

| 操作步骤 | 显　示 | 说　明 |
|---|---|---|
| ①在角度测量模式下，按［F6］（↓）键，进入第2页功能 | V:　87°22′45″<br>HR: 143°37′52″<br>斜距 平距 坐标 置零 锁定 P1↓<br>置盘 R/L V% 倾斜 P2↓ | 显示右角（HR） |
| ②按［F2］（R/L）键，水平度盘测量右角模式（HR）转换为左角模式（HL） | V:　87°22′45″<br>HL: 55° 13′05″　　　　　PSM 0.0<br>　　　　　　　　　　　PPM 0.0<br>　　　　　　　　　　(m) * F. R<br>置盘 R/L V% 倾斜 P2↓ | 显示左角（HL） |
| ③类似右角观测方法进行左角测量 | | |
| ●每按一次［F2］（左/右）键，右角/左角便依次切换<br>●右角/左角切换开关可以在参数设置模式下关闭 | | |

（3）水平度盘的设置

①通过锁定水平角法设置

确认在角度测量模式下，操作见表17-3。

295

**表 17-3　通过锁定水平角法设置水平度盘**

| 操作步骤 | 显　示 | 说　明 |
|---|---|---|
| ①在角度测量模式下，转动望远镜，利用水平微动和水平制动螺旋设置水平度盘读数，如 70° 20′ 30″ | V：　89°25′55″<br>HR：70°20′30″<br>斜距　平距　坐标　置零　锁定　P1↓ | 显示设置 |
| ②按［F5］（锁定）键，启动水平度盘锁定功能 | 【锁定】<br>HR：70°20′30<br>退出　　　　　　　　　　解除 | 水平度盘锁定为 70°20′30″ |
| ③照准用于定向的目标点 | 【锁定】<br>HR：70° 20′30″<br>退出　　　　　　　　　　解除 | 瞄准目标点 |
| ④按［F6］（解除）键，确定水平度盘为 70° 20′30″，屏幕返回角度测量模式 | V：　89°25′55″<br>HR：70°20′30″<br>斜距　平距　坐标　置零　锁定　P1↓ | |

●在③中，要返回到先前模式，可按［F1］（退出）键

②利用数字键设置

确认在角度测量模式下，操作见表 17-4。

**表 17-4　利用数字键设置水平度盘**

| 操作步骤 | 显　示 | 说　明 |
|---|---|---|
| ①在角度测量模式下，照准用于定向的目标点 | V：　89°25′55″<br>HR：157°33′58″<br>斜距　平距　坐标　置零　锁定　P1↓ | 照准 |
| ②按［F6］（↓）键，进入第 2 页功能 | V：　89°25′55″<br>HR：157° 33′58″<br>斜距　平距　坐标　置零　锁定　P1↓<br>置盘　R/L　V%　倾斜　P2↓ | P1 表示第 1 页，P2 表示第 2 页，实际仅显示一页 |
| ③再按［F1］（置盘）键，进入置盘模式 | 【配置度盘】<br>HR：- | |
| ④输入所需的水平度盘读数。如：70° 20′30″ | 【配置度盘】<br>HR：70. 203 | 输入水平度盘读数，小数点前为度，小数点后为分秒 |
| ⑤按［ENT］键，屏幕返回角度测量模式，进行正常的角度测量 | V：　89°25′55″<br>HR：70°20′30″<br>斜距　平距　坐标　置零　锁定　P1↓ | ［ENT］ |

●在④中，若输入有误，可按［F6］（左移）键移动光标，或按［F1］（退出）键，重新输入正确值

（4）垂直角百分度模式

确认在角度测量模式下，操作见表 17-5。

**表 17-5　垂直角百分度模式的转换**

| 操作步骤 | 显　示 | 说　明 |
|---|---|---|
| ①按［F6］（↓）键，进入第 2 页功能 | V：　90° 10′20″<br>HR：304°46′53″<br>斜距　平距　坐标　置零　锁定　P1↓<br>置盘　R/L　V%　　倾斜　P2↓ | 垂直角 V→百分度 V%<br>公式：V% = tanV |
| ②按［F3］（V%）键 | V%：- 0.003　　　V%<br>HR：304°46′53″<br>置盘　R/L　V%　倾斜　P2↓ | |

●每按一次［F3］（V%）键，垂直角显示模式便依次更换

### 3. 距离测量

由于温度、气压以及棱镜常数改正值均影响着测距的精度，首先应在星键（★）模式下对它们进行设置，然后开始测距。

（1）连续测距

确认在角度测量模式下，操作见表 17-6。

表 17-6　连续测距

| 操作步骤 | 显　　示 | 说　　明 |
|---|---|---|
| ①照准棱镜中心 | V： 90°10′20″<br>HR：120°30′40″<br>斜距 平距 坐标 置零 锁定 P1↓ | 瞄准棱镜 |
| ②按［F1］（斜距）或［F2］（平距）键。例如进行平距测量 | V： 90°10′20″<br>HR：120°30′40″　　　　　PSM0.0<br>HD：　　　　　　　　＜ PPM0.0<br>VD：　　　　　　　　（m）＊F.R<br>测量 模式 角度 斜距 坐标 P1↓ | HD 为平距<br>VD 为高差 |
| ③显示出测量结果 | V： 90°10′20″<br>HR：120°30′40″　　　　　PSM0.0<br>HD：　716.66　　　　　PPM0.0<br>VD：　4.001　　　（m）＊F.R<br>测量 模式 角度 斜距 坐标 P1↓ | |

●在②中，显示在窗口第四行右边的字母表示测量模式。F：精测模式；C：粗测模式；T：跟踪模式。R：连续（重复）测量模式；S：单次测量模式；N：N 次测量模式

（2）测距方式的选择

GTS-710 当设置了观测次数时，仪器会按设置的次数进行距离测量并显示出平均值。若预置值为 1，则进行单次观测，不显示平均距离。仪器出厂时设置的为单次观测。

①设置观测次数

确认在角度测量模式下，操作见表 17-7。

表 17-7　距离观测次数的设置

| 操作步骤 | 显　　示 | 说　　明 |
|---|---|---|
| ①按［F1］（斜距）或［F2］（平距）键 | V： 90°10′20″<br>HR：120°30′40″<br>斜距 平距 坐标 置零 锁定 P1↓ | |
| ②按［F6］（↓）键，进入第 2 页功能 | V： 90°10′20″<br>HR：120°30′40″　　　　PSM 0.0<br>HD：　　　　　　　　PPM 0.0<br>VD：　　　　　（m）＊R.F<br>测量 模式 角度 斜距 坐标 P1↓<br>信号　放样　均值 m/ft P2↓ | |
| ③再按［F3］（均值）键 | 【取平均值之次数】<br>N：0 | |
| ④输入观测次数，如 4 次。并按［ENT］键确定 | V： 90°10′20″<br>HR：120°30′40″　　　　PSM 0.0<br>HD：　　　　　　＜ PPM 0.0<br>VD：　　　　　（m）＊F.N<br>信号　放样　均值 m/ft P2↓ | |

②观测方法

确认在角度测量模式下，操作见表17-8。

**表 17-8　连续距离测量**

| 操作步骤 | 显　示 | 说　明 |
|---|---|---|
| ①照准棱镜中心 | V：　　90°10′20″<br>HR：120°30′40″<br><br>斜距 平距 坐标 置零 锁定 P1↓ |  |
| ②按［F1］（斜距）或按［F2］（平距）键，进入斜距或平距测量模式<br>示例：平距测量<br>N 次观测 | V：　　90°10′20″<br>HR：120°30′40″　　　　PSM 0.0<br>HD：　　　　　< PPM 0.0<br>VD：　　　　　（m）∗ F.N<br>测量 模式 角度 斜距 坐标 P1↓ |  |
|  | V：　　90°10′20″<br>HR：120°30′40″　　　　PSM 0.0<br>HD：　54.321　　　　PPM 0.0<br>VD：　1.234　　　（m）∗ F.N<br>测量 模式 角度 斜距 坐标 P1↓ |  |
| ③显示出平均距离并伴随着蜂鸣声，同时屏幕上"∗"号消失 | V：　　90°10′20″<br>HR：120°30′40″　　　　PSM 0.0<br>HD：　54.321　　　　PPM 0.0<br>VD：　1.234　　　（m）F.N<br>测量 模式 角度 斜距 坐标 P1↓ |  |

● 观测结束后，按［F1］键可重新进行测量
● 按［F1］键两次可返回到连续测量模式
● 按［F3］键可返回到角度测量模式

（3）测距模式的选择——精测（F）/跟踪（T）/粗测（C）

①精测模式：这是一种正常距离测量模式。

精确测量时，仪器按所设次数进行连续测距，测量次数可在仪器中设置，最后的显示值为所测距离平均值，测距时间为3.0s，最小显示距离可达0.2mm。选择"精测"模式，屏幕右下角字母显示"F"（fine）。

②跟踪模式：该模式的观测时间短于精测模式，主要用于放样测量，在跟踪运动目标或工程放样中非常有用。测距时间为0.5s，最小显示距离为10mm。选择"跟踪"模式，屏幕右下角字母显示"T"（trace）。

③粗测模式：该模式的观测时间短于精测模式，主要用于测量有轻微不稳定的目标。测距时间为0.7s，最小显示距离为1mm。选择"粗测"模式，屏幕右下角字母显示"C"（crude）。

精测/跟踪/粗测模式的选择操作见表17-9。

表 17-9　精测/跟踪/粗测模式的选择

| 操作步骤 | 显　　示 | 说　　明 |
|---|---|---|
| ①照准棱镜中心 | V：　90°10′20″<br>HR：120°30′40″<br><br>斜距 平距 坐标 置零 锁定 P1↓ | |
| ②按［F1］（斜距）或按［F2］（平距）键，进入斜距或平距测量模式<br>示例：平距测量 | V：　90°10′20″<br>HR：120°30′40″　　　　　　PSM 0.0<br>HD：　　　　　　　< PPM 0.0<br>VD：　　　　　　(m) ＊F.R<br>测量 模式 角度 斜距 坐标 P1↓ | |
| ③按［F2］（模式）键，变为粗测模式。再按［F2］（模式）键，变为跟踪模式 | V：　90°10′20″<br>HR：120°30′40″　　　　　　PSM0.0<br>HD：　　　　　　< PPM0.0<br>VD：　　　　　　(m) ＊C.R<br>测量 模式 角度 斜距 坐标 P1↓ | |
| ●在第③步，每按一次［F2］（模式）键，观测模式就依次转换 | | |

### 4. 坐标测量

（1）设置测站点坐标

测站点坐标（NEZ）可以预先设置在仪器内，以便计算未知点坐标。仪器开机后，在角度测量模式下，按表 17-10 所示操作。

表 17-10　测站点坐标的设置

| 操作步骤 | 显　　示 | 说　　明 |
|---|---|---|
| ①在角度测量模式下，按［F3］键，进入坐标测量模式 | V：　90°10′20″<br>HR：120°30′40″<br><br>斜距 平距 坐标 置零 锁定 P1↓ | |
| ②按［F6］（↓）键，进入第 2 页功能 | N：　　<<br>E：　　　　　　PSM0.0<br>Z：　　　　　　PPM0.0<br>　　　　　　(m) ＊F.R<br>测量 模式 角度 斜距 坐标 P1↓<br>信号 高程 均值 m/ft 设置 P2↓ | |
| ③按［F5］（设置）键，显示以前的数据 | 【设置测站点】<br>N：　12345.6700<br>E：　12.3400<br>Z：　10.2300<br><br>退出　　　　　　　　左移 | N 即为纵坐标 X<br>E 即为横坐标 Y<br>Z 即为高程 |
| ④输入新的坐标值，并按［ENT］键确定 | 【设置测站点】<br>N：　0.0000<br>E：　0.0000<br>Z：　0.0000<br><br>退出　　　　　　　　左移 | 输入 N 坐标，按［ENT］键；输入 E 坐标，按［ENT］键；输入 Z 坐标，按［ENT］键 |
| ⑤测量开始 | N：　　<<br>E：　　　　　　PSM0.0<br>Z：　　　　　　PPM0.0<br>　　　　　　(m) ＊F.R<br>信号 高程 均值 m/ft 设置 P2↓ | |
| ●在第④步，按［F1］（退出）键，可取消设置 | | |

（2）设置仪器高/棱镜高

确认在角度测量模式下，操作见表 17-11。

**表 17-11　仪器高/棱镜高的设置**

| 操作步骤 | 按　键 | 说　明 |
|---|---|---|
| ①在角度测量模式下，按［F3］键，进入坐标测量模式 | V：　90°10′20″<br>HR：120°30′40″<br>斜距 平距 坐标 置零 锁定 P1↓ | |
| ②在坐标测量模式下，按［F6］（↓）键，进入第 2 页功能 | N：　　＜<br>E：　　　　　　　PSM 0.0<br>Z：　　　　　　　PPM 0.0<br>　　　　　　　（m）＊F. R<br>测量 模式 角度 斜距 坐标 P1↓<br>信号 高程 均值 m/ft 设置 P2↓ | |
| ③按［F2］（高程）键，显示以前的数据 | 仪器高：1.230<br>棱镜高：1.340<br>退出　　　　　　　　　左移 | |
| ④输入仪器高，按［ENT］键，输入棱镜高，按［ENT］键。<br>显示返回到坐标测量模式 | N：<br>E：　　　　　　　PSM 0.0<br>Z：　　　　　　　PPM0.0<br>　　　　　　　（m）＊F. R<br>信号 高程 均值 m/ft 设置 P2↓ | 仪器高［ENT］<br>棱镜高［ENT］ |

（3）坐标测量的操作

在完成了上述（1）、（2）两步输入后，确认在角度测量模式下，操作见表 17-12。

**表 17-12　坐标测量的操作**

| 操作步骤 | 显　示 | 说　明 |
|---|---|---|
| ①瞄准已知点 A，按角度测量中水平度盘设置的方法，设置 A 点的方向角 | V：90°10′20″<br>HR：120°30′40″<br>斜距 平距 坐标 置零 锁定 P1↓ | 瞄准 A 点，设置 A 点的方向角 |
| ②照准镜站点目标 B | V：92°15′26″<br>HR：231°40′46″<br>斜距 平距 坐标 置零 锁定 P1↓ | 瞄准 B 点 |
| ③按［F3］（坐标）键，测量坐标 | N：　　＜<br>E：　　　　　　　PSM 0.0<br>Z：　　　　　　　PPM0.0<br>　　　　　　　（m）＊F. R<br>测量 模式 角度 斜距 坐标 P1↓ | |
| ④按［F1］（测距）键，仪器开始测距 | N：12345.6789<br>E：－1234.5678　　　PSM0.0<br>Z：10.1234　　　　　PPM0.0<br>　　　　　　　（m）＊F. R<br>测量 模式 角度 斜距 坐标 P1↓ | |

●要返回正常角度或距离测量模式，可按［F6］（P2↓）键进入第 1 页功能，再按［F3］（角度），［F4］（斜距）或［F5］（平距）键

### 17.3.2 特殊测量模式（应用程序模式）

各种全站仪的特殊测量模式差别较大。GTS-710 可进行导线测量和计算，设置水平方向的方向角，对边测量，悬高测量，角度复测以及面积的计算等。

#### 1. 对边测量

对边测量的数学原理主要是余弦定理。如图 17-7 所示，假如 1、2 两点之间互不通视，而 $A$ 点与点 1、2 彼此通视，为了求出点 1 至点 2 的距离和高差，可分别测出边长 $D_{A1}$ 和 $D_{A2}$、水平角 $\beta$ 以及高差 $h_{A1}$ 和 $h_{A2}$。则有

$$
\begin{cases}
D_{12} = \sqrt{D_{A1}^2 + D_{A2}^2 - 2D_{A1}D_{A2}\cos\beta} \\
h_{12} = h_{A2} - h_{A1}
\end{cases}
\tag{17-1}
$$

GTS-710 仪器的对边测量具有两个功能，如图 17-8 所示。

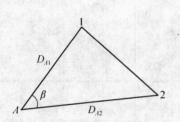

图 17-7 对边测量原理图

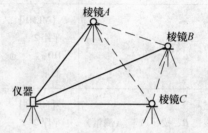

图 17-8 GTS-710 的两种对边测量模式

（1）（$A$—$B$，$A$—$C$）：测量 $A$—$B$，$A$—$C$，$A$—$D$……

（2）（$A$—$B$，$B$—$C$）：测量 $A$—$B$，$B$—$C$，$C$—$D$……

开机显示主菜单，按 F1（程序）键就进入程序模式。

```
【程序】

F1. STDSVY    P          4/6
F2. 设置方向   P
F3. 导线测量   P
F4. 悬高测量   P          翻页
```

按 ［F6］（翻页）键

```
【程序】

F1. 对边测量   P          6/6
F2. 角度测量   P


                        翻页
```

确认在程序测量模式下，操作见表 17-13。

表 17-13　对边测量的操作

| 操作步骤 | 显　　示 | 说　　明 |
|---|---|---|
| ①在程序测量模式下，按 ［F6］ 键，进入该菜单的第 2 页，按 ［F1］（对边测量）键 | 【程序】<br><br>F1. 对边测量　P　　　　6/6<br>F2. 角度测量　P<br><br>　　　　　　　　　　翻页 | |
| ②按 ［F1］（$A$—$B$，$A$—$C$）键 | 【对边测量】<br><br>1. MLM1：（$A$—$B$，$A$—$C$）<br>2. MLM2：（$A$—$B$，$B$—$C$） | |

| 操作步骤 | 显　示 | 说　明 |
|---|---|---|
| ③照准棱镜 A | 【MLM1】<br>平距 1<br>HD：　　m<br>测量　　　　　　设置 | 瞄准 A |
| ④按［F1］（测距）键，仪器开始测距，显示仪器至棱镜 A 的水平距离 | 【MLM1】<br>平距 1<br>HD：　　123.456m<br>测量　　　　　　设置 | HD 为仪器至棱镜 A 的平距 |
| ⑤按［F6］（设置）键 | 【MLM1】<br>平距 2<br>HD：　　m<br>测量　　　　　　设置 | |
| ⑥照准棱镜 B，按［F1］（测量）键，显示仪器至棱镜 B 的水平距离 | 【MLM1】<br>平距 2<br>HD：　　246.912m<br>测量　　　　　　设置 | HD 为仪器至棱镜 B 的平距 |
| ⑦按［F6］（设置）键，显示棱镜 A 与棱镜 B 之间的平距（dHD），高差（dVD）和斜距（dSD） | 【MLM1】<br>dHD：　　123.456m<br>dVD：　　12.345m<br>dSD：　　12.456m<br>退出　平距 | dHD 为 AB 间的平距<br>dVD 为 AB 间的高差<br>dSD 为 AB 间的斜距 |
| ⑧要测定 A 与 C 两点之间的距离，可按［F2］（平距）键 | 【MLM1】<br>平距 2<br>HD：　　m<br>测量　　　　　　设置 | 进入对边测量的第二种功能测量 AC 间的平距 |
| ⑨照准棱镜 C，按［F1］（测量）键，显示仪器至棱镜 C 的水平距离 | 【MLM1】<br>平距 2<br>HD：　　246.912m<br>测量　　　　　　设置 | 转照准部望远镜瞄准棱镜 C，测量仪器至棱镜 C 的距离 HD |
| ⑩按［F6］（设置）键，显示棱镜 A 与棱镜 C 之间的平距（dHD），高差（dVD）和斜距（dSD） | 【MLM1】<br>dHD：　　128.786m<br>dVD：　　19.399m<br>dSD：　　17.476m<br>退出　平距 | dHD 为 AC 间的平距<br>dVD 为 AC 间的高差<br>dSD 为 AC 间的斜距 |

● 要返回主菜单，可按［F1］（退出）和［F5］（是）键
● 要测定 A 与 D 两点之间的距离，可重复上述步骤⑧～⑩

## 2. 悬高测量（REM）

为了测量不能放置棱镜的目标点的高度（如架空的高压线、管道或高耸的建筑物），只需将棱镜架设在目标点所在铅垂线上的任一点，然后采用悬高测量，即可测出其高程。如图 17-9 所示，将反射镜安置在所测目标之下，量出反射镜高 $h_1$ 并输入，然后照准反射棱镜进行距离测量，再转动望远镜照准空中目标，测出目标点的天顶距，即能显示地面至目标的高度 $H$。其计算公式为：

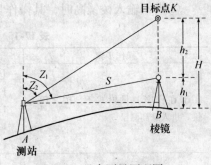

图 17-9　悬高测量原理图

$$H = h_1 + h_2 \tag{17-2}$$

其中：$h_2 = S \cdot \sin Z_1 \cdot \cot Z_2 - S \cdot \cos Z_1$

GTS—710 在悬高测量时，可以输入棱镜高，也可以不输入棱镜高。

①当输入棱镜高时，其操作见表 17-14（棱镜高 $h = 1.5\text{m}$）。

**表 17-14　悬高测量的操作**（输入棱镜高）

| 操作步骤 | 显　示 | 说　明 |
|---|---|---|
| ①在程序测量模式下，按〔F4〕键，进入悬高测量 | 【程序】<br>F1. STDSVY　P　　　　4/6<br>F2. 设置方向　P<br>F3. 导线测量　P<br>F4. 悬高测量　P　　　　翻页 | 程序测量模式，显示界面为第 4 页 |
| ②按〔F1〕（有）键 | 【悬高测量】<br>棱镜高<br>1. 有<br>2. 无 | 在悬高测量中，选"有"即量棱镜高，选"无"即不量棱镜高 |
| ③输入棱镜高，按〔ENT〕键 | 【悬高测量】<br>（1）棱镜高<br>p. h：　　1.5m<br>退出　　　　　　　左移 | 输入棱镜高1.5m，按〔ENT〕键 |
| ④照准棱镜 | 【悬高测量】<br>（2）水平距离<br>HD：　　　m<br>测量　　　　　　　设置 | 照准棱镜 |
| ⑤按〔F1〕（测量）键，测距开始。显示仪器至棱镜的水平距离 | 【悬高测量】<br>（2）水平距离<br>HD：　　123.456m<br>测量　　　　　　　设置 | |
| ⑥按〔F6〕（设置）键，棱镜位置即被确定 | 【悬高测量】<br>VD：　　0.234m<br>退出　　棱镜高　　平距 | 测量得仪器至棱镜的高差 VD |
| ⑦照准目标点 $K$，显示垂直距离 | 【悬高测量】<br>VD：　　1.456m<br>退出　　棱镜高　　平距 | 照准 B 点后自动显示所测目标至地面的垂直距离 |

②当不输入棱镜高时，其操作见表 17-15。

**表 17-15　悬高测量的操作**（不输入棱镜高）

| 操作步骤 | 显　示 | 说　明 |
|---|---|---|
| ①在程序测量模式下，按〔F4〕键，进入悬高测量 | 【程序】<br>F1. STDSVY　P　　　　　　　　4/6<br>F2. 设置方向　P<br>F3. 导线测量　P<br>F4. 悬高测量　P　　　　　　　　翻页 | |
| ②按〔F2〕（无）键 | 【悬高测量】<br>棱镜高<br>1. 有<br>2. 无 | 对棱镜高选"无"即不量棱镜高 |
| ③照准棱镜 | 【悬高测量】<br>（1）水平距离<br>HD：　　m<br>测量　　　　　　　　　　设置 | 照准棱镜 |
| ④按〔F1〕（测量）键，测距开始。显示仪器至棱镜的水平距离 | 【悬高测量】<br>（1）水平距离<br>HD：　　123.456m<br>测量　　　　　　　　　　设置 | 显示 HD 为仪器至棱镜的平距 |
| ⑤按〔F6〕（设置）键，棱镜位置即被确定 | 【悬高测量】<br>（2）垂直角<br>V：120°30′40″<br>　　　　　　　　　　　　设置 | 显示棱镜中心的无顶距 V |
| ⑥照准地面点 B | 【悬高测量】<br>（2）垂直角<br>V：95°30′40″<br>　　　　　　　　　　　　设置 | 显示地面目标的无顶距 V |
| ⑦按〔F6〕（设置）键，点 B 的位置即被确定 | 【悬高测量】<br>VD：　　0.000m<br>退出　平距　垂直角 | 〔F6〕 |
| ⑧照准目标点 K，显示垂直距离 | 【悬高测量】<br>VD：　　9.876m<br>退出　平距　垂直角 | 照准 K 点，显示目标 K 至地面的垂直距离 |

## 17.4　数据通讯 T-COM 的功能及其使用方法

T-COM 是拓普康测量仪器（GTS/GPT 系列全站仪和 DL-101/102 系列数字水准仪）与微机之间进行双向数据通讯的软件。

### 17.4.1　T-COM 软件的主要功能

T-COM 软件的主要功能有：

（1）将仪器内的数据文件下载到微机上；

（2）将微机上的数据文件与编码库文件传送到仪器内；

（3）进行全站仪数据格式 GTS-210/220/310/GPT-1000 与 SSS（GTS-600/700/710/800）

之间的转换以及数字水准仪原始观测数据格式到文本格式的转换。

T-COM 软件的使用方法：首先用 F‒3（25 针）或 F‒4（9 针）电缆连接计算机和测量仪器（全站仪和数字水准仪），在微机上运行 T-COM 后，可显示如图 17-10 所示的操作界面。

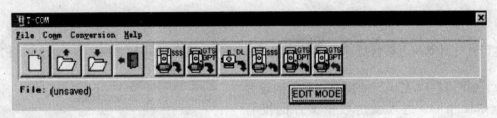

图 17-10　T-COM 的操作界面

### 17.4.2　T-COM 数据通讯的主要步骤

（1）全站仪上设置通讯参数；

（2）计算机上设置相同的通讯参数；

（3）计算机进入接收状态，全站仪发送数据；或全站仪进入接收状态，计算机发送数据。

下面以全站仪为例介绍数据文件下载（从全站仪传输至计算机）和上装（从计算机上传数据至全站仪）的操作步骤。

1. 数据文件下载

以全站仪 GTS-600/700/800 系列为例（仪器内数据格式应设置为 GTS-7，本例为下载观测数据文件）：

（1）在全站仪上选择程序/标准测量/SETUP/JOB/OPEN，选定需要下载的作业文件名。

（2）在全站仪上选择程序/标准测量/XFER/PORT，设置通讯参数：9600（波特率）、NONE（奇偶位）、8（数据位）、1（停止位）。

（3）在全站仪上进入发送文件状态，选择标准测量/XFER/SEND/RAW（对于 GTS-700/710/800，还需要选择 COM）。

（4）在计算机上运行 T-COM 软件，按快捷键 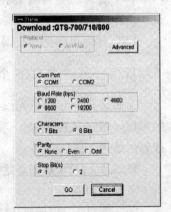，将显示通讯参数设置，设为与全站仪相同的通讯参数及正确的串口后，按［GO］键，进入接收等待状态，如图 17-11 所示。

（5）在全站仪上按［OK］键，计算机开始自动接收全站仪发送过来的数据。

2. 数据文件上装

以全站仪 GTS-600/700/800 系列为例（本例为放样点坐标文件）：

（1）在计算机上运行 T‒COM 软件，在文本框内按规定格式（参见拓普康全站仪标准测量程序使用手册附录）输入放样点设计坐标数据：

1, 0.000, 1000.000, 1000.000, STN, 001

图 17-11　通讯参数的设置

305

2, 990.000, 1010.000, 1000.000, STN, 001
1001, 1004.7210, 997.6496, 100.1153, PT, 09
1002, 1003.7027, 990.8382, 100.7989, PT, 05
1003, 998.7911, 990.3286, 100.4033, PT, 09
1004, 997.3111, 998.0951, 100.3421, PT, 05

（2）在计算机上按快捷键将  显示设置的通讯参数（如 9600、NONE、8、1）及

串口，如图 17-12 所示，确保通讯参数的设置和全站仪相同，进入发送数据文件的准备状态。

（3）在全站仪上选择程序/标准测量/SET-UP/JOB/NEW，创建一个作业文件名，用以接收计算机传来的数据。

（4）在全站仪上选择程序/标准测量/XFER/PORT，设置相应的通讯参数；确保通讯参数的设置和计算机相同。

（5）在全站仪上选择 XFER/RECEIVE/POINT（对于 GTS-700/710/80，还需要选择 COM），按〔OK〕键，进入接收等待状态。

（6）在计算机上按〔GO〕键，即可将文本框内的数据传送到全站仪作业文件中。

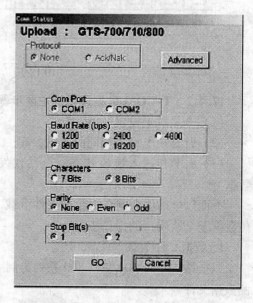

图 17-12　计算机上通讯参数的设置

3. 通讯故障

用 T-COM V1.30 版做数据通讯时，一旦出现通讯故障，按如下步骤检查：

（1）通信电缆是否有问题？

（2）全站仪和计算机的通讯参数是否一致？

（3）全站仪和计算机两端是否为一端先进入接收等待状态，另一端再发送？

（4）计算机是否有某种问题？如操作系统、内存冲突等。

（5）其他操作是否有误？

## 17.5　苏一光 OTS 全站仪的结构

下面是我国苏州一光仪器有限公司生产的 OTS（激光免棱镜型）系列电子全站仪，仪器的结构如图。

### 17.5.1　OTS 系列全站仪各部件名称及功能

OTS 系列全站仪属整体式全站仪，各部件名称如图 17-13 所示。它主要包括望远镜、水

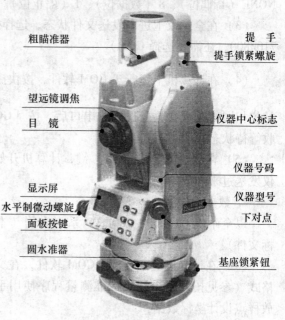

图 17-13　苏一光 OTS 系列全站仪

准器、电池、电源开关、显示屏、操作键、基座等。手簿通讯接口是使机内数据与外接电子手簿或计算机进行通讯。水平方向制动与微动以及望远镜上下转动的制动与微动螺旋，还有光学对中器用法都与光学经纬仪相同。仪器的两面都有一个相同的液晶显示电子屏，右边有6个操作键，下边有4个功能键，其功能随观测模式的不同而改变。如图 17-14 所示，显示屏采用点阵图形式液晶显示（LCD），可显示四行汉字，每行 10 个汉字；通常前三行显示测量数据，最后一行显示随测量模式变化的按键功能。利用这些键可完成测量过程的各项操作，以上各键的具体功能见表 17-16。

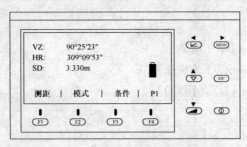

图 17-14　OTS 电子全站仪的显示屏

**表 17-16　各种按键的功能**

| 按　键 | 名　称 | 功　能 | |
| --- | --- | --- | --- |
| | | 测量模式 | 菜单模式 |
| ∠ | 坐标测量键、左移键 | 进入坐标测量模式 | 进入菜单模式后的左移键 |
| ∀ | 角度测量键、上移键 | 进入角度测量模式 | 进入菜单模式后的上移键 |
| ◢ | 距离测量键、下移键 | 进入距离测量模式 | 进入菜单模式后的下移键 |
| MENU | 菜单键、右移键 | 进入菜单模式 | 进入菜单模式后的右移键 |
| ESC | 退出键 | 退回到上一级菜单或返回测量模式 | |
| F1 ~ F4 | 功能键 | 对应显示屏上的相应功能，与电源键组成快捷键 | |
| ① | 电源键<br>第二功能键 | 控制电源的开和关<br>第二功能，与 F1 ~ F4 组成快捷键 | |

### 17.5.2　主要技术指标

OTS 电子全站仪的主要技术指标如下：

1. 望远镜

镜筒长度：158mm

放大倍率：30X

成　像：正像

视场角：1°20′

最短视距：1.7m

307

2. 距离测量（表17-17）

表 17-17　各种反射镜的测程

| 棱　镜 | | 测程（m） |
|---|---|---|
| 免棱镜（白色） | | 0.2～60 |
| 反光片 | 30mm×30mm | 1.0～500 |
| | 60mm×60mm | 1.0～700 |
| 微型棱镜 | | 1.0～1200 |
| 单棱镜 | | 1.0～5000 |

3. 测距精度

±（3mm+3ppm×$D$）（精测）

±（4.5mm+3ppm×$D$）（快速）

±（10mm+3ppm×$D$）（跟踪）

4. 测量时间

初　　始：3.0s

标　　准：1.2s

跟　　踪：0.5s

5. 其他

仪器尺寸：360mm×160mm×155mm

仪器重量：<5.3kg

## 17.6　苏一光 OTS 全站仪的使用

### 17.6.1　测量前的准备工作

1. 安置仪器

将仪器安置在三脚架上，精确整平和对中，以保证测量成果的精度。

2. 开机

按住电源键，直到液晶显示屏显示相关信息为"请转动望远镜，以及棱镜常数、大气修正值和仪器软件版本号"，转动望远镜一周，仪器蜂鸣器发出一短声并进行初始化，仪器自动进入测量模式显示。（注：仪器开机时显示的测量模式为上一次关机时仪器所显示的测量模式）。仪器开机时，要确认显示窗中显示有足够的电池电量，当电池电量不足时，应及时更换电池或对电池进行充电。

关机时按住电源键后，并按 F1 键（即同时按电源键和 F1 键），仪器显示"关机"，然后放开按键，仪器进入关机状态。仪器也可选择自动关机功能，若选择自动关机，则 10min 内如果无任何操作，仪器自动关机。

3. 数字的输入

仪器在使用过程中，有时需要输入数字，如输入棱镜常数、气压、温度、任意水平角度、放样点坐标等。苏州一光仪器有限公司生产的 OTS 系列电子全站仪没有在显示屏旁设置数字键，而是通过不同的功能键实现的，其中，F1 对应"1，2，3，4"，F2 对应"5，6，7，8"，F3 对应"9，0，°，－"，F4 对应"ENT"。

这里以输入一个任意水平角度（159°30′25″）为例加以说明，在角度测量模式下，操作步骤见表 17-18 所示（159°30′25″输入的形式为 159.3025）。

**表 17-18　数字的输入**

| 操作步骤 | 显　示 | 说　明 |
|---|---|---|
| ①在角度测量模式下，按［F4］键两次，进入第 3 页 | VZ：157°33′58″<br>HL：327°03′51″<br>置零｜锁定｜记录｜P1<br>倾斜｜坡度｜竖角｜P2<br>直角｜左右｜设角｜P3 | VZ 表示天顶距<br>HL 表示水平角为左角<br>HR 表示水平角为右角<br>第 3～5 行实际仅显示一行，此处为说明全部列上 |
| ②按［F3］键，选择"设角"，进入任意水平角度设置状态 | 水平角设置<br>HL：<br>输入｜－－｜－－｜确认 | 显示界面等待输入 |
| ③按［F1］键，选择输入，进入数字输入状态 | 水平角设置<br>HL：<br>1 2 3 4 5 6 7 8 9 0 . － ENT | F1 对应 1、2、3、4<br>F2 对应 5、6、7、8<br>F3 对应 9、0、°、－ |
| ④按［F1］键，显示"1、2、3、4" | 水平角设置<br>HL：<br>（1）（2）（3）（4） | F1 对应 1，F2 对应 2，F3 对应 3，F4 对应 4 |
| ⑤按［F1］键，选择"1"，数字输入后，显示自动回到上一级，显示"1234567890.－ENT" | 水平角设置<br>HL：1<br>1 2 3 4 5 6 7 8 9 . － ENT | |
| ⑥按［F2］键，显示"5、6、7、8" | 水平角设置<br>HL：1<br>（5）（6）（7）（8） | F1 对应 5，F2 对应 6，F3 对应 7，F4 对应 8 |
| ⑦按［F1］键，选择"5"，数字输入后，显示自动回到上一级，显示"1234567890.－ENT" | 水平角设置<br>HL：15<br>1 2 3 4 5 6 7 8 9 . － ENT | |
| ⑧依此类推，输入 9、．、3、0、2、5，（分、秒之间没有分隔符"."） | 水平角设置<br>HL：159.3025<br>1 2 3 4 5 6 7 8 9 . － ENT | 度数输完后应输分隔符"."，但是，分、秒之间不必输入分隔符"." |
| ⑨按［F4］键，选择"ENT" | 水平角设置<br>HL：159.3025<br>输入｜－－｜－－｜确认 | |
| ⑩按［F4］键，选择"确认" | VZ：157°33′58″<br>HL：159°30′25″<br>置零｜锁定｜记录｜P1 | |

　　在输入过程中或输入完毕，尚未按［F4］键选择"ENT"之前，可以用"左移"键或"右移"键移动光标进行修改。若已经按了"ENT"后发现设置错误，只能重新输入一次。

### 17.6.2　标准测量模式

　　OTS 系列电子全站仪设有标准测量模式和应用程序测量模式。标准测量模式包括角度测量、距离测量和坐标测量等。

　　1. 角度测量

　　仪器开机后，在测量模式下，按角度测量键，进入角度测量模式。

　　（1）水平角（右角）和垂直角测量

　　确认在角度测量模式下，将望远镜照准目标，仪器显示天顶距（VZ）及水平角右角（HR），操作见表 17-19。

表 17-19　水平角（右角）和垂直角测量

| 操作步骤 | 显　示 | 说　明 |
|---|---|---|
| ①进入角度测量模式，照准第一个目标（A） | VZ：89°25′55″<br>HR：157°33′58″<br>置零 \| 锁定 \| 记录 \| P1 | 显示目标 A 的天顶距及度盘水平角的读数（HR 为向右增加度数） |
| ②按［F1］键，选"置零"使 A 目标为 0°0′0″ | 水平角置零<br>确认吗？<br>－－\|－－\| 是 \| 否 | 欲测量∠AOB 角度，瞄准 A 目标后，度盘置零 |
| ③按［F3］键，确认水平度盘置零，屏幕返回角度测量模式 | VZ：89°25′55″<br>HR：0°00′00″<br>置零 \| 锁定 \| 记录 \| P1 | |
| ④照准第二个目标（B）。仪器显示∠AOB 的水平角，目标 B 垂直角 | VZ：87°22′45″<br>HR：243°37′52″<br>置零 \| 锁定 \| 记录 \| P1 | |

（2）水平角测量模式（右角/左角）的变换

确认在角度测量模式下，操作见表 17-20。

表 17-20　水平角测量模式（右角/左角）的变换

| 操作步骤 | 显　示 | 说　明 |
|---|---|---|
| ①在角度测量模式下，按［F4］键两次，进入第 3 页 | VZ：89°25′55″<br>HR：304°46′53″<br>置零 \| 锁定 \| 记录 \| P1<br>倾斜 \| 坡度 \| 竖角 \| P2<br>直角 \| 左右 \| 设角 \| P3 | VZ 表示天顶距<br>HR 表示水平角为右角（向右即顺时针增加度数）<br>第 3～5 行实际仅显示一行，此处为说明全部列上 |
| ②按［F2］（左右）键，水平度盘测量右角模式（HR）转换为左角模式（HL） | VZ：89°25′55″<br>HL：55°13′07″<br>直角 \| 左右 \| 设角 \| P3 | HL 表示水平角为左角（向左即逆时针增加度数） |
| ●每按一次［F2］（左右）键，右角/左角便依次切换 | | |

（3）水平度盘的设置

①水平角度值的置零

确认在角度测量模式下，操作见表 17-21。

表 17-21　水平角度值的置零

| 操作步骤 | 显　示 | 说　明 |
|---|---|---|
| ①在角度测量模式下，照准目标点 | VZ：89°25′55″<br>HR：157°33′58″<br>置零 \| 锁定 \| 记录 \| P1 | |
| ②按［F1］键，选择"置零" | 水平角置零<br>确认吗？<br>－－\|－－\| 是 \| 否 | |
| ③按［F3］（是）键，确定水平度盘置零，屏幕返回角度测量模式 | VZ：89°25′55″<br>HR：0°00′00″<br>置零 \| 锁定 \| 记录 \| P1 | |
| ●按［F4］键选择"否"，仪器不进行水平角度置零操作，并返回角度测量模式，同时水平角度值显示原有值 | | |

②水平角度值的锁定

确认在角度测量模式下，操作见表17-22。

**表17-22 水平度盘的设置（锁定水平角）**

| 操作步骤 | 显 示 | 说 明 |
|---|---|---|
| ①照准在角度测量模式下，照准目标点 | VZ：89°25′55″<br>HR：157°33′58″<br>置零｜锁定｜记录｜P1 | |
| ②按［F2］键，选择"锁定" | 水平角锁定<br>HR：157°33′58″<br>确认吗?<br>－－｜－－｜是｜否 | |
| ③照准目标点，按［F3］（是）键，确定水平度盘锁定，屏幕返回角度测量模式 | VZ：89°25′55″<br>HR：157°33′58″<br>置零｜锁定｜记录｜P1 | |
| ●按［F4］键选择"否"，仪器不进行水平角度锁定，并返回角度测量模式，同时水平角度值显示仪器转动后的水平角度值 | | |

③任意水平角度值的设置

确认在角度测量模式下，操作见表17-23。

**表17-23 任意水平角度值的设置**

| 操作步骤 | 显 示 | 说 明 |
|---|---|---|
| ①照准目标点，按［F4］键两次，进入第3页 | VZ：89°25′55″<br>HR：304°46′53″<br>置零｜锁定｜记录｜P1<br>倾斜｜坡度｜竖角｜P2<br>直角｜左右｜设角｜P3 | VZ 表示天顶距<br>HR 表示水平角为右角（顺时针增加度数）<br>第3～5行实际仅显示一行，此处全部列上 |
| ②按［F3］（设角）键，准备输入角值 | 水平角设置<br>HR：<br>输入｜－－｜－－｜确认 | |
| ③按表15-3数字的输入方法所示，输入所需的角度值 | | |

## 2. 距离测量

（1）距离测量的显示模式有两种：

一为斜距测量显示模式，一为高差/平距测量模式，见表17-24。

**表17-24 距离测量的显示界面**

| 操作步骤 | 显 示 | 说 明 |
|---|---|---|
| 开机后，在测量模式下，按距离测量键▲一次或两次，进入斜距测量模式 | VZ：72°37′53″<br>HR：157°33′58″<br>SD：120.530m<br>瞄准｜记录｜条件｜P1 | VZ 表示天顶距<br>HR 表示右增水平角<br>SD 表示斜距 |
| 开机后，在测量模式下，按距离测量键▲一次或两次，进入高差/平距测量模式 | HR：157°33′58″<br>HD：120.530m<br>VD：35.980m<br>瞄准｜记录｜条件｜P1 | HR 表示右增水平角<br>HD 表示水平距<br>VD 表示高差 |
| ●反复按距离测量键▲，可选择斜距测量模式或高差/平距测量模式 | | |

（2）测距条件的设置：测量时，温度、气压以及测量目标条件对测距有直接影响，因此在测距前应予以设置。

①温度、气压的设置

在距离测量模式下，其设置方法见表17-25。

表17-25　温度、气压的设置

| 操作步骤 | 显　示 | 说　明 |
|---|---|---|
| ①开机后，在测量模式下，按距离测量键▲一次或两次，进入斜距测量模式 | VZ：72°37′53″<br>HR：157°33′58″<br>SD：　120.530m<br>瞄准 ∣ 记录 ∣ 条件 ∣ P1 | |
| ②按［F3］（条件）键，进入测距条件设置 | 设置测距条件<br>PSM：000m PPM：000<br>信号：20<br>棱常 ∣ PPM ∣ T－P ∣ 目标 | PSM 为棱镜常数<br>PPM 为气象修正值<br>信号指测距回光信号值 |
| ③按［F3］（T－P）键，进入温度、气压的设置 | 温度和气压设置<br>温度：＞0020<br>气压：1013<br>输入 ∣ －－ ∣ －－ ∣ 确认 | |
| ④按表15-3 数字的输入方法所示，输入所需的温度、气压值 | | |

●温度、气压值的输入显示中共有两项输入；当前可输入项的标志为"＞"号，"＞"号在哪一项（如：温度＞0020），则表示现在可进行该项（温度值）的输入；当一项输入完成以后（如：温度＞0025），按"▼"键使可输入项标志移到另外一项（如：气压＞1013），并进行该项（气压值）的输入

●开机后，如进入高差/平距测量模式，其操作步骤同上

②测量目标条件、测距次数及棱镜常数的设置

测量目标条件包括：目标为反射棱镜、反射片和免棱镜（利用自然物体的表面）。厂家配套的棱镜，其常数为0；使用其他的棱镜，常数应重新设置。这些设置步骤见表17-26。

表17-26　测量目标条件、测距次数及棱镜常数的设置

| 操作步骤 | 显　示 | 说　明 |
|---|---|---|
| ①开机后，在测量模式下，按距离测量键▲一次或两次，进入高差/平距测量模式 | HR：157°33′58″<br>VD：　35.980m<br>HD：　115.034m<br>瞄准 ∣ 记录 ∣ 条件 ∣ P1 | HR：为水平角度<br>VD：为高差<br>HD：为平距 |
| ②按［F3］键，进入测距条件的设置 | 设置测距条件<br>PSM：000m PPM：000<br>信号：20<br>棱常 ∣ PPM ∣ T－P ∣ 目标 | PSM：为棱镜常数<br>PPM：为气象修正值<br>信号：指测距回光信号值 |
| ③按［F1］（棱常）键，进入反射棱镜常数的设置，按确认返回设置测距条件界面 | 棱镜常数设置<br>棱常：000mm<br>输入 ∣ －－ ∣ －－ ∣ 确认 | |
| ④在测距条件界面，按F4键，进入目标条件的设置，根据实际情况选按F1或F2 F3，最后按F4（ENT）键后又返回设置测距条件界面 | 目标<br>F1：NO PRISM<br>F2：SHEET<br>F3：PRISM　　　　　　ENT | 有3种目标供选择：<br>F1：为无棱镜<br>F2：为反射片<br>F3：为棱镜 |

| 操作步骤 | 显 示 | 说 明 |
|---|---|---|
| ⑤按 MENU 键，进入主菜单，按"▼"键2次进入主菜单第3页；再按 F1 键进入"设置"子菜单第1页 | 设置　　　　　　　1/3<br>F1：最小单位<br>F2：自动关机<br>F3：角度单位 | F1 显示测角最小单位<br>F2 自动关机有 ON 与 OFF 两种选择<br>F3 角度单位有360°、400°、密位制等选择 |
| ⑥按▼进入设置子菜单第2页 | 设置　　　　　　　2/3<br>F1：长度单位<br>F2：测距次数<br>F3：二差改正 | 长度单位有米（m）和英尺（ft）两种。二差改正有三种设置：OFF，0.14 及 0.20 |
| ⑦按 F2 选择测距次数，进入测距设置项目，仪器显示上一次设置的测距次数 | 测距次数设置<br>次数：005<br>输入｜ － － ｜ － － ｜确认 |  |

（3）测距模式的设置

由于工程项目要求不同，对测距精度要求不同，全站仪提供了三种测距模式设置：

①精测模式：测距精度为 ± （3mm + 3ppm × D），显示精确到0.001m。

②跟踪模式：测距精度为 ± （10mm + 3ppm × D），显示精确到0.01m。

③粗测模式：测距精度为 ± （4.5mm + 3ppm × D），显示精确到0.01m。

精测/跟踪/粗测模式的选择操作见表17-27。

表17-27　精测/跟踪/粗测模式的选择

| 操作步骤 | 显 示 | 说 明 |
|---|---|---|
| ①在距离测量模式下，按［F4］键，进入功能键信息第2页 | VZ：72°37′53″<br>HR：157°33′58″<br>SD：120.530m<br>瞄准｜记录｜条件｜P1<br>偏心｜放样｜模式｜P2 | 在距离测量模式下显示左图4行，即第1页。按［F4］键进入第2页，即左图1～3行和第5行 |
| ②按［F3］（模式）键，进入测距模式选择 | VZ：72°37′53″<br>HR：157°33′58″<br>SD：120.530m<br>粗测｜跟踪｜精测｜C | 粗测：精度低，精确到0.01，速度快<br>跟踪：精确到0.01m，适用于放样<br>精测：精确到0.001m |
| ③按［F3］键，选择精测模式。屏幕右下角字母显示"F" | VZ：72°37′53″<br>HR：157°33′58″<br>SD：120.530m<br>粗测｜跟踪｜精测｜F |  |
| ④仪器自动完成设置，并返回距离测量模式 | VZ：72°37′53″<br>HR：157°33′58″<br>SD：120.530m<br>瞄准｜记录｜条件｜P1 |  |

● 在第③步可以选择不同的测距模式，其他步骤相同

（4）距离测量

确认在距离测量模式下，操作见表17-28。

表 17-28　距离测量

| 操作步骤 | 显　示 | 说　明 |
| --- | --- | --- |
| ①在距离测量模式下，进入功能键信息第 1 页。<br>望远镜瞄准镜站的棱镜中心，准备测距 | VZ：72°37′53″<br>HR：157°33′58″<br>SD：　　　m<br>瞄准 \| 记录 \| 条件 \| P1 | VZ 表示天顶距<br>HR 表示右增加水平角<br>SD 表示斜距 |
| ②按［F1］（瞄准）键，仪器发出光束，准备测距 | VZ：72°37′53″<br>HR：157°33′58″<br>SD：　　　m<br>测距 \| 记录 \| 条件 \| P1 | |
| ③按［F1］（测距）键，仪器开始测距 | VZ：72°37′53″<br>HR：157°33′58″<br>SD＊：　120.530m<br>停止 \| 记录 \| 条件 \| P1 | SD＊表示有回光信息，正在测量斜距 |
| ④按［F1］（停止）键，仪器停止测距，显示屏显示最后的一次测量结果 | VZ：72°37′53″<br>HR：157°33′58″<br>SD：　120.530m<br>瞄准 \| 记录 \| 条件 \| P1 | |

1）表中列举的为斜距测量显示模式，高差/平距测量显示模式的操作方法相同。

2）仪器在进行距离测量时，当 SD 或 VD 后有"＊"号闪烁时，表示有回光信号；当 SD 或 VD 后没有"＊"号闪烁时，表示没有回光信号；每次距离值更新时，距离单位"m"闪烁一次，同时蜂鸣器鸣叫一次。

3）当仪器为粗测或跟踪模式时，按一次"测距"（即 F1 键），仪器进行连续的距离跟踪测量，直至按一次"停止"（即 F1 键），仪器停止测量，显示屏显示最后一次测量的结果。

4）当距离测量为精测模式时，按一次"测距"（即 F1 键），仪器进行连续的距离测量，直至测距次数达到设置的次数，仪器自动停止测量，显示屏显示测量结果的平均值；如果测距次数没有达到设置的次数，中途需要停止测量，则再按一次"停止"（即 F1 键），仪器停止测量，显示屏显示最后一次测量的结果。

### 3. 坐标测量

（1）设置测站点坐标

测站点坐标（NEZ）可以预先设置在仪器内，以便计算未知点坐标。仪器开机后，在测量模式下，按坐标测量键，进入坐标测量模式。

测站点坐标的设置见表 17-29。

表 17-29　测站点坐标的设置

| 操作步骤 | 显　示 | 说　明 |
| --- | --- | --- |
| ①在坐标测量模式下，按［F4］键，进入功能键信息第 2 页 | N：　－0.328m<br>E：　－6.610m<br>Z：　　0.290m<br>瞄准 \| 放样 \| 记录 \| P1<br>镜高 \| 仪高 \| 测站 \| P2 | 显示坐标为上一次观测输入的坐标值 |
| ②按［F3］（测站）键，进入测站坐标输入显示 | N ＞　－0.328m<br>E：　－6.610m<br>Z：　　0.290m<br>输入 \| － － \| － － \| 确认 | |

③按［F1］（输入）键，进入数字输入状态，按表 15-3 数字的输入方法所示，输入测站坐标 N 的数值。测站坐标 N 的数值输入完成后，按"▼"键，使"＞"号出现在"E"的后面，显示"E ＞"，然后进行 E 坐标的输入；E 坐标输入完成以后，按"▼"键，使"＞"号出现在"Z"的后面，显示"Z ＞"，然后进行 Z 坐标的输入

（2）设置仪器高/棱镜高

确认在坐标测量模式下，操作见表 17-30。

表 17-30　仪器高/棱镜高的设置

| 操作步骤 | 显　示 | 说　明 |
|---|---|---|
| ①在坐标测量模式下，按［F4］键，进入功能键信息第 2 页 | N：　－0.328m<br>E：　－6.610m<br>Z：　　0.290m<br>瞄准｜放样｜记录｜P1<br>镜高｜仪高｜测站｜P2 | |
| ②按［F1］（镜高）键，进入棱镜高输入 | 棱镜高输入<br><br>RHT：　　0.000m<br>输入｜－－｜－－｜确认 | |
| ③按［F1］（输入）键，进入数字输入状态，按表 17-17 数字的输入方法所示，输入棱镜高的数值，如 1.324m | 棱镜高输入<br><br>RHT：　1.324m<br>输入｜－－｜－－｜确认 | |
| ④按［F4］（确认）键，仪器返回到第 2 页 | N：　－0.328m<br>E：　－6.610m<br>Z：　　0.290m<br>镜高｜仪高｜测站｜P2 | |
| ⑤按［F2］（仪高）键，进入仪器高输入 | 输入仪器高<br><br>RHT：　　0.000m<br>输入｜－－｜－－｜确认 | |
| ⑥依棱镜高输入的方法一样，输入仪器高的数值 | | |

（3）后视点坐标的输入

确认在坐标测量模式下，操作见表 17-31。

表 17-31　后视点坐标的输入

| 操作步骤 | 显　示 | 说　明 |
|---|---|---|
| ①在坐标测量模式下，按［F4］键两次，进入功能键信息第 3 页 | N：　－0.328m<br>E：　－6.610m<br>Z：　　0.290m<br>瞄准｜放样｜记录｜P1<br>镜高｜仪高｜测站｜P2<br>偏心｜模式｜后视｜P3 | |
| ②按［F3］（后视）键，进入后视点坐标的输入 | N＞　0.000m<br>E：　0.000m<br>输入｜－－｜记录｜确认 | |
| ③按［F1］（输入）键，进入数字输入状态，按表 17-17 数字的输入方法所示，输入后视点的 N 坐标数值，N 的数值输入完成后，按"▼"键，使"＞"号出现在"E"的后面，显示"E＞"，然后进行 E 坐标的输入，直至输完 | | |
| ④按［F4］（确认）键，仪器自动计算出方位角，并显示 | 方位角设置<br>HR：270°00′00″<br>＞照准？　　　是　否 | ＞照准？询问望远镜是否已精确照准后视点？"是"按 F3，"否"按 F4 |
| ⑤如果要进行坐标测量，则照准后视目标后，按［F3］键选择"是"，仪器返回到坐标测量信息第 1 页界面 | | |

在坐标测量模式中，输入测站点坐标、仪器高、棱镜高和后视点的坐标后，仪器将保持最后一次输入的值，即使仪器关机也不会丢失。

（4）坐标测量的操作

在完成了测站点坐标、仪器高、棱镜高和后视点的坐标输入后，坐标测量的操作步骤见表 17-32。

表 17-32　坐标测量的操作

| 操作步骤 | 显　示 | 说　明 |
|---|---|---|
| ①设置测站点坐标、仪器高/棱镜高和后视点坐标，若未输入以上数据，则仪器将保持最后一次输入的值 | 方位角设置<br>HR：270°00′00″<br>＞照准？　　　是　否 | 在坐标测量模式中，测站至后视点方位角仪器自动算出 |
| ②照准后视目标，按［F3］（是）键，仪器返回到坐标测量信息第 1 页界面 | N：　－0.328m<br>E：　－6.610m<br>Z：　　0.290m<br>瞄准 \| 放样 \| 记录 \| P1 | 此时显示的坐标值为上次观测站的坐标 |
| ③照准镜站点，按［F1］（瞄准）键，仪器发出光束，准备测距 | N：　　　　　m<br>E：　　　　　m<br>Z：　　　　　m<br>测距 \| 放样 \| 记录 \| P1 | |
| ④按［F1］（测距）键，仪器开始测距 | N：　－5.678m<br>E：　　8.540m<br>Z：　　0.290m<br>停止 \| 记录 \| 条件 \| P1 | 此时显示的坐标为镜站的坐标 |
| ⑤按［F1］（停止）键，仪器停止测距，显示屏显示最后的一次测量结果 | N：　－5.678m<br>E：　　8.540m<br>Z：　　0.290m<br>瞄准 \| 记录 \| 条件 \| P1 | |

●坐标测量和距离测量虽然含义不同，但两项工作的操作步骤是相同的。同时，测距条件和测距模式的设置也和距离测量的设置一样

### 17.6.3　仪器使用的注意事项

电子全站仪是一种结构复杂而价格昂贵的先进仪器，在使用和保管中应严格按说明书的要求和步骤进行，做到专人保管与维护。

1. 安置测站时，首先把三脚架安稳妥，然后再装上全站仪。

2. 当作业迁站时，仪器电源要关闭，仪器要从三脚架上取下装箱，近距离迁站可不装箱，但务必握住仪器的提手稳步行进。

3. 未装滤光片不要将仪器直接对准阳光，否则会损坏仪器内部元件。

4. 在未加保护的情况下，绝不可置仪器于高温环境中，仪器内部的温度太高，会减少其使用寿命。

5. 在需要进行高精度的观测时，应采取遮阳措施，防止阳光直射仪器和三脚架。

6. 清洁仪器透镜表面时，应先用箱内干净的毛刷扫去灰尘，再用干净的绒棉布蘸酒精，由透镜中心向外一圈圈的轻轻擦拭，仪器的镜头千万不要用手去摸。

7. 仪器装箱时，应先将仪器的电源关掉，然后取下电池（外接电源），确保仪器与箱内

的安置标志相吻合，且仪器的目镜向上。

8. 和仪器配套使用的棱镜应保持干净，不用时应放在安全的地方，有箱子的应放在箱内，以免碰坏。

## 练 习 题

1. 什么叫全站仪？它的结构形式有哪几种？

2. 全站仪主要的功能有哪些？全站仪使用中应注意什么？

3. 简述全站仪测量距离的步骤。要注意什么问题？

4. 简述全站仪进行坐标测量的基本原理。

5. 悬高测量的基本原理是什么？试推导不输入棱镜高进行悬高测量的公式。

6. 何谓数据文件下载和上装？全站仪与计算机如何进行通讯？

## 学 习 辅 导

1. 本章学习目的与要求

目的：掌握日本拓普康电子全站仪 GTS-710 使用方法或苏一光 OTS 全站仪的使用方法。

要求：

（1）认识全站仪是光、机、电相结合新型仪器，它的功能和结构分类。

（2）掌握全站仪测量水平角、竖直角、距离、坐标的方法。

（3）掌握全站仪进行棱镜常数、气温、气压以及观测条件等各种常数的输入设置。

2. 学习方法要领

（1）在学习各种仪器时，应首先认真阅读说明书，熟悉各种操作键。

（2）通过实际操作掌握常用的功能。

（3）无论是坐标测量及各种程序测量，都是由最基本的角度测量和距离测量经仪器内部程序计算得出结果。

（4）坐标测量、悬高测量、对边测量、偏心测量等均系角度半测回值与距离经公式计算而得（内部程序计算）。如果对结果的精度要求较高，应采用角度的一测回值，因此需要知道这些公式，然后代入公式计算。

（5）全站仪的电池应定期进行充电，一般 3 个月应充电一次，以延长电池寿命。

# 第18章　三维激光扫描系统

激光扫描技术应用非常广泛，如用于防伪的激光全息扫描，用于医疗外科诊断的激光显微扫描，用于食品品质检测的激光检测扫描等。不同的应用采用了不同的激光扫描手段和方法。本章所述的三维激光扫描技术，是近十年来发展起来的一种新的激光测量技术。

三维激光扫描系统，也称为三维激光成图系统，主要由三维激光扫描仪和系统软件组成，其工作目标就是快速、方便、准确地获取近距离静态物体的空间三维模型，以便对模型进行进一步的分析和数据处理。其应用范围与近景摄影测量大致相同，但激光扫描系统具有精度高、测量方式更加灵活、方便的特点，因此，三维激光扫描可广泛应用于如下的一些方面：

（1）建筑物、构筑物的三维建模，如房屋、亭台、庙宇、塔、城堡、教堂、桥梁、高架桥、立交桥、道路、海上石油平台、炼油厂管道等。

（2）小范围的数字地面模型或高程模型，如高尔夫球场、摩托车障碍赛赛车场、岩壁等。

（3）独立物体的三维模型，如飞机、轮船、汽车、塑像等。

（4）自然地貌的三维模型，如岩洞等。

三维激光扫描是一项新兴的测量技术，结合工程应用来看，它的应用领域十分广泛，它不仅可以用于房屋建筑、公路、桥梁、大坝、测绘工程，而且可以用于工业测量领域、文物保护、CAD设计与动画制作，可以说，三维激光扫描技术的发展前景十分诱人。

## 18.1　系统组成与工作过程

三维激光扫描系统主要由扫描仪和扫描软件（用于野外现场扫描数据的记录与后处理）组成。此外，还包含软件配件设备，如安置扫描仪的三脚架、运行软件的笔记本或平板电脑、用于将扫描数据从扫描仪传送到计算机的接口线缆、用作扫描图像匹配控制点的标靶、供电电源等。图18-1为Leica三维激光扫描仪，主要由扫描主机、扫描窗、数据通讯端口等组成。

一个典型的三维激光扫描系统如图18-2所示。

一般说来，扫描工作过程有如下的几个步骤：

（1）准备工作。根据扫描目标的状况及扫描现场的条件确定扫描方案，同时做好仪器、人员、交通、后勤等方面的组织。

（2）外业扫描。在扫描现场，按扫描方案实施扫描。对于大型的扫描工作，如果有必要，还需要布设控制网，对于中、小型的扫描工作，应先设置控制标靶。在每一个扫描测站上，应首先将扫描仪安置好，并和运行有扫描软件的电脑连接好。在扫描软件中定义扫描范围、扫描分辨率等扫描参数，然后启动扫描仪进行扫描。扫描仪实时地将扫描数据下载到电脑中。

（3）内业处理。将扫描的数据进行处理（如数据检测、配准、建模等），进而生成扫描对象的三维模型。

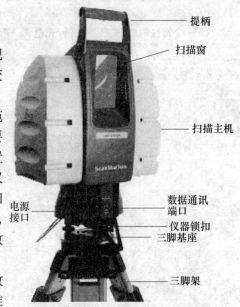

图18-1　Leica三维激光扫描仪

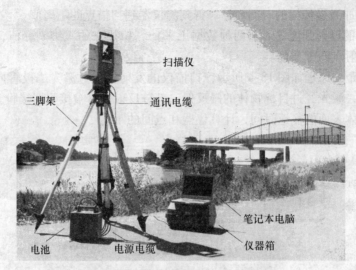

图 18-2    一个典型的三维激光扫描系统

（4）后续处理。在三维模型的基础上，可生成二维平面图、等高线图或断面图等。或对三维模型进行纹理渲染，以便用于景观设计或规划等应用，或将模型输出到其他的模型处理软件中，以进行进一步的处理。

## 18.2    三维激光扫描原理

采用激光进行距离测量已有三十余年的历史，而自动控制技术的发展使三维激光扫描最终成为现实。三维激光扫描仪的工作过程，实际上就是一个不断重复的数据采集和处理过程，它通过具有一定分辨率的空间点（坐标 $x$，$y$，$z$，其坐标系是一个与扫描仪设置位置和扫描仪姿态有关的仪器坐标系）所组成的点云图来表达系统对目标物体表面的采样结果。一幅有关立交道路的实际点云图如图 18-3 所示。

图 18-3    立交道路扫描点云图

三维激光扫描仪所得到的原始观测数据主要是：

（1）根据两个连续转动的用来反射脉冲激光的镜子的角度值得到的激光束的水平方向值和竖直方向值。

（2）根据脉冲激光传播的时间而计算得到的仪器到扫描点的距离值。

（3）扫描点的反射强度等。前两种数据用来计算扫描点的三维坐标值，扫描点的反射强度则用来给反射点匹配颜色。

脉冲激光测距的原理如图 18-4 所示，扫描仪的发射器通过激光二极管向物体发射近红外波长的激光束，激光经过目标物体的漫反射，部分反射信号被接收器接收。通过测量激光在仪器和目标物体表面的往返时间，计算仪器和点间的距离。

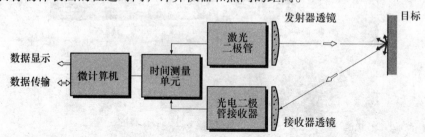

图 18-4　脉冲激光测距原理图

## 18.3　三维模型的生成与处理

1. 三维模型的生成

要将经过扫描得到的点云转化为通常意义上的三维模型，一般来说系统软件至少应该具备以下的几个条件：

（1）常用三维模型组件（如柱体、球体、管状体、工字钢等立体几何图形。

（2）与模型组件相对应的点云配准算法。

（3）几何体表面 TIN 多边形算法。

前两个条件主要是用来满足规则几何体的建模需求，而最后一个条件则是用来满足不规则几何体的建模需求。

系统软件一般提供一个称为自动分段处理的工具（auto-segmentation tools），它容许从扫描的点云图中抽取出一部分点（这部分点往往共同组成一个物体或物体的一部分），以进行自动配准处理。但这种自动配准方式的处理，只适用于那些与软件中所包含的常用几何形体相一致的目标实体组件，对于那些不能分解为常用几何形体的目标实体组成部分则是无效的。此时，需要在相应的点集中构造 TIN 多边形，以模拟不规则的表面。如图 18-5 所示的米开朗琪罗的大卫雕像的三维计算机成图，其扫描成图是不规则形体建模的典型案例。

1999 年，在意大利的佛罗伦萨，来自斯坦福大学和华盛顿大学的一个 30 人小组使用三维激光扫描系统对这座具有历史意义的雕像进行了测量。除了激光扫描外，还拍摄了 7000 幅的彩色数码相片，用于渲染贴图。虽然预定的分辨率是 1mm，但为了精确地得到雕

图 18-5　米开朗琪罗的大卫雕像

320

像的每个细节，目标点的距离测量精度实际达到了 0.25mm；部分地方采用数字转换的手段，分辨率甚至达到 0.29mm。大卫像高 517cm；其表面积为 $19m^2$，重 5.8t。为了能够扫描到雕像的最高处，还特制了机动起重架。最终的大卫模型包含了 20 亿个多边形和 7000 幅彩色图片。扫描工作花费超过 1000 工时，而处理扫描的工作则超过了 1.5 倍的扫描工时。

2. 三维模型的处理

在任意一幅点云图中，扫描点间的相对位置关系是正确的，而不同点云图间点的相对位置关系的正确与否，则取决于它们是否处于同一个坐标系下，大多数情况下，一幅扫描点云图无法建立物体的整个模型。因此，三维模型的处理就是如何将多幅点云图精确地"装配"在一起，处于同一个坐标系下。目前采用的方法称之为坐标配准（Registration）。一个典型的坐标配准如图 18-6 所示。

图 18-6　不同测站扫描点云的配准

所谓坐标配准，就是在扫描区域中设置控制点或控制标靶，从而使得相邻的扫描点云图上有 3 个以上的同名控制点或控制标靶。通过控制点的强制符合，可以将相邻的扫描点云图统一到同一个坐标系下。

坐标配准的基本方法有三种：①配对方式（Pairwise Registration）；②全局方式（Global Registration）；③绝对方式（World Registration）。前两种方式都属于相对方式，它是以某一幅扫描图的坐标系为基准，其他扫描图的坐标系都转换到该扫描图的坐标系下。这两种方式的共同表现是：在野外扫描的过程中，所设置的控制点或标靶在扫描前都没有观测其坐标值。而第三种方式，则在扫描前，控制点的坐标值（某个被定义的公用坐标系，非仪器坐标系）已经被测量，在处理扫描数据时，所有的扫描图都需要转换到控制点所在的坐标系中。前两种方法的区别在于：配对方式只考虑相邻扫描图间的坐标转换，而不考虑转换误差传播的问题；而全局方式则将扫描图中的控制点组成一个闭合环，从而可以有效地防止坐标转换误差的积累。一般说来，前两种方式的处理，其相邻扫描图间往往需有部分重叠，而最后一种方式的处理，则不一定需要扫描图间的重叠。

当需要将目标实体的模型坐标纳入某个特定的坐标系中时，也常常将全局纠正方式和绝对纠正方式组合起来进行使用，从而可以综合两者的优点。

## 18.4 三维激光扫描与近景摄影测量的比较

虽然三维激光扫描系统和近景摄影测量有许多的相似之处，但由于其基本工作原理的不同，因此实际应用中它们也有不少的差别：

1. 原始数据格式不同。扫描所得到的数据是由带有三维坐标的点所组成的点云，而摄影测量所得到的数据是影像照片。由于点云中的点已经包含有坐标，所以，可以直接在点云中进行空间量测；而单独的一幅影像照片则无法进行空间量测。

2. 拼合各测站间数据的方式不同。扫描系统采用坐标配准方式，而摄影测量则采用相对定向和绝对定向方式。

3. 测量精度不同。采用激光扫描直接测量得到的测点精度高于摄影测量中的解析点，且精度分布均匀。

4. 对外界环境的要求不同。激光扫描在白天和黑夜都可以工作，光亮度和温度对于扫描没有影响，而摄影测量的要求相对地要高一些(如高温会产生影像变形，夜晚无法进行摄影等)。

5. TIN 模型建立方式不同。在扫描系统中可以直接进行，而在摄影测量中，则首先需要用特定的软件进行相片间的配准处理。

6. 对实物材质的获取方式不同。扫描系统由反射强度来配准与真实色彩相类似的颜色或从数码影像中获取，在模型上加贴定制的材质；而摄影测量则根据影像照片直接获得真实的色彩。

## 18.5 实际应用举例

2001 年 3 月，清华大学土木系和徕卡测量系统公司的技术人员采用 Cyra 三维激光扫描系统对清华大学校内的建筑物二校门进行了三维激光扫描测量，并建立了二校门的三维模型，如图 18-7 所示。

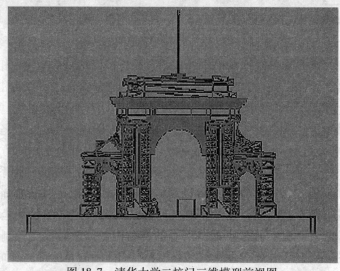

图 18-7 清华大学二校门三维模型前视图

Cyra 三维激光扫描系统由 Cyrax 2500 激光扫描仪和 Cyclone 3.0 系统软件组成。扫描仪最大测距范围为 200m，单点位置测量精度为 ±6mm。扫描速率：1 列/秒（当采样率为 1000 点/列时）或 2 列/秒（当采样率为 200 点/列时）等。扫描密度：每行、每列最多可达到 1000 点，在 50m 处，行、列中的最小点距为 0.25mm。

1. 扫描前的准备工作

针对需要扫描的目标确定扫描的测站数以及测站位置，以及控制标靶的个数和位置。在本项目中，测站数为 4，标靶个数为 6。测站分别位于建筑物的前左、前右、后左、后右距建筑物约 10m 处。

2. 扫描

在选定的测站上架设扫描仪，调整好扫描仪面对的方向和倾角。将扫描仪和笔记本电脑用网线连接好，打开扫描仪的电源开关。

扫描仪的扫描过程由 Cyclone 软件控制，通过集成的数码相机得到扫描对象的影像，在影像图上选择扫描区域。根据所设置的扫描参数（如行数、列数、扫描分辨率等）扫描仪自动进行扫描。

3. 三维建模

通过软件提供的坐标配准功能，将各测站测得的点云数据"拼合"为一个完整的建筑物点云模型。利用自动分段处理功能、抽取功能、TIN 模型构造功能等功能，将建筑物的细部模型化，并最终完成整个建筑物的建模。

4. 应用处理

根据实际工作的应用需要，由模型可以生成断面图，投影图，等值线图等，并可将模型以 AutoCAD 和 MicroStation 的格式输出。此外，也可以对模型进行渲染，以得到模型的晕渲图，如图 18-8 所示。

图 18-8　清华大学二校门晕渲图

## 本章参考文献

1. Mathias J. P. M. Lemmens and Ir. Frank A. van den Heuvel, 3D Close – range Laser Mapping Systems, GIM, January 2001

2. H. Edward Goldberg, Scan Your World With 3D Lasers, GIM, February 2001

## 练 习 题

1. 三维激光扫描系统由几部分组成？其应用领域有哪些？

2. 三维激光扫描系统原理是什么？

3. 三维激光扫描系统生成的三维模型有什么持点？如何进行处理？

## 学 习 辅 导

学习目的与要求

目的：三维激光扫描系统是极为先进的测绘技术，由于价格昂贵，在我国拥有这样的设备单位屈指可数。因此，学习本章的目的在于开阔眼界。

要求：大致了解三维激光扫描系统原理、设备、三维模型的生成与处理以及它与地面摄影测量的异同点。

# 第 19 章　数字化测图

## 19.1　数字化测图概述

### 1. 数字化测图的基本原理

随着全站型电子速测仪和计算机的发展与广泛应用，以及测图软件的迅猛发展与完善，使得数字化地形图测绘成为可能。

数字化测图（Digital Surveying and Mapping，简称 DSM）是以电子计算机为核心，以测绘仪器和打印机等输入、输出设备为硬件，在测绘软件的支持下，对地形空间数据进行采集、传输、处理编辑、入库管理和成图输出的一整套过程。它是近 20 年发展起来的一种全新的测绘地形图方法。

一般情况下，将利用电子全站仪在野外进行数字化地形数据采集，并借助绘制大比例尺地形图的工作，简称为数字测图。

传统的测图方法是，在外业测量各种地物地貌的特征点，一般通过测量距离、角度、高差，然后在图纸上展绘碎部点，再按点之间关系进行连线，便显示地物，地貌则是按碎部点高程手工内插描绘等高线。数字测图则由计算机自动完成这样的测绘过程。不难看出，要完成自动绘图，必须赋予点的三类信息：

（1）点的三维坐标；

（2）点的属性，告诉计算机这个点是什么点（地物点，还是地貌点……）；

（3）点的连接关系，与哪个点相连，连实线或虚线，从而得到相应的地物。

在外业测量时，将上述信息记录存储在计算机中，经计算机软件处理（自动识别、检索、连接、调用图式符号等），最后得到地形图。一幅图的各种图形都是以数字形式来存储。根据用户的需要，可以输出不同比例尺和不同图幅大小的地形图，除基本地形图外，还可输出各种专用的专题地图，例如交通图、水系图、管线图、地籍图、资源分布图等。

### 2. 数字化测图的基本配置

目前，国内外数字化测图系统多达几十种，基本配置分为硬件和软件两大部分：

（1）硬件配置

①野外测量数据采集。包括全站仪、电子手簿、与微机的通讯接口等。

②内业计算机辅助制图系统。包括微型计算机、绘图仪、打印机等。

（2）软件配置

①系统软件。操作系统和操作计算机所需的其他软件。

②应用软件。处理特定对象而专门设计的软件，如文字处理软件、数据库管理软件以及计算机绘图软件。计算机绘图软件主要有 AutoCAD 计算机辅助设计软件，MicroStation PC 系统，自行开发的软件，如南方测绘公司开发的 CASS5.0，清华山维的 EPSW 电子平板测图系统，武汉瑞得的 RDMS 测图系统等。

### 3. 数字化测图的基本作业过程

（1）数据采集

数据采集方法有：

①摄影测量法，即借助解析测图仪或立体坐标量测仪对航空摄影、遥感像片进行数字化。

②对现有地图进行数字化法，即利用手扶数字化仪或扫描数字化仪对传统方法测绘的原图进行数字化。

③野外地面测量法，即利用电子全站仪或其他测量仪器进行野外数据采集。

（2）数据处理

数据处理指在数据采集到成果输出之间要进行的各种处理，对外业记录的原始数据处理生成图块文件，在计算机屏幕上显示图形，人机交互方式进行图形编辑，最后生成数字地图的图形文件。

（3）成果输出

生成的图形文件可以存储在磁盘上，也可以通过自动绘图仪打印出纸质地图。其他成果（如数据与表格）还可由打印机输出。

自动化数字测图系统组成如图 19-1 所示。

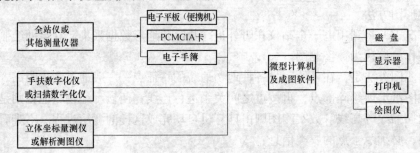

图 19-1　自动化数字测图系统

4. 数字测图的主要特点

数字化测图技术在野外数据采集工作的实质是解析法测定地形点的三维坐标，是一种先进的地形图测绘方法，与传统的图解法相比，具有以下几方面的优势：

（1）自动化程度高

由于采用全站式电子速测仪在野外采集数据，自动记录存储，并可直接传输给计算机进行数据处理、绘图，不但提高了工作效率，而且减少了测量错误的发生，使得绘制的地形图精确、美观、规范。同时由计算机处理地形信息，建立数据和图形数据库，并能生成数字地图和电子地图，有利于后续的成果应用和信息管理工作。

（2）精度高

数字化测图的精度主要取决于对地物和地貌点的野外数据采集的精度，其他因素的影响很小，而全站仪的解析法数据采集精度要远远高于图解法平板绘图的精度。

（3）使用方便

数字化测图采用解析法测定点位坐标依据的是测量控制点。测量成果的精度均匀一致，并且与绘图比例尺无关，利用分层管理的野外实测数据，可以方便地绘制不同比例尺的地形图或不同用途的专题地图，实现了一测多用，同时便于地形图的检查、修测和更新。

数字化地形测绘也有些缺点和需要不断完善的地方，第一是一次性投资较大，成本高；第二是野外采集时各类信息编码复杂；第三是在城镇地物十分密集而又复杂的地区，数字测图往往遇到很多障碍而难以实施。

5. 数字化测图的现状与发展

大比例尺地面数字化测图，20 世纪 70 年代由轻小型、自动化、多功能电子速测仪问世后发展起来。80 年代全站型电子速测仪迅猛发展，加速了数字化测图的研究与发展。我国从 1983 年开始对大比例尺地面数字化测图进行研究，发展过程大致可以分为以下两个阶段：

第一阶段主要利用全站仪在野外测量，电子手簿记录（全站仪配套的电子手簿或 PC-1500、PC-E500），同时配以人工画草图，然后到室内将数据用电子手簿传输到计算机，配以成图软件编辑成数字地图，最后由绘图仪输出。

第二阶段所使用的测量方法仍然采用野外数字测记模式，但成图软件有了实质性进展。主要表现在两个方面：一是开发了智能化外业数据采集软件；二是自动成图软件能直接针对电子手簿记录的地形信息数据进行处理。

有的采用电子平板测绘模式（electronics plate surveying and mapping system），将安装了测图软件的便携机，称为电子平板。把它带到野外，边测边绘，直接实时成图。这种数字化测图真正实现了内外业一体化，外业结束，图也出来了。电子平板模式由清华大学与清华山维新技术开发公司首创，其测图软件名为 EPSW 电子平板测绘系统。

随着科学技术水平的进一步发展，地面数字测图系统将可以发展为更自动化的以下两种模式：

（1）全站仪自动跟踪测量模式

在测站上安置自动跟踪式全站仪，无人操作；棱镜站则有司镜员和电子平板操作员（或由一人兼担）。全站仪通过自动跟踪，照准立在测点上的反射棱镜，测量的数据由测站自动传输给棱镜站的电子平板系统，棱镜站上的操作人员对数据进行记录、编辑、修改、成图。现在一些公司生产的自动跟踪全站仪单人测量系统，配上电子平板即可实现此模式。

（2）GPS 测量模式

近几年发展起来的 GPS 载波相位差分技术，又称 RTK（Real Time Kinematic），即实时动态定位，能够实时给出厘米级的定位结果。

在 RTK 作业模式，测程可以达到 10～20km，若与电子平板测图系统连接，就可现场实时成图，避免了测后返工问题。实时差分观测时间短，并能实时给出点位坐标，实现数字测图，这将显著地提高开阔地区数字测图的劳动生产率。

随着 RTK 技术的不断发展和系列化产品的不断出现，一些更轻小、更廉价的 RTK 模式的 GPS 接收机正在不断地推向市场。GPS 大比例尺数字测图系统将成为地面数字测图新的里程碑，标志着地面数字测图技术的新篇章，并将会在许多地方取代全站仪数字测图。现在有一些厂家还生产出了用于地形测量的 GPS 产品，称为 GPS Total Station（GPS 全站仪）。

## 19.2　数字化测图实施

在一般工程中，使用较多的数字化测图方法为地面数字化测图和普通地形图的数字化。

地面数字化测图是利用电子全站仪或其他测量仪器，在野外采集地形数据，通过便携式电子计算机或野外电子手簿与野外草图，利用测图软件进行野外数字化测图。

普通地形图的数字化是将采用常规测图方法测绘的，目前已有的图解地图，通过地图数字化，转换成计算机能存储和处理的数字地图。采用普通地形图数字化，地形要素的位置精度不会高于原地图的精度。地图数字化方法按采用的数字化仪（digitizer）不同分为手扶跟踪地图数字化和扫描屏幕数字化。

### 19.2.1　地面数字化测图

1. 数据采集的作业模式

地面数字化测图依其发展过程看，主要可分为数字测记法模式和数字测绘法模式。

（1）数字测记法模式，就是将野外采集的地形数据传输给电子手簿，利用电子手簿的数据和野外详细绘制的草图，在室内通过计算机屏幕进行人机交互编辑、修改，生成图形文件或数字地图。

（2）数字测绘法模式（又称电子平板模式），将安装了测图软件的便携机，称为电子平板，在野外利用电子全站仪测量，将采集到的地形数据传输给便携式计算机，测量工作者在野外实时地在屏幕上进行人机对话，对数据、图形进行处理、编辑，最后生成图形文件或数字地图，所显即所测，实时成图，真正实现内外业一体化，如图19-2所示。

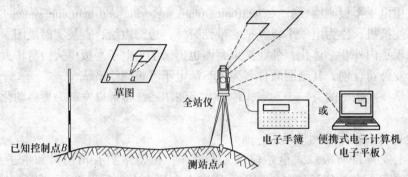

图19-2　全站仪配合便携式计算机测图

2. 地形信息编码的要义及编码方案

由于地形图是依野外测量数据，由计算机软件自动处理（自动识别、检索、连接、自动调用图式符号等），并在测量工作者的干预下自动完成地形图的绘制。为此，在数字测图时，必须对点赋予如下三种信息：① 测点的位置；②测点的属性；③测点间的连接关系。这也就是说，如果测得点位，又知道该点与哪个测点相连，还知道相对应的图式符号，那么计算机就可以将所测的图绘制出来。

测点位置是用仪器在野外测得。测点的属性是用地形信息编码表示。测点间的连接关系，当测点是独立地物，只要用地形编码表示它的属性，即知道是什么地物及其相应符号；当线状地物或面状地物，这时就需要知道这个测点与哪个点相连，以什么线型（直线、曲线或圆弧等）相连。

（1）地形信息编码应包含的信息

①测点的三维坐标。

②测点的属性，即点的特征信息。

③测点间的连接关系。

（2）地形信息编码的原则

①规范性。图示分类应符合国家标准、符合测图规范。

②简易实用性。尊重传统方法，容易为野外作业和图形编辑人员理解、接受和记忆，并能正确、方便地使用。

③便于计算机处理，且具有唯一性。

（3）地形编码的方案

①三位整数编码

三位整数是最少位数的地形编码，它主要依据地形图图式符号，对地形要素进行分类、排序编码。

328

一般按照《1：500、1：1000、1：2000 地形图图式》，把地形要素分为十大类，见表19-1。

**表 19-1　地形要素的分类**

| 类　别 | 代表的地形要素 | 类　别 | 代表的地形要素 |
|---|---|---|---|
| 0 | 地貌特征点 | 5 | 线及垣栅 |
| 1 | 测量控制点 | 6 | 系及附属设施 |
| 2 | 居民地、工矿企业建筑和公共设施 | 7 | 境界 |
| 3 | 独立地物 | 8 | 貌及土质 |
| 4 | 道路及附属设施 | 9 | 植被 |

在每一大类中又有许多地形元素，在设计三位整数编码时，第一位为类别号，代表上述地类；第二、三位为顺序号，即地物符号在某大类中的序号。

三位整数编码的优点是：编码位数最少、最简单，便于操作人员记忆和输入；依据图式符号分类，符合测图人员作业的习惯；与图式符号一一对应，编码就带有图形信息，计算机可自动识别，自动提取绘制图式符号。

②四位整数编码

《地形要素分类与代码》（GB 14804—93）是采用四位整数编码，编码的制定原则与三位整数编码基本相同，但是考虑到系统的发展，多留一些编码余地，以便地物要素的扩展，同时也避免了三位编码中某些大类编码不够用的情况。

对于测量人员，使用编码的主要障碍是难记，因此，编码位数一定要少。但对数字测图及其应用来讲，不论用什么方式、方法，地物编码都是绝对必要的。编码是计算机自动识别地物的唯一途径。

3. 地面数字化测图的实施

（1）施测方法

传统的测图作业步骤是"先控制后碎部"，"先整体后局部"。数字测图同样可以采取相同的作业步骤，但考虑到全站仪数字测图的特点，充分发挥其优越性，图根控制测量与碎部测量可以同步进行。

在采用图根控制测量与碎部测量同步进行的作业过程中，图根控制测量与传统的作业方法相同；所不同的是在进行图根控制测量的同时，即在施测每个图根点的测站上，同步测量图根点站周围的地形，并实时计算出各图根点和碎部点坐标。这时的图根点坐标是未经平差的。

待图根控制导线测毕，由系统提供的程序对图根导线进行平差计算。若闭合差在允许范围之内，则认可计算出的各导线点的坐标。若平差后坐标值与现场测图时计算出的坐标值相差无几，则不必重新计算；如两者相差很大，则根据平差后的坐标值重新计算各碎部点的坐标，然后再显示成图。若闭合差超限，则应查找出错误的症结所在，进行返工，直至闭合差在限差允许的范围之内，然后根据平差所得各图根导线点的坐标值重算各碎部点坐标。

（2）碎部测量

①测站设置与检校

将电子全站仪安置在测站点上，经对中、整平后量取仪器高，连接电子手簿或便携式计算机，启动野外数据采集软件，按菜单提示键盘输入测站信息，如测站点号、后视点点号、检核点点号及测站仪器高等。根据所输入的点号即可提取相应控制点的坐标，并反算出后视方向的坐标方位角，以此角值设定全站仪的水平度盘起始读数。然后，用全站仪瞄准检核点反光镜，测量水平角、竖直角及距离，输入反光镜高度。即可自动算出检核点的三维坐标，并与该点已知信息进行比较，若检核不通过则不能继续进行碎部测量。

②碎部点的信息采集

数字化测图野外数据的采集方式可根据实测条件和测区具体情况来选择，常用的方法有极坐标测量，此外，还有方向直线交会、垂直量边、交会定点等，其中，极坐标法即传统测图方法中的经纬仪单点测绘法，特别适用于大范围开阔地区的碎部点测定工作。在实际野外作业时，完成好测站设置和检核后，即可用全站仪瞄准选定的碎部点反光镜，使全站仪处于测量状态；同时按照电子手簿或便携机的菜单提示输入碎部点信息，如镜站高度 $v$（多数可设置成默认值）和前述碎部点地形信息编码等，并控制全站仪自动测量其水平角（实测角值即为测站点至待测碎部点间的坐标方位角）、竖直角和距离。经过测图软件的自动处理，即可迅速算出待定点的三维坐标，以数据文件的形式存储或在便携机屏幕上显示点位。其平面坐标计算方法等同于支导线计算，高程计算方法等同于三角高程测量计算。记录碎部点全部信息后，自动计算出碎部点的坐标值，并可实时展点、显示、成图。

现在的电子测图软件，基本能够在现场自动完成成图工作，碎部点测完后，图也全部显示出来了。经过现场的编辑、修改，可确保测图的正确性，真正做到内外业一体化。

4. 地形图的处理与输出

绘制出清晰、准确、符合标准的地形图是大比例尺数字化地形测量工作的主要目的之一，因此对图形的处理与输出也就成为数字化测图系统中不可缺少的重要组成部分，野外采集的地物与地貌特征点信息，经过数据处理之后形成了图形数据文件，其数据是以高斯直角坐标的形式存放的，而图形输出无论是在显示器上显示图形，还是在绘图仪上自动绘图，都存在一个坐标转换问题，另外，还有图形的截幅、绘图比例尺的确定、图式符号注记及图廓整饰等内容，都是计算机绘图不可缺少的内容。

（1）图形截幅

因为在数字化地形测量中野外数据采集时采用全站仪等设备自动记录或手工键入实测数据、信息等，大多并未在现场成图，因此，对所采集的数据范围应按照标准图幅的大小或用户确定的图幅尺寸，进行截取。对自动成图来说，这项工作就称为图形截幅。

图形截幅的基本思路是，首先根据四个图廓点的高斯平面直角坐标，确定图幅范围；然后，对数据的坐标项进行判断，将属于图幅矩形框内的数据，以及由其组成的线段或图形等，组成该图幅相应的图形数据文件，而将图幅以外的数据以及由其组成的线段或图形，仍保留在原数据文件中，以供相邻图幅提取。图形截幅的原理和软件设计的方法很多，常用的有四位码判断截幅、二位码判断截幅和一位码判断截幅等方法，详见有关书籍。

（2）图形的显示与编辑

要实现图形屏幕显示，首先要将用高斯平面直角坐标形式存放的图形定位，并将这些数据转换成屏幕坐标。高斯平面直角坐标系 $x$ 轴向北为正，$y$ 轴向东为正；对于一幅地形图来说，向上为 $x$ 轴正方向，向右为 $y$ 轴正方向。而计算机显示器则以屏幕左上角为坐标系原点 $(0, 0)$，$x$ 轴向右为正，$y$ 轴向下为正，$(x, y)$ 坐标值的范围则以屏幕的显示方式决定。因此，只需将高斯坐标系的原点平移至图幅左上角，再按顺时针方向旋转 $90°$，并考虑两种坐标系的变换比例，即可实现由高斯直角坐标向屏幕坐标的转换。有了图形定位点的屏幕坐标，就可充分利用计算机语言中各种基本绘图命令及其有机的结合，编制程序，自动显示图形。

对在屏幕上显示的图形，可根据野外实测的草图或记录的信息进行检查，若发现问题，用程序可对其进行屏幕编辑和修改，同时按成图比例尺完成各类文字注记、图式符号以及图名图号、图廓等成图要素的编辑。经检查和编辑修改成为准确无误的图形，软件能自动将其图形定位点的屏幕坐标再转换成高斯坐标。连同相应的信息编码保存在图形数据文件中（原有误的图形数据自动被新的数据所代替）或组成新的数据文件，供自动绘图时调用。

（3）等高线的自动绘制

目前，数字化测图中生成等高线主要有两种方法：一种是根据实测的离散高程点自动建立不规则的三角网数字高程模型，并在该模型上内插等值点生成等高线；二是根据已建立的规则网格数字高程模型数据点生成等高线。

由于不规则三角网数字高程模型点（三角形的顶点）全为实测的碎部点，地形特征数据得到充分利用，完全依据碎部点高程的原始数据插绘等高线，几何精度高，且算法简单，等高线和碎部点的位置关系与原始数据完全相符，减少了模型中错误的发生。因此，数字化测图中生成等高线，多数采用建立不规则的三角网数字高程模型生成等高线。

（4）绘图仪自动绘图

野外采集的地形信息经数据处理、图形截幅、屏幕编辑后，形成了绘图数据文件，利用这些绘图数据，即可由计算机软件控制绘图仪自动输出地形图。

绘图仪作为计算机输出图形的重要设备，其基本功能是将计算机中以数字形式表示的图形描绘到图纸上，实现数（$x$，$y$坐标串）→模（矢量）的转换。绘图仪有矢量绘图仪和扫描绘图仪两大类。当用扫描数字化仪采集的栅格数据绘制地形图时，常使用扫描绘图仪。矢量绘图仪依据的是矢量数据或称待绘点的平面（$x$，$y$）坐标，常使用绘图笔画线，故矢量绘图仪常称为笔式绘图仪。

矢量绘图仪一般可分为平台式绘图仪和滚筒式绘图仪两种。平台式绘图仪因其具有性能良好的 $x$ 导轨和 $y$ 导轨、固定光滑的绘图面板，以及高度自动化和高精度的绘图质量，故在数字化地形图测绘系统中应用最为普及，但绘图速度较慢。滚筒式绘图仪的图纸装在滚筒上，前后滚动作为 $x$ 方向，电机驱动笔架作为 $y$ 轴方向，因此图纸幅面在 $x$ 轴方向不受限制，绘图速度快，但绘图精度相对较低。

利用绘图仪绘制地形图，同样存在坐标系的转换问题，一般绘图仪坐标系的原点在图板中央，横轴为 $x$ 轴，纵轴为 $y$ 轴。当绘图仪通过 RS-232C 标准串行口与微机连通后，用启动程序启动绘图仪，再经初始化命令设置，其坐标原点和坐标单位将被确定。绘图仪一个坐标单位 = 0.025mm，即 1mm = 40 个绘图单位。

实际绘图操作时，用户通过软件可自行定义并设置坐标原点和坐标单位，以实现高斯坐标系向绘图坐标系的转换，称为定比例。通过定比例操作，用户可根据实际需要来缩小或者扩大绘图坐标单位，以实现不同比例尺和不同大小图幅的自动输出。

如前所述，要使绘图仪自动完成地形图的输出，必须要编制既能自动提取图形数据，又能驱动绘图仪，控制其抬笔、落笔和走笔等动作的绘图软件。关于绘图仪的详细使用方法，请参阅仪器使用说明书和其他有关书籍。

### 19.2.2 地形图手扶跟踪数字化

1. 手扶跟踪数字化仪的原理

手扶式跟踪数字化仪多数采用电磁感应元件制作，在结构上它由数字化平板、鼠标器和微处理器组成，如图 19-3 所示。在数字化平板的表层下有相互垂直的 x 和 y 两组栅格线，作为测量 x 和 y 方向坐标值的依据；鼠标器内设有一个圆形线圈，线圈发射正弦交流信号，栅格线接受线圈的发射信号，通过对鼠标器下方附近栅格线感应信号的处理，即可确定线圈中心在平板上的坐标，其坐标值是相对于零栅格线的坐标值；采集的数据，一般通过 RS-232C 标准串行接口传输到微型计算机内，供后期处理和成图时调用。

图 19-3　手扶式跟踪数字化仪

　　跟踪数字化仪的主要技术指标是分辨率、精确度和幅面大小。分辨率是能区分相邻两点的最小间隔，一般为 0.01～0.05mm，精确度是量测坐标值与原图坐标值的符合精度，一般为 0.1～0.2mm。幅面大小一般可选用 A1 或 A0 幅面。影响图形数字化采集精度的主要因素有仪器本身的硬件误差、人为的采样误差、图纸伸缩变形及定位误差等。

　　利用原图数字化采集的数据，应考虑两种坐标系的变换和图纸的伸缩变形。

　　数字化仪数字化地图，输到计算机内的坐标数据是数字化仪坐标系的坐标，必须由计算机程序将数字化仪的坐标换算成地图坐标系的坐标，因此必须确定两个坐标系之间的换算系数。

　　数字化仪坐标系和地图坐标系之间的转换关系以及图纸的伸缩变形，可通过四个定向元素确定，即 x、y 坐标的平移值、旋转角和长度比。为精确地确定定向元素，通常在图幅内选择 3～5 个均匀分布的已知点或四个图廓点作为定向点。通过下述地图定位操作，由软件求解定向元素。

　　2. 图形数字化的方法

　　利用数字化仪对地形图进行数字化数据采集，均是在微机控制下，首先将数字化仪和计算机连接，地图固定在数字化平板上，进行地图定位，计算坐标转换系数，如用数字化菜单输入符号码，还需进行菜单定位，然后，逐点数字化地图要素的特征点，并利用菜单或计算机键盘输入地图要素代码，经计算机程序处理，即可在屏幕上显示已数字化的地图图形。

　　图形数字化的具体步骤如下：

　　（1）固定图纸

　　将原图放在数字化板的中央部位，并置平，用透明胶纸贴紧，尽量使原图图廓线与数字化板上的标志线平行。

　　（2）检查设备、开机

　　检查鼠标器和数字化板、数字化板和微机的接口，一切均正常后，打开数字化仪电源开关，使数字化仪在微机及软件的控制之下，初始化并进入运行准备状态。

　　（3）地图定位

　　地图定位可分为图廓点定位和控制点定位两种方法。

　　当图幅内没有已知控制点，或虽有控制点但控制点不满足地图定位要求（点数不够，或点数分布不均，或点位不清晰等）时，一般采用四个内图廓点作为已知点进行地图定位，四个内图廓点的地图坐标，可由地图直接读取。操作时，由数字化仪游标十字丝分别对准左上角、左下角、右下角、右上角图廓点依次输入这四个图廓点的数字化坐标。为保证地图定位的正确性，需重复做一次，两次定位结果符合限差要求，则地图定位结束。

当采用控制点进行地图定位时，应首先确定好 3～5 控制点的图上点位，将数字化仪对这些控制点数字化，同时由计算机键盘输入对应的控制点地图测量坐标。控制点数字化完成后，同样需重复一次。

（4）菜单定位

地图数字化必须输入相应地图要素类别。这些地图要素类别用规定的代码来表示。代码输入方法通常采用菜单法输入。

在数字化桌面上开辟一个菜单区，通常把放在数字化桌的右面，在菜单区内按行和列分成相同大小的小方格（矩形或正方形），每个小方格内以图形表示或文字说明的方式，表示其代表的常用地图图式符号和图形处理功能。在使用菜单前需要将菜单进行定位，才能根据菜单格内取点坐标，判别出菜单选项，定位原理与地图定位相同。

在地图数字化系统程序中，每一对行号和列号都和方格所对应的代码或程序功能已联系起来，因此只要在数字化地图要素之前或之后，将数字化仪游标移到菜单区相应的地图图式符号的小方格内，这样就把该地图要素的代码和图形的坐标（几何位置）连在一起，形成一个规定格式的数据串储存在计算机内。

（5）地图符号的数字化

在地图定位和菜单定位完成之后，即可开始对大比例尺地图进行数字化。地图数字化时要保持地图和菜单的位置固定。

对于一幅地图的数字化通常按照地图分层数字化，这和外业测图中的跑点顺序不同。先将数字化仪鼠标器十字丝对准图形的特征点逐一数字化，得到这些点相应的坐标数据。然后移动鼠标器到菜单区，对准刚刚数字化图形的地图符号所在小方格，按一下鼠标器键，便可自动记下该要素的代码，并与图形的坐标保存在一起。该地图符号数字化完后，依次进行其他地图符号的数字化，直到本幅图全部地图符号数字化完毕。

（6）全图数字化结束后，应再次数字化四个图廓点或选定的控制点，以检核数字化成果的质量。

手扶跟踪数字化由于速度较慢，工作强度较大、精度较低等因素，正在逐步丧失数字化方法的主导地位，取而代之的是扫描屏幕数字化。但目前在我国手扶跟踪数字化还是地形图数字化的主要方法。

### 19.2.3　地形图扫描屏幕数字化

扫描数字化仪简称扫描仪，它可以将图形、图像（如线划地形图、黑白或彩色的遥感和航测相片等），快速、高精度地扫描数字化后输入计算机，经图像处理软件分析和人机交互编辑后，生成可供使用的图形数据。相对于手扶数字化仪来说，扫描仪的优势在于数字化自动化程度高，操作人员的劳动强度小，在同等图形条件下数字化的精度高。可以预见，随着社会对数字地图的需求量越来越大，地形图扫描软件更加成熟，扫描数字化仪将逐步取代手扶数字化仪，而成为大比例尺地形图数字化的主流。

1.　扫描仪简介

目前应用的扫描仪多数为电荷耦合器件（CCD）阵列构成的光电式扫描仪，基本工作原理是用低功率激光光源经过光学系统照射原图，使光线反射到 CCD 感光阵列，CCD 阵列产生的时序电子信号（影像）经过处理，将其分解成离散的象元，得到原图的数字化信息，传递给控制其运行的计算机，做进一步数据处理或直接应用。

扫描仪的种类很多，按照色彩辐射分辨率划分，有黑白扫描仪和彩色扫描仪；按照仪器的结构划分，可分为滚筒式和平台式扫描仪。扫描数字化仪的分辨率通常用象元大小（一般为 $10\sim100\mu m$）或每英寸（in）的点数（dpi）来表示。一般扫描仪的分辨率均在 300dpi/in 以上。扫描仪执行扫描任务时，通常均与计算机相连，受计算机扫描软件控制。操作者仅需安放好原件，接通电源，按动几个按钮，即可完成扫描工作。扫描仪自动将扫描数据传输到计算机并在屏幕上显示原件图形，详见有关扫描仪使用说明书。

对于文字、图形或图像，通过扫描仪获取的数据形式是相同的，都是扫描区域内每个像素的灰度或色彩值，属于栅格数据。对这些数据的解释（如区别特定的物体和背景、识别文字等）需要专门的算法和相应的处理程序。在大比例尺地形图数字化中，需将扫描数字化仪获得的栅格数据自动转换成矢量数据，将图形特征点的影像转换成测量坐标。

由此可见，通过扫描仪生成的地形图要能精确地由绘图仪输出，方便地提供给规划设计、工程 CAD 和 GIS 使用，关键问题是必须具有功能完善、方便使用的地形图扫描矢量化软件，方能快捷地完成扫描栅格数据向图形矢量数据的转换。

2. 扫描栅格数据及其矢量化

利用扫描仪得到的地形图信息（或图像、文字等信息）是按栅格数据结构的形式存储的，相当于将扫描范围的地形划分为均匀的网格，每个网格作为一个象元，象元的位置由所在的行列号确定，象元的值即扫描得到的该点色彩灰度的等级（或该点的属性类型代码），称为像素。图 19-4 是扫描栅格数据表示点、线、面实体的示意图。图中代码 4 为点信息（如独立地物等），代码 1、2 可形成线信息（如 1 代表公路轴线，2 代表河流中线等），代码 8 则代表某面状信息（例如绿地等）。

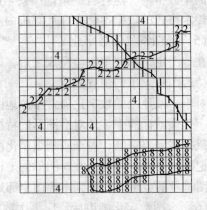

图 19-4　扫描栅格数据表示点、线、面的方法

一幅地形图的像素排列形同一个矩阵，便于计算机识别和显示，是一种最直观、较为简单的空间数据结构，特别适用于同摄影测量和遥感相片数字化数据的结合。作为扫描底图的大比例尺地形图，均为黑白两色线划图，进行数字化的主要目的是能方便地提取地物地貌特征点的三维坐标，及各类地物实体的空间位置、长度、面积等信息，以供使用，或用计算机控制绘图仪自动绘图。因此，大比例尺地形图数字化最简单、最实用方式，用点、线、面等基本信息要素来精确表示各类地形实体，这种数据结构称为矢量数据结构，如前所述，手扶跟踪数字化仪采集的数据形式就是矢量数据结构。如图 19-5a 所示，一条曲线是通过一系列带有 $x$，$y$ 坐标的采集点给出的，点位越密，表示的曲线越精确，计算机绘图时可以通过软件自动计算并拟合，绘制出平滑曲线。

图 19-5b 是同一条曲线的扫描栅格数据的表示方法（阴影表示象元）。由图中可看出，要想在计算机屏幕上显示、绘图仪自动绘制该曲线，或求算曲线上某点的坐标、曲线的长度等信息，必须首先通过对扫描栅格数据的细化处理，提取图形的构图骨架（即中心线，图 19-5b 中为曲线实体）。再经过计算机软件计算，跟踪处理，将栅格图像数据（中心线）转换成用一系列坐标表示其图形要素的矢量数据。这一转换过程就成为扫描图形的矢量化。如果扫描底图存在污点，线条不光滑，图面不清晰，再受到扫描系统分辨率的限制，就有可能给扫描出来的图形带来多余的斑点、孔洞、毛刺和断点等噪声（误差或缺陷）。所以一般在

细化和矢量化之前，应利用专门的计算机算法对栅格数据进行噪声和边缘的平滑处理，除去这些噪声，以防矢量化的误差和失真。此外，由于存在图纸的变形及扫描变形的影响，使得扫描后的图像产生某种程度的失真，因此，需要对图形进行纠正。这项工作称为数据的预处理。

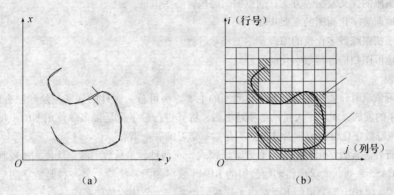

图 19-5　一条曲线的两种表示方法
（a）用数字化仪的矢量化表示方式；（b）用扫描栅格数据的表示方法

由于大比例尺地形图的线划分布比较复杂，地物繁多，相互交叉，且有众多的文字符号、注记等地形要素，一般扫描数字化软件难以做到全自动跟踪矢量化。通常均采用自动跟踪和人机交互编辑相结合的方法完成地形图的矢量化，这一过程是在图形扫描数据经预处理、细化后显示在计算机屏幕上，利用鼠标器效仿手扶跟踪地图数字化的方法，将图形特征点的坐标转换成测量坐标系，故称为扫描屏幕数字化。由于在屏幕上可以对图形局部开窗放大，因此可获得较高的数字化坐标精度。采用这种方法进行地形图数字化，其作业效率比手扶跟踪地图数字化要高 2～3 倍。图 19-6 是地形图扫描数字化的原理框图。因为这些工作都是在计算机屏幕上进行的，所以我们把这种数字化方法叫地形图扫描屏幕数字化。相对于手扶数字化仪来说，扫描仪的优势在于数字化自动化程度高，操作人员的劳动强度小。

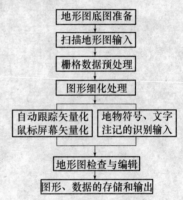

图 19-6　地形图扫描数字化工作流程

## 练 习 题

1. 什么叫数字化测图，它的基本配置和主要特点有哪些？
2. 数字化测图的基本作业过程有哪些？数据采集的作业模式有哪几种？
3. 地面数字化测图和普通的模拟测图在测图方法上有什么区别？
4. 手扶跟踪数字化仪数字化地图有什么优缺点？
5. 扫描仪扫描结果是什么数据格式？简述扫描栅格数据的矢量化。

## 学 习 辅 导

1. 本章学习目的与要求

目的：理解数字化测图基本原理、配置、主要特点，了解数字化测图的基本方法。了解地形图手扶跟踪数字化和地形图扫描屏幕数字化的基本原理与作业过程。

要求：

（1）理解数字化测图基本原理、配置、主要特点。

（2）了解数字化测图数据采集的两种作业模式。

（3）了解编码的含义及编码方案，测点编码需包含哪些信息。

（4）了解地面数字化测图的主要步骤。

（5）了解手扶跟踪数字化仪的原理及主要作业过程。

（6）了解地形图扫描屏幕数字化的原理。

2. 学习要领

（1）在学习该章时，要明确目前数字化测图的主要方法可分为野外的现场测绘和原有地图的数字化。由于我国几十年的发展，积累了大量的纸质地形图，将其进行数字化是很多单位用图的一项重要内容，因此，了解手扶跟踪数字化仪的原理及作业过程是本章学习的一个重点。

（2）目前野外进行数字化测图的主要方案（模式）有两种，一是数字测记法模式，较常用的软件有南方测绘公司的 CASS 系列，武汉瑞得测绘公司的 RDMS 数字测图系统等。另一种是数字测绘法模式，也就是电子平板模式，清华山维公司的 EPSW 电子平板测绘系统为公认的最佳系统。

（3）在学习手扶跟踪数字化作业过程，应弄清地图定位、菜单定位等关键步骤，做了地图定位之后，计算机的程序就可将数字化仪的坐标自动换算为地图测量坐标系坐标。做了菜单定位之后，就解决菜单区内小方格的图式（要素代码）与图形坐标（几何位置）连在一起，形成规定格式的数据串储存在计算机内。

# 第20章 全球卫星定位测量

所谓全球卫星定位测量，就是指利用空间飞行的卫星来实现地面点位的测定。目前正在运行的全球卫星定位位系统有美国的 GPS 和俄罗斯的 GLONASS。正在建设中的欧盟 GALI-LEO，还未投入使用。全球卫星定位系统，一般指美国的 GPS。

## 20.1 全球卫星定位系统的组成

全球卫星定位系统（GPS）是 Navigation Satellite Timing and Ranging/Global Positioning System 的字母缩写词 NAVSTAR/GPS 的简称，其含义为"授时、测距导航系统/全球定位系统"。利用该系统，用户可以在全球范围内实现全天候、连续、实时的三维导航定位和测速；另外，利用该系统，用户还能够进行高精度的时间传递和高精度的精密定位。

全球卫星定位系统共由三部分组成，即空间部分（由 GPS 卫星组成）、地面监控部分（由若干地面站组成）和用户部分（以接收机为主体）。三部分有着各自独立的功能和作用，但又缺一不可，全球定位系统是一个有机配合的整体系统。如图 20-1 所示。

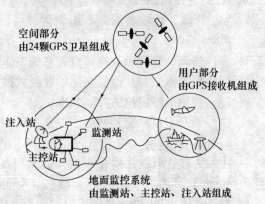

图 20-1 GPS 系统的组成

### 20.1.1 GPS 系统的空间组成部分

1. GPS 卫星星座

GPS 系统空间部分是由 24 颗卫星组成的星座，其中包括 3 颗备用卫星，以便及时更换老化或损坏的卫星，保障系统正常工作，如图 20-2 所示。

卫星的运行高度为 20200km，运行周期 11h58min，卫星分布在六条升交点相隔 60°的轨道面上，轨道倾角为 55°，每条轨道上分布四颗卫星，相邻两轨道上的卫星相隔 40°。这使得在地球上任何地方至少同时可看到四颗卫星。

2. GPS 卫星

GPS 卫星主体呈柱形，直径为 1.5m，如图 20-3 所示。星体两侧装有两块双叶对日定向太阳能电池帆板，为卫星不断提供电力。在星体底部装有多波束定向天线，能发射 $L_1$ 和 $L_2$ 波段的信号。在星体两端面上装有全向遥测遥控天线，用于与地面监控网通信。工作卫星的设计寿命为 7.5 年。每颗卫星上装有 4 台高精度原子钟（2 台铯钟），以提供高精度的时间标准。

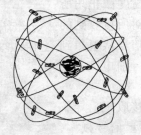

图 20-2 GPS 卫星星座

图 20-3 GPS 卫星

337

3. 在 GPS 系统中卫星的作用

（1）用 L 波段的两个无线载波（19cm 波和 24cm 波）向广大用户连续不断地发送导航定位信号。

（2）在卫星飞越注入站上空时，接收由地面注入站不断发送到卫星的导航电文和其他有关信息，并通过 GPS 信号电路，适时地发送给广大用户。

（3）接收地面主控站通过注入站发送到卫星的调度命令，适时地改正运行偏差或启用备用时钟等。

### 20.1.2 GPS 地面监控部分

工作卫星的地面支撑系统包括 1 个主控站、3 个注入站和 5 个监测站，如图 20-4 所示。

1. 主控站

主控站一个，设在美国本土科罗拉多（Colorado Springs）。主控站拥有以大型电子计算机为主体的数据采集、计算、传输、诊断、编辑等设备。它完成下列功能：

图 20-4 GPS 地面监控部分

（1）协调、管理所有地面监控系统工作；

（2）根据本站和其他监测站的观测数据，推算编制导航电文，传送到注入站；

（3）提供全球定位的时间基准；

（4）诊断卫星状况，调度、调整卫星。

2. 注入站

注入站有三个，分别在印度洋的狄哥加西亚（Diego Garcia）、南大西洋的阿松森群岛（Ascension）和南太平洋的卡瓦迦兰（Kwajalein）三个美军基地上。注入站的主要设备包括：一台直径 3.6m 的抛物面天线，一台 S 波段发射机和一台计算机。它将主控站传送的卫星导航电文注入各个卫星（图 20-1），并监测注入信息正确性，每天注入 3 次，每次注入 14 天的导航电文。

3. 监测站

监测站的主要任务是对每颗卫星进行观测，精确测定卫星在空间的位置，并向主控站提供观测数据。监测站是一种无人值守的数据采集中心，受主控站的控制（图 20-1）。由这五个监测站提供的观测数据形成了 GPS 卫星实时发布的广播星历。监测站有五个，除主控站、注入站兼作监测站外，另外一个设在夏威夷。

### 20.1.3 GPS 用户部分

GPS 接收机主要由 GPS 接收机主机、GPS 接收机天线和电源三部分组成。

GPS 接收机的任务是：能够捕获到按一定卫星高度截止角所选择的待测卫星的信号，并跟踪这些卫星的运行，对所接收到的 GPS 信号进行变换、放大和处理，以便测量出 GPS 信号从卫星到接收机天线的传播时间，解译出 GPS 卫星所发送的导航电文，实时地计算出测站的三维位置，甚至三维速度和时间。

GPS 接收机种类很多，按用途可分为：测地型接收机，导航型接收机，授时型接收机和姿态测量型。按接收卫星信号频率，可分为单频和双频接收机。图 20-5 为我国南方测绘公司研制的单

NGS-9600
单频 GPS
接收机

图 20-5 单频 GPS 接收机

频 GPS 接收机（NGS-9600 型）。

单频接收机只能接收 L$_1$ 载波信号，测定载波相位观测值进行定位。由于不能有效消除电离层延迟影响，单频接收机只适用于短基线。双频接收机可以同时接收 L$_1$，L$_2$ 载波信号。利用双频对电离层延迟的不一样，可以消除电离层对电磁波信号的延迟的影响，因此双频接收机可用于长达几千公里的精密定位。

## 20.2　GPS 卫星定位的基本原理

### 20.2.1　GPS 卫星信号的组成

#### 1. 载波信号

为提高测量精度，GPS 卫星使用两种不同频率的载波，L$_1$ 载波，波长 $\lambda = 19.03\text{cm}$，频率 $f_1 = 1575.42\text{MHz}$；L$_2$ 载波，波长 $\lambda = 24.42\text{cm}$，频率 $f_2 = 1227.60\text{MHz}$。

#### 2. 测距码

GPS 卫星信号中有两种测距码，即 C/A 码和 P 码。

C/A 码：C/A 码是英文粗码/捕获码（Coarse/acquisition code）的缩写。它被调制在 L$_1$ 载波上。C/A 码的结构公开，不同的卫星有不同的 C/A 码。C/A 码是普通用户用以测定测站到卫星间距离的一种主要的信号。

P 码：P 码的测距精度高于 C/A 码，又被称为精码，它被调制在 L$_1$ 和 L$_2$ 载波上。因美国的 AS（反电子欺骗）技术，一般用户无法利用 P 码来进行导航定位。

#### 3. 数据码（D 码）

数据码即导航电文。数据码是卫星提供给用户的有关卫星的位置，卫星钟的性能、发射机的状态、准确的 GPS 时间以及如何从 C/A 码捕获 P 码的数据和信息。用户利用观测值以及这些信息和数据就能进行导航和定位。

### 20.2.2　GPS 的常用坐标系

GPS 是一个全球性的定位和导航系统，其坐标也是全球性的，为了使用的方便，通常通过国际协议，确定一个协议地球坐标系（Conventional Terrestrial System）。目前，GPS 测量中所使用的协议地球坐标系称为 WGS-84 世界大地坐标系（World Geodetic System）。

WGS-84 世界大地坐标系的几何定义是：原点是地球的质心，$Z$ 轴指向国际时间局 BIH1984.0 定义的协议地球北极（CTP）方向，$X$ 轴指向 BIH1984.0 的零子午圈和 CTP 相对应的赤道的交点，$Y$ 轴垂直于 $ZOX$ 平面且与 $Z$，$X$ 轴构成右手坐标系，如图 20-6 所示。

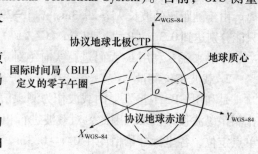

图 20-6　WGS-84 世界大地坐标系

在实际测量定位工作中，各国一般采用当地坐标系，如我国采用的 C80 坐标系。因此，应将 WGS-84 坐标系坐标转化为当地坐标值，目前，普遍采用的是布尔萨·沃尔夫七参数法。

### 20.2.3　GPS 定位原理

GPS 定位的基本原理是空中后方交会。如图 20-7 所示，用户用 GPS 接收机在某一时刻同时接收三颗以上的 GPS 卫星信号，测量出测站点（接收机天线中心）至三颗卫星的距离 $\rho_i$（$i = 1$，2，

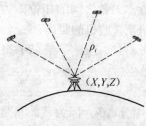

图 20-7　GPS 定位原理

3，…），通过导航电文可获得卫星的坐标 $(x_i, y_i, z_i)$ $(i = 1, 2, 3, …)$，据此即可求出测站点的坐标 $(X, Y, Z)$。

$$\left.\begin{array}{l} \rho_1^2 = (x_1 - X)^2 + (y_1 - Y)^2 + (z_1 - Z)^2 \\ \rho_2^2 = (x_2 - X)^2 + (y_2 - Y)^2 + (z_2 - Z)^2 \\ \rho_3^2 = (x_3 - X)^2 + (y_3 - Y)^2 + (z_3 - Z)^2 \end{array}\right\} \tag{20-1}$$

为了获得距离观测量，主要采用两种方法：一是测量 GPS 卫星发射的测距码信号到达用户接收机的传播时间，即伪距测量；另一个是测量具有载波多普勒频移的 GPS 卫星载波信号与接收机产生的参考载波信号之间的相位差，即载波相位测量。采用伪距观测量定位速度最快，而采用载波相位观测量定位精度最高。

### 20.2.4 伪距测量与载波相位测量

1. 伪距测量

从式（20-1）可知，欲求测站点的坐标 $(X, Y, Z)$，关键的问题是要测定用户接收机天线至 GPS 卫星之间的距离。站星的距离可利用测距码从卫星发射至接收机天线所经历的时间乘以其在真空中传播速度求得。但应注意，GPS 采用的单程测距原理，它不同于电磁波测距仪中的双程测距。这就要求卫星时钟与接收机时钟要严格同步。但实际上，两者难于严格同步，因此存在不同步误差，另外，测距码在大气中传播还受到大气电离层折射及大气对流层的影响，产生延迟误差。因此，测距码所求得距离值并非真正的站星几何距离，习惯上称其为"伪距"。

由于卫星钟差、电离层折射和大气对流的影响，可以通过导航电文中所给的有关参数加以修正，而接收机的钟差却难以预先准确地确定，所以把接收机的钟差当作一个未知数，与测站坐标一起解算。这样，在一个观测站上要解出 4 个未知参数，即 3 个点位坐标分量和 1 个钟差参数，就至少同时观测 4 颗卫星。

定位时，接收机本机振荡产生与卫星发射信号相同的一组测距码（P 码或 C/A 码），通过延迟器与接收机收到的信号进行比较，当两组信号彼此完全相关时，测出本机信号延迟量即为卫星信号的传输时间，加上一系列的改正后乘以光速，得出卫星与天线相位中心的距离。由于测距码的波长 $\lambda_P = 29.3m$，$\lambda_{C/A} = 293m$。以百分之一的码元长度估算测距分辨率，则只能分别达到 0.3m（P 码）和 3m（C/A 码）的测距精度。因此，伪距法的精度是比较低的。

一般来说，利用 C/A 码进行实时绝对定位，各坐标分量精度在 5~10m。

2. 载波相位测量

是利用 GPS 卫星发射的载波作为测距信号，由于载波的波长（$\lambda_{L_1} = 19cm$，$\lambda_{L_2} = 24cm$）比测距码波长短很多，因此，对载波进行相位测量，就可能得到较高的定位测量精度，实时单点定位，各坐标分量精度在 0.1~0.3m。

假设在某一时刻接收机所产生的基准信号（即频率、初相都与卫星载波信号完全一致）的相位为 $\Phi^0$（R），接收到的来自卫星的载波信号的相位为 $\Phi^0$（S），二者之间的相位差为 $[\Phi^0$（R）$- \Phi^0$（S）$]$，已知载波的波长 $\lambda$ 就可以求出该瞬间从卫星至接收机的距离：

$$\rho = \lambda[\Phi^{\circ}(R) - \Phi^{\circ}(S)] = \lambda(N_0 + \Delta\Phi) \tag{20-2}$$

式中　$N_0$——整周数；

　　　$\Delta\Phi$——不足一整周的小数部分。

在进行载波相位测量时，仪器实际能测出的只是不足一整周的部分 $\Delta\Phi$。因为载波只是一种单纯的余弦波，不带有任何识别标志，所以我们无法知道正在量测的是第几周的信号。

如是在载波信号测量中便出现了一个整周未知数 $N_0$（又称整周模糊度），通过其他途径解算出 $N_0$ 后，就能求得卫星至接收机的距离。

### 20.2.5　GPS 定位方法

GPS 定位的方法有多种，根据接收机的运动状态可分为静态定位和动态定位，根据定位的模式又可分为绝对（单点）定位和相对定位（差分定位），按数据的处理方式可分为实时定位和后处理定位。

**1. 绝对定位**

绝对定位又称为单点定位，它是利用一台接收机观测卫星，独立地确定接收机天线在 WGS-84 坐标系的绝对位置。绝对定位的优点是只需一台接收机，如图 20-7 所示。该法外业方便，数据处理简单，缺点是定位精度低，受各种误差的影响比较大，只能达到米级。绝对定位一般用于导航和精度要求不高的情况。

**2. 相对定位**

如图 20-8 所示，用两台 GPS 接收机分别安置在基线两端，同步观测相同的卫星，以确定基线端点在 WGS-84 坐标系统中的相对位置或基线向量（基线两端坐标差）。由于同步观测相同的卫星，卫星的轨道误差，卫星的钟差，接收机的钟差以及电离层、对流层的折射误差等对观测量具有一定的相关性，因此利用这些观测量不同组合，进行相对定位，可以有效地消除削弱上述误差的影响，从而提高定位精度。缺点是至少需要两台精密测地型 GPS 接收机，并要求同步观测，外业组织和实施比较复杂。

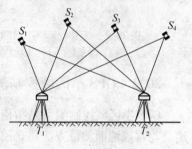

图 20-8　GPS 相对定位

**3. 实时定位和后处理定位**

对 GPS 信号的处理，从时间上可划分为实时处理及后处理。实时处理就是一边接收卫星信号一边进行计算，实时地解算出接收机天线所在的位置、速度等信息。后处理是指把卫星信号记录在一定的介质上，回到室内统一进行数据处理以进行定位的方法。

**4. 静态定位和动态定位**

所谓动态定位，就是待定点在运动载体上，在观测过程中是变化的。动态定位的特点是可以测定一个动态点的实时位置，多余观测量少，定位精度较低。

所谓静态定位，就是待定点的位置在观测过程中固定不变。在测量中，静态定位一般用于高精度的测量定位。静态定位由于接收机位置不动，可以进行大量的重复观测，所以可靠性强，定位精度高。

静态相对定位的精度一般在几毫米到几厘米范围内，动态相对定位的精度一般在几厘米到几米范围内。

一般说来，静态定位多采用后处理，而动态定位多采用实时处理。

**5. 实时动态定位测量**

随着快速静态测量、准动态测量、动态测量尤其是实时动态定位测量工作方式的出现，GPS 在测绘领域中的应用开始深入到各种测量工作之中。

实时动态定位测量，即 GPS RTK 测量技术（其中 RTK 为实时动态的意思，英文是 Real Time Kinematic）。GPS RTK 测量技术原理：

在两台 GPS 接收机之间增加一套无线通信系统（又称数据链），将两台或多台相对独立的 GPS 接收机连成有机的整体。基准站（安置在已知点上的 GPS 接收机）通过电台将观测信息、测站数据传输给流动站（运动中的 GPS 接收机），如图 20-9 所示。流动站将基准站传来的载波观测信号与流动站本身观测的载波观测信号进行差分处理，从而解算出两站间的基线向量。若事先输入相应的坐标转换参数和投影参数，即可实时得到流动站伪三维坐标及其精度，其作业流程如图 20-10 所示。

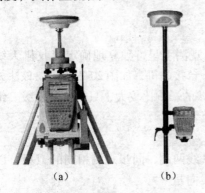

图 20-9　徕卡 Leica GPS 接收仪

（a）基准站；（b）流动站

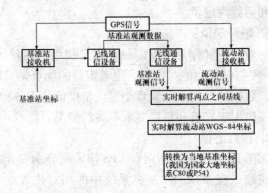

图 20-10　GPS RTK 测量作业流程

## 20.3　GPS 小区域控制测量

GPS 小区域控制测量是指应用 GPS 技术建立小区域控制网。一般说来，GPS 控制网的建立与常规地面测量方法建立控制网相类似，按其工作性质可以分为外业工作和内业工作。外业工作主要包括选点、建立测站标志、野外观测以及成果质量检核等；内业工作主要包括 GPS 控制网的技术设计、数据处理及技术总结等。也可以按照 GPS 测量实施的工作程序大体分为 GPS 网的技术设计、仪器检验、选点与建立标志、外业观测与成果检核、GPS 网的平差计算以及技术总结等若干阶段。下面以 GPS 静态相对定位方法为例，简要地说明一下 GPS 控制测量的实施过程。

### 20.3.1　GPS 控制网的技术设计

GPS 控制网的技术设计是建立 GPS 网的第一步，其原则上包括以下的几个方面。

1. 充分考虑建立控制网的应用范围

应根据工程的近期、中、长期的需求确定控制网的应用范围。

2. 采用的布网方案及网形设计

GPS 网的布设应视其目的，作业时卫星状况，预期达到的精度，成果可靠性以及效率综合考虑，按照优化设计原则进行。

适当地分级布设 GPS 网，也便于 GPS 网的数据处理和成果检核分阶段进行；由于 GPS 测量本身具有的优越性，因此也不必要求 GPS 网按常规控制网分许多等级布设。

GPS 网形设计是指根据工程的具体要求和地形情况，确定具体的布网观测方案。通常在进行 GPS 网设计时，需要顾及测站选址、仪器设备装置与后勤交通保障等因素；当观测点位、接收机数量确定后，还需要设计各观测时段的时间及接收机的搬站顺序。GPS 网一般由一个或若干个独立观测环组成，也可采用路线形式。

3. GPS 测量的精度标准

国家测绘局 1992 年制订的我国第一部 "全球定位系统（GPS）测量规范" 将 GPS 的测

量精度分为 A ~ E 五级，以适应于不同范围、不同用途要求的 GPS 工程，表 20-1 列出了规范对不同级别 GPS 控制网精度的要求。GPS 测量的精度标准通常用网中相邻点之间的距离中误差来表示，其形式为：

$$\sigma = \pm \sqrt{a^2 + (b \times d \times 10^{-6})^2}$$

(20-3)

式中    $\sigma$——距离中误差，mm；

       $a$——固定误差，mm；

       $b$——比例误差系数，ppm；

       $d$——相邻点间的距离，km。

表 20-1    GPS 的测量精度分级

| 级 别 | 相邻点平均距离（km） | 固定误差 $a$（mm） | 比例误差 $b$（ppm） |
|---|---|---|---|
| A | 300 | ≤5 | ≤0.1 |
| B | 70 | ≤8 | ≤1 |
| C | 10 ~ 15 | ≤10 | ≤5 |
| D | 5 ~ 10 | ≤10 | ≤10 |
| E | 0.2 ~ 5 | ≤10 | ≤20 |

4. 坐标系统与起算数据

GPS 测量得到的是 GPS 基线向量（两点的坐标差），其坐标基准为 WGS-84 坐标系，而实际工程中，需要的是属于国家坐标系或地方独立坐标系中的坐标。为此，在 GPS 网的技术设计中，必须说明 GPS 网的成果所采用的坐标系统和起算数据。

WGS-84 系统与我国的 1954 年北京坐标系和 1980 年国家大地坐标系相比，彼此之间不仅采用的椭球，而且定位和定向均不同。因此，GPS 测量获得的坐标是不同于我们常用的大地坐标的。为获得大地坐标，必须在两坐标系之间进行转换。为解决两坐标系间的转换，可采用类似区域网平差中绝对定向的方法，即在该需要转换区域内选择 3 个以上均匀分布的控制点，已知它们在两个坐标系中的坐标，通过空间相似变换求得 7 个待定系数：3 个平移参数、3 个旋转参数和 1 个缩放参数。但在我国的大部分地区，转换精度较低。常用的方法是首先对 GPS 网在 WGS-84 坐标中单独平差处理，然后再以两个以上的地面控制点作为起始点，在大地坐标系（1954 年北京坐标系或 1980 年国家大地坐标系）中进行一次平差处理，可以获得较高的控制测量精度。

5. GPS 点的高程

GPS 测定的高程是 WGS-84 坐标系中的大地高，与我国采用的 1985 年黄海国家高程基准正常高之间也需要进行转换。为了得到 GPS 点的正常高，应使一定数量的 GPS 点与水准点重合，或者对部分 GPS 点联测水准。若需要进行水准联测，则在进行 GPS 布点时应对此加以考虑。

### 20.3.2    选点与建立点位标志

和常规测量相比，GPS 观测站不要求相邻点间通视，因此网形结构灵活，选点工作较常规测量要简便得多。选点前应根据测量任务和测区状况，收集有关测区的资料（包括测区小比例地形图，已有各类大地点、站的资料等），以便恰当地选定 GPS 点的点位。在选定 GPS 点点位时，应遵守以下的几点原则：

1. 周围应便于安置接收设备，便于操作，视野开阔，视场内周围障碍物的高度角一般应小于 15°。

2. 远离大功率无线电发射源（如电视台、微波站等），其距离不小于400m；远离高压输电线，其距离不小于200m。

3. 点位附近不应有强烈干扰卫星信号接收的物体，并尽量避开大面积水域。

4. 交通方便，有利于其他测量手段扩展和联测。

5. 地面基础稳定，易于点的保存。

为了较长期地保存点位，GPS控制点一般应设置具有中心标志的标石，精确地标志点位，点的标石和标志必须稳定、坚固。最后，应绘制点之记、测站环视图和GPS网图，作为提交的选点技术资料。

### 20.3.3 GPS外业观测

1. GPS观测准备工作

（1）GPS接收仪的一般性检视

主要检查接收机各部件是否齐全、完好，紧固部件是否松动与脱落，设备的使用手册及资料是否齐全等。

（2）通电检验

检验的主要项目包括：设备通电后有关信号灯、按键、显示系统和仪表工作情况，以及自测试系统工作情况。当自测试正常后，按操作步骤进行卫星捕获与跟踪，以检验其工作情况。

（3）试测检验

主要是检验接收机精度及其稳定性。试测检验是在不同长度的基线上进行，两台GPS接收机所测的基线长与标准值比较，以确定接收机的精度和稳定性。一般至少每年在使用接收机前进行一次检验。

（4）编制GPS卫星可见性预报及观测时段的选择

GPS定位精度与观测卫星的几何图形有密切关系。卫星几何图形的强度越好，定位精度越高。从观测站观测卫星的高度角越小，卫星分布范围越大，则几何精度因子GDOP值越小，定位精度越高，一般要求GDOP值小于6。因此，观测前要编制卫星可见性预报，选择最佳观测时段，拟定观测计划。

一般GPS接收机的商用数据处理系统都带有卫星可见预报软件。使用软件时，需在当前子目录下存有前观测时卫星星历文件；调入预报软件后，输入预计观测站的概略坐标、预计观测日期和观测卫星的高度的截止角（例如10°或15°）。软件首先读取前期卫星星历文件的卫星日程表（即含有所有GPS卫星的概略星历），软件按预计观测日期计算卫星位置，再利用测站坐标计算卫星高度角，选取高度角大于高度的截止角的所有卫星进行预报，按时间顺序列出所有可见卫星信息。

根据卫星的几何精度GDOP的变化情况，可以选择最佳时间段。进一步安排观测卫星的进程表及接收机的调度计划。

2. 观测工作

观测工作包括：天线安置，GPS接收仪安置与操作，气象参数测定，测站记录等。

（1）天线安置

天线的精确安置是实现精密定位的前提条件之一。一般情况下，天线应尽量利用三脚架安置在标志中心的垂线方向上，直接对中；天线的圆水准泡必须居中；天线定向标志线应指向正北，并顾及当地磁偏角的影响，以减弱相位中心偏差的影响，定向误差一般不应

344

大于 ±5°。

天线安置后，应在各观测时段的前后各量取天线高一次。两次量高之差不应大于3mm。取平均值作为最后天线高。若互差超限，应查明原因，提出处理意见，记入观测记录。

（2）安置 GPS 接收仪

在离天线的适当位置的地面上安放接收仪，用电缆把接收仪与电源、天线及控制器连接好，确认无误后，打开电源开关，进行预热和静置。

（3）开机观测

观测的主要任务，是捕获 GPS 卫星信号并对其进行跟踪、接收和处理信号，以获取所需的定位观测数据。接收机操作的具体方法步骤，详见仪器使用说明书。不同的接收机操作过程大体相近，其主要步骤如下：

①开机后检查各指示灯与仪表显示是否正常，若正常开始自测试。

②按测量功能键，接收机开始搜索卫星，输入测站参数，等待开测命令。

接收机进入自动搜索卫星状态，控制面板上显示各通道锁住卫星总数；并显示出相应的 GDOP 值。作业员可以输入测站点的点位标识，输入天线高，数据采集间隔、高度截止角等信息之后，等待各测站同步观测的命令（各测站搜索到足够数量卫星之后可以开始同步观测）。

③按测量键开始同步观测，并注意有关信息。

按测量键显示测站的地理坐标、累计数据采集时间、GDOP 值、可视卫星和锁定卫星的数量。观测过程中，通过显示屏随时了解作业进程，控制器所控制各部分的状态信息，如查看测站信息、接收卫星数量、卫星号、各通道的信噪比、实时定位的结果及其变化汞存储介质记录等情况。

（4）观测记录与测量手簿

观测记录由 GPS 接收机自动形成，自动记录在存储介质（如 PCMCIA 卡等）上，其内容有：GPS 卫星星历及卫星钟差参数；伪距观测值、载波相位观测值、相应的 GPS 时间。至于测站的信息，包括观测站点点号、时段号、近似坐标、天线高等，通常是由观测人员在观测过程中手工输入接收机。

测量手簿在观测过程中由观测人员填写，不得测后补记。手簿的内容还包括天气状况、气象元素、观测人员等内容。

### 20.3.4 成果检核与数据处理

当外业观测工作完成后，一般当天即将观测数据下载到计算机中，并计算 GPS 基线向量，基线向量的解算软件一般采用仪器厂家提供的软件。当然，也可以采用通用数据格式的第三方软件或自编软件。

当完成基线向量解算后，应对解算成果进行检核，常见的有同步环和异步环的检测。根据规范要求的精度，剔除误差大的数据，必要时还需要进行重测。

当进行了数据的检核后，就可以将基线向量组网进行平差了。平差软件可以采用仪器厂家提供的软件，也可以采用通用数据格式的第三方软件或自编软件。目前，国内用户采用的网平差软件主要是国内研制的软件，比较著名的有：武汉测绘科技大学的 GPSADJ、同济大学的 TJGPS 及南方公司的 Gpsadj 等软件。通过平差计算，最终得到各观测点在指定坐标系中的坐标，并对坐标值的精度进行评定。

# 练 习 题

1. GPS 全球定位系统由哪几部分组成，各起什么作用？
2. GPS 系统的定位原理是什么？
3. 什么是伪距和伪距定位测量？
4. 什么是载波相位测量？为什么说载波相位测量定位精度高？
5. GPS 定位采用何种坐标系？它是如何定义的？
6. 绝对定位的实质是什么？为什么至少要同时观测 4 颗卫星？
7. 何谓相对定位？为什么相对定位能提高定位的精度？
8. 何谓 GPS RTK 技术？简述它的测量步骤。
9. 简述 GPS 外业观测的主要工作。

# 学 习 辅 导

1. 本章学习目的与要求

目的：了解 GPS 系统的组成，理解 GPS 定位的基本原理及定位的几种主要方法。

要求：

（1）了解 GPS 系统组成的三个部分，作用及相互关系。

（2）理解 GPS 定位的基本原理，绝对定位、相对定位的概念。

（3）理解伪距定位测量和载波相位测量的概念。

（4）理解 GPS 坐标系（WGS-84 世界大地坐标系）的概念。

（5）理解 GPS RTK 技术及其测量主要步骤。

2. 学习本章的方法要领

（1）本章有许多概念问题，如测距码，数据码，粗码，精码等。码就是表达各种信息的二进制数及其组合。一位二进制的数就叫做一个码元或一个比特（bit），比特是码的度量单位。C/A 码，码长只有 1023bit，码长很短，易于捕获，若以每秒 50 个码元速度搜索要，只要 20.5s 便达到目的。C/A 码的码元宽相应的距离为 293.1m，为粗码。P 码，码长很长，码宽很小，相应距离 29.3m，为精码。

（2）C/A 码，英文名为 Coarse/Acquisition Code，波长为 293.1m，被调制在 $L_1$ 载波上。若测距精度为波长的百分之一，则 C/A 码的测距精度为 2.931m，因此称为粗码，用于低精度测距，并且用于快速捕获卫星，故又称为捕获码。

（3）P 码，英文名为 Precise Code，波长 29.31m，被调制在 $L_1$、$L_2$ 载波上。若测距精度为波长的百分之一，则 P 码的测距精度为 0.2931m，用于精密测距，对普通用户保密（实施所谓选择可用性政策，简称 SA 政策）。

（4）导航电文，主要包含广播星历和卫星星历等数据，以二进制码的形式发给用户，故称为数据码，即 D 码（Data Code），用户利用这些数据可计算出某一时刻 GPS 卫星在轨道上的位置（GPS 接收机自动解译）。在 $L_1$、$L_2$ 载波上皆调制有导航电文。

# 第四篇 实训篇

# 第21章 测量实习指导书

## 目 录

## 第一部分 实习须知

### 一、测量实习的目的

测量实习的目的一方面是为了巩固在课堂上所学的知识；另一方面是熟悉测量仪器的构造，掌握使用方法，使学到的理论与实践紧密结合。

### 二、实习的若干规定

1. 在实习之前，必须复习教材中的有关内容，认真预习实习指导书，明确实习目的要求、方法步骤及注意事项。

2. 实习课开始时，实习小组正、副组长到仪器室领取仪器。组长应当场清点仪器种类、数量及仪器附件，如有不符，应及时提出，组长签字后方可领出。

3. 正组长负责组织与分工，副组长负责保管仪器。实习中，每人都应认真、仔细、严格要求。在教学实习中，对组内成员，既要有明确分工，又要按时轮换，相互配合，以保证实习任务的完成，并达到组内成员共同提高的目的。

4. 实习在规定时间内进行，不得无故缺席或迟到、早退；实习在指定的场地进行，不得擅自变更实习地点。

5. 实习中如出现仪器故障，必须及时向指导教师报告，不可随便自行处理。

6. 实习记录必须直接填在规定的表格内，要求书写工整，不可潦草。不得用零散纸张填写，尔后再转抄。

7. 各组完成实习后，组长应把实习记录交指导教师审阅，经教师认可后，方可收拾仪器和工具，组长认真清点，如数送还仪器室，结束实习。

### 三、使用仪器、工具注意事项

1. 携带仪器时，注意检查仪器箱是否扣紧、锁好，拉手和背带是否牢固，并注意轻拿轻放。开箱后，应记清仪器在箱内安放的位置，以便用后按原样放回。提取仪器时，应用双手握支架或基座，轻轻取出，放在三脚架上，保持一手握住仪器，一手拧连接螺旋，使仪器与三脚架牢固连接。仪器取出后，应关好仪器箱。严禁把仪器箱当凳坐。

2. 仪器安置三脚架后，必须有人守护，避免过路行人和车辆碰撞；晴天应撑伞，以避免阳光直晒仪器。

3. 近距离搬站时，应旋紧制动螺旋，竖盘指标自动归零补偿器开关应关上。一手抱住三脚架，一手托住仪器，放置胸前，稳步行走。不准将仪器扛肩上，以免碰伤仪器。

4. 制动螺旋要旋紧，但勿旋得过紧过死；微动螺旋及脚螺旋都要使用中间部分勿旋到极端；在旋转照准部或望远镜之前，牢记一定要先松开制动螺旋，然后均匀旋转。

5. 若发现透镜表面有灰尘或其他污物，须用仪器箱内软毛刷拂去或擦镜头纸轻轻擦去，严禁用手帕或其他纸张擦拭，以免损坏镜面。

6. 标杆不能当标枪棍棒使，不能抬东西；塔尺不能坐，观测时，要用双手扶正塔尺，不得随意靠在其他物体上。

7. 钢尺或皮尺不得随意在地上拖，不得扭转拽拉，从盒中向外拉出当靠近尺的终端时不要用力过猛，免得全部拉掉下来而缠不上；用完擦净尺上尘土，装入盒内。

8. 仪器装箱时，应检查竖盘指标自动归零补偿器开关是否已关上；按正确位置装入，合上箱盖，如合不上，应检查装放位置，有时要调整脚螺旋高度；箱外合上扣吊并上锁。

# 第二部分　实习项目及作业

## 实习一　水准测量

### 一、目的和要求

1. 熟悉 S3 级水准仪的构造；
2. 掌握水准仪的安置、瞄准与读数；
3. 学会水准测量的观测步骤与记录计算。

### 二、仪器和工具

DS3 级水准仪 1，水准仪脚架 1，水准尺 2，尺垫 1，记录夹 1，水准测量记录表 1。

### 三、方法和步骤

（一）第一测站工作

1. 根据教师指定的地面某点作为临时水准点 BMA，并假定其高程为 50m。学生自行选待测高程点 P，离临时水准点 BMA 大约 100～200m，计划两测站到 P 点，选定的 1 点作为转点并安放尺垫，水准尺安放在尺垫上。

2. 把水准仪安置在 BM$A$ 与 1 点之间，并非在两点连线上。目估前、后视距离大致相等处。记录表中第一测站编号写 1。

3. 安置仪器：张开脚架，使其高度适当，架头大致水平，并将三脚架脚尖踩入土中，再开箱取出仪器，将其固连在三脚架上。

4. 认识仪器：弄清仪器各部件的名称，了解各螺旋功能及其使用方法。认识水准尺的分划与注记，以便能在望远镜视场中准确读数。

5. 粗略整平：先用双手同时向内（或向外）转动一对脚螺旋，使圆水准器气泡移动到适当位置，再转动另一只脚螺旋使圆气泡居中，通常需反复进行。记住气泡移动的方向与左手拇指运动的方向一致。

6. 瞄准、精平与读数

瞄准与消除视差：首先，调整目镜，使十字丝分划清晰。然后，瞄后视尺，松开水准仪制动螺旋，水平转动望远镜，用准星和照门粗略瞄准水准尺，固定制动螺旋，接着转动水平微动螺旋，使十字丝的纵丝对准水准尺，调整物镜对光螺旋，使目标清晰。眼睛上下移动观察是否存在视差现象，若存在视差，应仔细调整物镜对光螺旋予以消除。

精平：转动微倾螺旋，使符合水准器气泡两端的影像精确符合。

读数：用中丝在水准尺上读取 4 位读数，即米、分米、厘米及毫米。先估出毫米数，后一次读出 4 位数。记入表中后视读数栏内。

松开水平制动螺旋，水平转动望远镜瞄准前视点尺 1，注意消除视差，然后用微倾螺旋精平，最后读数，记入表中前视读数栏内。

7. 变动仪器高后再重测一次

升高（或降低）仪器高约 10cm 以上，重新粗平仪器，第二次观测一般先瞄准前尺，精平与读数；然后瞄准后尺，精平与读数。

8. 计算高差

$$高差 h = 后视读数 a - 前视读数 b$$

同一测站两次仪器高测得高差值之差不大于 8mm 时，取其平均值。

（二）搬站观测

确认两次仪器高测的高差在允许范围内，才可搬站。搬站观测时，前尺即 1 点水准尺不动，后尺即 BM$A$ 点的水准尺搬到 $P$ 点，$P$ 点为未知点，测 $P$ 点的地面高程，不放尺垫。

（三）从 $P$ 点返测回临时水准点

从 $P$ 点再测回临时水准点 BM$A$。重新选一转点 2，以 $P$ 点为后视，返测两个测站，回到临时水准点 BM$A$。

（四）计算高差闭合差 $f_h$：$f_h = \Sigma h$

容许高差闭合差 $f_{h容}$ 平坦地区：$f_{h容} = \pm 40\sqrt{L}$

山 地：$f_{h容} = \pm 12\sqrt{n}$

高差闭合差 $f_h$ 大于容许高差闭合差 $f_{h容}$，首先检查计算是否有误，如计算无误，则认为观测问题，应返工。

## 四、内业计算

1. 计算各测站高差改正数 $\delta_h$

$\delta_h = \dfrac{-f_h}{n}$（式中：$f_h$ 为高差闭合差，$n$ 为往返水准路线总测站数）

检查：各测站高差改正数 $\delta_h$ 总和其绝对值应等于高差闭合差 $f_h$。

2. 计算各测站改正后高差 $h_{改正}$：$h_{改正} = h_{观测} + \delta_h$

检查：水准路线往返各测站改正后高差总和应为 0。

3. 计算 $P$ 点高程

根据临时水准点 BM$A$ 的已知高程 50.000m 加第一测站改正后高差得 1 点高程，逐点计算，算得 $P$ 点高程，最后又推算得BM$A$的高程应为50.000m。

## 五、注意事项

1. 安置测站应使前、后视距离大致相等。

2. 瞄准水准尺一定要消除视差。

3. 每次读数前，应使水准管气泡严格居中。读数时，水准尺要严格扶直，不得前、后、左、右倾斜，读数读至毫米。

4. 临时水准点为已知高程点，不要放尺垫待定点 $P$ 也不要放尺垫。转点要放尺垫，观测时将水准尺放在尺垫半圆球的顶点上。

5. 每站测完后，应立即计算，如两次高差值之差超出8mm，应立即重测。合乎要求后，后尺才可搬动，前尺不能挪动，以确保转点位置不变。

6. 全程测完后，应当场计算高差闭合差，如超限应重测。

## 六、应交作业

水准测量记录表格，并回答下列问题：

1. 如何进行水准仪粗平？为什么第一次旋转一对脚螺旋，第二次只能旋转另一个脚螺旋，而不是一对脚螺旋？

2. 圆水准器气泡居中和管水准器气泡符合分别达到什么目的？

3. 为什么在读完后视读数后，望远镜转到前视时，还必须重新调整管水准器气泡居中才能读数？

4. 什么叫转点？本次实习哪几个点是转点？它在水准测量中起什么作用？

## 实习二　经纬仪的认识及水平角测量

### 一、目的和要求

1. 认识 J$_6$ 级经纬仪的基本构造及各螺旋的名称与功能；

2. 练习经纬仪对中、整平、瞄准与读数的方法，掌握其操作要领；

3. 练习测回法测量水平角。

### 二、仪器和工具

经纬仪1（含经纬仪脚架1），记录夹1，全班领标杆3，每人准备水平角观测记录表1。

### 三、方法和步骤

（一）认识经纬仪

1. 照准部：包括望远镜及其制动、微动螺旋，水平制动和微动螺旋，竖盘，管水准器，圆水准器以及读数设备（DJ6-1 型与 TDJ6 型读数设备不同，以 TDJ6 型为主）。

DJ6-1 型仪器有复测器扳手（度盘离合器）。

TDJ6 型仪器有光学对中器及竖盘指标自动归零开关（或称补偿器开关）以及度盘变换螺旋（或称拨盘螺旋）。

2. 度盘部分：玻璃度盘，刻划从 0°~360° 顺时针刻划，DJ6-1 型的最小刻划为 30′，TDJ6 型的最小刻划为 1°。

3. 基座部分：有脚螺旋、轴座固定螺旋（不可随意旋松，以免仪器脱落）。

（二）经纬仪的安置

1. 在地面上作一标志，可在水泥地上画十字作为测站点。

2. 松开三脚架，安置于测站上，使高度适当，架头大致水平。打开仪器箱，手握住仪器支架，将仪器取出，置于架头上。一手紧握支架，一手拧紧连接螺旋。

3. 对中：挂上垂球，平移三脚架，使垂球尖大致对准测站点，并注意架头水平，用脚踩固定稳三脚架。对中差较小（1~2cm）时，可稍松连接螺旋，两手扶住基座，在架头上平移仪器，使垂球尖端准确对准测站点，误差不超3mm。

TDJ6 型照准部有光学对中器，用这种仪器对中步骤如下：

（1）用垂球对中：首先使三脚架面要基本安平，并调节基座螺旋大致等高，然后悬挂垂球对中。

（2）粗平：圆水准器气泡居中，以便使仪器的竖轴基本竖直。

（3）操作光学对中器：旋转光学对中器的目镜使分划板分划圈清晰，推拉目镜筒看清地面的标志。略松中心连接螺旋，在架头上平移仪器（尽量不转动仪器），直到地面标志中心与对中器分划中心重合，最后旋紧连接螺旋。这样做可保证对中误差不超过 1mm。

4. 整平：松开水平制动螺旋，转动照准部，使水准管平行于任意一对脚螺旋的连线，两手同时向内（或向外）转动这两只脚螺旋，使气泡居中。然后，将仪器绕竖轴转动 90°，使水准管垂直于原来两脚螺旋的连线，转动第三只脚螺旋，使气泡居中。如此反复操作，以使仪器在该两垂直的方向，气泡均为居中时为止。

（三）起始目标配置度盘为 0° 00′ 00″的方法

1. 对于 DJ6-1 型经纬仪的操作步骤

（1）扳上复测器扳手，首先转动测微轮，使测微尺上读数为 0′ 0″。

（2）旋转照准部，边看水平度盘的度数，边旋转照准部，当靠近 0°时，固定水平制动螺旋，旋转水平微动螺旋，使 0°分划平分双指标线，当达到准确对准 0° 00′ 00″时，扳下复测器扳手，此时度盘读数保持住 0° 00′ 00″。

（3）松开水平制动螺旋，望远镜精确瞄准左目标 A。

2. TDJ6 型经纬仪对 0° 00′ 00″的步骤

（1）将望远镜精确瞄准左目标 A。

（2）把拨盘螺旋的杠杆按下并推进螺旋，接着旋转拨盘螺旋使度盘的 0°分划线对准分微尺的 0 分划线，立即放松。

（3）再按一下杠杆，此时拨盘螺旋弹出，确保度盘处于正确的方位。

（四）瞄准目标的方法

先用望远镜上瞄准器粗略瞄准目标，然后再从望远镜中观看，若目标位于视场内，则固定望远镜制动螺旋和水平制动螺旋，仔细调物镜对光螺旋使目标影像清晰，并消除视差，再调望远镜和水平微动螺旋，使十字丝的纵丝单丝平分目标（或将目标夹在双丝中间），达到准确瞄准目标。

（五）读数方法

TDJ6 型读数法

它属于分微尺测微器读数法，分微尺的长度正好是度盘 1°分划间隔，分微尺的 0 ~ 6，表示 0′ ~ 60′，共 60 小格，每格为 1′，分微尺的 0 分划线就是读数指标线，0 分划线的位置就是读数的位置，先读整度数，再从 0 向整度分划线数有几个小格，估读到 0.1′，即 6″。

（六）水平角测量方法

测回法测量水平角 $\angle AOB$ 步骤如下：

1. 安置仪器于 O 点，对中，整平，垂球对中应小于 3mm，用光学对中器，应达到 1mm。整平不超过 1 格。

2. 以正镜（盘左）位置，起始目标 A 对 0° 00′ 00″（或略大于 0°）开始观测。

3. 观测右目标 B。当上一步完成左目标 A 观测之后（对于 DJ6-1 型，应先扳上复测器扳手，对于 TDJ6 型无此项操作），松开水平制动螺旋，顺时针转照准部，瞄准右侧目标 B，读记水平度盘读数 $b_1$，求出上半测回（盘左）水平角角值 $\beta_{左}$：

$$\beta_{左} = b_1 - a_1$$

4. 松望远镜和水平制动螺旋，纵转望远镜，逆时针旋转照准部以倒镜（盘右）位置瞄准目标 B，读记水平度盘读数 $b_2$。

5. 逆时针转动照准部瞄准目标 A，读记水平盘读数 $a_2$。求出下半测回（盘右）水平角角值 $\beta_{右}$：

$$\beta_{右} = b_2 - a_2$$

上半测回角值与下半测回角值之差不应超过 40″，在限差范围内，取其平均值作为一测回角值 β。

## 四、注意事项

1. 只有在盘左位置时，对起始目标度盘配置某一度数开始观测，盘右不得再重新配置，以确保正倒观测时，水平度盘位置不变。

2. 对于 TDJ6 仪器，用拨盘螺旋配置好度数之后，切勿忘记按一下杠杆，以使拨盘螺旋弹出。

3. 转动照准部之前，切记应先松开水平制动螺旋，否则会带动度盘，并会对仪器造成机械磨损。

## 五、应交作业

每人应交测回法记录表，并回答下列问题：

1. 分别叙述 DJ6-1 型和 TDJ6 型经纬仪，起始目标水平度盘配置 90° 00′ 00″ 的步骤。

2. 计算水平角时，为什么要用右目标读数减左目标读数（即箭头减箭尾）？如果不够减应如何计算？

3. 为什么使用光学对中器对中时，经纬仪必须先粗平？

## 实习三　经纬仪方向观测法及竖角测量

### 一、目的和要求

1. 掌握方向观测法测量水平角的操作步骤及记录计算方法。要求每人独立观测 4 个方向一测回。

2. 掌握竖角观测步骤、记录与计算，要求每人独立观测两个目标一测回。

### 二、仪器和工具

经纬仪 1，记录夹 1。每个学生准备方向观测法记录表及竖角测量记录各 1。

### 三、方法和步骤

（一）全圆方向观测法

1. 安置仪器于测站点 O，对中、整平，中误差不超过 3mm，整平误差不超 1 格。

2. 盘左位置，观测时，首先选定的起始方向 A，使水平度盘读数为 0° 或稍大于 0°。然后，按顺时针方向转动照准部，依次瞄准目标 B，C，D，A 分别读取水平度盘读数，记入手簿，并计算半测回归零差。规范规定半测回归零差不得大于 18″，实习可放宽至 30″。

3. 盘右位置，从起始目标 A 开始，按逆时针方向依次瞄准 D，C，B 后归零至起始方向 A，依次读取读数，记入手簿，并计算下半侧归零差，规定同上半测回。

4. 计算两倍照准误差 2C 值：2C = 盘左读数 −（盘右读数 ±180°）。

5. 计算各方向的平均读数，记入手簿相应栏内。

$$平均读数 = \frac{1}{2}（盘左读数 + 盘右读数 ±180°）$$

由于 A 方向的有两个平均读数需再取其平均值，写在第一个平均值的上方，并加括号。

6. 计算归零后的方向值，填入手簿相应栏内。

（二）竖角测量

1. 安置仪器于测站点，对中，整平。任选高处一个清晰目标，先盘左用望远镜中横丝瞄准目标，对于 DJ6-1 型仪器，读数前，应调整竖盘指标水准管微动螺旋，使竖盘指标水准管气泡居中，读取竖盘读数 L，并记录。对于 TDJ6 型仪器，应把补偿器开关（自动归零螺旋）打开，使 ON 朝上对准红点，此时竖盘指标处于铅垂位置，这时瞄准目标直接读取竖盘读数 L。

2. 盘右瞄准同一目标，对于 DJ6-1 型，使竖盘指标水准管气泡居中后，读取读数 R，并记录。对于 TDJ6 型经纬仪直接读数即可。

3. 计算竖角角值 α 和指标差 x。计算公式如下：

$$\alpha = \frac{1}{2}(\alpha_L + \alpha_R) \qquad x = \frac{1}{2}(L + R - 360°)$$

限差要求：检查观测各目标求得的指标差的互差应小于 30″。

### 四、注意事项

1. 全圆方向观测法的起始目标应选择远近适当的清晰的目标。

2. 半测回归零差超限，应立即返工重测。

3. 一测回观测完毕应立即计算 $2C$，对于 $J_2$ 级仪器 $2C$ 互差应小于 $18''$，对于 $J_6$ 仪器，规范规定不检查 $2C$ 的互差。但是，$2C$ 互差太大也是不允许的。

### 五、应交作业

每人应交全圆方向观测法记录表及竖角观测记录表各 1 张。

## 实习四  视距测量与罗盘仪测量

### 一、目的要求

1. 学会视距法测定两点间的距离及高差的方法，熟悉计算公式及用计算器的算法。

2. 熟悉罗盘仪的构造，学会用罗盘仪测量磁方位角。

### 二、仪器工具

经纬仪 1，塔尺 1，卷尺 1，罗盘仪 1，标杆 1，视距测量记录表，计算器自备。

### 三、实习内容

（一）视距测量

1. 地面上选两点 $A$、$B$，相距 $50 \sim 100\text{m}$，在地面做一标志，安置仪器于 $A$ 点，对中，整平，量仪器高，在 $B$ 点处竖立塔尺。

2. 用视距法测量 $A$、$B$ 两点距离及高差

（1）用正镜（盘左）瞄准塔尺，使十字丝纵丝与尺的一边重合或平分尺面，消除视差。转望远镜使中丝对在尺上和仪器高同高处，固定望远镜制动螺旋，调望远镜微动螺旋，使其准确对准仪器高处，读上丝和下丝读数，求出尺间隔 $l$。把竖盘指标归零开关打开（对于 DJ6-1 型应调竖盘指标水准管气泡居中），读竖盘读数，并记录。记录格式见下面第四项。

（2）用倒镜（盘右）按（1）重测一次。

（3）上述是中丝对仪器高正倒镜观测 1 次。练习中丝不对仪器高，而对任意整数，例如 $2\text{m}$，再观测一次，进行比较。

3. 计算水平距离和高差

（1）分别计算盘左、盘右的近似竖角，取其平均值为竖角值 $\alpha$，再求出竖盘指标差 $x$。

（2）求尺间隔 $l$ = 上丝读数 – 下丝读数，$l$ 值取盘左、盘右两次平均值。

（3）求水平距离 $D$ 和高差 $h$

计算公式：$\qquad\qquad D = Kl\cos^2\alpha \qquad h = D\tan\alpha + i - v$

（二）罗盘仪测量

1. 认识罗盘仪，其构造主要由磁针、刻度盘和望远镜组成。

2. 用罗盘仪测量直线 $AB$ 的正反方位角。

首先把仪器安置在直线的起点 $A$，对中整平，然后用望远镜瞄准 $B$ 点，待磁针静止后，读磁针北端的读数与磁针南端读数，磁针南端读数 $\pm 180°$ 后，再与北端读数取平均，即为该直线的正磁方位角 $A_{正}$。

罗盘仪搬到 $B$ 站，对中整平后瞄准 $A$ 点，求得 $AB$ 线的反磁方位角 $A_{反}$。最后按下式求 $AB$ 线的平均磁方位角 $A$：

$$A = \frac{A_{正} + (A_{反} \pm 180°)}{2}$$

3. 罗盘仪读数估读至 $15'$。正反方位角容许差 $\Delta A < 1°$。

4. 使用罗盘仪时，应避免与铁制物体接近，不得在铁路、铁栅栏旁、电动机旁或高压线下面进行测量。

## 四、记录表格式样

### （一）视距测量记录表

#### 视距测量记录表

测站名称：$A$　仪器高：1.40m　测站高程：50.00m　班级：　小组：

| 测点名称 | 测量次数 | 竖盘位置 | 标尺读数 | | | 尺间隔 $L$ | 竖盘读数 （° ′ ″） | 指标差 $x$ | 竖角 $\alpha$ （° ′ ″） | 水平距离 $D$ | 高差 $h$ | 高程 $H$ |
|---|---|---|---|---|---|---|---|---|---|---|---|---|
| | | | 上丝 | 下丝 | 中丝 | | | | | | | |
| $B$ | 1 | L | 1.800 | 1.018 | 1.400 | 0.782 | 88 30 20 | −20 | +1 29 20 | 78.15 | +2.03 | 52.03 |
| | | R | 1.800 | 1.027 | 1.400 | | 271 29 00 | | | | | |
| | 2 | L | 2.400 | 1.617 | 2.000 | 0.783 | 88 05 12 | −24 | +1 54 24 | 78.21 | +2.00 | 52.00 |
| | | R | 2.400 | 1.624 | 2.000 | | 271 54 00 | | | | | |

### （二）罗盘仪磁方位角测量记录表

#### 罗盘仪磁方位角测量记录表

| 测 站 | 目 标 | 正方位角 $A_正$ （° ′） | 反方位角 $A_反$ （° ′） | 差数 $\Delta A =$ $A_正 - (A_反 \pm 180°)$ | $AB$ 平均磁方位角 $A = \dfrac{A_正 + (A_反 \pm 180°)}{2}$ |
|---|---|---|---|---|---|
| $A$ | $B$ | 90°30′ | | −15′ | 90°38′ |
| $B$ | $A$ | | 270°45′ | | |

## 五、应交作业

1. 每人应完成视距测量记录表和罗盘仪磁方位角测量记录表的计算。

2. 每人做练习题：视距法测距离及高差时，若中丝对准仪器高与不对仪器高两种方法测距后结果一样吗？为什么？此两种方法对求初算高差会一样吗？中丝不对仪器高测量后，在计算高差时应增加哪两项？

## 实习五　经纬仪导线测量内业计算及绘图作业

### 一、目的和要求

1. 掌握闭合导线点坐标计算的方法和步骤。

2. 掌握对角线法绘制坐标方格及展绘导线点的方法。

### 二、用具

每个学生必须准备图纸 1 张（30cm×40cm），比例直尺 1，导线坐标计算表格 1，计算器、铅笔和橡皮等。丁字尺可由几人共用 1 个。

### 三、导线外业测量数据

起始边 12 坐标方位角：$\alpha_{12} = 97°58′08″$（图 21-1）

1 点的坐标：$X_1 = 532.700$m　$Y_1 = 537.660$m

导线各右角观测值：

$$\beta_1 = 125°52′04″ \quad \beta_2 = 82°46′29″$$

$$\beta_3 = 91°08′23″ \quad \beta_4 = 60°14′02″$$

导线各边丈量值：

$$D_{12} = 100.29\text{m} \quad D_{23} = 78.96\text{m} \quad D_{34} = 137.22\text{m} \quad D_{41} = 78.78\text{m}$$

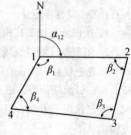

图 21-1　闭合导线

### 四、作业步骤

（一）导线坐标计算

1. 将导线测量外业数据抄入导线坐标计算表格内，抄毕必须核对。

2. 计算导线角度闭合差。

3. 角度闭合差的调整。

4. 坐标方位角的推算。

5. 计算坐标增量。

$$公式：\Delta X = D\cos\alpha \quad \Delta Y = D\sin\alpha$$

6. 坐标增量闭合差的计算。

7. 导线全长绝对闭合差 $f$ 及相对闭合差 $K$ 的计算。

对于图根导线，钢尺量距时，$K$ 值应小于 1/2000。

8. 坐标增量闭合差的平差，求出各边长坐标增量的改正数。

9. 坐标计算。

（二）绘制坐标方格网及展绘导线点

1. 绘制坐标方格网

用丁字尺和比例尺按教材上介绍的对角线方法绘制坐标方格网，每个方格大小为 10cm×10cm。绘毕应检查各方格的边长误差不得超过 0.2mm。本次作业应绘制坐标方格数为 6 个，南北方向 2 格，东西方向 3 格，可保证 4 个导线点全部展绘于图中。

2. 展点

比例尺采用 1:1000。根据计算出的各控制点坐标，使导线图画在图纸的中央部位的原则下选坐标格网西南角的坐标，然后根据坐标展绘各导线点。最后用比例尺量取图上各导线边长与相应实测边长作比较，其差值不得超过图上 0.3mm×M（M 为测图的比例尺分母，本次作业 M 为 1000）。

## 五、每人应交作业

1. 导线坐标计算表。

2. 坐标方格网及展绘的导线点图。

## 实习六　碎部测量

### 一、目的和要求

学会经纬仪测绘法一个测站的工作，通过测一个房屋明确观测、计算及绘图各步骤，了解观测者、记录者及绘图者之间是如何分工合作的。

### 二、仪器工具

经纬仪 1，标杆 2，卷尺 1，测钎 2，中平板仪 1，半圆量角器 1，罗盘仪 1，碎部测量记录表 1，铅笔橡皮计算器学生自备。

### 三、实习内容

1. 测量 AB 磁方位角

在测站点 A 上安置罗盘仪，B 点插标杆，用罗盘仪测量 AB 磁方位角。罗盘仪要读磁针南北端读数，南端读数应 ±180° 后与北端读数取平均。

2. 观测者工作

移开罗盘仪，在测站点 A 上安置经纬仪，对中，整平后，量取仪器高 $i$，填入手簿。瞄准 B 点，用拨盘螺旋安置水平度盘读数为 0° 00′ 00″，如图 21-2 所示。

观测者转动经纬仪照准部，瞄准碎部点塔尺中线，首先读水平度盘读数 $\beta$，只要读至分。然后读上丝读数，下丝读数，中丝读数 $v$，竖盘读数 $L$。测量碎部点仅用盘左位置观测，不必倒镜观测。

3. 立尺员工作

立尺员将塔尺立在地物轮廓的特征点上。

4. 记录者工作

记录者将观测值填入碎部测量表。根据尺间隔 $l$，竖盘读数 $L$

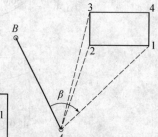

图 21-2　经纬仪测绘法

和竖直角 $\alpha$，按视距测量公式用计算器计算出碎部点的水平距离。

5. 展绘碎部点（绘图比例尺 1:500）

小平板安置在测站旁，绘图纸贴在图板上，在图纸中适当位置选一点作为测站点 $a$。根据 $AB$ 的磁方位角在图上画出 $ab$ 方向线，用它作为绘图的起始方向线。用大头针将量角器的圆心插在图上测站点处，转动量角器上等于观测得碎部点水平角值 $\beta$ 的刻画线对准起始方向线 $ab$，此时量角器的零方向线便是碎部点的方向，然后用测图比例尺按测得水平距离在该方向上定出碎部点的位置。同法，测出其余各碎部点的平面位置图上，将碎部点按实际情况相互连接。

## 四、应交作业

1. 小组应交碎部测量记录及 1:500 平面图 1 张。

2. 每个人应完成教材第 7 章练习题 5（内插勾绘等高线）。

## 实习七　地形图的应用作业

### 一、目的要求

1. 在地形图上求某点的上高程；

2. 在地形图上绘制某一方向的断面图；

3. 在地形图上平整土地的土方计算。

### 二、用具

学生应自备：20cm×20cm 的坐标方格纸、直尺、计算器、铅笔、橡皮等。

### 三、作业内容

（一）在地形图上求某点高程与绘制 $AB$ 方向的断面图。

图 21-3 为某一局部地形图，比例尺为 1:2000，等高距为 2m。

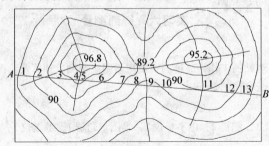

图 21-3　某局部地形图

1. 求图中 $AB$ 线与山谷线交点 9 的高程；

2. 试绘制 $AB$ 方向的断面图，断面图的距离比例尺 1:2000，高程比例尺 1:200。

（二）平整场地

本实习仅要求练习在地形图上平整场地。图 21-4 表示某一缓坡地，按填挖基本平衡的原则平整为水平

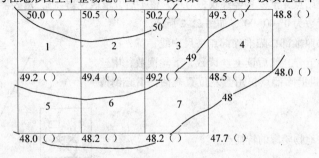

图 21-4

356

场地。首先在该图上用铅笔打方格，方格边长为10m。其次，由等高线内插求出各方格顶点的高程。为统一成果，以上两项工作已完成并给出结果，学生应完成以下内容：

（1）求出平整场地的设计高程（计算至0.1m）。

（2）计算各方格顶点的填高或挖深量（计算至0.1m）。

（3）计算填挖分界线的位置，并在图上画出填挖分界线并注明零点距方格顶点的距离。

（4）分别计算各方格的填挖方以及总挖方和总填方量（计算取位至0.1m³）。

作业步骤如下：

1. 求平整场地的设计高程；

2. 计算各方格顶点的施工量；

3. 计算填挖分界线的位置；

4. 计算各方格的填方(或/与)挖方量，最后再计算总挖方量与总填方量(计算至0.1m³)。

## 实习八　求积仪测定面积

### 一、目的与要求

1. 掌握求积仪单位分划值$C$的测定方法。

2. 掌握机械求积仪测定面积的方法。

### 二、仪器与工具

每组领两台机械求积仪，学生自备30cm×30cm坐标方格纸、计算器、铅笔等。

### 三、方法与步骤

1. 单位分划值$C$的测定

测定$C$值方法有两种：①用仪器盒内的检验尺；②利用已知图形面积（坐标方格纸的方格），例如方格面积$S = 10\text{cm} \times 10\text{cm}$。第二种方法测定$C$步骤如下：

（1）坐标方格纸贴在光滑桌面上。

（2）安置航臂长：将航臂长安置在某一位置，可参考盒内比例尺1:500的航臂长。也可将航臂安置在任意位置。

（3）求积仪的极点放在图形之外，选定合适的极点位置。将描针放在图形中间，当航臂与极臂大约垂直时，此时固定好极点位置。

（4）以轮左的位置，选图形轮廓的一点，读起始数$n_1$，由圆盘上读千位数，测轮上读百位数及十位数，游标上读个位数。手持航臂上的手柄，将航针沿图形周界，顺时针匀速缓慢绕图形一周回到原点后，读出终了读数$n_2$，从而得到读数差$n_2 - n_1$，用上述方法另选一个起点再测一次，得第二次读数差，两次读数差在200个分划以下，允许差2；200分划以上允许差1/300。

（5）再以轮右的位置，同样的方法测定两次。将轮左轮右共4次测定的读数差取平均得$(n_2 - n_1)_{平均}$进行计算。计算时已知面积$S$按待测图的比例尺化为实地面积（m²）进行计算。

$$C_{相对} = \frac{S}{(n_2 - n_1)_{平均}}$$

根据求积仪构造原理可知$C$值实际上等于测轮周长的千分之一乘航臂长，因此$C$值与航臂长成正比，航臂长，$C$值大，反之，$C$值小。

如果按上式求得$C$值不是整数，以后计算麻烦，一般采用改变航臂的长度，以使$C$值为整数。设不为整数的游标单位分划值为$C_1$相应航臂长为$R_1$；整数的游标单位分划值为$C$，相应的航臂长为$R$，则

$$C_1 : C = R_1 : R$$

所以

$$R = \frac{C \times R_1}{C_1}$$

用检验尺测定$C$的方法如下：

检验尺的一端有一细针，测定时，将检验尺的细针刺在纸上，检验尺的另一端有一小孔，将航针插入

检验尺的小孔,在纸上作一记号,读起始读数 $n_1$,手持航臂上的手柄,使检验尺以细针为圆心旋转一周又回到原点,读终了读数 $n_2$。轮左位置测两次;轮右位置测两次。计算方法同上。应注意:检验尺的已知面积即为小孔至细针的距离为半径的圆面积,圆面积一般注在检验尺上(应注意有的检验尺是注半圆面积)。

2. 测定图形的面积

本实习待测图是将 $10\text{cm} \times 10\text{cm}$ 正方形任意分成两个图形 Ⅰ 与 Ⅱ,比例尺为 $1:500$。测定面积步骤如下:

(1) 航臂长可查仪盒内的卡片或按上述求得 $C$ 值所相应的航臂长。

(2) 极点置图形之外,轮左测定一次,轮右测定一次,量测方法同上。

(3) 用下式计算图形面积:

$$S = C \times (n_2 - n_1)$$

精度计算:　　　　　误差 $\Delta S = S - (S_1 + S_2)$

$$相对误差 = \frac{1}{S/\Delta S} \quad (注:规定相对误差小于 1/100)$$

### 四、注意事项

1. 图纸应放在平滑的桌面上,图纸本身也要光滑平整。

2. 选定航针的起始位置,最好使两臂接近于垂直,此时航针移动,测轮读数的变化极小,因此当绕行一周后,若与起始位置不相重合,影响面积误差极微。

3. 当航针顺时针方向绕行图形时,如果计数圆盘的零点经过指标一次,则最后读数 $n_2$ 应加 10000。经过两次,则最后读数应加 20000。当航针反时针方向沿图形绕行时,求读数差应为 $(n_1 - n_2)$。

4. 量测图形面积时,要匀速绕图形轮廓运行,中途不要停顿。如果量测几次读数差都相差较大,应重新安置新的极点位置量测。

### 五、记录表格式样

#### (一) 求积仪单位分划值 $C$ 的测定

| 测轮位置及量测次数 | | 起始读数 $n_1$ | 终了读数 $n_1$ | 读数差 $(n_2 - n_1)$ | 读数差 $(n_2 - n_1)$ 的平均值 | $C = \dfrac{S}{n_2 - n_1}$ | 备　注 |
|---|---|---|---|---|---|---|---|
| 轮左 | 1 | 6562 | 8123 | 1561 | 1564 | 1.60m² | 已知面积 $S = 2500\text{m}^2$ 初安臂长 $R_1 = 64.1$ |
| | 2 | 9734 | 11296 | 1562 | | | |
| 轮右 | 3 | 0090 | 1665 | 1565 | | | |
| | 4 | 1706 | 3274 | 1569 | | | |
| 航臂调后检测 | 轮左 | 1692 | 3086 | 1394 | 1396 | 2.00m² | 调整后臂长 $R = 80.15$ |
| | 轮右 | 6827 | 8224 | 1397 | | | |

调整航臂长计算如下:$C_1 = 1.60\text{m}^2$　　$R_1 = 64.1$　要求 $C = 2.00\text{m}^2$

则　　　　　　　　　　$R = \dfrac{C \times R_1}{C_1} = \dfrac{2 \times 64.1}{1.60} = 80.15$

注:航臂不可调的求积仪,上表的最后一栏(航臂调后检测)不做。

#### (二) 地块面积测定记录　　　航臂长 $R = 80.15$　　$C_{相对} = 2.00\text{m}^2$

| 地段编号 | 测轮位置 | 起始读数 $n_1$ | 终了读数 $n_2$ | 读数差 $(n_2 - n_1)$ | 读数差平均值 | 地块面积(m²) $S = C(n_2 - n_1)$ |
|---|---|---|---|---|---|---|
| 1 | 轮左 | 1616 | 2716 | 1100 | 1101 | 2202 |
| | 轮右 | 4540 | 5642 | 1102 | | |
| 2 | 轮左 | 1594 | 2736 | 1142 | 1144 | 2288 |
| | 轮右 | 9829 | 10975 | 1146 | | |

量测精度计算：两地块面积之和：$S_1 + S_2 = 2202 + 2288 = 2490\text{m}^2$

已知控制面积为 $S = 2500\text{m}^2$　　误差 $\Delta S = 2500 - 2490 = 10\text{m}^2$

$$相对误差 = \frac{1}{S/\Delta S} = \frac{1}{2500/10} = \frac{1}{250}$$

## 实习九　圆曲线测设

### 一、目的要求

1. 通过实习掌握圆曲线主点测设方法及步骤。

2. 练习圆曲线细部测设的两种方法（直角坐标法及偏角法）。表中的计算要全部做，现场钉两个细部点便可。

### 二、仪器和工具

经纬仪 1，花杆 3，卷尺 1，计算器 1，斧子 1，木桩 6，记录夹 1，圆曲线主点测设记录计算表与圆曲线细部测设记录计算表。

### 三、实习步骤

1. 圆曲线主点测设

（1）任意选一公路中线的转点，编号为 $JD_1$，在路线起点处插一花杆。本实习主要练习圆曲线测设，路线起点距离 $JD_1$ 近一些，以减少量距也不必打桩，须知在正式公路测量中，路线起点是预先确定的。另在前路中线上再选一点插花杆（也不打桩，以作测量转角瞄准目标用）。

（2）经纬仪安置在 $JD_1$ 中整平，用测回法测量右角一测回，记录于表中。

（3）根据观测的右角 $\beta$，计算转角 $\Delta$。当右偏时，$\Delta = 180° - \beta$；当左偏时，$\Delta = \beta - 180°$。判别路线是右偏还是左偏，除根据现地判别外，可根据 $\beta$ 角的大小，$\beta < 180°$ 为右偏，$\beta > 180°$ 为左偏。

（4）按照地形条件及规程规定拟定圆曲线半径 $R$。考虑地形条件拟定半径时，可先估计外距长或切线长，看采用多大的半径合适。选择半径不得小于规程规定的最小半径，并应取整数值。

（5）根据选定的半径及转角，求切线长 $T$，曲线长 $L$，外距 $E$ 及切曲差 $D$。曲线元素计算，最好使用编程计算器计算。

（6）计算三个主点的桩号：

曲线起点 ZY 桩号 = 转点 $JD_1$ 桩号 - 切线长 $T$

曲线中点 QZ 桩号 = ZY 桩号 + $L/2$

曲线终点 YZ 桩号 = QZ 桩号 + $L/2$（或 ZY 桩号 + $L$）

桩号计算的校核：

$$YZ \text{ 的桩号} = JD \text{ 桩号} + 切线长 T - 切曲差 J。$$

2. 圆曲线的细部测设

当圆曲线长超过 40m，或曲线和某个地物（如道路、渠道）相交，或曲线经过之处地貌发生显著变化（如跨山沟），此时均应打加桩。一般每隔 10m 或 5m 打一加桩以便于施工。本实习要求学生全部完成两种方法测设细部点的计算，但现地钉桩只要求完成两点，先用直角坐标法测设，后用偏角法核对，须知在正式作业时只要用一种方法测设便可。

（1）直角坐标法（切线支距法）

为求某一细部桩点的直角坐标 $(X, Y)$，可直接查切线支距表，但一般表中只给弧长整米的 $(X, Y)$ 值，非整米的计算不便。使用计算器时用下列公式计算也很方便。

$$\varphi = \frac{S}{R} \times \frac{180°}{\pi}$$

$$X = R\sin\varphi \qquad Y = R - R\cos\varphi$$

计算结果列于表中。具体测设时，以 ZY 点或 YZ 点为坐标原点，沿切线用皮尺量取 $X$ 值，垂直于切线方向量取 $Y$ 值便可确定点位。

（2）偏角法

为测设细部点，先计算细部点所对应的偏角 $\delta$ 及弦长 $C$，计算公式如下：

$$\delta = \frac{\varphi}{2} = \frac{S}{R} \times \frac{90°}{\pi}$$

$$C = 2R\sin\delta$$

实际上，并非每个细部点都要用上列公式计算，一般仅需计算三个不同弧长所对应的偏角及弦长。在下表范例中，仅需把弧长为 8.91，10.00 及 6.28 三个数代入公式计算。偏角计算的结果列于表中"单值"一栏内，"累计值"是偏角单值累加，以便于经纬仪测设。具体测设时，将经纬仪置于 ZY 点，度盘安置 0° 00′ 00″ 瞄准 JD 点，然后松开照准部使度盘得读数为 1 点的偏角 $\delta = 3°24′26″$，在望远镜的视线方向内，从 ZY 点拉皮尺量弦长 $C_1 = 8.91$m 打下木桩即得 1 点。测设 2 点时，经纬仪设置 2 点偏角即 $\delta_2 = 7°13′37″$。但量距应从 1 点开始量 $C_2 = 9.99$m，$C_2$ 长度刻划同望远镜视线相交即得 2 点。用同样方法测设其余各点，本例测设 4 点与 5 点时，考虑到通视情况，经纬仪要搬到 YZ 点，如果能通视可以不搬站。测得第 5 点后，量 5 至 YZ 点的距离应为 6.28m，其较差一般不应超过 $L/1000$m（$L$ 为圆曲线的长度）。

## 四、记录计算表格式样

### 1. 圆曲线主点测设计算表

#### 圆曲线主点测设记录表

交点桩号：JD₁　　　　编号：K0 + 080　　　班级：　　　　小组：

| 观测点名 | 盘位 | 水平度盘读数 (° ′ ″) | | | 半测回角值 (° ′ ″) | 平均角值 (° ′ ″) |
|---|---|---|---|---|---|---|
| JD2 | L | 0 | 00 | 00 | 137　50　30 | |
| 0 +000 | | 137 | 50 | 30 | | 137　50　00 |
| 0 +000 | | 317 | 50 | 00 | | |
| JD2 | | 180 | 00 | 30 | | |

| 转角 I 的计算 | 右偏：$\Delta = 180° - \beta = 42°10′$ |
|---|---|
| | 左偏：$\Delta = \beta - 180° =$ |

| 曲线元素计算 | | 曲线主点桩号计算 | |
|---|---|---|---|
| 半　径 $R$ | 75m | 曲线起点 ZY | ZY 0 +51.08 |
| 切线长 $T$ | 28.92 | 曲线中点 QZ | QZ 0 +78.62 |
| 曲线长 $L$ | 55.20 | 曲线终点 YZ | YZ 0 +106.28 |
| 外矢距 $E$ | 5.38 | 校核 | 80 + 28.92 − 2.63 |
| 切曲差 $J$ | 2.63 | $YZ = JD + T - J$ | = 106.29 |

### 2. 圆曲线细部测设计算表

#### 圆曲线细部测设计算表

交点桩号：JD₁　　　　编号：K0 + 080　　　班级：　　　　小组：

| 点名 | 里程编号 | 弧长 | 直角坐标法 | | | 偏角法 | | |
|---|---|---|---|---|---|---|---|---|
| | | | 坐标原点 | $X$ | $Y$ | 弦长 | 单值 | 累计值 |
| ZY | 0 +51.08 | 8.92 | | | | 8.91 | 3°24′26″ | 0°0′00″ |
| 1 | 0 +60.00 | 10.00 | ZY | 8.90 | 0.53 | 9.99 | 3°49′11″ | 3°24′26″ |
| 2 | 0 +70.00 | 10.00 | ZY | 18.72 | 2.37 | 9.99 | 3°49′11″ | 7°13′37″ |
| 3 | 0 +80.00 | 10.00 | ZY | 28.21 | 5.51 | 9.99 | 3°49′11″ | 11°02′48″ |
| 4 | 0 +90.00 | 10.00 | YZ | 16.15 | 1.76 | 9.99 | 3°49′11″ | 14°51′59″ |
| 5 | 0 +100.00 | 6.00 | YZ | 6.67 | 0.26 | 6.28 | 2°23′56″ | 18°41′10″ |
| YZ | 0 +106.00 | | | | | | | 21°05′06″ |

| 测设校核 | 偏角法测设距离较差为：0.05m < 0.055m |
|---|---|
| | 容许值：曲线长 × (1/1000) = 55.2 × (1/1000) = 0.055m |

## 实习十　民用建筑物定位测量实习

### 一、目的与要求

掌握民用建筑物定位测量的基本方法。

### 二、仪器与工具

$J_6$ 经纬仪 1，卷尺 1，标杆 2，记录夹 1，斧头 1，木桩 8。

### 三、方法与步骤

如图 21-5 所示，西边为原有的旧建筑物，东边为待建的新建筑物。假设新建筑物轴线 AB 在原建筑物轴线 MN 的延长线上。两建筑物的间距及新建筑物的长与宽，根据场地大小由教师规定。实习步骤如下：

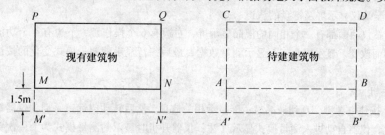

图 21-5　民用建筑物定位测量

1. 引辅助线：作 MN 的平行线 M′N′，即为辅助线。做法是：

先沿现有建筑物外墙面 PM 与 QN 墙面向外量出 MM′ 与 NN′，大约 1.5~2.0m，并使 MM′ = NN′，在地面上定出 M′ 和 N′ 两点，定点需打木桩，桩上钉钉子，以表示点位。连接 M′ 和 N′ 两点即为辅助线。

2. 经纬仪置于 M′ 点，对中整平，照准 N′ 点，然后沿视线方向，根据图纸上所给的 NA 尺寸（要注意如图上给出的是建筑物间距，还应化为现有建筑物至待建建筑物轴线间距，并查待建建筑物长 AB）。本次实习由教师规定，从 N′ 点用卷尺量距依次定出 A′、B′ 两点，地面打木桩，桩上钉钉子。

3. 仪器置于 A′ 点，对中整平，测设 90°角在视线方向上量 A′A = M′M，在地面打木桩，桩顶钉钉子定出 A 点。再沿视线方向量新建筑物宽 AC，在地面打木桩，桩顶钉钉子定出 C 点。注意，需用盘右重复测设，取正倒镜平均位置最终定下 A 点和 C 点。

同样方法，仪器置于 B′ 点测设 90°，定出 B 点与 D 点。

4. 检查 C、D 两点之间距离应等于新建筑物的设计长，距离误差允许为 1/2000。在 C 点和 D 点安经纬仪测量角度应为 90°，角度误差允许为 ±30″。

## 实习十一　电子经纬仪与全站仪的使用

### 一、目的和要求

1. 学会电子经纬仪安置，掌握测量水平角及竖直角的方法。

2. 学会苏一光 OTS 全站仪安置、开机与关机，进行温度、气压、棱镜常数的设置，测距次数以及测量目标条件的设置。

3. 掌握距离测量的方法，了解坐标测量的步骤。

### 二、仪器和工具

电子经纬仪 2，全站仪 1，单棱镜 1（装镜箱及三脚架），棱镜对中杆 1。

### 三、实习内容

（一）南方 ET-05 电子经纬仪的使用

1. 在实习场地选一点作为测站点 0，电子经纬仪安置 0 点，对中、整平，另外选两个目标点 A 和 B，在 A 点上安置单棱镜，在 B 点上安置单棱镜对中杆，安置单棱镜时都要对中整平，并使棱镜面向电子经纬仪。

2. 电子经纬仪安置 0 点对中、整平。如果整平后，显示屏会出现"b"字样，说明电经竖轴倾超过 3′，此时应重新整平，"b"字消后才行。在盘左位置望远镜垂直方向上下转动 1~2 次，当望远镜通过水平视线时，竖盘指标自动归零，显示屏显示正确的竖直角值。

3. 电经测回法测量水平角：

例如，测量∠AOB水平角，在 HR 状态下，盘左位置，瞄准 A 目标，按两次【OSET】键，A 方向水平度盘读数置 0°00′00″，顺时针旋转照准部瞄准 B 方向读数，即为半测回内角值。纵转望远镜后成盘右位置，瞄 B 读数，逆时针转瞄 A 读数即完成下半测回。

4. 电经竖角测量

在盘左位置将望远镜在竖直方向上转动 1~2 次，当望远镜通过水平视线时，仪器自动将竖盘指标归零，并显示出当时望远镜视线方向的竖角值。竖角观测步骤与光学经纬仪相同。

（二）苏一光 OTS 电子全站仪的使用

1. OTS 电子全站仪显示屏及键盘的认识

OTS 电子全站仪两面都有一个相同的液晶显示屏，右边有 6 个操作键，下边有 4 个功能键，其功能随观测模式的不同而改变。显示屏头三行显示测量数据，最后一行显示随测量模式变化的按键功能。详见第 17 章。

2. 开机与关机

（1）开机：按住电源键，直到液晶显示屏显示相关信息，然后转动望远镜一周，仪器蜂鸣器发出一短声并进行初始化，仪器自动进入测量模式显示（注：仪器开机时显示的测量模式为上一次关机时仪器所显示的测量模式）。

（2）关机：按住电源键，并同时按 F1 键，仪器显示"关机"，然后放开所按的键，仪器进入关机状态。

3. 角度测量

首先，按键盘右边操作键▽，进入角度测量模式，操作方法与电子经纬仪相同。

4. 棱常、温度、气压与目标条件设置

距离测量时，反射棱镜常数、大气的温度、气压以及测量目标的条件（目标是反射棱镜、反射片、无棱镜的物体表面）对测量距离有直接影响。为此在测距前应进行设置。设置项目是：

（1）进行反射棱镜常数、大气的温度、气压的设置

①开机后，按距离测量键▲一次测距模式；

②按［F3］（条件）键，进入测距条件设置；

③分别按［F1］、［F2］、［F3］键，即可进入棱镜常数、温度、气压的设置。注意：若用苏一光厂配备的反射镜，棱常为 0。

（2）测量目标条件的选择

①在测距模式下，按［F3］（条件）键，进入测距条件设置；

②按［F4］（目标）键，有 3 种目标供选择：F1：NO PRISM（为无棱镜，白色墙体），F2：SHEET（为反射片），F3：PRISM（为棱镜）。

（3）测距次数的设置

①按【MENU】键进入主菜单。按"▼" 2 次进入主菜单第 3 页；

②再按 F1 键选择"设置"，进入设置子菜单的第 1 页；

③再按"▼"一次进入子菜单的第 2 页，就可看到有测距次数选项。输入测距次数后，按 F4 确认。

5. 距离及高差测量

（1）开机后，按距离测量键▲一次进入测距模式；

（2）按［F1］瞄准，用望远镜精确瞄准目标，机内发射红色激光，再按［F1］测距全站仪自动接收反射光，并立即在显示屏上显示测量距离值及高差，SD 为斜距，HD 为平距，VD 为高差（望远镜横轴至目标的高差）。

6. 坐标测量

在实习场地，对任意目标进行三维坐标测量时，需已知测站点和另一点的三维坐标（或由测站后视该

点的坐标方位角），操作步骤如下：

（1）输入测站坐标

①开机后，在测量模式下，按坐标操作键∠，进入坐标测量模式，按［F4］键，进入功能键信息第2页，显示上次坐标观测的三维坐标。

②按［F3］（测站）键，进入测站坐标输入显示。

（2）输入测站仪器高和目标棱镜高

①按［F4］（确认）键，进入功能键信息第2页，再按［F2］（仪高）键，进入仪器高输入。

②按［F4］键，仪器显示屏返回到第2页，再按［F1］（镜高）键，进入棱镜高输入。

（3）输入后视点坐标的输入

①在坐标测量模式下，按［F4］键两次，进入功能键信息第3页。

②按［F3］（后视）键，进入后视点坐标的输入。

（4）目标点坐标测量

①照准后视目标，按［F3］（是）键，仪器返回到坐标测量信息第1页界面。

②照准镜站点，按［F1］（瞄准）键，仪器发出光束，准备测距。

③按［F1］（测距）键，仪器开始测距。

④按［F1］（停止）键，仪器停止测距，显示屏显示目标的三维坐标。

# 第三部分　测量教学实习

## 一、实习目的、任务和要求

测量教学实习是测量教学的重要组成部分，既能巩固和加深课堂所学知识，又是培养学生动手能力、严谨的科学态度和工作作风的重要手段，为以后的工作打下良好基础。教学实习的任务与要求是：

1. 每组检验校正水准仪1台，经纬仪1台，重点是检验，校正必须在辅导教师指导下进行。

2. 每组布设经纬仪导线作为测图的控制，各组导线必须与已知控制点连接，以便统一测量成果。每个学生必须独立完成导线点的坐标计算。

3. 每组测绘比例尺为1:500的平面图。每个学生根据观测成果独立绘制1:500的平面图。

## 二、实习时间与组织

实习时间为一周，实习按小组进行，每组5~6人。

## 三、实习内容

（一）水准仪与经纬仪的检校

1. 水准仪的检验与校正

先作一般性的检查，主要内容是：①各螺旋是否都起作用？旋转是否顺滑？②望远镜十字丝是否清晰？③水准仪脚螺旋是否晃动？④三脚架是否稳定，蝶形螺旋能固紧架腿吗？等等。具体检校项目有：

（1）圆水准轴应平行于仪器竖轴的检校。

（2）十字丝横丝垂直于仪器竖轴的检校。

（3）水准管轴平行于视准轴的检校。

2. 经纬仪的检验与校正

先做一般性的检查，主要内容是：①制动螺旋与微动螺旋是否起作用？旋转是否顺滑？②竖轴、横轴旋转是否灵活？③望远镜十字丝和读数窗是否清晰？④拨盘螺旋是否起作用？弹出后是否还会出现带动度盘现象？⑤经纬仪脚螺旋是否晃动？⑥三脚架是否稳定，蝶形螺旋能固紧架腿吗？等等。具体检校项目有：

（1）照准部水准管轴应垂直于仪器竖轴的检校

检验时，首先将仪器粗平。然后使水准管平行于一对脚螺旋，使气泡严密居中。将照准部旋转180°，气泡仍然居中，则条件满足。若气泡偏歪超过一格需进行校正。实习时，为求得较准确气泡的偏歪数，使水准管转60°平行于另一对脚螺旋，3个方向各做一次。

校正方法是：

①转动脚螺旋，使气泡退回偏歪格数的一半。

②用校正针拨动水准管校正螺丝，使气泡居中。在水准管校正螺旋拨动前，要认清水准管哪端应升高或降低。水准管有上下两只校正螺旋。注意校正时应先松一个，然后再紧另一个。螺旋不可旋得过紧，一般情形在螺旋到接触后，只需再旋转 10°至 20°即可，过紧不仅有可能损坏水准管，而且校正的结果不易保持长久，当然过松也不好。

（2）圆水准器的检校

检验：首先用已检校的照准部水准管，把仪器精确整平，此时再看圆水准器的气泡是否居中，如不居中，则需校正。

校正：在仪器精确整平的条件下，用校正针直接拨动圆水准器底座下的校正螺丝使气泡居中，校正时注意对校正螺丝一松一紧。

（3）十字丝的竖丝应垂直于横轴的检校

检验：①固定水平度盘，以十字纵丝的一端，瞄准远方一明晰目标。旋转望远镜微动螺旋使望远镜绕横轴微微转动，目标应不离开十字竖丝，否则就校正。②记住偏歪的方向（左或右）。

校正：松开十字丝环相邻的两个校正螺旋，微微转动十字丝环，反复检验，直至观测时无显著误差为止，然后拧紧松开的校正螺旋。

（4）望远镜视准轴与横轴应成正交的检校

检验方法详见教材第 3 章。注意瞄准目标选择远方一清晰目标或白墙上作十字标志，检验后求得视准轴误差 $C$。如果 $C > \pm 1'$ 应校正。

（5）横轴应与竖轴成正交的检校

检验方法详见教材。本项检校，只做检验，不做校正。

（6）竖盘指标差的检校

检验方法详见教材。实习要求测定 3 个不同目标，分别求得竖盘指标差，取它们的平均值得 $x$。如 $x$ 超过 $\pm 25''$，则要进行校正。

（7）光学对中器的检校

检验方法详见教材第 3 章。注意必须至少 3 个位置来检验光学对中器的视准轴与仪器竖轴是否重合。

注意事项：

（1）检验时，必须认真和细心，瞄准目标和读数要准确无误，一般各项检验至少做两次，当两次测定结果较接近时，方可取平均。

（2）检校次序不可颠倒，做好前一项校正后，再做后一项的检校。每项检校之后，还需再检验一次，以确保误差在允许的范围之内。

（3）检验得误差超限时，应在指导教师指导下可进行校正。

（二）导线测量外业

1. 测区踏查选点

每组在指定测区范围内，进行踏勘、选点，布设闭合导线，即各组布设 6~7 个点的闭合导线。点位应均匀地分布整个测区，以便于碎部测量。导线点位应选在便于保存标志和安置仪器的地方，相邻导线点应能通视，便于测角量距，边长一般 50~120m，最短边长不应小于 30m。选好点位，在野外一般是打木桩，此次实习在校园水泥地，可用红油漆在地上作点位标志，并编写桩号，如 A1，A2……表示第 1 组第 1 点，第 2 点……，B1，B2……表示第 2 组第 1 点，第 2 点……，第 3 组用 C1，C2……，依此类推。点号顺针方向排列或逆时针排列全班统一。选点后，绘一草图，简单说明各导线点位。

2. 水平角观测

用测回法观测导线内角一个测回，正镜与倒镜角值之差不应超过 40″。测角对短边影响特大，应特别仔细。瞄准目标时，要尽量对准标杆基部。

3. 丈量边长

此次实习丈量边长用高精度玻璃纤维卷尺，如果边长超过卷尺长（50m），应进行直线定向。边长要往返丈量，并记录边长观测记录手簿。要求边长往返较差的相对误差应小于1/1000。

4. 连测

即与高级点连接测量。校园内有一条公共基线 MN，它用高精度的方法测定，各组的导线都应与公共基线 MN 连接，因此，需测量连接角与连接边。

（三）导线测量内业及测图准备

内业计算开始时，应首先检查外业观测成果，观测限差超限必须返工。

1. 与高级点的连测计算

2. 导线点坐标的计算

①导线角度闭合差的计算及调整

②推算各边坐标方位角

③坐标增量的计算和调整

④从已知坐标点开始，推算各点坐标

注意每一步计算都应进行检核，角度计算取至秒，边长及坐标取至厘米。

3. 打方格展绘导线点

用对角线法打方格，方格边长 10cm×10cm，每组图纸东西方向打3格，南北方向3格，共9格，具体打法见教材有关部分，方格边长误差应小于0.2mm。然后开始展绘控制点，展点后也应做检查，导线点边长与实测边长误差应小于 $\pm0.3Mm$（$M$ 为测图比例尺分母）。

（四）碎部测量

碎部测量采用经纬仪测绘法。比例尺为 1:500。

1. 碎部点的测绘

将经纬仪安置在测站上，测图板安置于测站旁，扶尺者要选好碎部点。碎部点就是地物轮廓的转折点，如房屋角、道路交叉处等，注意直线的道路至少要测3个点。道路碎部点选边，并量路宽。

经纬仪测定碎部点的方向与起始方向之间的夹角，并用视距法测定测站至碎部点的距离。在测图过程中，应随时检查起始点方向读数应为 0°00′00″，其差数不应超过 4′。然后在绘图板上根据测定数据按极坐标法，用量角器和比例尺把碎部点的平面位置展绘在图纸上。

同一地物的特征点展绘后，对照地物，能按比例描绘的地物用依比例符号画上；不能按比例描绘地物用不依比例符号画上。

2. 平面图的整饰清绘

用软橡皮擦掉一切不必要的线条。对地物按规定符号描绘，文字注记应注在合适的位置，既能说明注记的地物，又不要遮盖地物。字头一般朝上，字体要端正清楚。地形图注记常用字体有宋体、仿宋体、等线体、耸肩体和倾斜体几种。最后画图幅边框，注出图名、图号、比例尺、测图单位和日期，整饰的格式如图21-6所示。

绘图说明：

（1）外图廓与内图廓间距为12mm。

（2）图内四角的数字表示内图廓四角的直角坐标，如左下角：$X=0.45km$，$Y=0.40km$。

（3）坐标格网线的仅留十字线，长为10mm，图边四周坐标线长为5mm。

（4）图名下面（0.45 - 0.40）表示本图幅编

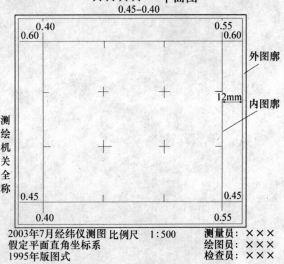

图 21-6　图框格式

365

号，它是以图幅西南角坐标公里数表示的。

### 四、应交作业

1. 小组应交

（1）水准仪与经纬仪检校记录

（2）水平角观测记录表

（3）导线边长测量记录表

（4）碎部测量记录表

（5）1∶500 比例尺平面图一张

2. 个人应交

（1）与高级点的连测计算

（2）导线测量坐标计算表

（3）碎部测量记录表（抄碎部测量记录）

（4）1∶500 比例尺平面图一张（个人要求画 1～2 个房屋）

（5）实习总结：简述本次实习的主要内容、完成情况、达到的精度以及收获体会，存在问题与建议等。

### 五、考查办法

1. 考查依据学生实习中对测量知识的掌握程度，实际作业技能，完成任务质量，对仪器工具爱护的情况以及出勤情况进行评定。

2. 成绩分为优、良、中、及格、不及格。凡严重违反实习纪律，缺勤天数超过 1 天或未交成果资料或实习中伪造成果者，均作不及格处理。

# 参考文献

［1］ 合肥工业大学等. 测量学［M］. 北京：中国建筑工业出版社，1995.

［2］ 王侬，过静珺. 现代普通测量学［M］. 北京：清华大学出版社，2002.

［3］ 陈学平. 测量学［M］. 北京：中国建材工业出版社，2004.

［4］ 张远智. 园林工程测量［M］. 北京：中国建材工业出版社，2005.

［5］ 赵泽平. 建筑施工测量［M］. 郑州：黄河水利出版社，2005.

［6］ 北京市测绘设计研究院. 城市测量规范［M］. 中国建筑工业出版社，1999.

［7］ 中国有色金属工业总公司. 中华人民共和国国家标准. 工程测量规范（GB 50026—93）
［M］. 北京：中国计划出版社，1993.

［8］ 中国有色金属工业总公司. 中华人民共和国国家标准. 工程测量基本术语标准
（GB/T 50228—96）［M］. 北京：中国计划出版社，1996.

［9］ 施长衡，轩德华. 实用工程测量［M］. 北京：中国建筑工业出版社，1992.

［10］ 顾孝烈. 测量学［M］. 上海：同济大学出版社，1999.

［11］ 高德慈，文孔越. 测量学［M］. 北京：北京工业大学出版社，1996.

［12］ 扬德麟，高飞. 建筑工程测量［M］. 北京：测绘出版社，2001.

［13］ 李生平. 建筑工程测量［M］. 武汉：武汉工业大学出版社，1997.

［14］ 张建强. 房地产测量［M］. 北京：测绘出版社，1994.

［15］ 张尤平. 公路测量［M］. 北京：人民交通出版社，2001.

［16］ 张凤举，王宝山. GPS 定位技术［M］. 北京：煤炭工业出版社，1997.

［17］ 徐绍铨，张华海，等. GPS 测量原理及应用［M］. 武汉：武汉测绘科技大学出版
社，1998.

［18］ 潘正风，杨正尧. 数字测图原理与方法［M］. 武汉：武汉大学出版社出版，2002.

［19］ 陈学平. 测量学试题与解答［M］. 北京：林业出版社，2002.

［20］ 纪明喜. 工程测量［M］. 北京：北京农业出版社，2004.